高等学校“十二五”规划教材

工 程 材 料

傅宇东　崔秀芳　高玉芳　主编
方双全　主审

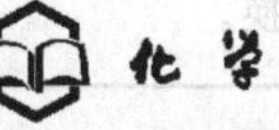

化学工业出版社
·北京·

本书共13章，主要内容包括：原子结构与键合形式，固体材料的结构，工程材料的性能，二元相图，固态转变，钢铁材料，有色金属材料，陶瓷材料，高分子材料，复合材料，功能材料，生态环境材料，表面工程技术。

本书可作为机械工程、动力工程及化学工程各相关专业的本科生教材，也可供从事机械设计与制造的工程技术人员参考。

图书在版编目（CIP）数据

工程材料/傅宇东，崔秀芳，高玉芳主编．—北京：化学工业出版社，2014.8（2025.2重印）

高等学校"十二五"规划教材

ISBN 978-7-122-21336-5

Ⅰ.①工… Ⅱ.①傅…②崔…③高… Ⅲ.①工程材料-高等学校-教材 Ⅳ.①TB3

中国版本图书馆CIP数据核字（2014）第161407号

责任编辑：宋林青　　文字编辑：向　东

责任校对：陶燕华　　装帧设计：史利平

出版发行：化学工业出版社（北京市东城区青年湖南街13号　邮政编码100011）

印　　装：北京科印技术咨询服务有限公司数码印刷分部

787mm×1092mm　1/16　印张18¾　字数472千字　2025年2月北京第1版第5次印刷

购书咨询：010-64518888　　售后服务：010-64518899

网　　址：http://www.cip.com.cn

凡购买本书，如有缺损质量问题，本社销售中心负责调换。

定　　价：48.00元

前言

Preface

材料是人类从事生产和保障生活的物质基础，也是社会经济发展的技术先导。科技进步不断对材料的种类和性能提出新的要求，而材料科学的进步又推动了科学技术的长足发展。由于材料在当代工业、农业、国防和科学技术现代化的进程中占有举足轻重的特殊地位，因此，材料科学和信息科学、生命科学一道被誉为支撑现代文明的三大支柱。

高等理工科学校的重要任务之一，是培养高素质的工程人才。一个优秀的工程设计人员，不仅要能够运用扎实的专业理论知识设计出产品蓝图，而且应该更多地掌握有关高技术新材料方面的知识，以保证产品具有良好的加工、制造性能和优异的使用性能。《工程材料》正是为了适应这种教学需求而编写的。

本教材在编写过程中借鉴了美、日等国同类教材的体系结构和章节设置，旨在促进我国工科高等院校《工程材料》教材的框架结构和体系编排与国际工程材料教学体系的接轨。本教材以原子结构与键合、固体材料结构、工程材料性能为主线，力求将金属材料、高分子材料和陶瓷材料的共性有机融合在一起，便于学生在整体上对工程材料有全面系统地了解。然后，再分章讲解各种材料的特殊性，有利于学生深刻、准确地理解和掌握所学的内容。同时，本教材注重反映当代材料科学研究中的新理论、新概念、新工艺和新技术，以开阔学生的视野，拓宽专业面，培养学生获取新知识和运用新知识的能力以及一定的知识创新能力。

本书共 13 章，其中，绪论、第 1 章至第 3 章、第 12 章、第 13 章由傅宇东编写，第 4 章、第 5 章及第 9 章至第 11 章由崔秀芳编写，第 6 章至第 8 章由高玉芳编写。全书由傅宇东主编，方双全主审。

感谢冯晓雪，闫锋，方博同学对本书的校对工作，尤其感谢哈尔滨工程大学教授席慧智先生，本书从构思、策划到具体章节的编写均体现了他的劳动和帮助。

由于编者水平有限，书中疏漏之处在所难免，敬请读者批评指正。

编　者

2014 年 7 月

目录

Contents

绪 论

0.1 材料科学与工程

回顾人类历史从古至今的发展历程，在每一个重要的历史阶段，无不伴随着新材料的发现以及新型工具的发明与使用。材料科学技术的每一次重大突破，都会引起生产技术的革命，使社会生产和人类生活产生巨大变化，提高了人类的物质文明程度，加速了社会发展的进程。人类社会发展的历史证明，材料是社会进步的物质基础和技术先导。

始于公元前5000年的青铜器时代，拉开了人工制造材料的序幕，实现了人类历史从利用石器、木材等天然材料进入到能够制造人工材料的第一次飞跃。公元前1200年，人类又迎来了铁器时代，开始时只能生产质量较差的铸铁，高炉的出现不仅大幅度提高了铁的质量，而且实现了工业化规模生产，为18世纪的第一次工业革命奠定了物质基础。

工业革命促进了生产模式由工厂手工业向机械大工业的过渡，使机器制造业不断改进和完善，并且由纺织业向金属工业和化学工业扩展。以蒸汽为动力的航海、铁路运输业的发展壮大，提高了矿石的运输能力，金属产量开始急剧增加。以煤炭为原料的大型反射炉和碱性底吹转炉的开发利用，使金属精炼技术有了实质性进展，从而促进了大功率锻压机械、轧机和冲压机械的相继问世，明显提高了钣金和精加工的技术水平，推动了各种测量仪器及钟表的小型化和精密化。

19世纪末，发生了以电力的广泛应用、内燃机和新交通工具的创造、电话和无线电报等新型通信手段的发明为显著标志的第二次工业革命。电力工业的发展，为铝的工业化生产创造了条件。1854年问世的纯铝，重量轻、电阻小，有良好的延展性，但由于造价较高，致使铝产品的价格与贵金属金、银相差无几，从而制约了铝作为工业材料的广泛应用。直到1886年发明了熔盐电解制铝法，形成了大规模的制铝工业后，铝的价格才大幅度下降；同时，由于威尔姆在20世纪初期发明了杜拉铝（铝-铜-镁硬铝合金），使铝及铝合金成为工业应用中仅次于钢的一种重要材料，在航空、航天、内燃机和电力工业中发挥着重要作用。

20世纪初，相继发现了真空二极管（1904年）的检波作用和真空三极管（1906年）的增幅效应，并在通信和广播中得到应用。真空电子管的诞生及其应用，是电子技术的第一个里程碑；1948年第一只具有放大作用的半导体晶体管的发明，标志着以微电子技术为代表的现代电子技术的开始；而大规模集成（LSI）和超大规模集成（VLSI）技术的出现，则是电子技术和电子工业划时代的开端。晶体管的发明和集成电路的出现，使微电子技术不仅在通信、信息处理、人工智能、航空和航天、能源输送与控制等领域发挥了重要作用，同时也使人类生活方式和生活质量发生了根本变化。

微电子技术发展的基础是电子材料。一般来说，电子技术中，硬件所具备的特性和能够发挥出来的功能，在很大程度上取决于制造硬件的电子材料本身所具有的功能和特性。促成电子技术发生显著变化的关键因素之一，是20世纪40年代和50年代发展起来的制备极纯半导体材料的能力，以及能够精确控制其杂质含量的加工技术。电子薄膜材料的真空制备技术（CVD、PVD、分子线外延生长等），为半导体器件向集成、大规模集成或超大规模集成方向发展提供了有力的技术保障，从而实现了电子产品的小型化、低功率化、高速化和高可靠性。

虽然材料的应用可追溯到石器时代，但作为体系完整、相对独立的一门科学——“材料科学与工程”的提出、建立与发展，却是在20世纪60年代以后。20世纪中叶以来，科学技术迅猛发展，在原子能、航空与航天、信息与通信、生物与医学、能源、交通等领域取得一系列令人瞩目的成就。这些科学技术日新月异的发展，对材料的力学性能、化学性质和物理功能提出了越来越苛刻的要求，从而有力地拉动了材料的研制与开发向新的高度和广度发展。同时，由于固体物理、无机化学、有机化学、物理化学等基础学科的长足进步，使与材料相关的基础理论、生产制造、成分与组织分析、性能检测与评定、工程应用、新材料设计、低环境负荷与循环再生利用等研究环节得以不断改进和完善，有力地促进了各学科之间的融会贯通，从而形成了特色鲜明、体系完整的一门学科——材料科学。

自然科学范畴的材料，是指具有一定的种类、性能和数量，能够制造实际可用的构件、器件或物品的固体物质。材料是人类从事生产和保障生活的物质基础，也是社会经济发展的技术先导。由于材料在当代工业、农业、国防和科学技术现代化的发展进程中具有举足轻重的特殊地位，因此，材料科学和信息科学、生命科学一道被誉为支撑现代文明的三大支柱。

材料科学的显著特点，在于它和工程技术之间有着密不可分的联系，所以人们往往把材料科学和工程技术联系在一起，称为“材料科学与工程”或“材料科学技术”。

材料科学与工程涉及的基础学科和工程技术领域十分广阔，并且相互交叉，融为一体。主要表现在原本独立的各种材料（金属、陶瓷、高分子材料等）及不同学科之间的交叉与渗透，以及构成材料科学与工程体系的四个基本要素之间的有机结合。材料科学与工程体系的四个基本要素包括：材料合成与加工、材料成分与组织结构、材料性质以及材料的使用性能，而材料科学与工程就是研究这四个基本要素的内在规律以及各要素之间相互关系的一门科学。

美国国家研究委员会早在1989年底发表的《90年代材料科学与工程——如何在材料世纪中拥有竞争能力》的长篇报告中强调指出，材料科学与工程正进入一个史无前例的智能挑战和高产时期，在跨入下一世纪时，它将是高新技术发展的一个关键，并且对国计民生、国家安全以及增强国际市场的竞争能力都有举足轻重的影响。报告充分意识到材料科学新一代人才培养的重要性，提出了大学和研究生教育应重视开设普遍适用于所有材料的新课程，编写出新的教科书，并应在其中反映出材料领域的宽广基础以及合成和加工技术的重要性。我国高技术研究发展计划（863计划）中，新材料领域的战略目标之一，是培养和造就一支高水平的从事新材料研究、开发和管理的科技人才队伍。

在新技术浪潮的推动下，机械产品和电子产品正朝着小型化、轻量化、多功能化、智能化和高可靠性方向发展，因此对工程设计人员的思维创新能力和综合运用高新技术的能力提出了新的挑战。高素质工程设计人才的培养，主要依靠高等教育。工程材料学旨在通过理论学习和实验操作，使非材料类工程技术人员了解工程需求与材料研究及开发之间的内在联系，掌握一定的有关材料的种类、成分及组织结构、性能特点、加工制造等方面的基础知识，学会获取新材料开发与应用的信息，把握新材料的发展动向，以提高他们在工程应用中灵活运用材料学知识去分析问题、解决问题的能力和创新能力。因此，工程材料学是培养具有综合能力的高素质工程设计人才的必修课程。

0.2 材料的分类

材料有多种不同的分类方法。根据材料的性能特征，可分为结构材料和功能材料两大类，前者以力学性能为主，后者以化学性能和物理功能为主；根据材料的用途，可分为建筑材料、能源材料、航空航天材料、电子材料、生物材料等等。如果按材料的组成和结构特点分类，又可分为金属材料、无机非金属材料、有机高分子材料和复合材料。对工程材料而言，无机非金属材料主要指陶瓷材料。金属材料、陶瓷材料、高分子材料和复合材料构成了工程材料体系，为人类社会发展提供了重要的物质基础。随着历史进程的推移，虽然四种材料的相对重要性有所变化（见图 0-1），但社会发展对材料的依存关系却是永恒不变的。

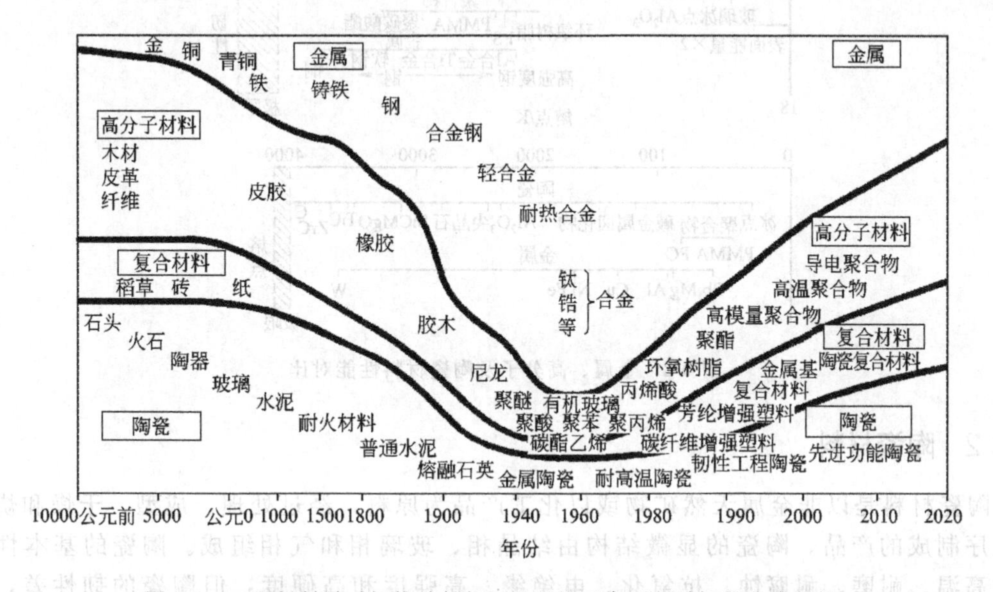

图 0-1 工程材料随时间推移的相对重要性示意图（时间是非线性的）

0.2.1 金属材料

金属材料是指以金属元素为基础的材料，包括纯金属和合金。纯金属在工程中很少应用，因此金属材料绝大多数以合金的形式出现。所谓合金，是指在纯金属中有意识地加入一种或多种其它元素，通过冶金或粉末冶金方法制成的具有金属特性的材料。金属材料可分为钢铁材料（或黑色金属）和非铁材料（或有色金属）两大类，前者是指以铁为基本元素的合金，后者指钢铁以外的各种金属材料。

图 0-2 是金属材料、高分子材料及陶瓷材料的性能比较。由图可以清楚地看出，金属的弹性模量比高分子材料的弹性模量高得多，同时韧性也远远优于陶瓷材料。因此，金属材料的显著特点是具有良好的弹、韧性配合。此外，金属材料还有优良的加工性能，如良好的冷、热塑性加工性能，以及焊接、铸造等性能。金属材料是工程材料中应用最广泛的基本材料。

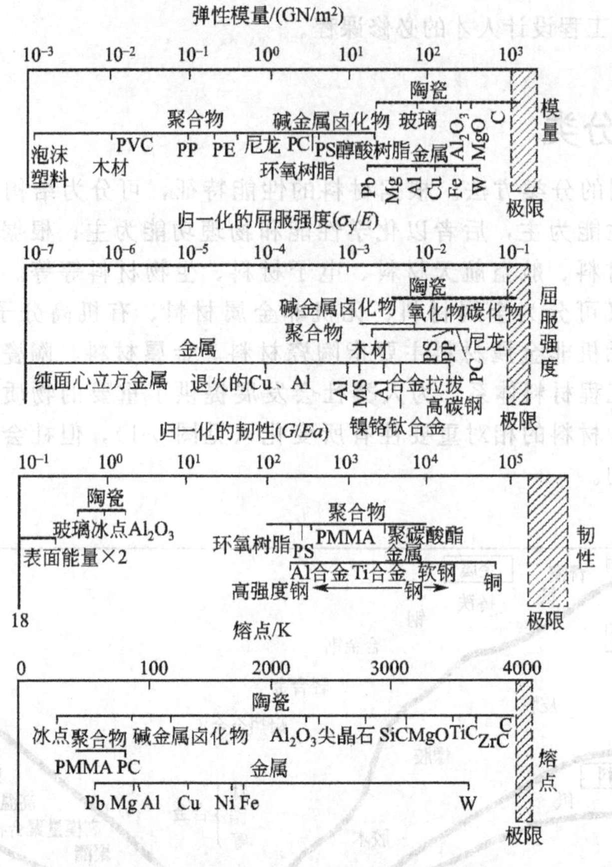

图 0-2 金属、高分子及陶瓷材料性能对比

0.2.2 陶瓷材料

陶瓷材料是以非金属天然矿物或以化工产品为原料，经过处理、成型、干燥和烧制等工序制成的产品。陶瓷的显微结构由结晶相、玻璃相和气相组成。陶瓷的基本性能是耐高温、耐磨、耐腐蚀、抗氧化、电绝缘、高强度和高硬度，但陶瓷的韧性差，脆性较大。

陶瓷分为传统陶瓷和先进陶瓷。传统陶瓷主要指陶器、瓷器、玻璃、水泥和耐火材料。先进陶瓷是指以精制的高纯、超细的人工合成无机化合物为原料，采用精密的制备工艺烧结而成的、性能远优于传统陶瓷的新一代陶瓷制品。先进陶瓷又称为高技术陶瓷、高性能陶瓷、精细陶瓷或工程陶瓷。

先进陶瓷按使用性能大致分为先进结构陶瓷和先进功能陶瓷，前者主要是利用材料本身具有的优异力学性能，制造机械结构中的零部件以及切削工具；后者主要指利用材料的电、磁、声、光、热、弹性等方面的直接效应或耦合效应，以获取某种特定使用性能的陶瓷。先进功能陶瓷的树结构如图 0-3 所示。

0.2.3 高分子材料

高分子也称聚合物或高聚物，是指分子量比一般有机化合物高得多的有机材料。一般有机化合物的分子量为几十至几百，而合成高分子的分子量至少在 10000 以上，有的可达几百

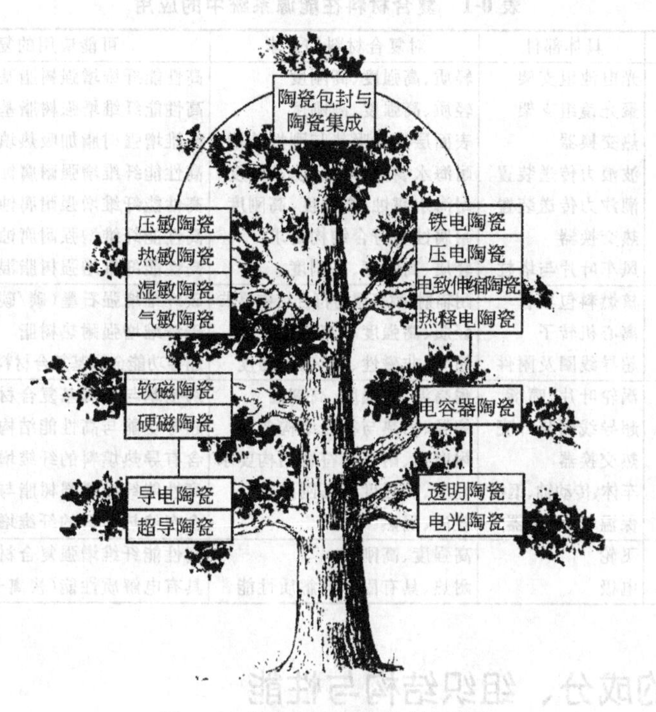

图 0-3　先进功能陶瓷的树结构

万至上千万。巨大的分子量使高分子经历了由量变到质变的过程，因而具有独特的、不同于低分子的物理性能、化学性能和力学性能。例如，高分子材料有较高的力学强度、高弹性和高塑性。此外，高分子材料还有较强的耐蚀性、良好的绝缘性以及较轻的重量等优点，某些高分子材料还有良好的吸震性和自润滑性。

高分子材料虽然种类繁多、性能各异，但基本归属于塑料、合成纤维、合成橡胶、黏合剂和涂料等几大类。高分子材料的分类有多种方法，例如按其分子链排列是否有序可分结晶聚合物和无定形聚合物；按受热后的状态又可分为热固性和热塑性两大类。

0.2.4　复合材料

复合材料是由有机高分子、陶瓷及金属等几种性质或性能不同的材料，通过复合工艺组合而成的新型材料。例如，金属基复合材料、陶瓷基复合材料和聚合物基复合材料等。它既保留了原组成材料的主要特性，又可通过复合效应获得原组成材料所不具备的性能。通过对不同结构、不同性能的原材料进行复合处理，可以制成增强、增韧或功能化的各种新型复合材料。

复合材料主要分为结构型复合材料和功能型复合材料。结构型复合材料是作为承载结构件使用的材料，基本上由增强材料和基体材料构成。增强体主要起承受载荷的作用，而基体材料则主要是把增强材料黏结成整体，同时又具有传递力的功能。增强材料包括各种颗粒状或纤维状的玻璃、陶瓷、碳素、金属和高聚物，基体材料则包括高聚物、金属、陶瓷、玻璃、碳和水泥等。

功能型复合材料，是指具有某种特殊物理性能或化学性能的复合材料，根据其功能可分为导电、磁性、阻尼、摩擦、换能等功能性复合材料。能源系统中使用的复合材料见表0-1。

表 0-1 复合材料在能源系统中的应用

形式	所应用的系统	具体部件	对复合材料的要求	可能应用的复合材料的品种
新能源	太阳光能发电	光电池组支架	轻质、高强度、高刚度	高性能纤维增强树脂基复合材料
	太阳热能发电	聚光镜组支架	轻质、高强度、高刚度	高性能纤维增强树脂基复合材料
	太阳热供暖系统	热交换器	表面层选择吸热与刚性结构	纤维增强树脂加吸热填料
	波浪力发电	波浪力传送装置	耐海水腐蚀、高强度、高刚度	高性能纤维增强耐腐蚀树脂
	潮汐力发电	潮汐力传送装置	耐海水腐蚀、高强度、高刚度	高性能纤维增强耐腐蚀树脂
	地热发电	热交换器	耐腐蚀与符合结构要求	高性能纤维增强耐腐蚀树脂
	风力发电	风车叶片与塔柱	轻质、高强度、高刚度	高性能纤维增强树脂混杂复合材料
核能源	原子反应堆	核燃料包覆管	耐辐射、耐高温与符合结构要求	碳纤维增强石墨(碳/碳)复合材料
	铀离心分离机	离心机转子	轻质、高强度与高刚度	碳纤维增强耐热树脂
	核融合炉	超导线圈及附件	超导、非磁性、耐热、高强度	超导功能金属基复合材料及高性能结构复合材料
节能	高温气涡轮机	涡轮叶片、喷嘴	耐高温、高强度、高韧性	陶瓷基与金属基复合材料
	磁流体发电	超导线圈与外壳	超导、耐热与符合结构要求	超导功能与高性能结构复合材料
	废热发电	热交换器	耐腐蚀、耐热与符合结构要求	含有导热填料的纤维增强树脂
	汽车轻量化	车体、传动轴、钢板	轻质、高强度与高刚度	高性能纤维增强树脂与金属基复合材料
	供热系统	保温管道、容器	轻质、隔热	含有绝热填料的纤维增强复合材料
蓄能	惯性飞轮	飞轮	高强度、高刚度	高性能纤维增强复合材料
	二次燃料电池	电极	耐热、具有固体电解质性能	具有电解质性能(快离子导体)的复合材料

0.3 材料的成分、组织结构与性能

材料的性能包括力学性能、物理性能、化学性能和加工性能。力学性能是指材料在外加载荷作用下，或者外加载荷与环境因素（温度、介质和加载速率）联合作用下的力学行为。力学性能主要包括强度、硬度、塑性、韧性、耐磨性和缺口敏感性等。材料的物理、化学性能主要指电性能、热性能、抗高温氧化性和耐蚀性能。加工性能包括：铸造、锻压、焊接、热处理等热加工性能，以及冲压、裁剪、切削等冷加工性能。

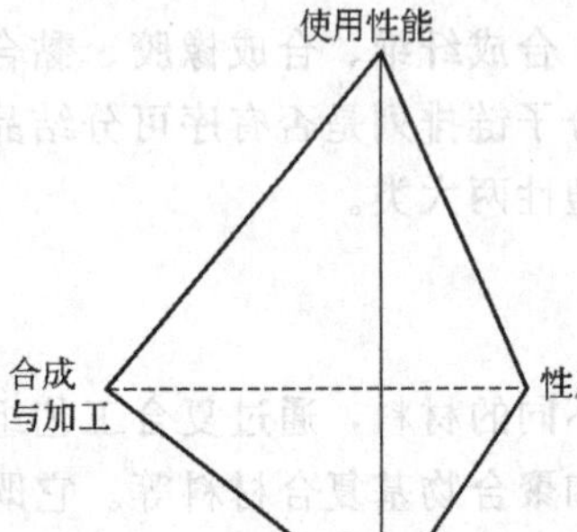

材料的性质和材料的使用性能取决于材料的成分和组织结构，而成分的均匀性和组织结构又与材料的合成及制造方法密切相关。它们之间的相互关系可用图 0-4 所示的四面体来表示。

图 0-4 材料科学与工程四个基本单元之间的关系

工程上通常采取改变化学成分和采用合理的加工方法等途径来改善材料的组织结构，进而保障材料的性质，提高材料的使用性能。比如我们熟知的纯铝具有良好的导电性、导热性和很高的塑性，有美丽的金属光泽和较小的相对密度，但纯铝的强度低，不能作为结构材料使用。如果在纯铝中加入合适的合金元素，通过合理的热处理即可制成比强度（强度与密度的比值）甚至超过钢的铝合金，成为航空航天工业、电力工业、内燃机制造业和民用产品的理想材料。

0.4 新材料的现状与发展

当代蓬勃发展的科学技术正在使人类社会进入一个崭新的时代。一系列新兴的高技术和高技术产业相继崛起，引起材料科学领域的深刻变革，同时，各种满足和适应高技术发展需

求的新材料也在不断涌现，并且以每年5%的速度在增长。

所谓新材料，是以金属、无机非金属和有机材料为基础，或者以这些材料相互组合而成的原料为基础，充分利用高新技术的加工、合成方法（例如原子、分子水平的微观结构控制，高纯度化和复合化等）制造出的具有特殊功能和优良特性的材料，或者是前所未有的材料，这些材料具有较大的社会效益和高附加值的经济效益。

新材料有些是脱颖而出的、具有新功能特性的传统材料，有些是基础研究和应用研究成果的结晶，而多数则是在高新技术需求的拉动下研制出来的。

新材料有如下几个特点。

① 新材料具有知识密集和资金密集的特点。多数新材料是固体物理、固体化学、有机化学、冶金学、陶瓷学、生物学及微电子学等学科领域的新成就，因此，通常要有雄厚的资金为后盾。同时，从事新材料研制的高级技术人才的比例也明显高于传统材料研究中的高级人才比例。

② 新材料的发展与高新技术密切相关。新材料的合成与制造，往往以极端条件或技术为必要手段，如超高压、超高温、超高真空、极低温、超高速冷却以及超高纯等。同时，新材料测试与分析所要求的技术条件更加苛刻，超微量杂质、原子级缺陷、电子的迁移、微小裂纹，以及材料对环境的微小变化所做出的反应等，都必须用高精度仪器和先进的测试方法精确地测量出来，以便正确地表征新材料的性能，随时改进新材料的制备方法。

③ 新材料是多学科相互交叉、优势互补的产物，其生产特点是品种多、数量少、更新换代快。新材料依靠高技术含量和高附加值的特殊功能和优良性能来取胜，同时靠灵活多变以及对市场需求的快速响应来占领市场。而传统材料技术含量低、附加值小，不得不靠大规模连续生产来维持竞争能力。

④ 新材料研制、开发的原则通常是高效率、高性能、高可靠性，低环境负荷和无公害。

新材料是保障新技术高速、持续发展的物质基础，世界各工业发达国家都把新材料的研究与开发放在特殊重要地位，各自制定了发展高技术新材料的战略规划。

美国政府在1991年发布的《国家关键技术》报告中，列举了六大关键技术，而新材料位居六大关键技术之首。其次，分别为制造、信息与通信、生物技术与生命科学、航空与地面运输、能源与环境。在材料领域中列出的五项关键技术是材料合成与加工、电子与光电子材料、陶瓷、复合材料、高性能金属与合金。

我国高技术研究发展规划（863计划）中，把新材料列为七个重点发展领域之一，命名为“关键新材料和现代材料科学技术”，其基本任务是为国家各相关领域提供关键新材料，并促进我国现代材料科学技术的发展。

新材料在整个高新技术发展中的先导作用和基础作用日益明显，新材料本身也成为当代高新技术的重要组成部分。新材料的发展正方兴未艾，它必将对世界经济的发展和社会进步产生巨大影响。

第1章 原子结构与键合形式

材料的性能取决于材料的成分、组织结构和加工方法。材料的结构可按四个层次来考虑——原子结构、原子间的相互作用及原子排列、微观结构和宏观组织，所有这些层次的结构都对材料的最终性质和使用性能产生影响。材料中的原子结构主要研究原子核外的电子分布及其规律。原子核外的电子分布不仅对材料的磁、电、光、热等物理性能起主导作用，而且决定着原子彼此之间的键合方式，键合方式又进一步决定了材料的类型——金属、陶瓷还是聚合物。

1.1 原子结构

1.1.1 近代原子结构理论进展

普朗克（M. Planck）在1900年提出了与实验结果极为相符的新的热辐射理论。普朗克认为如果作如下假定，则可从理论上导出黑体辐射公式。这个假定是：对于一定频率ν的辐射，物体只能以$h\nu$为单位进行吸收或发射，h是普适常数。换言之，物体发出或吸收的能量是不连续的，存在着能量的最小单元$h\nu$，物体发射或吸收的能量只能是这个最小单元的整倍数，并且是一份一份地按不连续的方式进行的，即能量量子（Quantum）化，不连续能量最小单元称为能量子。不久，爱因斯坦（A. Einstein）于1905年提出了光量子（Light quantum）概念，对光电效应作出了满意的说明。爱因斯坦和德拜（P. Debye）还进一步把能量不连续的概念应用于固体中原子的振动，成功地解释了当温度$T\rightarrow 0K$时固体比热容趋于零的现象。至此，普朗克提出的能量不连续的概念引起物理学家的普遍注意，一些学者开始用这一概念来思考经典物理学中碰到的其它重大疑难问题，其中最突出的就是原子结构与原子光谱的问题。

汤姆逊（J. J. Thomson）发现电子（1896年）后，于1904年提出如下原子模型：正电荷均匀分布于原子中（原子半径为10^{-8}cm），而电子则以某种规律排列镶嵌其中［图1-1(a)］。1911年，卢瑟福（E. Rutherford）根据α粒子散射实验结果提出了原子的“有核模型”，如图1-1(b) 所示。该模型认为原子由一个原子核和若干个距核约为10^{-8}cm的电子组成，原子核本身则是由质子和中子组成的，其线度约为10^{-12}cm。原子核几乎集中了原子的全部质量和正电荷，而电子带有负电荷并绕原子核作高速转动。然而，按经典理论，绕核旋转的电子具有向心加速度，它将自动放出辐射能，同时，原子的能量将逐渐减小，频率也逐渐改变，因此所发射的光谱将是连续的。此外，当原子自动辐射时，由于能量的减小，电子将逐渐接近原子核，最终与原子核碰撞。按照经典理论，原子发射不可能是一个稳定的系统。但事实上原子是稳定的，并且原子发射的光谱也不连续。

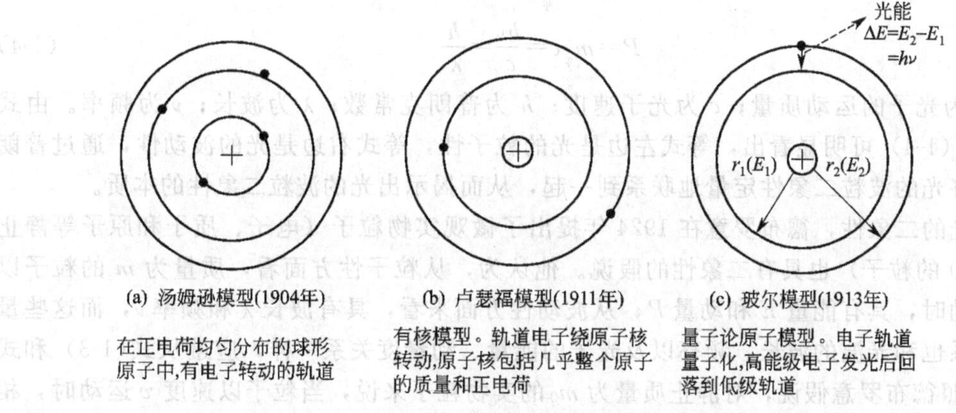

图 1-1　近代原子理论的各种模型

玻尔（N. Bohr）于 1913 年以卢瑟福的原子模型为基础，并结合普朗克量子假设，提出了能级的概念，建立了氢原子光谱理论，获得很大成功。玻尔假定，氢原子中的电子可以有不同的能量状态，叫做能级［图 1-1(c)］，各能级的值是确定的。在正常情况下，氢的 1 个电子只在靠核最近的能量最低的能级上运动，叫做氢原子的基态。但当氢原子在放电管中受到激发（接受能量），电子就由最低能级跳到较高能级，这一过程叫做跃迁，这种能量状态叫做氢原子的激发态。激发态是一种不稳定状态，电子可能跃迁回到较低能级，电子在两个能级的能量差就会以光的形式发射出来，即

$$\Delta E=E_2-E_1 \tag{1-1}$$

式中，ΔE 是原子发射出的辐射能；E_2 是较高能级的能值；E_1 是较低能级的能值。ΔE 遵从普朗克定律，即它决定了光辐射的确定频率 ν

$$\Delta E=h\nu \tag{1-2}$$

式中，h 为普朗克常数。玻尔对氢光谱频率的理论推算与实验结果非常一致。

玻尔虽然成功地解释了氢原子光谱，但除氢原子光谱外，玻尔模型无法解释多电子原子的光谱，更无法解释谱线的宽度、强度、偏振等问题。玻尔的氢原子理论虽然先后经索末非（A. Sommerfeld）等人加以充实、提高，但由于当时对微观粒子的基本属性缺乏认识，玻尔-索末非理论在处理问题时还没有跳出经典理论的束缚，因而仍有其不可克服的缺点。此后，德布罗意（Louis Victor de Broglie）提出了微观粒子波粒二象性假设。在此基础上，1926 年薛定谔（E. Schrödinger）、海森伯（W. Heisenberg）等人建立了新的量子力学，从而出现了建立在量子力学基础上的现代原子结构理论。

1.1.2　微观粒子的波粒二象性

所谓微观粒子是指光子、电子、中子、质子以及所有的基本粒子。微观粒子运动的特殊性，在于它们的运动状态不能用经典物理学中的力学基本定律来描述。微观粒子在运动中既表现出粒子性，又有波动性，即二象性。我们先来看一下光的二象性。

光的波动性表现在光有波长 λ，并且光有干涉、衍射和偏振等波动特征；而光的粒子性则表现在光具有量子化的能量，而且列别捷夫在 1901 年的光压实验证明，光还有粒子特征的动量。1905 年，爱因斯坦在普朗克量子假说的基础上，提出了光子假说，认为光是由具有一定质量、能量和动量的粒子所组成的粒子流，这些光粒子称为光量子，也称为光子。光

子的能量 E 以及光子的动量 P 可分别表示为

$$E=m_{\varphi}c^2=h\nu \tag{1-3}$$

$$P=m_{\varphi}c=\frac{h\nu}{c}=\frac{h}{\lambda} \tag{1-4}$$

式中，m_{φ}为光子的运动质量；c 为光子速度；h 为普朗克常数；λ 为波长；ν 为频率。由式(1-3)、式（1-4）可明显看出，等式左边是光的粒子性，等式右边是光的波动性，通过普朗克常数，将光的波粒二象性定量地联系到一起，从而揭示出光的波粒二象性的本质。

鉴于光的二象性，德布罗意在 1924 年提出了微观实物粒子（电子、质子和原子等静止质量 $m_0\neq0$ 的粒子）也具有二象性的假说。他认为，从粒子性方面看，质量为 m 的粒子以速度 v 运动时，具有能量 E 和动量 P；从波动性方面来看，具有波长 λ 和频率 ν，而这些量之间的关系也和光波的波长、频率以及光子的能量、动量度关系一样，应遵从式(1-3）和式(1-4)。按照德布罗意假说，对静止质量为 m_0 的实物粒子来说，当粒子以速度 v 运动时，相应于这些粒子的平面单色波的波长是

$$\lambda=\frac{h}{P}=\frac{h}{mv}=\frac{h}{m_0 v}\sqrt{1-\frac{v^2}{c_2}} \tag{1-5}$$

这种波通常称为德布罗意波或者物质波，式(1-5) 称为德布罗意公式。德布罗意波的概念提出后，很快在实验中得到证实。德布罗意公式已成为表示电子、中子、质子、原子和分子等微观粒子波动性与粒子性之间关系的基本公式。

1.1.3 波函数、电子云与量子数

(1) 波函数

既然微观实物粒子具有波动性，那么它的运动状态可用波函数 Ψ 来描述。波函数可表示为

$$\Psi(x,y,z,t)=\psi(x,y,z)\mathrm{e}^{-\frac{iE}{\hbar}t} \tag{1-6}$$

式中，E 是粒子的总能量；$\hbar=h/2\pi$。当微观粒子的运动不随时间改变时，称粒子处于定态，这时粒子的波函数遵从非相对论定态薛定谔方程：

$$\frac{\partial^2\psi}{\partial x^2}+\frac{\partial^2\psi}{\partial y^2}+\frac{\partial^2\psi}{\partial z^2}+\frac{8\pi^2 m}{h^2}(E-U)\psi=0 \tag{1-7}$$

式中，m 是粒子质量；U 是粒子在外力场中的势能函数。

波函数是薛定谔方程的解，它是描述核外电子运动状态的数学函数式。不含时间的波函数 $\psi(x,y,z)$ 称为定态波函数。$\psi(x,y,z)$ 既然是空间坐标 x，y 和 z 的函数，因此可以绘出 ψ 三维空间的图形，如图 1-2 所示。

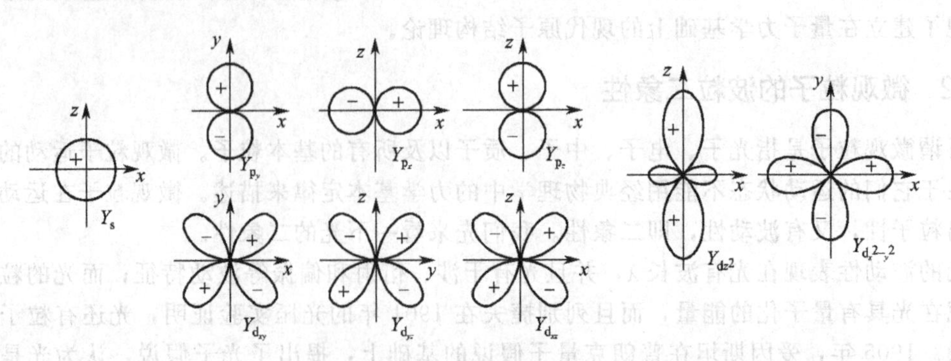

图 1-2 波函数 ψ 的空间图形

ψ 是描写原子核外电子运动状态的空间坐标，所以可以粗略地把它看成是在 x,y,z 三维空间里找到的该运动电子的一个区域，我们把这种区域叫做原子轨道。因此，波函数 ψ 和原子轨道是同义词。

对于多电子原子来说，在一定状态下（例如基态），每个电子都有自己的波函数 ψ，例如 ψ_s、ψ_p、ψ_d、ψ_f 等。每个 ψ 函数都代表核外电子的某种运动状态，这个运动状态相应地有确定的能量 E_n（即该电子处在一定的能级中）。

由图 1-2 看出，ψ 图形有正有负，以表示该区域的波函数是正值还是负值。这种正负号对原子轨道重叠形成化学键有重要意义。

(2) 电子云

波函数 ψ 是描写核外电子运动的数学函数式，到目前还很难给出明显、直观的物理意义，但波函数绝对值的平方 $|\psi|^2$ 却可以给出明确的物理意义，它代表原子核外空间某处找到电子的概率，称为概率密度。

由于电子运动具有二象性，同时又在原子核外很小的空间（$r=10^{-8}$ cm）作高速运动，因此量子力学指出：不可能同时准确地测出一个核外电子的动量和位置，这就是海森伯测不准原理。测不准原理提出了微观粒子的波动性，说明描述微观粒子的运动状态时，不能将微观粒子看成是经典物理学中用力学描述的宏观物体。测不准原则是微观粒子具有统计性的必然结果，因而量子力学就是用统计学的方法去认识电子在原子某处出现的概率。

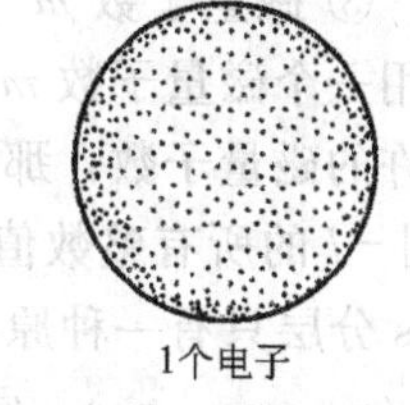

图 1-3 氢原子中电子云密度示意图

对氢原子的一个电子在核外空间的球形区域经常出现的统计结果表明，电子好像在原子核外形成了一团带有负电荷的“云”，因此我们把统计结果叫做电子云。图 1-3 是一个未受激的氢原子的电子云示意图。电子云的密度与理论上在原子核外找到电子的概率密切相关，电子云密度大的地方，找到电子的概率也越大。简单地说，统计结果所得到的电子云密度就是核外电子的概率密度，电子云是 $|\psi|^2$ 的具体图像。

电子云既然是 $|\psi|^2$ 的图像，显然它也是波函数 ψ 的一种表现形式。像波函数一样，对于多电子原子来说，有几个电子或不同运动状态的电子，也就应该有几个 $|\psi|^2$，例如 $|\psi_s|^2$，$|\psi_p|^2$ 等。同样，电子的概率密度即电子云，也应该有自己的空间图像，如图 1-4 所示。

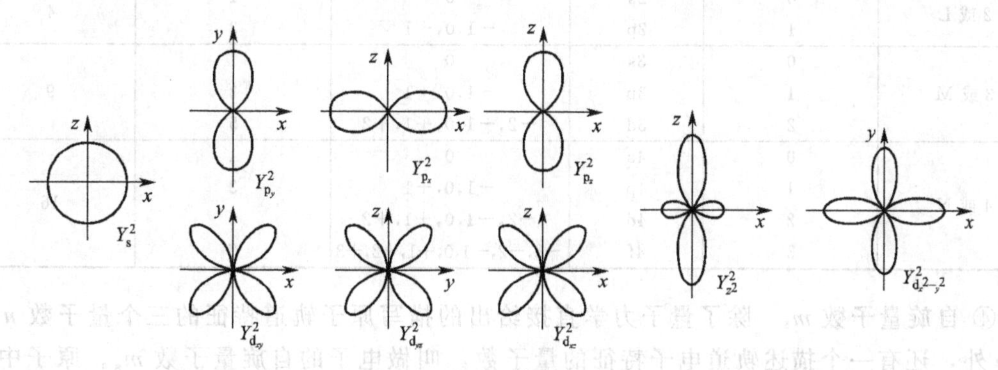

图 1-4 电子云的空间图像

电子云与原子轨道的主要区别在于电子云没有正负，而原子轨道有正、负之分。在讨论和分析原子键形成时，波函数的性质，特别是原子轨道的形状和正负号有重要作用；而在讨论共价分子中的键型时，掌握电子云的形状是较为重要的。

(3) 量子数

原子轨道（ψ）和电子云（$|\psi|^2$）在空间都有确定的形状，但对给定的电子来说，怎样确定它的空间位置和能量状态（电子云的形状，空间方向，电子云中的运动电子距原子核的平均距离以及能量大小等）呢？量子力学中用四个参数来描述原子中的电子空间运动状态，这些参数叫量子数。

① 主量子数 n 一般来说，主量子数代表电子在空间运动所占的有效体积。n 值增大时，表明电子能级或主能级层的能量增大，也代表该电子与核之间的平均距离增大。n 的值都是正整数，可由 1～∞。例如 $n=1$ 代表离核最近、能量最低的主能级层，$n=2$ 代表离核次近的主能级层。主量子数也常用大写拉丁字母 K，L，M，N，…来表示，例如 $n=1$ 的主层简称为 K 层。

② 角量子数 l 每个主能级又由 1 个或几个分层组成，每个分层用角量子数 l 来标志，又称副量子数。角量子数代表电子的角动量，也代表该分层中原子轨道的形状。角量子数的值可以是 0，1，2，…直到 $n-1$ 的正整数。例如 $n=1$ 时，l 的允许最大值为 $l=0$，于是 K 层里只有一个分层；$n=2$ 时，l 可以有两个值，即 $l=0$ 和 $l=1$，因此 L 层里有 2 个分层。习惯上用小写字母 s,p,d,f,…来代表各 l 值 0,1,2,3,…。

③ 磁量子数 m 每个分层由 1 个或几个原子轨道组成，在特定的分层中每个原子轨道要用一个磁量子数 m 来表示。磁量子数 m 代表原子轨道在空间的方向。一个分层中有几个允许的磁量子数，那么这个分层里就有几个不同方向的同类原子轨道数。磁量子数的值是从 l 到 $-l$ 的所有整数值（包括 0）。例如，当 $l=0$ 时，只允许 m 有一个值，即 $m=0$，也就是说 s 分层只有一种原子轨道（叫做 s 轨道）。$l=1$ 时（p 分层），这个分层里应有 3 个原子轨道（p_x，p_y，p_z），它们的 m 值分别为 +1,0,−1。同理，$l=2$ 的分层应有 5 个原子轨道（$m=+2,+1,0,-1,-2$），$l=3$ 的分层应有 7 个原子轨道（$m=+3,+2,+1,0,-1,-2,-3$），依次类推。

n，l 和 m 三个量子数之间的联系见表 1-1。

表 1-1 表征原子轨道的三个量子数

主量子数(主层)n	角量子数(分层)l	分层的符号	磁量子数(原子轨道)m	分层中的原子轨道数	主层中的轨道总数
1 或 K	0	1s	0	1	1
2 或 L	0	2s	0	1	4
	1	2p	−1,0,+1	3	
3 或 M	0	3s	0	1	9
	1	3p	−1,0,+1	3	
	2	3d	−2,−1,0,+1,+2	5	
4 或 N	0	4s	0	1	16
	1	4p	−1,0,+1	3	
	2	4d	−2,−1,0,+1,+2	5	
	3	4f	−3,−2,−1,0,+1,+2,+3	7	

④ 自旋量子数 m_s 除了量子力学直接给出的描写原子轨道特征的三个量子数 n、l 和 m 外，还有一个描述轨道电子特征的量子数，叫做电子的自旋量子数 m_s。原子中的电子除了以极高的速度在核外空间运动之外，也还有自旋运动。电子有两种不同方向的自旋，即顺时针方向和逆时针方向的自旋。因此，自旋量子数有两个值，即 +1/2 和 −1/2。通常用向上和向下的箭头来代表，即代表正方向自旋电子，代表逆方向自旋

电子。

1.2　原子核外的电子分布与周期表

1.2.1　原子核外的电子分布

原子核外的电子分布，遵循以下三个原则。

① 泡里（Pauli）不相容原理　原子中电子的运动状态可由四个量子数 n，l，m 和 m_s 来确定。原子中不可能有运动状态完全相同的两个电子，即同一原子中的两个电子不可能同时具有相同的四个量子数。这个原则叫做泡里不相容原理，它规定了在任何一个原子轨道中可以容纳两个电子，但这两个电子的自旋方向必须相反。泡里原理的另一结论是指出每一主层中的电子数最多不超过 $2n^2$ 个。

② 能量最低原理　原子核外的电子是按能级高低而分层分布的，在同一电子层中，电子的能级按 s，p，d，f 的次序增大。核外电子在稳定态时，电子总是按能量最低、最稳定的状态分布。因此，原子中的电子分布，将从能量最低的 1s 轨道开始，并按每个轨道中只能容纳两个自旋方向相反的电子这一原则，依次由低能量向高能量充填空轨道。

③ 洪特（Hund）规则　据对光谱的研究发现，电子在等能量轨道（也称等价轨道，例如 3 个 p 轨道，5 个 d 轨道，7 个 f 轨道）中充填时，将尽可能分占不同的轨道，而且自旋方向相同，这一规律叫洪特规则。量子力学从理论上证明了这种填充方式可以使原子保持最低能量。因为当一个轨道中已占有一个电子时，另外一个电子要继续填入而和前一个电子成对，就必须克服它们之间的相互排斥作用，这时所需要的能量叫做电子成对能。因此，电子成单地充入等价轨道有利于体系的能量降低。例如，C 原子在 2p 轨道中有 2 个电子，但 $n=2$ 电子层中共有 3 个 p 轨道，按洪特规则，这 2 个 2p 电子的分布应为[↑|↑|]，而不是[↑↓| |]。同理，N 原子中的 3 个自旋相同的成单 2p 电子，以[↑|↑|↑]方式分布。

作为洪特规则的特例，对于角量子数相同的轨道，当电子结构为全充满、半充满或全空状态时是比较稳定的，即

全充满　p^6 或 d^{10} 或 f^{14}　　半充满　p^3 或 d^5 或 f^7　　全空　p^0 或 d^0 或 f^0

根据以上三个规则，即可决定原子中的电子分布。但对含有多电子的原子来说，要准确地求出波函数 φ 则相当困难，因为这些电子之间有各种各样的相互作用。比如，多电子原子中不但有原子核对电子的吸引，而且还有电子与电子之间的相互排斥。内层电子对外层电子的排斥，相当于减弱了核电荷对外层电子的吸引，这种现象叫做内层电子对外层电子的屏蔽作用。而各主层中的 s 电子对同层其它能态的电子有较大的屏蔽作用，表明 s 电子离原子核近，或者具有渗入内部而更靠近核的能力，这种能力叫穿透能力。例如，4s 电子的穿透作用使它的能级不仅低于 4p，而且还略低于 3d，造成了所谓“能级交错”的现象，即

$$4s<3d<4p$$

同样原因造成

$$5s<4d<5p \qquad 6s<4f<5d<6p$$

主层、分层和原子轨道的能级高低，可用图 1-5 近似地表示，图中每个圆圈代表一个原

子轨道。自下而上，随主量子数 n 的增大，主层能量升高，此外，由图还可看出能级交错现象。图 1-5 中电子填入轨道的顺序如图 1-6 所示。

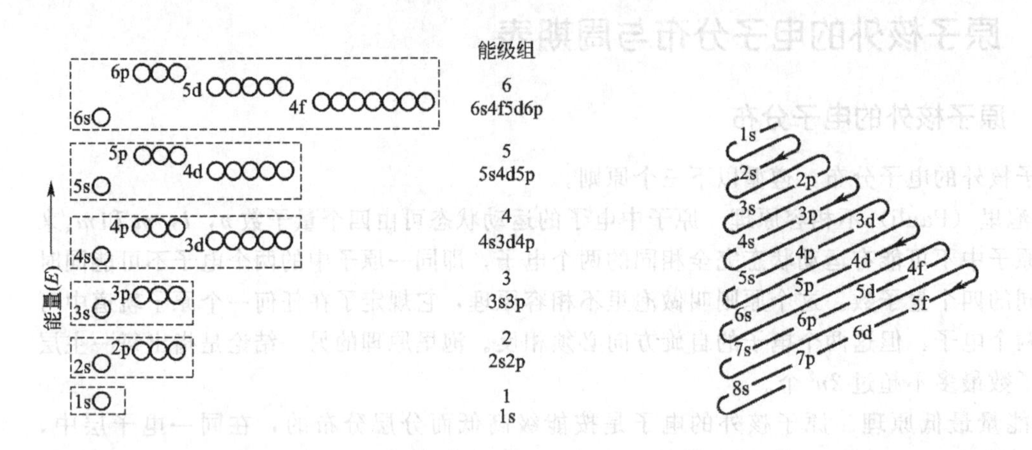

图 1-5 原子轨道的近似能级图　　　　图 1-6 电子填入量子轨道的顺序

在图 1-5 所示的近似能级图中，虚线框出的两个相邻能级之间的能量差较大，但框内的各分层原子轨道间的能量差很小或很接近。这种能级的划分，就是造成元素能够划分成周期的本质原因。

1.2.2 周期表

将所有元素按原子核中正电荷数增加的顺序进行排列，元素的某些性质出现周期性变化，这就是周期律。根据周期律可将元素排列成周期表，表 1-2 为长式周期表。与表 1-2 中各元素相对应的原子的电子层结构见表 1-3。

在周期表中，前 3 个短周期的各元素的电子，按能量最低原理从能量最低的 1s 轨道开始，逐级向高能轨道充填，电子分布情况与图 1-5 的前 3 个能级相对应。但进入第四周期后，由于 s 层电子的穿透作用，出现了能级交错现象，电子按第四能级组的 4s、3d、4p 的顺序填入。

第五周期各元素的原子有 5 个电子层（$n=5$ 的 O 层），电子依次进入第五能级组的 5s、4d、5p 轨道。第六周期有 6 个电子层（$n=6$ 的 P 层），一共有 32 个元素，电子按 6s、4f、5d、6p 的顺序填入轨道。其中从 Ce 到 Lu 依次在 4f 轨道上填 14 个电子，这 14 个元素性质很相近，与 57 号元素一起统称为镧系元素。第七周期的元素有 7 个电子层，到目前只发现了 19 个元素，其电子排列情况与第六周期相似。这一周期中从 Ac 到 Lr 的 15 个元素与第六周期中的镧系元素相当，称为锕系元素。第七周期中的元素都是放射性元素，大部分是人工制造的新元素。

从以上叙述的原子核外的电子分布规律可以看出，周期律的实质在于揭示了元素性质的周期性。因此，元素性质取决于元素原子的电子层结构的周期性。比如同族元素在化学性质和物理性质上的类似性，取决于原子最外电子层结构的类似性，而同族元素在性质上的递变，则取决于原子电子层数的依次增加。此外，元素的金属性和非金属性，则取决于最外电子层中电子的多少。一般来说，最外层电子少的属于金属元素，最外层电子多的是非金属元素，显然，金属性和非金属性同原子得失电子的难易程度有关；在同一周期里自左向右，最外层电子依次增加，因此金属性逐渐减弱而非金属性逐渐增强。

表 1-2 元素周期表

原子序数——92U——元素符号，红色指放射性元素
元素名称注 * 的是人造元素——铀
$5f^36d^17s^2$——外围电子层排布，括号指可能的电子层排布
238.0——相对原子质量

非金属　金属　过渡元素

族 周期	ⅠA	ⅡA	ⅢB	ⅣB	ⅤB	ⅥB	ⅦB	Ⅷ			ⅠB	ⅡB	ⅢA	ⅣA	ⅤA	ⅥA	ⅦA	0	电子层	0族电子层
1	1 H 氢 $1s^1$ 1.008																	2 He 氦 $1s^2$ 4.003	K	2
2	3 Li 锂 $2s^1$ 6.941	4 Be 铍 $2s^2$ 9.012											5 B 硼 $2s^22p$ 10.81	6 C 碳 $2s^22p$ 12.01	7 N 氮 $2s^22p$ 14.01	8 O 氧 $2s^22p$ 16.00	9 F 氟 $2s^22p$ 19.00	10 Ne 氖 $2s^22p$ 20.18	L K	8 2
3	11 Na 钠 $3s^1$ 22.99	12 Mg 镁 $3s^2$ 24.31											13 Al 铝 $3s^23p^1$ 26.98	14 Si 硅 $3s^23p^2$ 28.09	15 P 磷 $3s^23p^3$ 30.97	16 S 硫 $3s^23p^4$ 32.07	17 Cl 氯 $3s^23p^5$ 35.45	18 Ar 氩 $3s^23p^6$ 39.95	M L K	8 8 2
4	19 K 钾 $4s^1$ 39.10	20 Ca 钙 $4s^2$ 40.08	21 Sc 钪 $3d^14s^2$ 44.96	22 Ti 钛 $3d^24s^2$ 47.87	23 V 钒 $3d^34s^2$ 50.94	24 Cr 铬 $3d^54s^1$ 52.00	25 Mn 锰 $3d^54s^2$ 54.94	26 Fe 铁 $3d^64s^2$ 55.85	27 Co 钴 $3d^74s^2$ 58.93	28 Ni 镍 $3d^84s^2$ 58.69	29 Cu 铜 $3d^{10}4s^1$ 63.55	30 Zn 锌 $3d^{10}4s^2$ 65.39	31 Ga 镓 $4s^24p^1$ 69.72	32 Ge 锗 $4s^24p^2$ 72.61	33 As 砷 $4s^24p^3$ 74.92	34 Se 硒 $4s^24p^4$ 78.96	35 Br 溴 $4s^24p^5$ 79.90	36 Kr 氪 $4s^24p^6$ 83.80	N M L K	8 18 8 2
5	37 Rb 铷 $5s^1$ 85.47	38 Sr 锶 $5s^2$ 87.62	39 Y 钇 $4d^15s^2$ 88.91	40 Zr 锆 $4d^25s^2$ 91.22	41 Nb 铌 $4d^35s^2$ 92.91	42 Mo 钼 $4d^55s^1$ 95.94	43 Tc 锝 $4d^55s^2$ 〔99〕	44 Ru 钌 $4d^65s^2$ 101.1	45 Rh 铑 $4d^75s^2$ 102.9	46 Pd 钯 $4d^85s^2$ 106.4	47 Ag 银 $4d^{10}5s^1$ 107.9	48 Cd 镉 $4d^{10}5s^2$ 112.4	49 In 铟 $5s^25p^1$ 114.8	50 Sn 锡 $5s^25p^2$ 118.7	51 Sb 锑 $5s^25p^3$ 121.8	52 Te 碲 $5s^25p^4$ 127.6	53 I 碘 $5s^25p^5$ 126.9	54 Xe 氙 $5s^25p^6$ 131.3	O N M L K	8 8 18 8 2
6	55 Cs 铯 $6s^1$ 132.9	56 Ba 钡 $6s^2$ 137.3	57～71 La～Lu 镧系	72 Hf 铪 $5d^26s^2$ 178.5	73 Ta 钽 $5d^36s^2$ 180.9	74 W 钨 $5d^46s^2$ 183.8	75 Re 铼 $5d^56s^2$ 186.2	76 Os 锇 $5d^66s^2$ 190.2	77 Ir 铱 $5d^76s^2$ 192.2	78 Pt 铂 $5d^86s^2$ 195.1	79 Au 金 $5d^{10}6s^1$ 197.0	80 Hg 汞 $5d^{10}6s^2$ 200.6	81 Tl 铊 $6s^26p^1$ 204.4	82 Pb 铅 $6s^26p^2$ 207.2	83 Bi 铋 $6s^26p^3$ 209.0	84 Po 钋 $6s^26p^4$ 〔209〕	85 At 砹 $6s^26p^5$ 〔210〕	86 Rn 氡 $6s^26p^6$ 〔222〕	P O N M L K	8 8 8 18 8 2
7	87 Fr 钫 $7s^1$ 〔223〕	88 Ra 镭 $7s^2$ 226.0	89～103 Ac～Lr 锕系	104 Rf 𬬻* $(6d^27s^2)$ 〔261〕	105 Db 𬭊 $(6d^37s^2)$ 〔262〕	106 * $(6d^47s^2)$ 〔263〕	107 * $(6d^57s^2)$ 〔262〕	108 * $(6d^67s^2)$ 〔265〕	109 * $(6d^77s^2)$ 〔266〕											

镧系	57 La 镧 $5d^16s^2$ 138.9	58 Ce 铈 $4f^15d^16s^2$ 140.1	59 Pr 镨 $4f^36s^2$ 140.9	60 Nd 钕 $4f^46s^2$ 144.2	61 Pm 钷 $4f^56s^2$ 〔147〕	62 Sm 钐 $4f^66s^2$ 150.4	63 Eu 铕 $4f^76s^2$ 152.0	64 Gd 钆 $4f^75d^16s^2$ 157.3	65 Tb 铽 $4f^96s^2$ 158.9	66 Dy 镝 $4f^{10}6s^2$ 162.5	67 Ho 钬 $4f^{11}6s^2$ 164.9	68 Er 铒 $4f^{12}6s^2$ 167.3	69 Tm 铥 $4f^{13}6s^2$ 168.9	70 Yb 镱 $4f^{14}6s^2$ 173.0	71 Lu 镥 $4f^{14}5d^16s^2$ 175.0
锕系	89 Ac 锕 $6d^17s^2$ 227.0	90 Th 钍 $6d^27s^2$ 232.0	91 Pa 镤 $5f^26d^17s^2$ 231.0	92 U 铀 $5f^36d^17s^2$ 238.0	93 Np 镎 $5f^46d^17s^2$ 237.0	94 Pu 钚 $5f^67s^2$ 〔244〕	95 Am 镅* $5f^77s^2$ 〔243〕	96 Cm 锔* $5f^76d^17s^2$ 〔247〕	97 Bk 锫* $5f^97s^2$ 〔247〕	98 Cf 锎* $5f^{10}7s^2$ 〔251〕	99 Es 锿* $5f^{11}7s^2$ 〔252〕	100 Fm 镄* $5f^{12}7s^2$ 〔257〕	101 Md 钔* $5f^{13}7s^2$ 〔258〕	102 No 锘* $5f^{14}7s^2$ 〔259〕	103 Lr 铹* $5f^{14}6d^17s^2$ 〔260〕

注：1. 相对原子质量录自1995年国际原子量表，并全部取4位有效数字。

2. 相对原子质量加括号的为放射性元素的半衰期最长的同位素的质量数。

表 1-3 原子的电子层结构

周期	原子序数	元素符号	电子层																	
			K	L		M			N				O				P			Q
			1s	2s	2p	3s	3p	3d	4s	4p	4d	4f	5s	5p	5d	5f	6s	6p	6d	7s
1	1	H	1																	
	2	He	2																	
	3	Li	2	1																
	4	Be	2	2																
	5	B	2	2	1															
2	6	C	2	2	2															
	7	N	2	2	3															
	8	O	2	2	4															
	9	F	2	2	5															
	10	Ne	2	2	6															
	11	Na	2	2	6	1														
	12	Mg	2	2	6	2														
	13	Al	2	2	6	2	1													
3	14	Si	2	2	6	2	2													
	15	P	2	2	6	2	3													
	16	S	2	2	6	2	4													
	17	Cl	2	2	6	2	5													
	18	Ar	2	2	6	2	6													
	19	K	2	2	6	2	6		1											
	20	Ca	2	2	6	2	6		2											
	21	Sc	2	2	6	2	6	1	2											
	22	Ti	2	2	6	2	6	2	2											
	23	V	2	2	6	2	6	3	2											
	24	Cr	2	2	6	2	6	5	1											
	25	Mn	2	2	6	2	6	5	2											
	26	Fe	2	2	6	2	6	6	2											
	27	Co	2	2	6	2	6	7	2											
4	28	Ni	2	2	6	2	6	8	2											
	29	Cu	2	2	6	2	6	10	1											
	30	Zn	2	2	6	2	6	10	2											
	31	Ga	2	2	6	2	6	10	2	1										
	32	Ge	2	2	6	2	6	10	2	2										
	33	As	2	2	6	2	6	10	2	3										
	34	Se	2	2	6	2	6	10	2	4										
	35	Br	2	2	6	2	6	10	2	5										
	36	Kr	2	2	6	2	6	10	2	6										
	37	Rb	2	2	6	2	6	10	2	6			1							
	38	Sr	2	2	6	2	6	10	2	6			2							
	39	Y	2	2	6	2	6	10	2	6	1		2							
5	40	Zr	2	2	6	2	6	10	2	6	2		2							
	41	Nb	2	2	6	2	6	10	2	6	3		2							
	42	Mo	2	2	6	2	6	10	2	6	5		1							
	43	Tc	2	2	6	2	6	10	2	6	5		2							

续表

周期	原子序数	元素符号	电子层																	
			K	L		M			N				O				P			Q
			1s	2s	2p	3s	3p	3d	4s	4p	4d	4f	5s	5p	5d	5f	6s	6p	6d	7s
	44	Ru	2	2	6	2	6	10	2	6	6		2							
	45	Rh	2	2	6	2	6	10	2	6	7		2							
	46	Pd	2	2	6	2	6	10	2	6	8		2							
	47	Ag	2	2	6	2	6	10	2	6	10		1							
	48	Cd	2	2	6	2	6	10	2	6	10		2							
5	49	In	2	2	6	2	6	10	2	6	10		2	1						
	50	Sn	2	2	6	2	6	10	2	6	10		2	2						
	51	Sb	2	2	6	2	6	10	2	6	10		2	3						
	52	Te	2	2	6	2	6	10	2	6	10		2	4						
	53	I	2	2	6	2	6	10	2	6	10		2	5						
	54	Xe	2	2	6	2	6	10	2	6	10		2	6						
	55	Cs	2	2	6	2	6	10	2	6	10		2	6			1			
	56	Ba	2	2	6	2	6	10	2	6	10		2	6			2			
	57	La	2	2	6	2	6	10	2	6	10		2	6	1		2			
	58	Ce	2	2	6	2	6	10	2	6	10	1	2	6	1		2			
	59	Pr	2	2	6	2	6	10	2	6	10	3	2	6			2			
	60	Nd	2	2	6	2	6	10	2	6	10	4	2	6			2			
	61	Pm	2	2	6	2	6	10	2	6	10	5	2	6			2			
	62	Sm	2	2	6	2	6	10	2	6	10	6	2	6			2			
	63	Eu	2	2	6	2	6	10	2	6	10	7	2	6			2			
	64	Gd	2	2	6	2	6	10	2	6	10	7	2	6	1		2			
	65	Tb	2	2	6	2	6	10	2	6	10	9	2	6			2			
	66	Dy	2	2	6	2	6	10	2	6	10	10	2	6			2			
	67	Ho	2	2	6	2	6	10	2	6	10	11	2	6			2			
	68	Er	2	2	6	2	6	10	2	6	10	12	2	6			2			
	69	Tm	2	2	6	2	6	10	2	6	10	13	2	6			2			
	70	Yb	2	2	6	2	6	10	2	6	10	14	2	6			2			
6	71	Lu	2	2	6	2	6	10	2	6	10	14	2	6	1		2			
	72	Hf	2	2	6	2	6	10	2	6	10	14	2	6	2		2			
	73	Ta	2	2	6	2	6	10	2	6	10	14	2	6	3		2			
	74	W	2	2	6	2	6	10	2	6	10	14	2	6	4		2			
	75	Re	2	2	6	2	6	10	2	6	10	14	2	6	5		2			
	76	Os	2	2	6	2	6	10	2	6	10	14	2	6	6		2			
	77	Ir	2	2	6	2	6	10	2	6	10	14	2	6	7		2			
	78	Pt	2	2	6	2	6	10	2	6	10	14	2	6	8		2			
	79	Au	2	2	6	2	6	10	2	6	10	14	2	6	10		1			
	80	Hg	2	2	6	2	6	10	2	6	10	14	2	6	10		2			
	81	Tl	2	2	6	2	6	10	2	6	10	14	2	6	10		2	1		
	82	Pb	2	2	6	2	6	10	2	6	10	14	2	6	10		2	2		
	83	Bi	2	2	6	2	6	10	2	6	10	14	2	6	10		2	3		
	84	Po	2	2	6	2	6	10	2	6	10	14	2	6	10		2	4		
	85	At	2	2	6	2	6	10	2	6	10	14	2	6	10		2	5		
	86	Rn	2	2	6	2	6	10	2	6	10	14	2	6	10		2	6		

续表

周期	原子序数	元素符号	电子层 K	L		M			N				O				P			Q
			1s	2s	2p	3s	3p	3d	4s	4p	4d	4f	5s	5p	5d	5f	6s	6p	6d	7s
7	87	Fr	2	2	6	2	6	10	2	6	10	14	2	6	10		2	6		1
	88	Ra	2	2	6	2	6	10	2	6	10	14	2	6	10		2	6		2
	89	Ac	2	2	6	2	6	10	2	6	10	14	2	6	10		2	6	1	2
	90	Th	2	2	6	2	6	10	2	6	10	14	2	6	10		2	6	2	2
	91	Pa	2	2	6	2	6	10	2	6	10	14	2	6	10	2	2	6	1	2
	92	U	2	2	6	2	6	10	2	6	10	14	2	6	10	3	2	6	1	2
	93	Np	2	2	6	2	6	10	2	6	10	14	2	6	10	4	2	6	1	2
	94	Pu	2	2	6	2	6	10	2	6	10	14	2	6	10	6	2	6		2
	95	Am	2	2	6	2	6	10	2	6	10	14	2	6	10	7	2	6		2
	96	Cm	2	2	6	2	6	10	2	6	10	14	2	6	10	7	2	6	1	2
	97	Bk	2	2	6	2	6	10	2	6	10	14	2	6	10	9	2	6		2
	98	Cf	2	2	6	2	6	10	2	6	10	14	2	6	10	10	2	6		2
	99	Es	2	2	6	2	6	10	2	6	10	14	2	6	10	11	2	6		2
	100	Fm	2	2	6	2	6	10	2	6	10	14	2	6	10	12	2	6		2
	101	Md	2	2	6	2	6	10	2	6	10	14	2	6	10	13	2	6		2
	102	No	2	2	6	2	6	10	2	6	10	14	2	6	10	14	2	6		2
	103	Lr	2	2	6	2	6	10	2	6	10	14	2	6	10	14	2	6	1	2
	104	Rf	2	2	6	2	6	10	2	6	10	14	2	6	10	14	2	6	2	2
	105	Db	2	2	6	2	6	10	2	6	10	14	2	6	10	14	2	6	3	2

注：表中单框中的元素是过渡族元素，双框中的元素是镧系或锕系元素。

1.2.3 电离能、电子亲和能及电负性

由于原子电子层结构的周期性，与电子层结构有关的一系列原子性质也应该呈周期性变化。

(1) 电离能 I

金属元素的特点在于它易于失去电子成为阳离子。一种原子失去电子的难易程度可由电离能来评价，电离能的能量单位通常以电子伏特（eV）来表示。使一个气态原子失去一个电子形成+1价气态阳离子所消耗的能量，叫做原子的第一电离能，或叫第一电离势；由+1价阳离子再失去一个电子形成+2价阳离子所需的能量叫第二电离能。原子也可依次地再有第三、第四电离能。总的来说，一般原子的第一电离能相对较低，如C原子的第一、第二、第三电离能分别为11.264eV、23.642eV和47.760eV。第一电离能较为重要，因此仅对第一电离能进行分析比较。图1-7给出了第

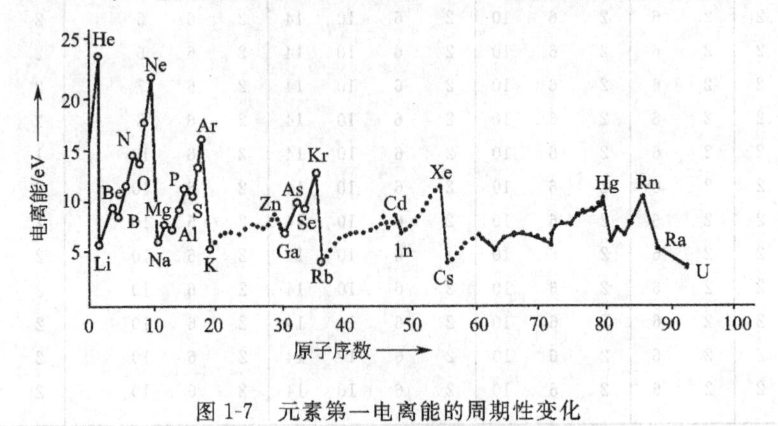

图1-7 元素第一电离能的周期性变化

表 1-4　原子的第一电离能

单位：eV

周期＼类和族	ⅠA	ⅡA	ⅢB	ⅣB	ⅤB	ⅥB	ⅦB	Ⅷ			ⅠB	ⅡB	ⅢA	ⅣA	ⅤA	ⅥA	ⅦA	0
1	1 H 13.595																	2 He 24.580
2	3 Li 5.390	4 Be 9.320											5 B 8.296	6 C 11.264	7 N 14.54	8 O 13.614	9 F 17.42	10 Ne 21.559
3	11 Na 5.138	12 Mg 7.644											13 Al 5.984	14 Si 8.149	15 P 11.0	16 S 10.357	17 Cl 13.01	18 Ar 15.755
4	19 K 4.339	20 Ca 6.111	21 Sc 6.56	22 Ti 6.83	23 V 6.74	24 Cr 6.76	25 Mn 7.432	26 Fe 7.896	27 Co 7.86	28 Ni 7.633	29 Cu 7.723	30 Zn 9.391	31 Ga 6.00	32 Ge 8.13	33 As 9.82	34 Se 9.750	35 Br 11.84	36 Kr 13.996
5	37 Rb 4.176	38 Sr 5.692	39 Y 6.22	40 Zr 6.63	41 Nb 6.77	42 Mo 7.18	43 Tc 7.23	44 Ru 7.36	45 Rh 7.46	46 Pd 8.33	47 Ag 7.574	48 Cd 8.991	49 In 5.785	50 Sn 7.332	51 Sb 8.64	52 Te 9.01	53 I 10.44	54 Xe 12.127
6	55 Cs 3.893	56 Ba 5.210	57～71	72 Hf 6.82	73 Ta 7.89	74 W 7.98	75 Re 7.87	76 Os 8.7	77 Ir 9.2	78 Pt 8.96	79 Au 9.223	80 Hg 10.434	81 Tl 6.106	82 Pb 7.415	83 Bi 7.29	84 Po 8.42	85 At	86 Rn 10.745
7	87 Fr	88 Ra 5.28	89～103															

镧系元素	57 La 5.61	58 Ce (6.91)	59 Pr (5.76)	60 Nd (6.31)	61 Pm	62 Sm 5.6	63 Eu 5.67	64 Gd 6.16	65 Tb (6.74)	66 Dy (6.82)	67 Ho	68 Er	69 Tm —	70 Yb 6.2	71 Lu 6.15
锕系元素	89 Ac 6.86	90 Th	91 Pa	92 U 6.19	93 Np	94 Pu	95 Am	96 Cm	97 Bk	98 Cf	99 Es	100 Fm	101 Md —	102 No —	103 Lr —

一电离能随原子序数的变化，由图可以看出第一电离能变化的周期性。各元素的第一电离能列于表 1-4。

原子的第一电离能可作为该元素金属活泼性的一种度量。由表 1-4 可知，同一族元素自上而下电离能减小，即金属性增强；同一周期中，由左至右元素的第一电离能虽然有曲折变化，但总的来说是增加的，即金属性减弱。

电离能不仅可以衡量元素的金属活泼性，还可以说明元素的常见氧化态。如 Na 的第一电离能较低，约为 5.138eV，但第二电离能突然升高到 47.284eV，表明 Na 有利于形成+1 价氧化态；Al 的第一、第二、第三电离能（分别为 5.984eV，18.823eV 和 28.44eV）相对较低，而第四电离能突然升至 119.768eV，说明 Al 有利于形成+3 价氧化态。

(2) 电子亲和能 E

与电离能相反，原子的电子亲和能是指一个气态原子得到一个电子形成−1 价气态阴离子所放出的能量。非金属原子一般电离能大，难于失去电子，但它得到电子的倾向却很明显。非金属元素的电子亲和能越大，表示变成阴离子的倾向越大。卤素具有最大的电子亲和能，是最活泼的非金属。

由于电子亲和能的测定比较困难，因此电子亲和能的数据较少，且准确度比电离能小得多。已知的部分元素的亲和能数据见表 1-5。

表 1-5 元素的电子亲和能数据表 单位：kJ/mol

H															He
72.9															(−21)
Li	Be									B	C	N	O	F	Ne
59.8	(−240)									23	122	−808*	141 −780*	322	(−29)
Na	Mg									Al	Si	P	S	Cl	Ar
52.9	(−230)									44	120	74	200.4 −590*	348.7	(−35)
K	Ca	Ti	V	Cr	Fe	Co	Ni	Cu	Zn	Ga	Ge	As	Se	Br	Kr
48.4	(−156)	(37.7)	(90.4)	63	(56.2)	(90.3)	(123.1)	123	(−87)	36	116	77	195 −420*	324.5	(−39)
Rb				Mo					Cd	In	Sn	Sb	Te	I	Xe
46.96				96					(−58)	34	121	101	190.1	295	(−40)
Cs	Ba		Ta	W	Re		Pt	Au		Tl	Pb	Bi	Po	At	Rn
45.5	(−52)		80	50	15		205.3	222.7		50	100	100	(180)	(270)	(−40)
Fr															
44.0															

* 为第二电子亲和能。

(3) 电负性 X

元素的原子在化合物分子中把电子吸向自己的能力叫电负性，又称负电性。元素的电负性与电离能和电子亲和能有一定联系。当两个元素结合时，电负性大的元素得到电子，而电负性小的元素失去电子。因此，电负性的大小反映了元素非金属性或金属性的强弱，从而可判断两种元素之间化学亲和力的强弱。

为了方便起见，通常只比较元素之间的相对电负性。鲍林首先提出电负性的概念，并指定氟（F）的电负性为 4.0，以此为标准比较其它元素的电负性。后来又有人提出了各种不同的计算方法，如何莱和罗周根据原子核对电子的静电引力也算出一套电负性数据，与鲍林的数据很接近。表 1-6 是电负性的计算数据。由表可见，元素的电负性也呈周期性变化。一般是非金属元素的电负性大于金属，而在非金属元素中，电负性最大的是氟（4.10）。

表 1-6　元素的电负性

ⅠA	ⅡA	ⅢB	ⅣB	ⅤB	ⅥB	ⅦB	Ⅷ			ⅠB	ⅡB	ⅢA	ⅣA	ⅤA	ⅥA	0
H 2.1																
Li 0.97	Be 1.47											B 2.01	C 2.50	N 3.07	O 3.50	F 4.10
Na 1.01	Mg 1.23											Al 1.47	Si 1.74	P 2.06	S 2.44	Cl 2.83
K 0.91	Ga 1.04	Sc 1.2	Ti 1.32	V 1.45	Cr 1.56	Mn 1.6	Fe 1.64	Co 1.7	Ni 1.75	Cu 1.75	Zn 1.66	Ga 1.82	Ge 2.02	As 2.20	Se 2.48	Br 2.74
Rb 0.89	Sr 0.99	Y 1.11	Zr 1.22	Nb 1.23	Mo 1.30	Tc 1.36	Ru 1.42	Rh 1.45	Pd 1.35	Ag 1.42	Cd 1.46	In 1.49	Sn 1.72	Sb 1.82	Te 2.01	I 2.21
Cs 0.86	Ba 0.97	镧系 1.08～1.14	Hf 1.23	Ta 1.33	W 1.40	Re 1.45	Os 1.52	Ir 1.55	Pt 1.44	Au 1.42	Hg 1.44	Tl 1.44	Pb 1.55	Bi 1.67	Po 1.76	At 1.90

注：电负性变化的规律，一般是在同族中由上而下电负性减小，但 B 族中第三系列过渡元素却比第二系列过渡元素的电负性大；在周期表中由左向右电负性增大。

1.3　原子键合

材料的基本单元是元素，而元素又是由原子形成的，因此，对材料组织和性能产生本质影响的是原子间的相互作用，即原子的键合以及原子的空间排列。原子的键合形式不同，材料的组织和性能也各不相同。通常，原子的键合分为以下两种（或四类）。

a. 一次键　包括离子键、共价键和金属键。

b. 二次键　包括范德华力及氢键。

键合的性质可用键能、键长、键角等物理量来定量描述。简单地说，键能是指形成某一键合所放出的能量或者是破坏某一键合所需要的能量；键长指相互结合的两原子间的距离；键角则是指键与键之间的夹角。这些物理量统称为键参数。

一次键由于相互结合的原子间有电子转移或者共用电子对，因此键合力较大。而二次键没有电子转移和共用电子对，仅仅通过偶极子的静电引力产生较弱的键合力。所谓二次键，是和一次键相比结合力较小，同时也由于键合太弱而无法单独形成一种键合形式，因此只好称之为“二次键”。

金属、陶瓷、高分子聚合物和半导体材料，各自有不同的键合形式，至于复合材料则是一次键（离子键、共价键和金属键）和二次键的四种基本键合形式的随机组合。

1.3.1　离子键

活泼金属原子和活泼非金属原子形成的化合物如 NaCl、NaOH、CsCl 等，主要以晶体的形式出现，并且有许多特殊性能，如熔点和沸点较高，熔融或溶解后均能导电。

当活泼金属原子和活泼非金属原子（如 Na 原子和 Cl 原子）在一定条件下相遇时，由于双方原子的电负性相差较大，因而发生了两种原子间的电子转移，其结果是 Na 原子中的价电子（$3s^1$）基本转移到 Cl 原子一边，Na 原子本身成为带正电荷的 Na 阳离子（Na^+），而 Cl 原子获得电子成为带负电荷的 Cl 阴离子（Cl^-）。此时，阴阳离子之间除了有静电相互吸引之外，还有电子与电子、原子核与原子核之间的相互排斥。当两种原子接近到某一距离时，吸引和排斥达到暂时平衡，整个体系的能量降到最低点，于是阴、阳离子之间就形成了稳定的化学键。这一过程可简单表示为

$$n\mathrm{Na}(3s^1)\xrightarrow{-ne^-}n\mathrm{Na}^+(2s^2 2p^6)\searrow$$
$$n\mathrm{NaCl}$$
$$n\mathrm{Cl}(3s^2 3p^5)\xrightarrow{+ne^-}n\mathrm{Cl}^-(3s^2 3p^6)\nearrow$$

这种由于原子之间的电子得失以及随后靠阴、阳离子之间的静力作用而形成的键合形式叫离子键。Na 原子和 Cl 原子形成离子键的过程，如图 1-8 所示。由离子键形成的化合物叫离子型化合物，但由于离子键大多数存在于晶体中，因此靠离子键结合而成的晶体统称为离子晶体。

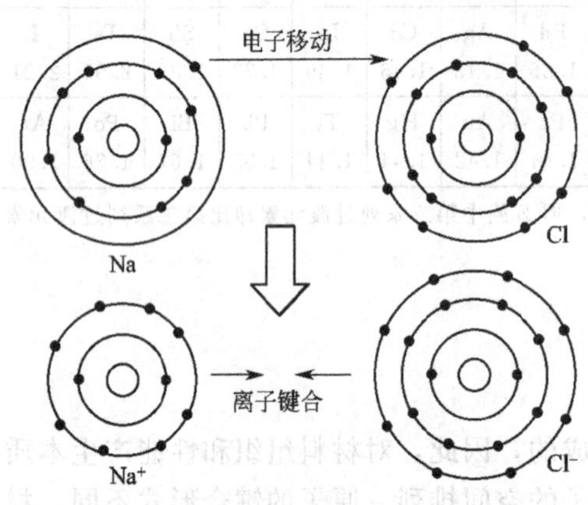

图 1-8　Na 原子和 Cl 原子的键合示意图

由离子键的形成过程可以看出，阳离子的电荷数就是相应原子失掉的电子数；阴离子的电荷数就是相应原子获得的电子数。实验数据和理论计算均表明，惰性气体的原子结构最稳定，例如 Na 原子失掉一个电子变成稳定的惰性气体氖的结构（$2s^2 2p^6$），只需消耗 5.138eV，但如果再失掉一个电子变为 $2s^2 2p^5$ 结构时，则需消耗高达 47.29eV 的能量。因此，周期表中 A 族的典型金属元素和典型非金属元素都有形成在周期表中离它最近的惰性气体原子结构的倾向。

比如第ⅠA 族的碱金属元素（Li、Na、K、Rb、Cs），它们价电子的电子结构是 ns^1，化合时易失掉一个价电子达到稳定的 8 电子构型（或氦原子的 2 电子构型），从而成为 M^+。

第ⅡA 族的碱土金属（Be、Mg、Ca、Sr、Ba），最外层的电子构型是 ns^2，化合时易失掉 2 个电子达到稳定的 8 电子构型（或氦原子的 2 电子构型），从而形成 M^{2+}。

第ⅦA 族的卤族元素（F、Cl、Br、I），它们最外层的电子构型是 $ns^2 np^5$，只要接受 1 个电子就能达到稳定的 8 电子构型，因此卤素在化合时易形成带 1 个负电荷的阴离子（X^-）。

由于原子核外电子不是在固定轨道上运动，因此原子或离子的大小是无法确定的，不过当异号离子 A^+ 和 B^- 通过离子键形成离子化合物时，A^+ 和 B^- 的原子核之间应该有平衡距离，在平衡距离内异号离子间的静电吸引力等于电子-电子、核-核之间的推斥力，这个距离叫离子键的键长（d）。键长可通过结构实验来确定。如果设 A^+ 和 B^- 是两个互相接触的球，那么键长 d 应等于两个球体的半径之和，即

$$d=r_1+r_2$$

这个半径便叫离子的有效半径，简称离子半径。离子半径的大小，近似地反映了离子的相对大小。表 1-7 给出了用三种方法推导出的某些离子半径。

因为离子的电荷分布是球形对称的，所以它可以在空间的不同方向上同时吸引几个带有相反电荷的离子，即离子键没有方向性也没有饱和性。例如在 NaCl 中，每个 Na^+ 可同时吸引 6 个 Cl^-，每个 Cl^- 也可同时吸引 6 个等距离的 Na^+，于是在空间三个方向上按以上规律继续延伸，形成了一个巨大的离子晶体。

表 1-7　哥希密德（G），鲍林（P）和拉德（L）推导的某些离子半径　单位：Å

离子	G	P	L	离子	G	P	L
H^-	1.54	2.08	1.39	Fe^{2+}	0.83	0.76	0.90
F^-	1.33	1.36	1.19	O^{2-}	1.32	1.40	1.25
Cl^-	1.81	1.81	1.70	S^{2-}	1.74	1.84	1.70
Br^-	1.96	1.95	1.87	Se^{2-}	1.91	1.98	1.81
I^-	2.20	2.16	2.12	Te^{2-}	2.11	2.21	1.97
Li^+	0.78	0.60	0.86	Co^{2+}	0.82	0.74	0.88
Na^+	0.98	0.95	1.12	Ni^{2+}	0.68	0.69	—
K^+	1.33	1.33	1.44	Cu^{2+}	0.72	—	—
Rb^+	1.49	1.48	1.58	Bi^{3+}	0.2	0.20	—
Cs^+	1.65	1.69	1.84	Al^{3+}	0.45	0.50	—
Cu^+	0.95	0.96	—	Sc^{3+}	0.68	0.83	—
Ag^+	1.13	1.26	1.27	Y^{3+}	0.90	0.93	—
Au^+		1.37		La^{3+}	1.04	1.15	—
Tl^+	1.49	1.40	1.54	Ga^{3+}	0.60	0.62	—
NH_4^+		1.48	1.66	In^{3+}	0.81	0.81	—
Be^{2+}	0.34	0.31	—	Tl^{3+}	0.91	0.95	—
Mg^{2+}	0.78	0.65	0.87	Fe^{3+}	0.53	—	—
Ca^{2+}	1.06	0.99	1.18	Cr^{3+}	0.53	—	—
Sr^{2+}	1.27	1.13	1.32	C^{4+}	0.15	0.15	
Ba^{2+}	1.43	1.35	1.49	Si^{4+}	0.38	0.41	
Ra^{2+}	—	1.40	1.57	Ti^{4+}	0.60	0.68	
Zn^{2+}	0.69	0.74		Zr^{4+}	0.77	0.86	
Cd^{2+}	1.03	0.97	1.14	Ce^{4+}	0.87	1.01	
Hg^{2+}	0.93	1.10	—	Ge^{4+}	0.54	0.53	
Pb^{2+}	1.17	1.21	—	Sn^{4+}	0.71	0.71	
Mn^{2+}	0.91	0.80	0.93	Pb^{4+}	0.81	0.84	

根据能量最低原则，当不同的原子化合成离子型化合物时，能量降得越低，键越牢固，化合物也就越稳定。因此，通常用成键过程的能量变化来标志离子键的强弱和离子型化合物（晶体）的稳定程度，离子键的强度可用离子型化合物晶体的晶格能来衡量。所谓晶格能，是指由气态正、负离子形成1mol离子型化合物晶体时，所放出的能量。对于相同类型的离子晶体来说，阴、阳离子间的键长越短、离子电荷越高，晶格能在数值上就越大。离子晶体的晶格能越高，表明离子键越牢固，反映在晶体的物理性质上将必然是有较高的熔点、沸点和硬度。某些离子晶体的晶格能及物理性质见表 1-8。

表 1-8　离子型化合物的晶格能和物理性质

NaCl 型晶体	NaI	NaBr	NaCl	NaF	BaO	SrO	CaO	MgO	BeO
离子电荷	1	1	1	1	2	2	2	2	2
晶格能/(kJ/mol)	686	732	770	891	3042	3205	3477	3916	—
键长/Å	3.18	2.94	2.79	2.31	2.77	2.57	2.40	2.10	1.65
熔点/℃	660	740	801	988	1923	2430	2579	2800	2530
硬度(莫氏)	—	—	—	—	3.3	3.5	4.5	6.5	9.0

总的来说，在离子型化合物中，异号离子间存在着相对较强的化学键，因此离子型化合物（和分子型化合物相比）一般具有硬度较高、密度较大、较为稳定、难于压缩和

难于挥发等特性，并且有较高的熔点和沸点，有相对较高的熔化热和升华热等。离子型化合物熔化后产生能够自由移动的离子，所以大部分熔融状态的盐、碱和金属氧化物都可以导电。离子晶体在受外力作用时，不能像金属那样延展变形，而是易沿一定的原子平面解理。

1.3.2 共价键

两个相同的原子或性质相差不大的原子互相接近时，它们的原子之间不会产生电子转移，此时原子间通过共用电子对来实现键合，这种键合方式叫共价键。N、O、C、F、Cl 等非金属原子之间属于这种稳定的共价键结合。共价键具有方向性和饱和性。

(1) 共价键理论

共价键理论的基本内容包括价键理论（电子配对法）、轨道杂化理论以及分子轨道理论。

价键理论又叫电子配对法，该理论指出，形成共价键的先决条件，是组成分子的原子在化合前，每个原子至少要有一条处于半充填状态的轨道，即原子含有未成对的电子，并且这些电子的自旋方向相反。

假设原子 A 和原子 B 各有一个未成对电子且自旋方向相反，则可互相结合构成共价键。如果 A 和 B 各有两个或叁个未成对的电子，则可两两结合构成共价双键或叁键。当 A 有两个未成对电子，而 B 只有一个，那么 A 和两个 B 化合成 AB_2 分子。比如，一个原子有几个未成对电子，便可知其能和几个自旋方向相反的电子配对成键，这就是共价键的饱和性。因此，一般来说，一个原子所具有的未成对电子的数目，往往就是它的化合价。

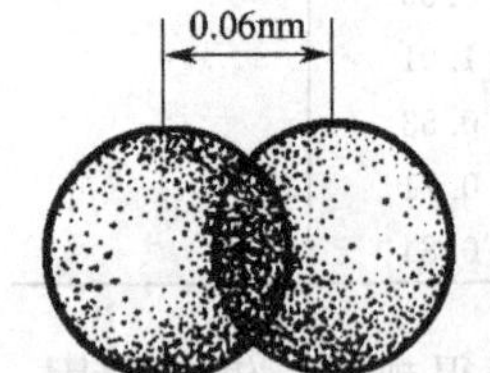

图 1-9 氢原子结合为氢分子的示意图

虽然共价键是借助共用电子对而结合的，但电子对并不是永远在两个原子之间，只不过电子云（电子的概率密度 $|\psi|^2$）在两核中间重叠的密度最大（见图 1-9）。成键电子的原子轨道重叠越多，其电子云密度也越大，所形成的共价键就越稳固。因此，共价键的形成在可能范围内一定取电子云密度最大的方向，这就是共价键的方向性。

根据电子配对理论，对 CH_4 来说，由于 C 原子的基态是 $1s^2 2s^2 2p_x^1 2p_y^1$，只有两个未成对的电子，因此它只能形成两个共价键，而且键角应该为 90°左右。但近代物理测试技术已经证实 CH_4 分子的空间结构为正四面体，并且 C—H 键与键的夹角为 109°28′，这一实验事实显然与电子配对理论不相符。因此，在电子配对法的基础上，又发展出“轨道杂化理论”，较好地解释了诸如 CH_4 等仅仅用电子配对法无法说明的实验事实。

根据量子力学计算，碳原子的 1 个 2s 轨道和 3 个 2p 轨道杂化（混合），生成 4 个新的等能量的杂化轨道，叫做 sp^3 轨道。这 4 个完全相同的新轨道有 1/4s 态的性质和 3/4p 态的性质。碳原子 sp^3 轨道的杂化过程示意见图 1-10。这 4 个 sp^3 杂化轨道彼此在能量上完全相等，它们的电子云各自指向正四面体的顶角［见图 1-11(a)］。sp^3 轨道杂化总是使共价分子形成四面体结构，属于四面体结构的还有 Si、Ge 等 4 价元素。

4 个氢原子的每个 1s 轨道与碳原子 4 个 sp^3 杂化轨道中的其中之一发生轨道重叠，形成图 1-11(b) 所示的甲烷立体结构。由于杂化后电子云分布更为集中，可以使成键原子间的重叠部分增大，成键能力增强，因此 C 与 4 个 H 之间形成了 4 个极强的共价键而产生 CH_4 分子。分子具有正四面体的空间结构，两个 C—H 键间的夹角是 109°28′，与实验测得的结果完全相符。

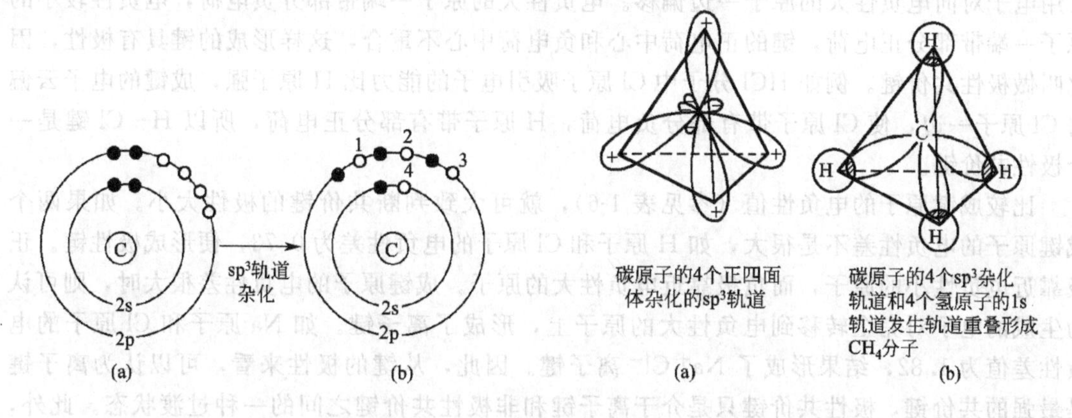

图 1-10　碳原子 sp^3 轨道杂化　　图 1-11　碳原子的轨道杂化和甲烷分子的立体结构

上述的电子配对理论模型和轨道杂化理论模型比较直观，并且能够较好地解释分子的价键形成和空间构型。但由于上述理论有其局限性，因而又发展起来一种计算处理较为简单而又考虑到分子整体的近似理论——分子轨道法。

分子轨道法认为原子形成分子后，电子不再属于原子轨道，而是在一定的分子轨道中运动。分子轨道组成分子，就好像原子轨道组成原子一样。价电子不再认为是定域在个别原子之内，而是在整个分子中运动。因此，可以按照原子中电子分布的原则（能量最低原理、泡里原理、洪特规则）来处理分子中电子的分布。

分子轨道形状可以通过原子轨道函数的适当组合而近似地求得。两个原子轨道通过重叠，可以组成两个分子轨道。由两个原子轨道函数相减重叠所得到的分子轨道叫“反键分子轨道”；由两个原子轨道函数相加重叠而得到的分子轨道叫“成键分子轨道”。成键分子轨道的能量不仅低于反键轨道的能量，而且也比原来的两个原子轨道的能量低。于是，就像电子填入原子轨道的情况一样，电子填入分子轨道时首先填进成键轨道中，一个分子轨道中可以填入两个自旋方向相反的电子。当电子填入能量相等的分子轨道时，按洪特规则也要尽可能以相同的自旋方向分占不同的分子轨道。由两个 s 原子轨道所形成的分子轨道如图 1-12 所示。

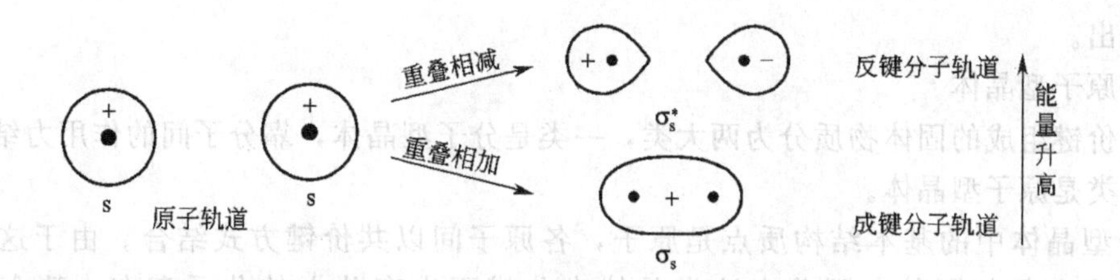

图 1-12　2 个 s 轨道形成的分子轨道

(2) 共价键的极性和极性分子

在单质中，同种原子形成共价键时，原子双方吸引电子的能力（即电负性）相同，共用电子对恰好在键的中央出现的概率最大，由两个原子核正电荷形成的正电荷中心与分子中的负电荷中心恰好重合，这种键叫非极性键。如 H_2、O_2、N_2、Cl_2 分子以及巨分子单质，像金刚石、晶态硅、晶态硼的共价键，均属于非极性共价键。

在化合物中，不同原子间形成化合物时，由于不同原子吸引电子的能力不一样，从而使共用电子对向电负性大的原子一边偏移。电负性大的原子一端带部分负电荷，电负性较小的原子一端带部分正电荷，键的正电荷中心和负电荷中心不重合，这样形成的键具有极性，因此叫做极性共价键。例如 HCl 分子中 Cl 原子吸引电子的能力比 H 原子强，成键的电子云偏向 Cl 原子一边，使 Cl 原子带有部分负电荷，H 原子带有部分正电荷，所以 H—Cl 键是一个极性共价键。

比较成键原子的电负性值（参见表 1-6），就可大致判断共价键的极性大小。如果两个成键原子的电负性差不是很大，如 H 原子和 Cl 原子的电负性差为 0.73，便形成极性键。正极靠近电负性小的原子，而负极靠近电负性大的原子。成键原子的电负性差很大时，则可认为生成的电子对完全转移到电负性大的原子上，形成了离子键。如 Na 原子和 Cl 原子的电负性差值为 1.82，结果形成了 Na^+Cl^- 离子键。因此，从键的极性来看，可以认为离子键是最强的共价键，极性共价键只是介于离子键和非极性共价键之间的一种过渡状态。此外，在许多化合物中有时既存在离子键，又存在着共价键。例如 NaOH，在 Na^+ 和 OH^- 之间的键是离子键，而 O 和 H 之间的键却是极性共价键。

在简单的双原子分子中，如果两个原子之间的键是极性键，那么在这个分子中可以找到相当于正电荷重心的点和相当于负电荷重心的点，这两个点叫做分子的两个极，这种分子叫做极性分子或偶极分子；如果简单双原子分子中的原子相同，则两个原子间的键是非极性键，这种分子就叫非极性分子。图 1-13 为极性分子和非极性分子示意图。

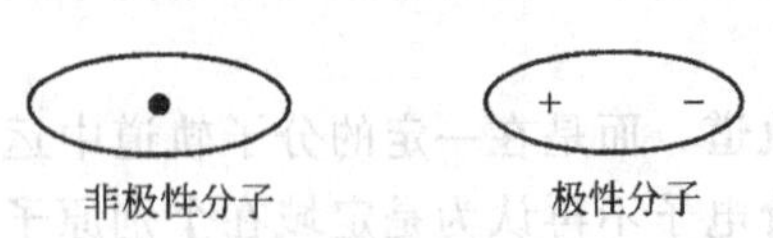

图 1-13 极性分子与非极性分子示意图

对复杂的多原子分子来说，分子是否有极性，主要看分子的组成和结构。例如，在 CCl_4 分子中，4 个共价键都是极性键，但由于分子具有对称结构，4 个键的极性互相抵消，因而这个分子是非极性分子。$CHCl_3$ 分子由于不具备对称性，所以是一个极性分子。显然，对于多原子分子来说，分子的极性不仅与键的极性有关，还和分子的空间结构（特别是对称性）有关。

极性分子极性的强弱，通常用偶极矩 μ 来衡量。设分子中有两个带电荷 $+q$ 和 $-q$ 的点，正、负电荷间的距离为 d，则分子的偶极矩为

$$\mu=qd$$

习惯上把 10^{-18} 厘米 · 静电单位作为偶极矩 μ 的单位，叫做“德拜”(D)。偶极矩可通过实验方法测出。

(3) 原子型晶体

由共价键组成的固体物质分为两大类，一类是分子型晶体，靠分子间的作用力结合在一起；另一类是原子型晶体。

原子型晶体中的基本结构质点是原子，各原子间以共价键方式结合。由于这些键在各个方向上都是相同的，因此在这类晶体中分辨不出有独立的分子存在，整个晶体可看成是一个巨大的分子。原子型晶体的典型代表是金刚石，由于 C 原子间的共价键非常牢固，要打断这些共价键需要消耗较多的能量，因而金刚石是自然界中最坚硬的固体，熔点高达 3570℃。原子型晶体的单质除金刚石外，还有单质 Si（具有金刚石结构）、单质 B；原子型化合物晶体有 SiC、B_4C_3 和 BN 等。原子型晶体在通常情况下不导电，同时也是热的不良导体。这类晶体与离子晶体不同，即使熔化时也不导电。硅晶体的禁带宽度为 1.1eV，属于半导体，可在一定条件下导电；金刚石的禁带宽度为 5.3eV，是性能优良的半导体。

1.3.3　金属键

在已知的元素中，金属元素约占80%。和非金属相比，金属具有光泽，有良好的导电性和导热性，以及良好的延展性。金属的这些性能和特点，本质上讲是由金属键决定的。金属键没有方向性和饱和性。

金属键的自由电子理论认为，固态金属中的价电子可以自由地从一个原子跑向另一个原子，这些价电子不再属于某个原子（或离子）所特有，而是为许多原子（或离子）所共有。这些共用电子在整个金属内自由运动，起到把许多金属原子（或离子）联接在一起的作用，形成了金属晶体，这种键合方式叫金属键。自由电子的行为特征类似于“气体”，因此可以说金属原子（或离子）沉浸在“电子气”中，所以金属键没有方向性。图1-14为金属键的自由电子模型示意图。

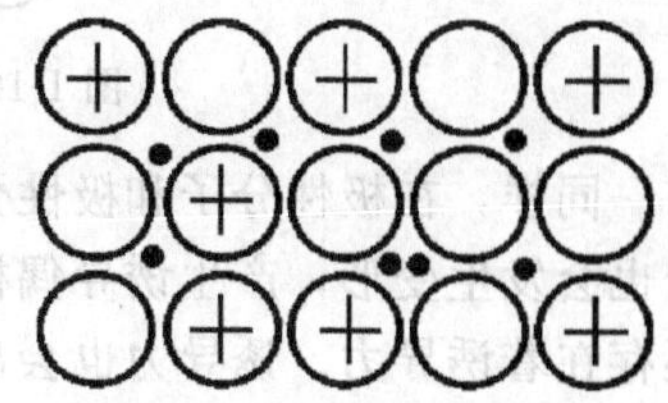

图1-14　金属晶体示意图

金属中的自由电子在一定的电位差作用下产生定向运动，形成电流，从而显示出良好的导电性。自由电子的运动以及原子本身的振动使金属具有较大的导热率。金属内原子面之间作相对位移时，正离子与自由电子之间仍然保持着吸引力，使金属显示出良好的延展性。由于自由电子能够吸收可见光的能量，因此金属具有不透明性；而吸收能量后处于激发态的电子返回到基态时产生辐射，使金属具有光泽。

金属键的量子力学模型，称为能带理论。根据能带理论的观点，能带之间的能量差以及能带中电子充填的状况，决定了一种物质是导体、非导体还是半导体（金属、非金属或准金属）。此外，能带理论也能很好地说明金属的共同物理性质。

1.3.4　二次键

前述的一次键（离子键、共价键和金属键）的键能通常在200～700kJ/mol范围。二次键没有电子得失，也不存在电子共有现象，所以键能非常小，通常是一次键键能的10%以下。

(1) 范德华（Van Der Waals）力

范德华力通常包括以下三个部分。

① 取向力　取向力发生在极性分子与极性分子之间。由于极性分子具有偶极，而偶极是呈电性的，因此当两个极性分子相互接近时，偶极将发生相互影响，即同极相斥、异极相吸，使分子发生相对转动。偶极子相互转动的结果，使异极相对，叫做“取向”。在已经取向的偶极分子之间，由于静电引力将相互吸引，当接近到一定距离后，斥力和引力达到平衡，这种分子间的相互作用力叫做取向力。图1-15是两个极性分子的相互作用示意图。

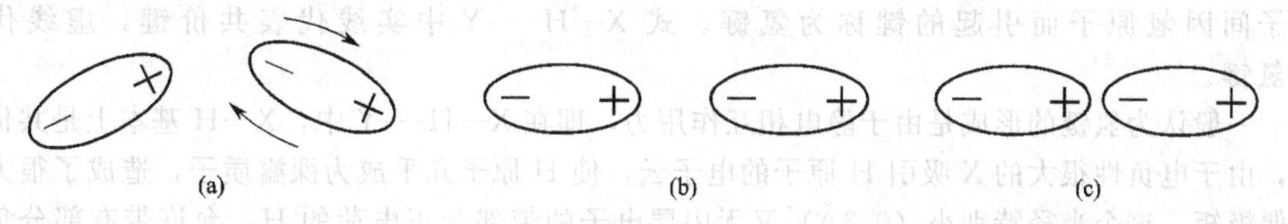

图1-15　两个极性分子相互作用示意图

取向力的本质是静电引力。取向力与分子偶极矩的平方成正比，与热力学温度成反比。

此外，取向力与分子之间距离的6次方成反比，即随着分子间距离的增大，取向力迅速减小。

② 诱导力 在极性分子和非极性分子之间，由于极性分子偶极所产生的电场对非极性分子发生了影响，结果使非极性分子的电子云与原子核发生相对位移，原来非极性分子中的正负电荷重心是重合的，电子云发生相对位移后就不再重合，从而产生了偶极。这种电重心的相互移动叫做变形，因变形而产生的偶极叫做诱导偶极。诱导偶极与极性分子的固有偶极之间的作用力叫诱导力。图1-16是极性分子与非极性分子相互作用的示意图。

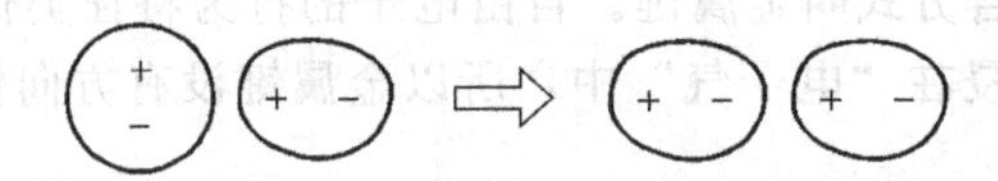

图1-16 极性分子和非极性分子相互作用示意图

同样，在极性分子和极性分子之间，除了取向力外，由于极性分子的相互影响，每个分子也会发生变形，产生诱导偶极，结果使极性分子的偶极矩增大，导致分子间除了取向力外还存在着诱导力。诱导力也会出现在离子和分子，以及离子和离子之间。

诱导力的本质也是静电引力。诱导力也与极性分子偶极矩的平方成正比，与分子间距的6次方成反比，但诱导力与温度无关。

③ 色散力 色散力可以看成是分子的“瞬时偶极矩”相互作用的结果。从量子力学导出的这种力的理论公式与光色散公式相似，因此把这种力叫做色散力。

由于电子的运动，瞬间电子的位置和原子核之间是不对称的，即正电荷重心与负电荷重心发生瞬时的不重合，从而产生了瞬时偶极。这种瞬时偶极会诱导邻近分子也产生和它相吸引的瞬时偶极，并且这种作用不是单方面的而是相互的。这种相互作用力便是色散力。

量子力学计算表明，色散力与相互作用的分子的变形有关，变形越大，色散力越大。色散力还和相互作用的分子的电离势有关，分子的电离势越低，色散力越大。色散力和分子间距离的6次方成反比。

范德华力有如下特点，它是永远作用于分子或原子间的一种作用力，它一般没有方向性和饱和性。范德华力是吸引力，作用力非常小，作用范围只在10^{-10}m附近。范德华力有三种形式，其中静电力和诱导力只存在于极性分子之间，而色散力则不管是极性还是非极性分子间都存在，但对大多数分子来说，色散力是主要的。

(2) 氢键

当氢原子同电负性大的原子X形成化合物HX时，H原子上有多余的作用力，它可以吸引另外一个分子YR中电负性大的原子Y，生成分子之间的X—H---Y键。X和Y都代表电负性大而半径小的原子，如F（4.0）、O（3.5）和N（3.07）等。这种分子间因氢原子而引起的键称为氢键。式X—H---Y中实线代表共价键，虚线代表氢键。

一般认为氢键的形成是由于静电相互作用力，即在X—H---Y中，X—H基本上是共价键，由于电负性很大的X吸引H原子的电子云，使H原子几乎成为裸露质子，造成了很大的偶极矩。这个半径特别小（0.3Å）又无内层电子的带部分正电荷的H，允许带有部分负电荷的Y原子充分接近它，并产生强烈的静电吸引作用，从而形成氢键。

氢键的强弱与X和Y的电负性大小有关，它们的电负性越大，则氢键越强；此外，又与 Y 的半径大小有关，Y 的半径越小，越能接近 H—X，因而氢键也越强。氢键的键能一般在 42kJ/mol 以下，与范德华力的作用能差不多。

分子间有氢键时，分子间产生了较强的结合力，因而会影响到化合物的性质。例如，会使沸点和熔点显著升高，因为要使液体汽化或固体熔化，必须给予额外的能量去破坏分子间的氢键。图 1-17 是一些氢化物的沸点，由图可清楚地看出，分子间没有氢键时（CH_4-SiH_4-GeH_4-SnH_4系列），化合物的沸点随分子量增加而升高，即分子间的主要作用力为色散力。但分子间有较强的氢键时（如 HF、H_2O、NH_3），则化合物的沸点与同类化合物相比显得特别高。

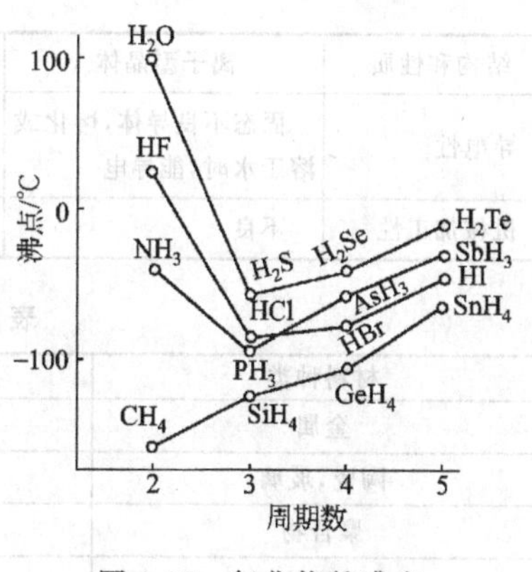

图 1-17　氢化物的沸点

1.4　主要工程材料的键合方式

工程材料很少以一种键合方式存在，几乎所有的工程材料都有混合键的性质。表 1-9 是四种类型晶体结构和性质的对比，表 1-10 及图 1-18 是对现有工程材料键合形式的定性分类。

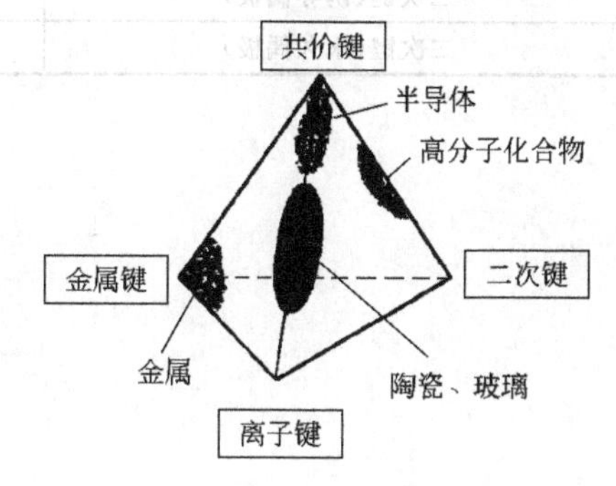

图 1-18　主要工程材料中各种键的组合范围

键合形式对材料的力学性能、化学性能、物理性能以及电性能等起决定性作用。结合能大小是影响物质熔点的主要因素。键合形式不同的物质，键能相差较大，进而影响到该物质的熔点。键合形式对各物质熔点的影响见表 1-11。

表 1-9　四种类型晶体结构和性质的对比

结构和性质	离子型晶体	原子型晶体	分子型晶体	金属型晶体
化学键类型	离子键	原子键（非极性共价键）	分子间作用力	金属键
典型实例	食盐（NaCl）	金刚石，晶体硅，单质硼	冰（H_2O） 干冰（CO_2）	各种金属与合金
硬度	略硬而脆	高硬度	软	较高硬度
熔点、沸点、挥发性	熔点相对较高，沸点高，一般低挥发性	熔点和沸点高，无挥发性	低熔点，低沸点，高挥发性	一般高熔点、高沸点，但有部分低熔点金属，如 Ga、Cd、Hg
导热性	热的不良导体	热的不良导体	热的不良导体	热的良好导体

续表

结构和性质	离子型晶体	原子型晶体	分子型晶体	金属型晶体
导电性	固态不良导体，熔化或溶于水时，能导电	非导体	非导体	良好导体
机械加工性	不良	不良	不良	良好

表 1-10　主要工程材料的键合形式

材料种类	键　型	实　例
金属	金属键	铁，铁合金
陶瓷，玻璃	离子键/共价键	结晶态，非晶态 SiO_2
聚合物	共价键和二次键	聚乙烯 $\{C_2H_4\}_n$
半导体	共价键，或共价键/离子键	Si，CdS

表 1-11　各种物质的键型与熔点

物　质	键　型	熔　点/℃
NaCl	离子键	801
C(金刚石)	共价键	约 3570
$\{C_2H_4\}_n$	共价键和二次键	约 120
Cu	金属键	1183
Ar	二次键（诱导偶极）	约 189
H_2O	二次键（永久偶极）	0

第2章 固体材料的结构

原子结构及键合形式决定了固体材料（金属、陶瓷和聚合物）的属性，并赋予固体材料某些通性。例如，金属具有良好的延展性和导电性，陶瓷有较高的硬度、脆性以及良好的化学稳定性和热稳定性等。

固体材料的力学性能、化学性能和物理性能，不仅与单个原子的结构以及原子间的键合形式有关，而且还与原子的排列方式和原子集合体的宏观形态有关。原子排列方式不同，使一种金属与另一种金属之间有较大的性能差异。即使同一种金属，当改变加工方式时，也会由于原子排列发生变化而表现出迥然不同的力学行为。

本章研究固体材料的结构——原子在空间的排列方式，以及原子排列中的缺陷及其形式。

2.1 晶体学基础

2.1.1 晶体与非晶体

自然界中的物质，其原子、离子或分子等质点的排列方式各不相同。氩气等气体中的原子随机地充满密闭空间，这种排列称为无序排列。石英玻璃中的SiO_2具有硅-氧四面体$(SiO_4)^{4-}$结构，其空间构型与图1-11中的CH_4相同，即4个氧原子与一个硅原子构成了短程有序排列，但四面体可随机地联接在一起，形成短程有序而长程无序的玻璃体。金属中的原子、离子或分子则是在空间有规则、周期性地重复排列，其特点是既短程有序，又长程有序。

固体材料按其原子、离子或分子等质点的排列方式可分为两大类：质点长程有序排列的物质称为晶体，质点完全无序或短程有序而长程无序排列的物质称为非晶体。晶体通常有规则的外形和固定的熔点；非晶体通常既无规则的外形，也无固定的熔点，非晶体有时又称为无定形物。

金属和合金大多是晶体，陶瓷和聚合物既包括非晶体，又包括晶体。晶体和非晶体可在一定条件下发生转化，某些成分的熔融态合金，以大于10^6℃/s速度冷却时可形成非晶态合金，而玻璃也可通过热处理的方式转变为晶态。

2.1.2 晶体几何学

（1）点阵与晶胞

晶体的特点是质点（原子、离子或原子团）在三维空间作有规则的周期性、对称排列或堆砌，这些质点以平衡位置为中心不停地作热振动。为了便于理解和分析，先把这些质点看成是静止不动的刚性球，然后用刚性球来表示晶体质点在空间的排列方式，如图2-1（a）所示。但这种刚性球的堆砌还不能直观地描述晶体质点在空间排列的规律性，因此在刚性球堆砌模型的基础上，可将晶体质点进一步抽象成纯粹的几何点。抽象出的几何点称为阵点，阵点在空间的规则排列称为空间点阵。用假想连线把阵点连接起来，形成了便于用几何学进行表征的空间格子，这种用来描述晶体质点在空间排列规律的空间格子通常叫晶格［图 2-1(b)］，晶格和点阵意义相同。晶格中连线的交点即为阵点，晶体学中称为结点。结点（以实心或空心圆表示）代表晶体中的质点及其所处的空间位置。

由于晶体中质点的排列具有周期性，因此通常从晶格中选取一个能够全面反映晶格特征的最基本的几何单元，来分析晶体中质点的排列方式及其规律，这一最基本的几何单元叫做晶胞［图 2-1(c)］。不难看出，晶胞在三维空间重复堆砌，便构成了晶格。

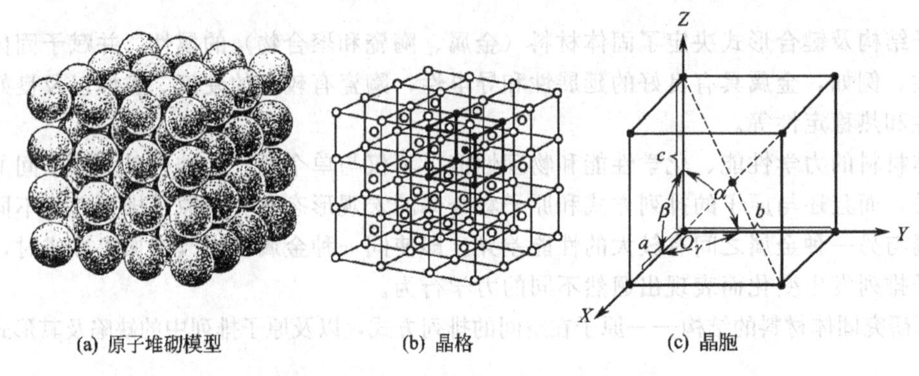

(a) 原子堆砌模型　(b) 晶格　(c) 晶胞

图 2-1　α-Fe 晶体中铁原子排列示意图

晶胞的大小和形状可用点阵参数来描述，点阵参数包括晶格常数和轴间夹角。晶格常数是指晶胞在 X、Y、Z 轴方向的棱边长度，分别记为 a、b、c，其长度单位通常用 Å(埃)（$1Å=10^{-8}cm$）。轴间夹角是指晶胞三个棱边之间的夹角，分别用 α、β 和 γ 表示。

晶胞选取的原则，是应能保证晶胞中的每个结点所处的环境，都和其它结点所处的环境相同。按照这一原则，所有的晶体一共只有 14 种晶格结构，统称为布拉菲（Bravais）点阵，又称平移点阵或平移群。根据晶胞的晶格常数和轴间夹角等 6 个参数，这 14 种晶格结构又可归纳为 7 个晶系。7 个晶系和 14 种布拉菲点阵见表 2-1。

表 2-1　7 个晶系和 14 种布拉菲点阵

晶　系	晶格类型	晶格常数	轴间夹角
三斜	简单三斜	$a \neq b \neq c$	$\alpha \neq \beta \neq \gamma \neq 90°$
单斜	简单单斜	$a \neq b \neq c$	$\alpha = \gamma = 90° \neq \beta$
	底心单斜		
六方	简单六方	$a = b \neq c$	$\alpha = \beta = 90°, \gamma = 120°$
立方	简单立方	$a = b = c$	$\alpha = \beta = \gamma = 90°$
	体心立方		
	面心立方		
正交	简单正交	$a \neq b \neq c$	$\alpha = \beta = \gamma = 90°$
	体心正交		
	底心正交		
	面心正交		
正方(四方)	简单正方	$a = b \neq c$	$\alpha = \beta = \gamma = 90°$
	体心正方		
三角(菱形)	简单三角	$a = b = c$	$\alpha = \beta = \gamma \neq 90°$

晶格结构及晶格常数可通过 X 射线衍射法或电子衍射法来确定。

(2) 晶面与晶向

晶体中由晶体质点构成的平面称为晶面，由质点连成的直线称为晶向。晶体中的不同晶面和不同晶向，通常用晶面指数和晶向指数来标定。

晶面指数的确定方法是：

① 建立参考坐标系，使坐标轴与晶胞棱边重合，坐标原点应在待定晶面之外，避免出现零截距。

② 以晶格常数 a、b、c 为度量单位，求出待定晶面在各轴的截距。图 2-2(a) 所示的三个待定晶面的截距分别为 1、1、1,1、1、∞和∞、1、∞。

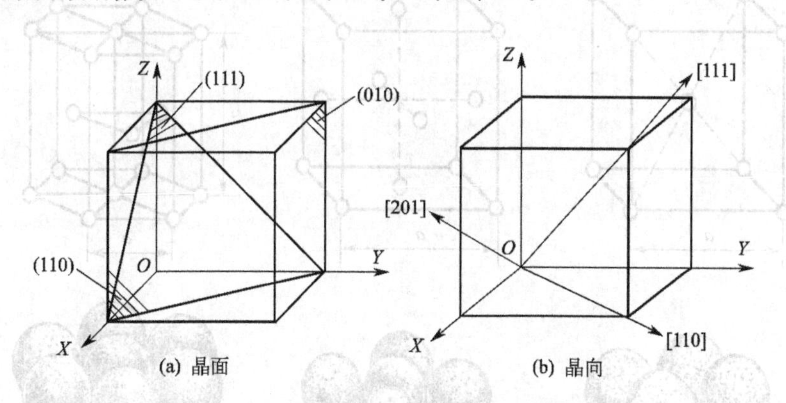

图 2-2　立方晶系晶面指数与晶向指数确定方法

③ 取各截距的倒数。上述三组截距的倒数为 1、1、1，1、1、0 和 0、1、0。

④ 将截距倒数化为互质整数后，放在圆括号内，一般形式为 (hkl)。截距出现负数时，负号加在相应指数的上方，例如 X 轴截距为负时记为 ($\bar{h}kl$)。上述三个待定晶面的晶面指数分别是 (111)、(110) 和 (010)。

每个晶面指数代表彼此平行的晶面；如果晶面指数的数字相同而正负号完全相反，则这两组晶面平行，例如 (111) 晶面平行于 ($\bar{1}\bar{1}\bar{1}$) 晶面。

原子排列相同而位向不同的所有晶面，统称为晶面族，用 $\{hkl\}$ 表示。例如，{100} 包括 (100)、(010)、(001)；{110} 包括 (110)、(101)、(011)、($\bar{1}$10)、($\bar{1}$01)、(0$\bar{1}$1)；{111} 包括 (111)、($\bar{1}$11)、(1$\bar{1}$1)、(11$\bar{1}$)。

晶向指数的确定方法：

① 通过坐标原点引一条平行于待定晶向的直线。

② 求出直线上任一点的坐标值。图 2-2(b) 中的三个待定晶向的坐标值分别为 1、1、1，1、1、0 和 1、0、1/2。

③ 将坐标值化为互质整数，放入方括号内，一般形式为 [uvw]。坐标值为负时，负号加在相应的指数上方，例如 X 轴坐标值为负时记为 [$\bar{u}vw$]。上述三个待定晶向的晶向指数为 [111]、[110] 和 [201]。

每个晶向指数代表彼此平行的晶向；如果晶向指数的数字相同而正负号完全相反，则这两组晶向彼此平行但方向相反，例如 [111] 晶向平行于 [$\bar{1}\bar{1}\bar{1}$] 晶向。

原子排列相同但空间位向不同的晶向，统称晶向族，用 $\langle uvw\rangle$ 表示。

在立方晶系中，同指数晶面与同指数晶向必定相互垂直，例如 ($\bar{1}\bar{1}\bar{1}$)⊥[$\bar{1}\bar{1}\bar{1}$]，但这一规律不适合其它晶系。

2.1.3 晶体结构

由纯几何意义的阵点构成的晶格虽然只有14种，但由于每个阵点实际上代表一个或多个同种或异种物质的质点（原子、离子或离子团），并且这些质点在阵点上也可能有多种形式的排列组合，因此每种晶格都包括了无限多种晶体结构。

（1）常见金属的晶体结构

常见金属的晶体结构有体心立方、面心立方和密排六方，如图2-3所示。

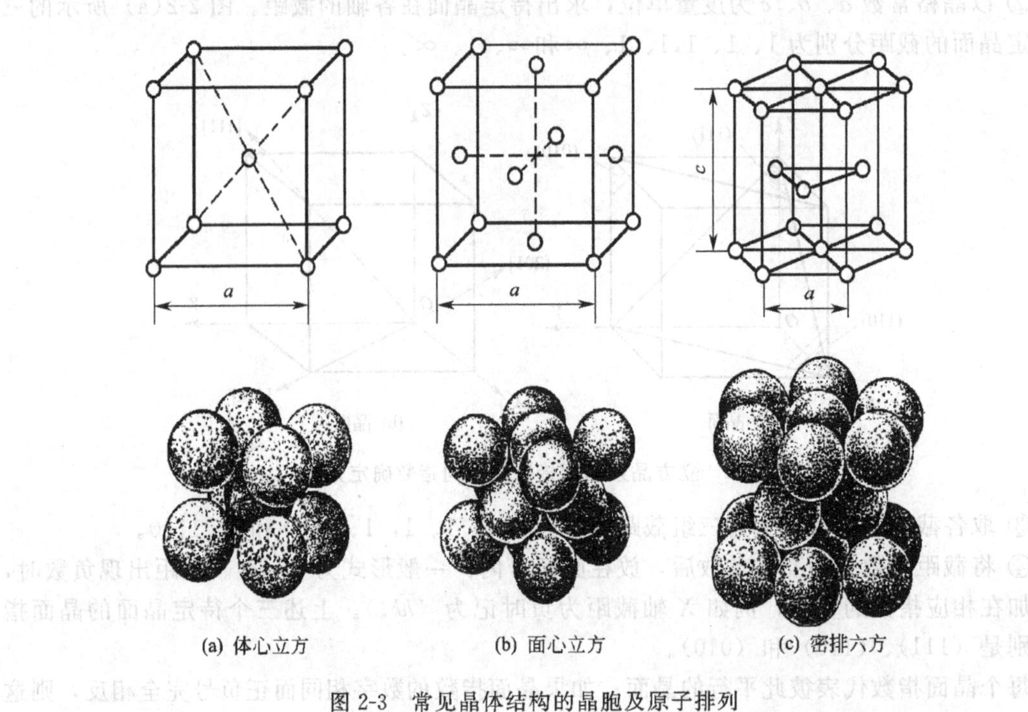

(a) 体心立方　(b) 面心立方　(c) 密排六方

图2-3 常见晶体结构的晶胞及原子排列

① 晶胞形状、原子数和原子半径　体心立方（BCC）和面心立方（FCC）同属立方晶系，晶格常数 $a=b=c$，轴间夹角 $\alpha=\beta=\gamma=90°$，因此对立方晶系来说，只需用一个晶格常数 a 即可描述晶胞特征。

体心立方晶胞［图2-3(a)］中的原子，位于六面体的8个顶角和体心位置。每个顶角的原子为8个体心立方晶胞所共有，因此体心立方晶胞中的原子数为

$$n_{BCC}=\frac{1}{8}\times 8+1=2$$

体心立方晶胞中原子排列比较紧密的晶面为{110}，原子排列最密的晶向为〈111〉。在〈111〉晶向，两个原子彼此相切，两个原子中心距 $d_{BCC}=\frac{\sqrt{3}a}{2}$，因此原子半径 $r_{BCC}=\frac{\sqrt{3}a}{4}$。

具有体心立方结构的金属有V、Nb、Ta、Cr、Mo，以及α-Fe、β-Ti、α-W等。

面心立方晶胞［图2-3(b)］中的原子占据六面体的8个顶角及6个面的中心位置，每个面心的原子为两个晶胞所共同，因此面心立方晶胞中的原子数为

$$n_{FCC}=\frac{1}{8}\times 8+\frac{1}{2}\times 6=4$$

面心立方晶胞的原子最密排面为{111}，最密排方向为〈110〉。在〈110〉晶向两个原子相切，原子半径 $r_{FCC}=\frac{\sqrt{2}a}{4}$。

具有面心立方结构的金属有 γ-Fe、Cu、Ag、Au、Al、Pb 等。

密排六方（HCP）晶胞［图 2-3(c)］的晶面与晶向指数通常用 4 个坐标轴来确定。a_1、a_2、a_3位于同一底面上，互成 120°，c 轴垂直于底面，$a_1=a_2=a_3\neq c$。

密排六方的晶胞为六方柱体，除了上、下两个六方面的角上及面中心各有一个原子外，在 $c=1/2$ 的晶胞内还有 3 个原子。当 $c/a=\sqrt{\frac{8}{3}}\approx1.633$ 时，密排六方晶胞的原子最密排面为{0001}，最密排方向为〈$11\bar{2}0$〉，上、下两个{0001}晶面中的原子才与晶胞内的 3 个原子紧密接触。密排六方的原子数

$$n_{HCP}=\frac{1}{6}\times12+\frac{1}{2}\times2+3=6$$

原子半径 $r_{HCP}=a/2$。

属于密排六方结构的金属有 Zn、Mg、Cd 以及 α-Be、α-Co、α-Ti 等。

② 晶体中原子排列的紧密程度 晶体中原子排列的紧密程度，通常用配位数和致密度来表征。以晶体中的任一原子为考查对象，该原子周围分布最近且距离相等的原子数目称为配位数。配位数越大，原子排列越紧密。三种常见晶体结构的配位数如图 2-4 所示，由图可以看出体心立方结构的配位数为 8，面心立方结构和密排六方结构的配位数均为 12。

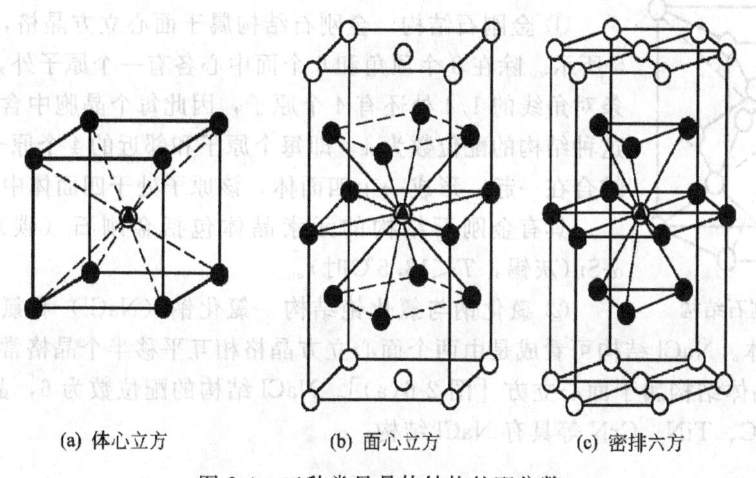

(a) 体心立方　　(b) 面心立方　　(c) 密排六方

图 2-4 三种常见晶体结构的配位数

▲—研究原子；●—配位原子；○—其他原子

配位数只是定性地判定晶体中原子排列的紧密程度，为了定量比较不同晶体结构中的原子排列紧密程度，通常采用致密度。致密度是指晶胞中的原子体积与晶胞体积之比。如果把原子视为刚性球，致密度可表示为

$$K=\frac{nv}{V}$$

式中，n 为晶胞中的原子数；v 为原子（刚性球）体积，$v=\frac{4}{3}\pi r^3$；V 为晶胞体积。

$$V_{BCC}=V_{FCC}=a^3, V_{HCP}=3a^2c\cdot\sin60°$$

由上式可计算出体心立方晶胞的致密度为0.68，面心立方和密排六方的致密度均为0.74。致密度越大，晶体中原子的排列越紧密。研究表明，在各类晶体中，致密度最高为0.74，因此各类晶体中均不同程度地存在着间隙。三种常见晶体结构的间隙有两种，一种是八面体间隙，另一种是四面体间隙。两种间隙的形状与分布见表2-2。

表2-2 常见晶体结构中两种间隙的形状与分布

间隙类型	体心立方晶格	面心立方晶格	密排六方晶格
四面体间隙	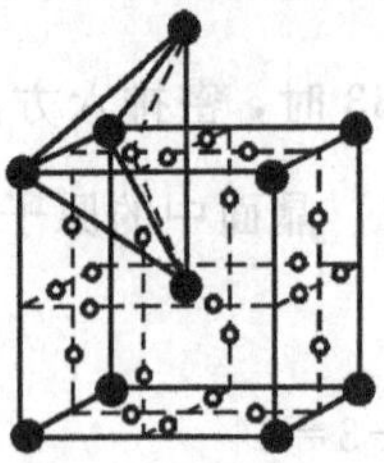	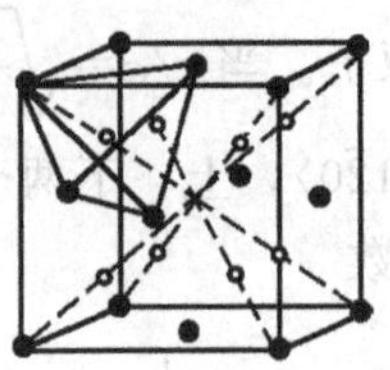	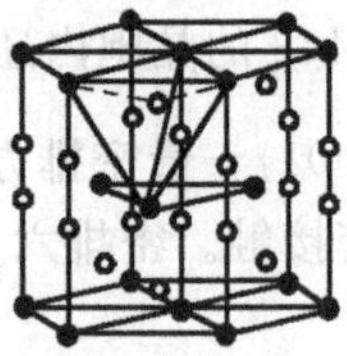
八面体间隙	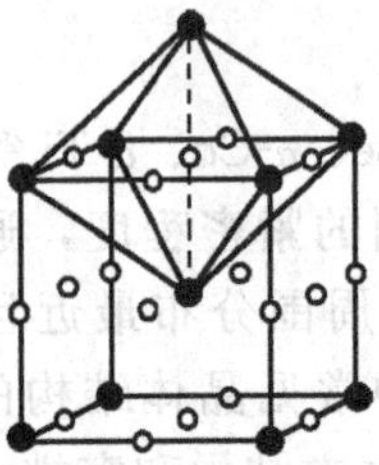	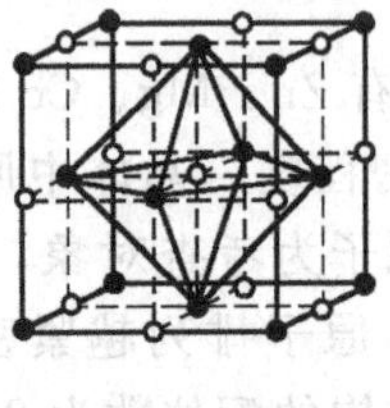	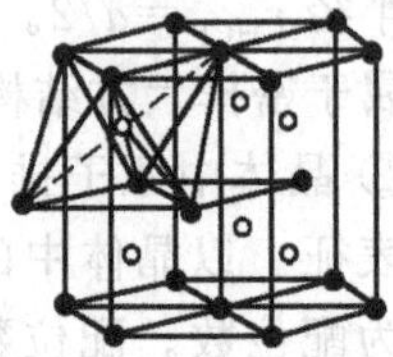

(2) 其它晶体结构

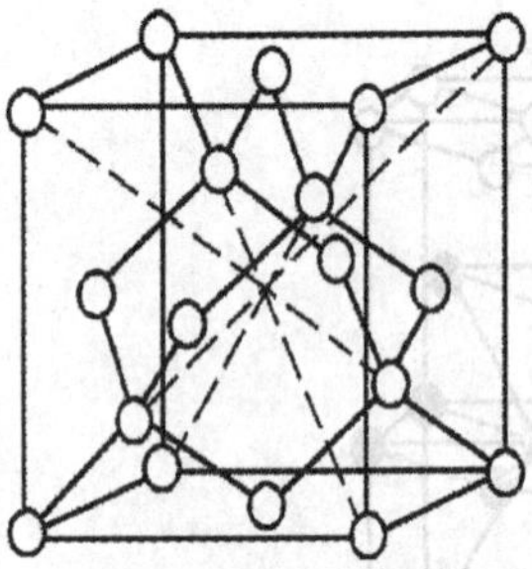

① 金刚石结构　金刚石结构属于面心立方晶格，晶胞如图2-5所示。除在8个顶角和6个面中心各有一个原子外，在晶胞的四条对角线的1/4处还有4个原子，因此每个晶胞中含有8个原子。这种结构的配位数为4，即每个原子和邻近的4个原子通过共价键结合在一起，形成一个四面体，该原子处于四面体中心。

具有金刚石结构的元素晶体包括金刚石（碳）、Si、Ge和α-Sn(灰锡，$T<13.5$℃时)。

图2-5　金刚石结构

② 氯化钠与氯化铯结构　氯化钠（NaCl）和氯化铯（CsCl）都是离子型晶体。NaCl结构可看成是由两个面心立方晶格相互平移半个晶格常数后形成的，因此NaCl的晶体结构属于面心立方［图2-6(a)］。NaCl结构的配位数为6，晶胞含有8个原子。TiC、VC、TiN、CrN等具有NaCl结构。

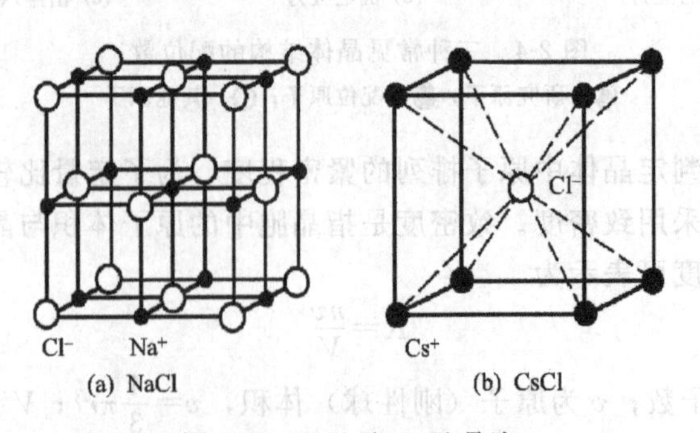

图2-6　NaCl及CsCl晶胞

CsCl 晶胞可看成是由两个简单立方晶格穿插而成，因而属于简单立方［图 2-6(b)］。这种结构的配位数为 8。具有 CsCl 结构的晶体有 FeAl、AgZn、NiTi、CoAl 及 CuFe 等。

(3) 各向异性

由于晶体中不同晶面和晶向上的原子密度不同，因而造成晶体的力学性能、物理性能和化学性能在各个方向上有一定差异，这种现象称为各向异性。各向异性在单晶体中表现得最为突出。多晶体和非晶体中不存在各向异性，各个方向的性能基本相同，这种现象叫做各向同性。单晶体在不同晶向上的弹性模量见表 2-3。

表 2-3　单晶体在不同晶向上的弹性模量　　单位：MPa

晶　体	[100]	[111]	随机取向
Al	63560	76000	69090
Cu	67015	192070	125053
Fe	131960	279125	207270
NaCl	43530	32470	36620
MgO	245960	336470	310905

(4) 多晶型转变

一些元素和化合物，当外界条件（温度、压力等）发生变化时，它们的晶体结构也随之发生变化，这种现象称为同素异构转变，或叫多晶型转变。具有这一特性的晶体，称为多晶型晶体。例如，纯铁在不同温度下可以是体心立方的 α-Fe（＜912℃）、面心立方的 γ-Fe（912～1394℃）和体心立方的 δ-Fe（1394～1538℃），碳有金刚石和六方结构两种形态，氧化硅（SiO_2）随温度的变化有 7 种不同的晶型，而氧化铝（Al_2O_3）在不同温度下的晶格类型多达 14 种。

多晶型转变必然伴随着晶体质点的重排和晶格再构，从而引起一系列的体积效应和性能变化。多晶型转变为热处理提供了理论依据。

2.2　实际晶体结构

用晶胞来描述晶体中原子排列的规律性，是基于原子在三维空间有规则、周期性地排列，或者说晶体中的原子排列是完整的。实际上，工程应用中的大多数晶体材料，不仅是由许多晶粒构成的多晶体，而且每个晶粒内的微观区域也都存在着某种原子排列的不规则性，即存在着晶体缺陷。晶体缺陷虽然只是在微观区域内改变了原子排列的规则性，但对晶体材料的许多重要性能产生明显影响。

2.2.1　多晶体

多晶体可看成是由许多外观不规则的小晶体构成的，这些小晶体称为晶粒。多晶体结构如图 2-7(a) 所示。多晶体中每个晶粒内部的晶格位向相同，但晶粒之间的晶格位向却彼此不同。位向不同的晶粒相接触时，由于原子排列紊乱而形成界面，这种界面称为晶粒间界，简称晶界。

金属材料绝大部分是多晶体，晶粒的平均直径在 0.015～0.24mm 之间。由于晶粒尺寸很小，因此必须在显微镜下才能看到。显微镜下显示出的晶粒大小、形貌及分布状态称为显微组织。工业纯铁的显微组织如图 2-7(b) 所示。

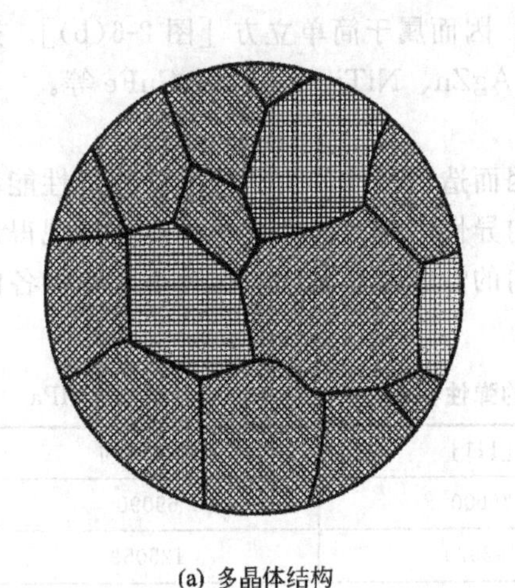

(a) 多晶体结构

(b) 显微组织

图 2-7 多晶体结构及显微组织示意图

2.2.2 晶体缺陷

根据几何形态的差别，晶体缺陷通常分为点缺陷、线缺陷和面缺陷。

(1) 点缺陷

点缺陷是涉及一个或几个原子范围内的晶体缺陷，其特点是三维空间各方向的尺寸都很小，如空位、间隙原子或杂质原子。

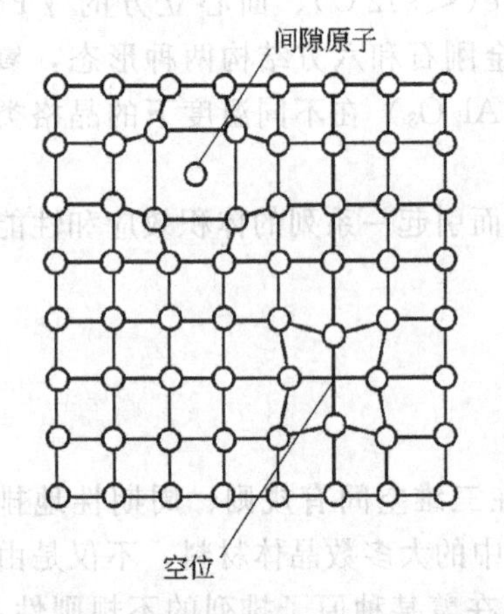

图 2-8 晶体中的空位和间隙原子

加热引起的热振动和能量起伏，或者由于辐射、塑性变形等原因，使晶体中的某些原子脱离了晶格结点后形成空位。脱离结点的原子可能迁移到晶体表面或晶界，也可能处于晶格的间隙位置而形成间隙原子。空位和间隙原子（图 2-8）破坏了原子排列的规则性，在缺陷周围的局部晶体中引起一定程度的弹性畸变，导致晶体的内能升高，使强度、硬度和电阻值增加。

空位和间隙原子的浓度与温度有关，温度越高，浓度也越大，并且在一定温度下有一平衡浓度。常温下点缺陷的平衡浓度很小，但通过塑性变形、辐射或加热后快速冷却等方法，可在晶体中产生大量非平衡浓度的点缺陷，从而使晶体的各种性能发生明显变化。

空位和间隙原子处于不断的变化运动之中，这些点缺陷的运动，是晶体中原子扩散的主要方式。

(2) 线缺陷

线缺陷是指晶体中的位错，即晶体中某一列或若干列原子发生的有规律的错排现象。位错的特点是在三维空间的一个方向上尺寸较大，而在另两个方向上的尺寸均很小。

在切应力作用下，一块完整晶体中的某一部分沿滑移面 *ABCD* 产生一个原子间距的滑移 [图 2-9(a)]，已滑移区 *BCEF* 和未滑移区 *EFAD* 的边界线 *EF* 线即为位错线，简称位错。这种位错的原子排列如图 2-9(b) 所示，相当于在完整的晶体中插入一个多余的半原子面，因而称之为刃型位错。刃型位错的特征是位错线与滑移方向相垂直。

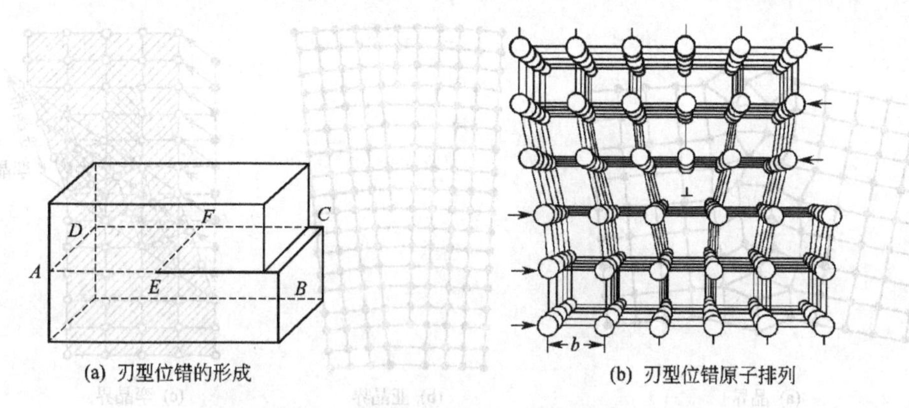

(a) 刃型位错的形成　(b) 刃型位错原子排列

图 2-9　刃型位错形成及原子排列示意图

多余的半原子面位于滑移面上方时，习惯上称为正刃型位错，用符号⊥表示；反之称为负刃型位错，用⊤表示。刃型位错引起晶格畸变，形成应力场。在位错附近的一定范围内，处于多余半原子面一边的原子受压应力，而位于另一边的原子受拉应力。

如果位错线 EF 与滑移方向平行，在位错线 EF 周围，晶体上、下两部分的原子发生错动后形成了过渡区。过渡区的原子沿 EF 线连成一个螺旋线，而原来垂直于 EF 的一组平行晶面则变成了以 EF 线为轴的螺旋面，因此这种位错称为螺型位错。螺型位错的特征是位错线平行于滑移方向。螺型位错的形成及原子排列如图 2-10 所示。

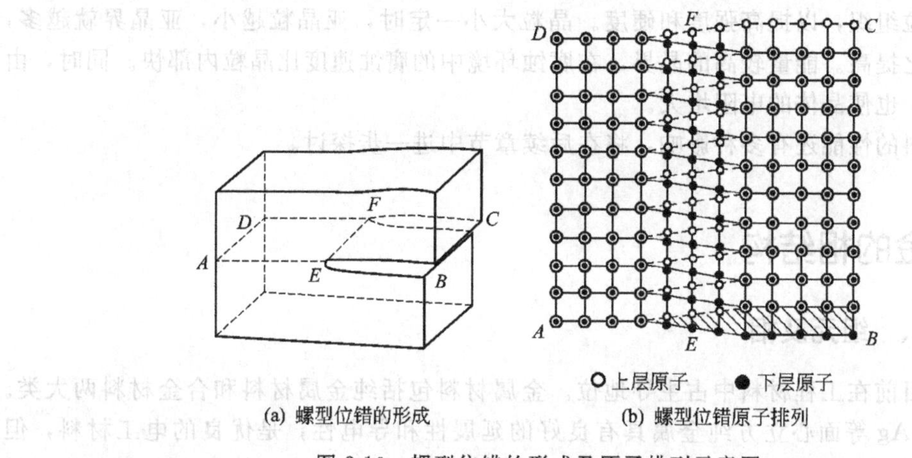

(a) 螺型位错的形成　(b) 螺型位错原子排列

图 2-10　螺型位错的形成及原子排列示意图

晶体中位错的多少，通常用位错密度来衡量。位错密度包括体密度和面密度。体密度（cm^{-2}）指单位体积晶体中位错线的总长度，即 $\rho_v = l/V$。面密度（cm^{-2}）指单位表面积上位错的露头数，即 $\rho_s = N/S$。

晶体中的位错可通过不同的实验方法进行直接观察。位错对晶体的生长、扩散、塑性变形、断裂以及其它物理、化学性能有重要影响。

（3）面缺陷

面缺陷包括晶界、亚晶界和孪晶界，面缺陷的特点是在三维空间的两个方向上尺寸较大。晶界、亚晶界和孪晶界如图 2-11 所示。

多晶体的每个小晶粒中，实际上也都存在着原子排列的不规则性。小晶粒由许多位向差很小的小晶块组成，这些小晶块称为亚晶或镶嵌块。亚晶之间的界面称为亚晶界，亚晶界可

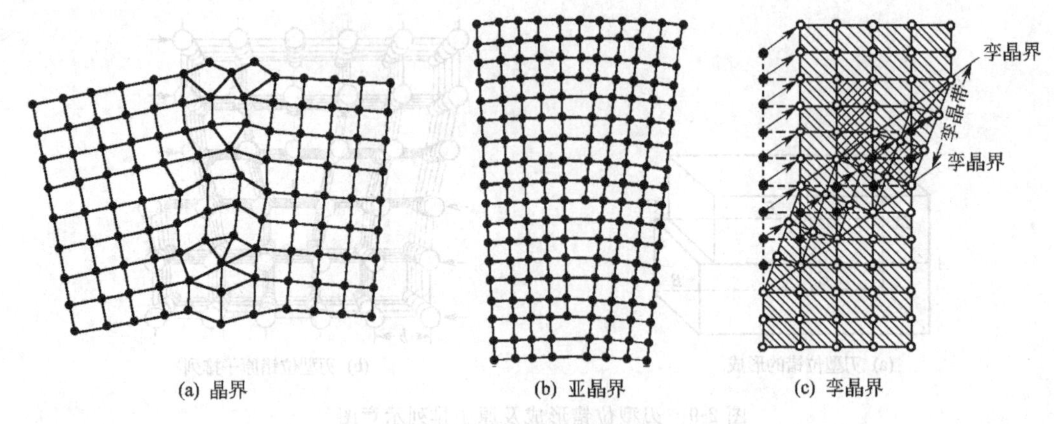

图 2-11　晶界、亚晶界及孪晶界示意图

看成是由刃型位错堆积而成的。晶粒之间的位向差一般大于 10°～15°，而亚晶之间的位向差一般在几十分到 1°～2°。

晶体发生剪切变形后，如果已变形部分的原子与未变形部分的原子沿某一晶面对称分布，则这种变形叫做共格孪晶。孪晶对称面称为孪晶界，孪晶界也是一种面缺陷。

晶界上原子排列的不规则性，使晶界具有较高能量，所以晶界对晶体的强度、氧化、侵蚀和电阻率等性能产生不同程度的影响。当体积一定时，晶粒越小，则晶界越多。由于高能量的晶界对位错移动有较大的阻碍作用，因此对在室温和较低温度下使用的材料，总是力求获得细小的晶粒组织，以提高强度和硬度。晶粒大小一定时，亚晶粒越小，亚晶界就越多，屈服强度也随之提高。能量较高的晶界，在腐蚀环境中的腐蚀速度比晶粒内部快。同时，由于晶界的存在，也使晶体的电阻增大。

晶界对材料的性能还有多种影响，将在后续章节中进一步探讨。

2.3 合金的相结构

2.3.1 合金、组元及相

金属材料目前在工程材料中占主导地位。金属材料包括纯金属材料和合金材料两大类。Cu、Al、Au、Ag 等面心立方纯金属具有良好的延展性和导电性，是优良的电工材料，但这类材料的强度和硬度过低，很难得到广泛应用；Cr、Mo、W、V 等体心立方纯金属，虽然有较高的硬度和良好的化学稳定性，但加工性能却较差。由于纯金属材料在使用性能和加工性能两方面都有较大的局限性，因此工程中应用的金属材料主要是合金。

合金是指由两种或两种以上元素组成的具有金属特性的物质。组成合金的最基本的独立物质称为组元。通常，组成合金的元素即为组元，但组元也可以是稳定的化合物，如 Fe-C 合金中的 Fe_3C，Mg-Si 合金中的 Mg_2Si 等。由两个或三个组元组成的合金，分别称为二元合金、三元合金，由三个以上组元组成的合金叫做多元合金。

通过不同组元之间的搭配以及调整组元的相对含量，可制备出成分、组织结构和性能不同的各种合金。这些由两个或两个以上组元构成的固态合金，在显微镜下观察时，各种晶粒的化学成分和晶格结构可能是均匀一致的（图 2-12），也可能是不一致的（图 2-13）。合金中这种具有相同成分、相同聚集状态、相同晶格结构和相同性能，并与其它部分有界面分开的均匀组成部分称为相。如果合金由成分、结构相同的晶粒组成，即使晶粒间有界面分开，它们仍然属于同一种相，这种合金称为单相合金。如果合金由成分、结构互不相同的几种晶粒组成，则这些晶粒分别属于几种不同的相，这种合金称为多相合金。图 2-13 所示的 Sn-Sb 合金，就是由白色放射状、白色块状和黑色基体三个不同的相所组成。

相与相之间的过渡区，称为相界面。相界面包括共格界面、半共格界面和非共格界面。

虽然合金中的相有多种多样，但按其晶格结构的属性可归纳为两大类：固溶体和金属间化合物。对合金相结构的研究，就是研究合金中的相（即固溶体和金属间化合物）的晶体结构形式、形成规律、影响因素和性能特点。

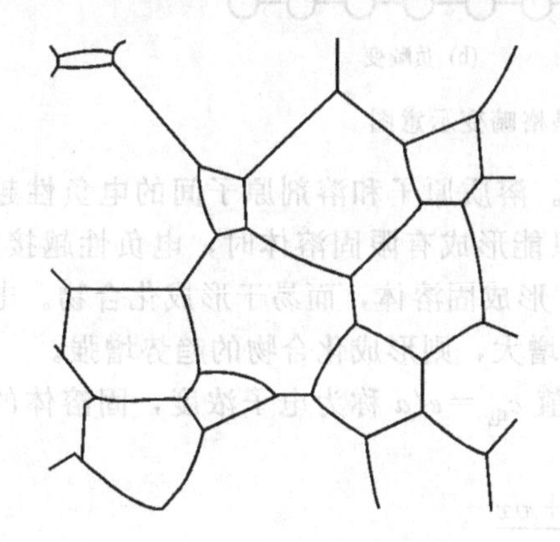

图 2-12　单相固态合金的显微组织

图 2-13　多相固态合金的显微组织

2.3.2　固溶体

以 A、B 代表组成二元合金的两个组元，A 组元和 B 组元的晶格结构可能相同，也可能不一样。所谓固溶体，是指以 A 组元为溶剂、B 组元为溶质，溶质原子溶入溶剂的晶格中所形成的仍然保持溶剂晶格类型的固态合金。溶质原子在固溶体中的极限浓度称为溶解度或固溶度。

固溶体按溶质原子在溶剂晶格中占据的位置不同，可分为置换式固溶体和间隙式固溶体；按溶质原子的固溶度，又可分为有限固溶体和无限固溶体，无限固溶体又称连续固溶体。

(1) 置换式固溶体

置换式固溶体是指溶质原子部分取代了溶剂原子后，占据了原本属于溶剂原子的位置而形成的固溶体。由于溶质原子与溶剂原子尺寸上的差异，将引起晶格畸变。溶质原子大于溶剂原子时引起正畸变，如图 2-14(a) 所示；溶质原子小于溶剂原子时，引起负畸变，如图 2-14(b) 所示。

置换式固溶体的固溶度主要与原子的尺寸因素、晶格结构、化学亲和力和电子浓度有关。

① 尺寸因素　溶质和溶剂之间的原子半径差越大，引起的晶格畸变越严重，因而固溶度也就越小。在 Cu 基和 Ag 基固溶体中，原子相对半径差大于 15%时，只能形成固溶度很小的固溶体；当原子相对半径差不大于 15%时，固溶度增大，甚至形成无限固溶体。而对 Fe 基合金来说，只有 Fe 原子和其它元素的原子相对半径差小于 8%且具有相同晶格时，才可能形成无限固溶体。

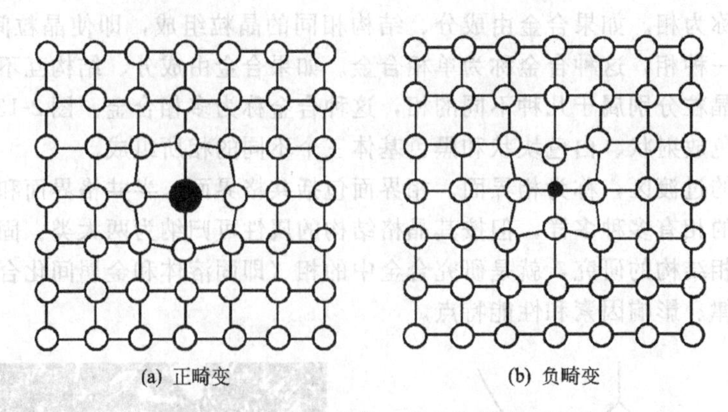

图 2-14 置换式固溶体及其晶格畸变示意图

② 化学亲和力 化学亲和力可用电负性来度量。溶质原子和溶剂原子间的电负性越接近，越有利于形成固溶体，若由于其它因素限制而只能形成有限固溶体时，电负性越接近，固溶度也越大。当电负性差大到一定程度时，便难于形成固溶体，而易于形成化合物。电负性差 $\Delta X<0.4\sim0.5$ 时，有利于形成固溶体，ΔX 再增大，则形成化合物的趋势增强。

③ 电子浓度因素 价电子数目与原子数目的比值 $c_{电}=e/a$ 称为电子浓度，固溶体的电子浓度可表示为

$$c_{电}=\frac{V(100-x)+vx}{100}$$

式中，x 为溶质原子的百分数；V、v 分别为溶剂及溶质的原子价。计算电子浓度时，过渡族金属视为零价。

一定形式的固溶体，只能稳定地存在于一定的电子浓度范围内。若溶剂元素为一价的面心立方金属，极限电子浓度值为 1.36；若溶剂元素为一价的体心立方金属，极限电子浓度值为 1.48。电子浓度超过极限值以后，这种固溶体晶格就不再稳定。

④ 晶格结构因素 只有晶格结构相同的溶剂和溶质之间才能形成无限固溶体，组元之间的晶格结构不同时，只能形成有限固溶体。当两种组元形成有限固溶体时，如果溶质和溶剂的晶格结构相同，则可能有较大的固溶度。例如，Cr、Mo、V 等体心立方晶格结构的金属元素，在 α-Fe 中的固溶度比在 γ-Fe 中的要大。

置换式固溶体中的溶质原子在溶剂晶格中的分布通常是随机的，这种固溶体称为无序固溶体。但有些合金在一定的温度条件下，溶质原子可由无序分布过渡到有序分布，这一过程称为固溶体的有序化，而将溶质、溶剂原子有序分布的固溶体称为有序化固溶体或超结构。

有序化转变的临界温度 T_c 称为有序化温度。

Cu-Au 合金可以形成无限固溶体，一般情况下这两种元素的原子在面心立方晶格结点上呈随机分布。但 Cu 原子和 Au 原子数之比为 1∶1或 3∶1 时，分别冷却至 380℃或 395℃，这两种合金将由无序分布转变为如图 2-15 所示的有序分布。

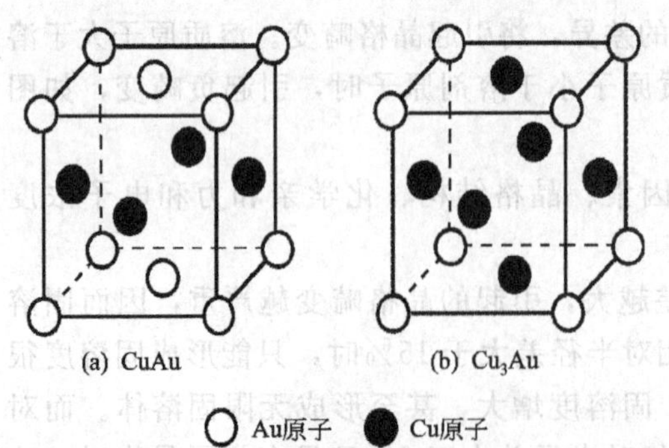

图 2-15 CuAu 和 Cu_3Au 的有序固溶体晶格结构

(2) 间隙固溶体

H、B、C、N、O 等非金属元素的原子半

径（$r<0.1$nm）比较小，以这些元素为溶质溶入过渡族金属元素的晶格中时，由于溶质原子与溶剂原子的直径相差较大，而与溶剂晶格中某些间隙的大小却较为接近，因此这些溶质原子只能填充在间隙位置，形成间隙固溶体，如图 2-16 所示。一般规律是，当溶质原子与溶剂原子的半径比 $r_{非}/r_{金属}<0.59$ 时，易于形成间隙固溶体。

溶质原子进入溶剂晶格的间隙位置后，引起晶格的正畸变。随着溶质原子的浓度升高，晶格畸变逐渐增加，间隙固溶体的晶格常数也随之增大。由于溶剂晶格中的间隙位置数是有限的，因此间隙固溶体只能是有限固溶体，并且固溶度较小。此外，溶质原子在间隙位置中呈统计分布，或者说间隙原子的分布是无序的。间隙固溶体的固溶度与温度有关，通常固溶度随温度的升高而增大。

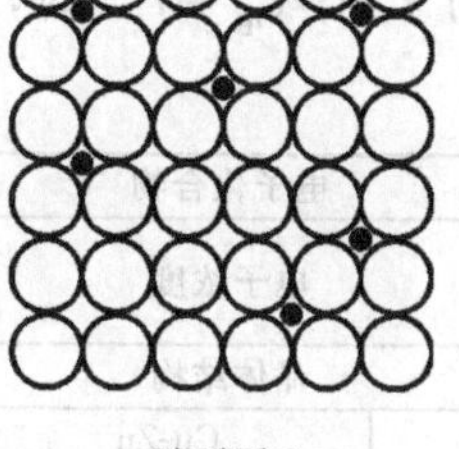

图 2-16 间隙固溶体示意图

C 溶入 Fe 中形成的间隙固溶体，是钢中的重要合金相。C 在 α-Fe 及 γ-Fe 中的间隙位置参见表 2-2。在 γ-Fe 中，C 原子优先溶入间隙较大的八面体；在 α-Fe 中，虽然四面体的间隙比八面体的大，但由于八面体不对称，C 原子挤入时受到的阻力较小，因此 C 原子仍易于溶入八面体。α-Fe 中的总间隙虽然比 γ-Fe 的大，但由于分布较散，单个间隙的体积却比 γ-Fe 的小得多，因此 α-Fe 中 C 原子的固溶度明显小于 γ-Fe。

（3）固溶体的特点

由于固溶体保持了溶剂金属的晶格结构，因此无论间隙固溶体还是置换式固溶体，其显微组织均与纯金属溶剂基体相类似。

当溶质原子的含量极低时，固溶体的性能与溶剂金属基本相同。随着溶质含量的提高，固溶体的性能发生明显变化，一般规律是：强度、硬度逐渐升高，而塑性、韧性有所下降；电阻逐渐升高，导电性能下降。通过溶入某种溶质元素形成固溶体而使合金的强度、硬度升高的现象，称为固溶强化。固溶强化效果主要与原子半径差和溶质溶入量有关。溶质与溶剂的原子半径差越大、溶质的溶入量越多，固溶强化效果越明显。

固溶强化是材料强化的主要途径之一。如果溶质的浓度适当，固溶体的强度和硬度不但比纯金属的高，而且有良好的塑性和韧性。由于固溶体有优良的综合力学性能（强度和韧性之间有较好的配合），因此实际使用的金属材料大多数是单相固溶体，或以固溶体为基础的多相合金。

2.3.3 金属间化合物

在 A、B 两组元形成的合金中，当溶质 B 的含量超过固溶体的固溶度后，将出现新相。如果新相的晶格结构与 B 组元相同，则新相是以 B 组元为溶剂、以 A 组元为溶质的固溶体；如果新相的晶格结构与组元 A、B 均不相同，则新相属于化合物。化合物具有一定程度的金属性质（导电性、延展性等）时，称为金属间化合物。Fe-C 合金中的 Fe_3C 有相当程度的金属键和明显的金属性质，因此属于金属间化合物；FeS 及 MnS 具有离子键且不具备金属特性，因此属于一般化合物。

（1）正常价化合物

遵守一般化合物的原子价规律，分子式符合理想化学配比的化合物称为正常价化合物，其特点是有固定的成分和稳定的晶体结构。属于这一类的化合物有 Mg_2Si、Mg_2Sn、Mg_2Pb等。

正常价化合物的稳定性主要受电负性控制，电负性差越大，正常价化合物越稳定。

(2) 电子化合物

电子化合物的特点是不遵守原子价规律，这类化合物虽然可用化学式来表示，但分子式不符合理想化学配比，其成分可在一定的浓度范围内变化。电子化合物的结构稳定性主要取决于电子浓度 $c_电$，当 $c_电=3/2$ 时，出现体心立方结构的β相；$c_电=21/13$ 时，出现复杂立方结构的γ相；$c_电=7/4$ 时，出现密排六方结构的ε相。常见电子化合物及其晶体结构见表 2-4。

表 2-4　常见电子化合物及其晶体结构

电子化合物		β相	γ相	ε相
电子浓度		$\frac{3}{2}(\frac{21}{14})$	$\frac{21}{13}$	$\frac{7}{4}(\frac{21}{12})$
晶体结构		体心立方	复杂立方	密排六方
合金系	Cu-Zn	CuZn	Cu_5Zn_8	$CuZn_3$
	Cu-Sn	Cu_5Sn	$Cu_{31}Sn_8$	Cu_3Sn
	Cu-Al	Cu_3Al	Cu_9Al_4	Cu_5Al_3
	Cu-Si	Cu_5Si	$Cu_{31}Si_8$	Cu_3Si
	Fe-Al	FeAl		
	Ni-Al	NiAl		

电子浓度并非是决定电子化合物晶体结构的唯一因素，组元的原子大小及其电化学性质也起一定作用。例如，当电子浓度为 3/2 时，如果尺寸因素为零，即两组元的原子半径相近，则倾向于形成密排六方；当两组元的原子半径差较大，则倾向于形成体心立方。此外，由于电子化合物的成分是在一定的范围内变动的，因此电子浓度也并非是确切的比值。

(3) 间隙相与间隙化合物

原子半径较小的 B、C、N、O、H 等非金属元素，既可以和过渡族金属形成间隙固溶体，也可以形成金属间化合物。当 $r_非/r_金<0.59$ 时，形成的化合物具有简单的晶体结构，称为间隙相；当 $r_非/r_金>0.59$ 时，形成的化合物具有复杂的晶体结构，称为间隙化合物。

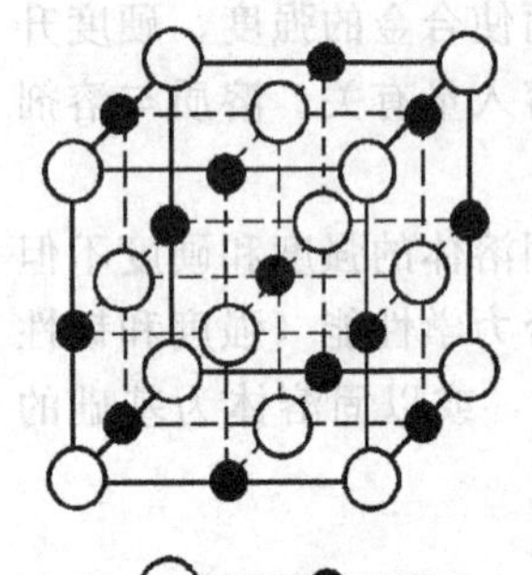

图 2-17　间隙相 VC 的晶体结构

① 间隙相　W、Mo、V、Nb、Ta、Ti 等金属元素的碳化物以及过渡族金属的氮化物，都是间隙相。间隙相的晶体结构不同于任一组元，通常金属元素在间隙相中总是按面心立方或密排六方晶格排列（少数情况下为体心立方及简单六方），而非金属元素原子则占据晶格的间隙位置。例如在间隙相化合物 VC 的晶体结构中，原本是体心立方晶格的 V 原子排列成面心立方晶格，C 原子则有规律地分布在间隙位置上，如图 2-17 所示。

间隙相的成分一般可用简单的化学式 M_4X、M_2X、MX 和 MX_2 来表示，M 代表金属元素，X 代表非金属元素。一定的化学式与一定的晶格结构相对应，化学式与晶格结构的关系见表 2-5。

表 2-5　间隙相化学式与晶格类型的关系

化合物的一般化学式	钢中可能出现的化合物	结构类型
M_4X	Fe_4N, Nb_4O, Mn_4N, Nb_4C	面心立方
M_2X	Fe_2N, Cr_2N, W_2C, V_2C	密排六方
MX	TaC, TiC, ZrC, VC	面心立方
	TiH, TaH, NbH	体心立方
	MoN, CrN	简单六方
MX_2	ZrH_2, TiH_2, VC_2	面心立方

间隙相虽然可以用一定的化学式来表示，但它的成分也可以在一定的范围内变化。例如，TiC 的成分便可在 Ti_2C 和 TiC 之间变化。这种成分的变化，是由于本应由碳原子占据的位置出现空位，导致 Ti 原子与 C 原子的比值增高所造成的。以间隙相为基体，通过空位的方式溶入某些元素所形成的固溶体，称为缺位固溶体。缺位固溶体仍然属于间隙相。

② 间隙化合物　过渡族金属的硼化物以及部分碳化物如 Fe_3C、$Cr_{23}C_6$、Cr_7C_3 等，均属于间隙化合物。

Fe_3C 是钢中的重要间隙化合物，称为渗碳体。Fe_3C 的晶体结构为正交结构，如图 2-18 所示。Fe_3C 中的 Fe 原子可被 Mn、Mo、W 等元素置换，形成诸如 $(Fe,Mn)_3C$、$(Fe,Cr)_3C$ 的合金渗碳体。Fe_3C 中的 C 原子也可以被 N、B 元素取代，形成 $Fe_3(C,N)$、$Fe_3(C,B)$。

其它复杂结构间隙化合物中的组元也可被别的元素置换，形成复杂的三元或多元化合物。例如 $Cr_{23}C_6$ 可溶入 Fe、W、Mo、B 等元素而成为 $(Cr,Fe)_{23}C_6$、$(Cr,Fe,W,Mo)_{23}(C,B)_6$ 等。

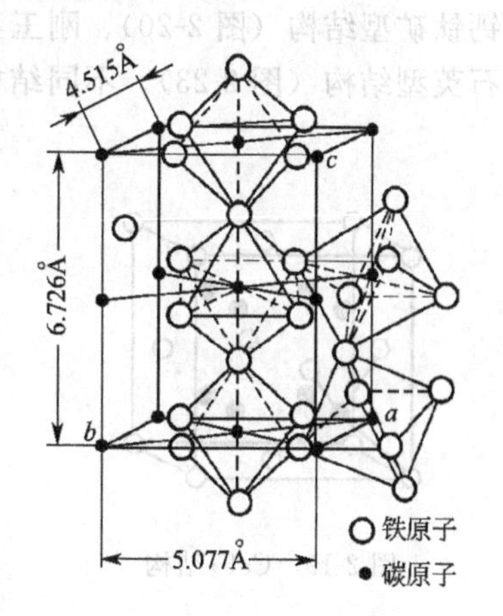

图 2-18　Fe_3C 的晶体结构

(4) 金属间化合物的特点

除正常价化合物外，其它金属间化合物的特点是成分虽然可用化学分子式来表示，但往往是在一定的范围内变化，形成缺位固溶体。

金属间化合物的通性是熔点高、稳定性好、硬度高、脆性大。合金中出现金属间化合物时，通常能提高合金的强度、硬度、耐热性和耐磨性，但却使韧性和塑性下降。如果在韧性良好的固溶体中形成弥散分布的金属间化合物，不仅能明显提高合金的强度和硬度，而且又不明显降低韧性和塑性。这种利用弥散分布的第二相质点来强化合金的方法，称为弥散强化。弥散强化是各种合金钢和有色合金的重要强化方法。

常见碳化物、氮化物和硼化物的特性见表 2-6。

表 2-6　常见碳化物、氮化物和硼化物的特性

特性化合物		熔点/℃	硬度(HV)	弹性模量/10^5MPa	热膨胀系数/10^{-6}℃$^{-1}$	$r_{非}/r_{金}$
碳化物	TiC	3200	2850～3200	4.39	7.95(25～1000℃)	<0.59
	VC	2830	2010～2150	2.67	7.25(25～1000℃)	
	WC	2867	1780	6.28	3.84	
	Cr_7C_3	1665	1450	3.72	9.4(20～1100℃)	>0.59
	$Cr_{23}C_6$	1550	1060	—	10.1 —	
氮化物	TiN	3220	2100	2.49	9.35(25～1100℃)	<0.59
	VN	2050	1500	—	9.2(20～1100℃)	
	AlN	2300(分解)	1230(HK)	3.10	4.8(20～300℃)	
	CrN	1500	1180	—	2.3(20～1100℃)	
	ZrN	2980	1500	—	7.24(20～1100℃)	
硼化物	TiB_2	3067	3310	5.29	4.6(27～1027℃)	>0.59
	VB_2	2200	2800	2.68	7.6(27～1027℃)	
	CrB_2	2030	2020	2.10	10.5(27～1027℃)	
	FeB	1650	1600	3.43	～12(400～1000℃)	
	ZrB_2	3200	2230	3.43	5.9(27～1027℃)	

2.4 陶瓷与聚合物晶体结构

2.4.1 陶瓷晶体结构

陶瓷材料是离子键和共价键结合的含有金属和非金属元素的复杂化合物和固溶体。陶瓷材料具有较高的硬度和较大的脆性，较低的导电性和导热性，有较高的熔点、良好的化学稳定性和热稳定性。

陶瓷材料按原子或离子的排列方式，可分为晶体陶瓷、非晶态陶瓷（玻璃）和晶化玻璃。晶体陶瓷的晶体结构主要包括 NaCl 型结构（图 2-6）、CaF_2（萤石）型结构（图 2-19）、钙钛矿型结构（图 2-20）、刚玉型结构（图 2-21）、ZnS（闪锌矿）型结构（图 2-22）和 β-方石英型结构（图 2-23）。不同结构的晶体陶瓷的结构类型及实例见表 2-7。

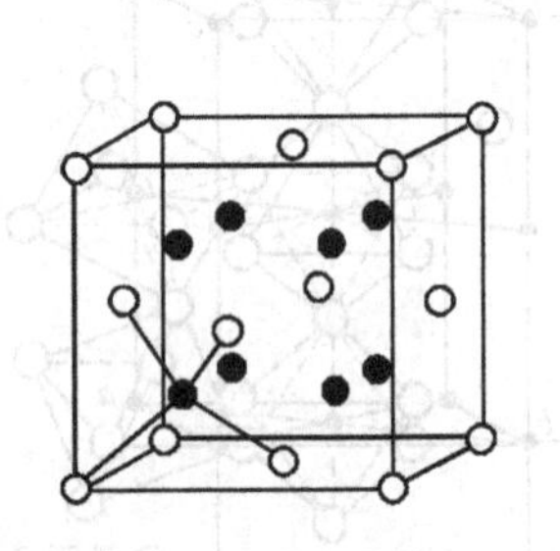

图 2-19 CaF_2结构

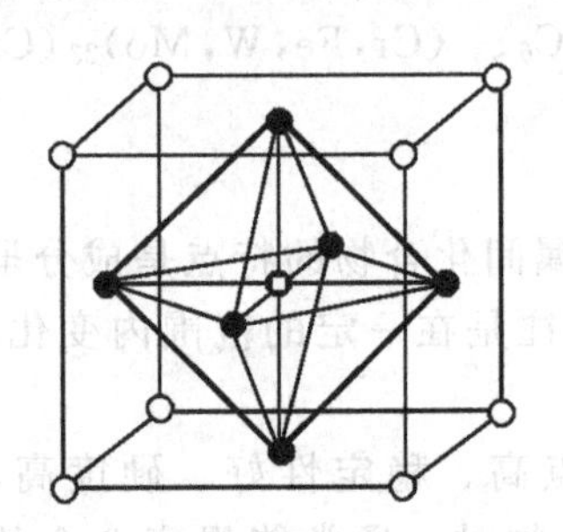

图 2-20 钙钛矿型结构

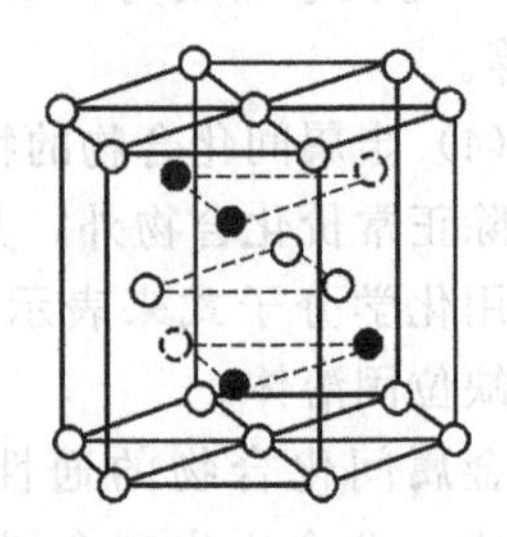

图 2-21 刚玉型结构

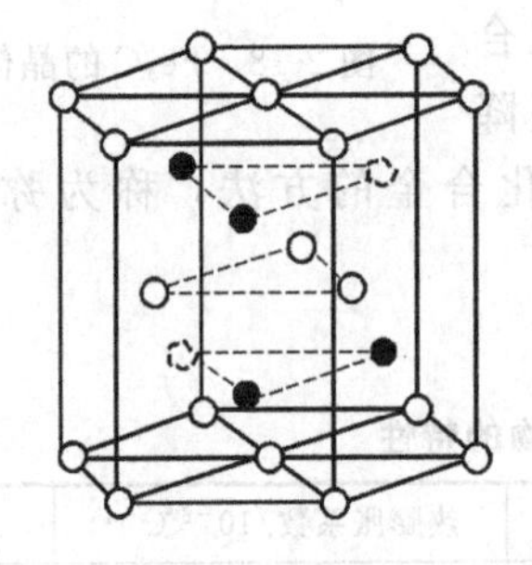

图 2-22 ZnS 型结构

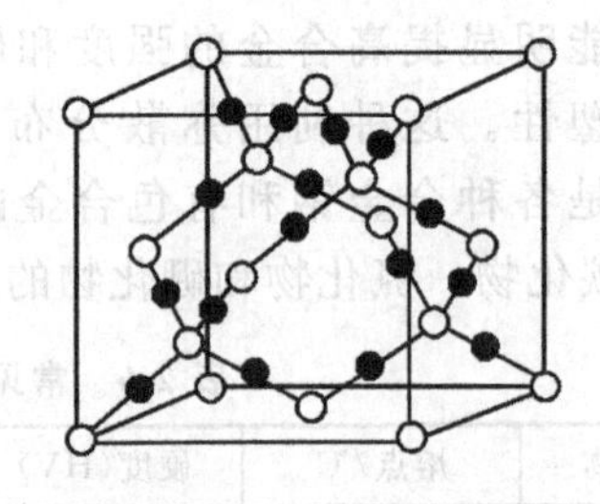

图 2-23 β-方石英型结构

表 2-7 晶体陶瓷的结构类型及实例

结构类型	晶体陶瓷
NaCl 型	MgO、NiO、FeO、SrO、CaO、MnO、VO
CaF_2型	ZrO_2、VO_2、ThO_2、CeO_2
刚玉型	Al_2O_3、Cr_2O_3、Fe_2O_3、Ti_2O_3、V_2O_3
钙钛矿型	$CaTiO_3$、$BaTiO_3$、$PbTiO_3$、$FeTiO_3$
ZnS 型	SiC、BeO
β-方石英型	SiO_2、GeO_2

2.4.2 聚合物晶体结构

聚合物是由一种或几种简单有机化合物聚合成巨型分子链或网络后形成的固体物质。按分子链在空间排列的形态，聚合物可分为晶态聚合物、部分结晶形聚合物和非晶态（无定形）聚合物。图 2-24 为分子链折叠式晶态聚合物的示意图。晶态聚乙烯的晶胞如图 2-25 所示，碳原子和氢原子组成的链堆积在一起形成了正交晶胞。

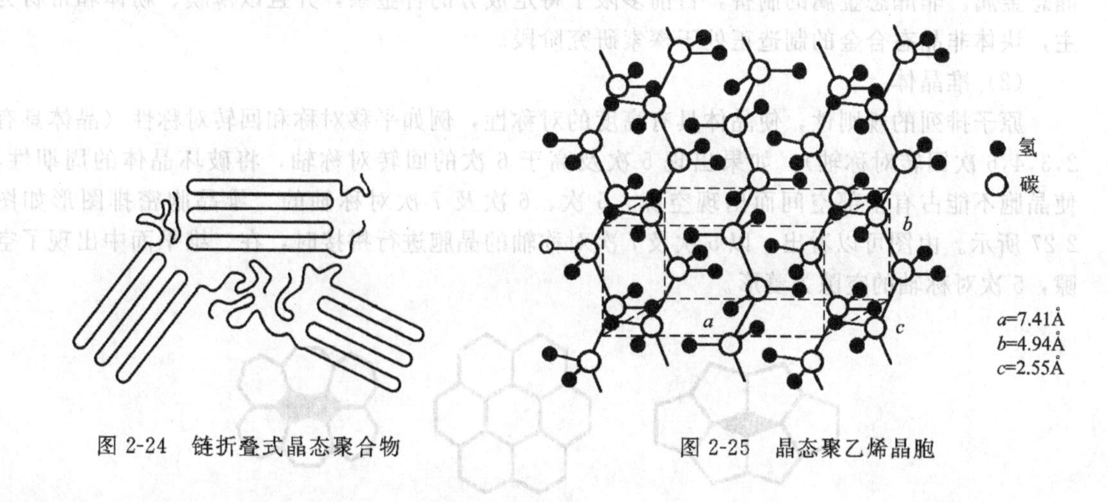

图 2-24　链折叠式晶态聚合物

图 2-25　晶态聚乙烯晶胞

2.5　非晶、准晶及微细晶合金结构

在不同的冷却速度下，液态金属将按不同的凝固机制转变为固态：缓慢冷却时形成晶体金属；急冷条件下将形成晶粒尺寸达微米级或更小的微晶体，而超急冷却（例如$>10^6$℃/s）则可形成准晶态或非晶态金属。

2.5.1　非晶体与准晶体

（1）非晶体

非晶态金属的结构特点是原子排列短程有序而长程无序。由于原子排列的特征与玻璃相似，因而非晶态金属又称金属玻璃。描述非晶态结构的模型主要有两种，一种是 Bernal 无序堆积模型，认为非晶态金属原子的排列方式，相当于大小相等的刚性球在容器内以最紧密状态无序地堆积在一起。将这种模型中的相邻原子由假想连线联接，构成了图 2-26 所示的各种配位多面体。另一种是微晶结构模型，认为非晶态金属是由尺寸极小的晶粒按无序分布状态堆积而成的物质。

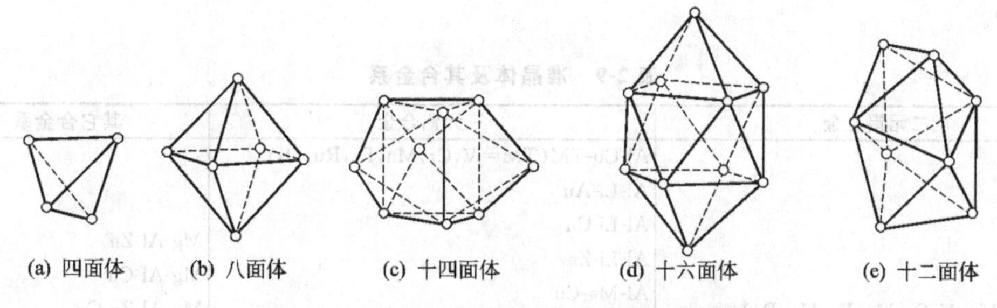

图 2-26　无序堆积结构模型中的配位多面体

非晶态金属无晶界，也不存在原子密排方向和密排面，因此具有各向同性的力学行为。非晶态金属在热力学上处于亚稳定状态，加热时在某一温度范围内发生晶化转变。由于微观结构的特殊性，使非晶态金属具有优良的力学性能、物理性能和化学化能。例如优异的耐蚀性，良好的软磁性和较高临界温度的超导性，以及较高的抗辐射损伤性能。

除了液态急冷法外，还可用化学沉积、电沉积、离子注入、激光表面处理等方法制备非晶态金属。非晶态金属的制备，目前多限于特定成分的合金系，并且以薄膜、粉体和带材为主，块体非晶态合金的制造正处于探索研究阶段。

（2）准晶体

原子排列的规则性，使晶体具有高度的对称性，例如平移对称和回转对称性（晶体具有2,3,4,6次回转对称轴）。如果出现5次及高于6次的回转对称轴，将破坏晶体的周期性，使晶胞不能占有全部空间而出现空隙。5次、6次及7次对称轴的二维晶胞密排图形如图2-27所示。由图可以看出，以5次及7次对称轴的晶胞进行拼接时，在二维平面中出现了空隙，5次对称轴的空隙为菱形。

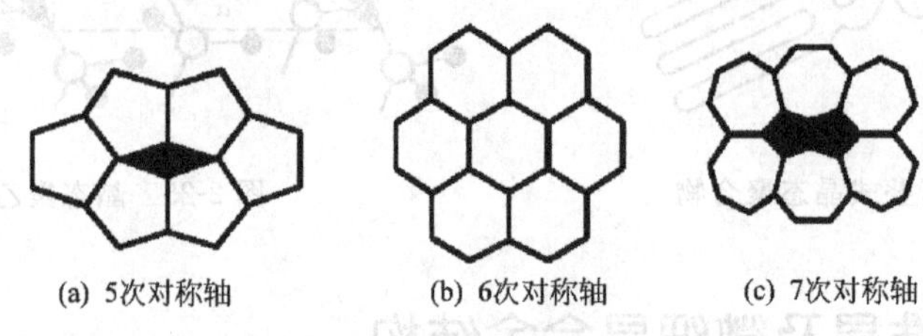

图 2-27　不同对称轴的二维晶胞密排图形

所谓准晶体，是指具有5次回转对称轴而无平移对称的固体物质。准晶体的原子排列短程有序，但在三维空间不具备周期性。如果把菱形空隙看作是晶胞，那么准晶体中含有两种晶胞。晶体、准晶体和非晶体的晶体学特性比较见表2-8。

表 2-8　晶体、准晶体和非晶体的晶体学特性比较

类　别	晶胞	平移对称性	回转对称性	晶格周期性	长程有序性
晶体	1种晶胞	有	2、3、4、6次轴	周期性	长程有序
准晶体	2种晶胞	无	5次轴	准周期性	长程定向有序
非晶体	无	无	无	无	最密无序排列

1984年Shechtman利用液态金属急冷法首次在Al-Mn合金中发现了具有5次对称轴的准晶体，之后又在Al、Mg、Ti基合金中发现了准晶体。准晶体的特性是硬度高、脆性大，具有较低的热膨胀系数、较高的弹性模量和相当高的电阻率。目前已知的准晶体及其合金系见表2-9。

表 2-9　准晶体及其合金系

二元铝合金	三元铝合金	其它合金系
Al-TM(TM=V,Cr,Mn,Fe,Mo,Ru) Al-Pd Al-Pt	Al-Cu-TM(TM=V,Cr,Mn,Fe,Ru,Os) Al-Li-Au Al-Li-Cu Al-Li-Zn Al-Mg-Cu Al-Mg-Zn Al-Cr-Mn Al-Cr-Ru Al-Mn-Si Al-Mn-Fe Al-Si-Cr Al-Ge-Cr	Mg-Al-Zn Mg-Al-Cu Mg-Al-Zn-Cu Ti-Ni Ti-Ni-V Pd-U-Si Ga-Mg-Zn

2.5.2　微晶与纳米晶

常规冷却时的平均晶粒尺寸多在1mm～10μm，而急冷条件下的晶粒尺寸可达微米级或更小。

所谓微晶，是指晶粒尺寸在0.1～1μm(100～1000nm）范围的晶体。由于微晶尺寸比常规冷却晶体的尺寸小得多，从而提高了合金的强度和韧性，改善了合金的耐蚀性、耐磨性和抗疲劳断裂能力。形成微晶时的快速冷凝，增大了溶质原子在基体中的极限浓度，导致附加固溶强化和沉淀强化效果，使合金的强度明显提高。快速冷凝还能充分抑制结晶过程中的成分偏析和有害相析出，克服了常规冷却时的偏析及有害相析出的两大弊端。

晶粒尺寸在10～100nm范围的晶体，称为超细晶，或叫纳米晶。纳米晶体在结晶学、电磁学、光子和热学等方面具有特殊功能，主要用于电子工业、原子能、航空航天、化学及生物医学等领域。晶粒尺寸小于0.01μm（10nm）时，合金的各种性能将发生显著变化。

纳米陶瓷粉是近几年发展起来的以先进制备技术合成的一种新型材料。作为结构材料，纳米尺寸陶瓷颗粒能够显著地提高氧化物及非氧化物陶瓷的室温甚至高温力学性能。纳米尺寸SiC颗粒对金属基复合材料也有明显的增强作用，由纳米SiC颗粒增强的铝基复合材料具有均匀而细小的组织，布氏硬度较纯铝提高20%左右。纳米材料对改善陶瓷材料的韧性有较大的发展潜能，材料科学家预测，纳米材料增韧技术也许是彻底解决困扰材料学界长达一个世纪之久的陶瓷材料脆性问题的最有效途径。

各种非晶体、准晶体和微晶体的制备方法及特性比较见表2-10。

表2-10　非晶体、准晶体和微晶体的制备方法及特性比较

微观结构	合　金　系	主要特性	制备方法
非晶体	各种合金系	高强度，高延展性，软磁性，高耐蚀性	液态急冷
纳米晶粒分散型非晶体	Al、Mg、Fe、Ni、Ti合金系	高强度，高延展性，良好的吸振性，较高的催化特性	液态急冷非晶体→晶化处理
纳米晶体（含有残余非晶体）	Fe系合金	软磁、硬磁性，低磁场中较高的磁致伸缩性	液态急冷非晶体→晶化处理
准晶体	Al、Mg、Ti系合金	高弹性，高硬度，低膨胀系数，高电阻，硬磁性	液态急冷非晶体→加热，缓冷
纳米晶体	各种合金系	高强度，高硬度，较高的催化特性	液态急冷，机械合金化（MA法），非晶态合金晶化处理，气相凝结法

第3章

工程材料的性能

3.1 概述

工程应用中的机器零件或构件（简称机件），在不同的载荷形式及不同的环境条件下工作。作用在机件上的载荷，按其随时间变化的情况可分为静载荷和动载荷。不随时间变化的载荷称为静载荷，如拉、压、扭、剪、弯曲等；载荷随时间变化时称为动载荷，如冲击载荷和交变载荷。机件的环境条件，是指机件工作时周围的温度、压力及介质等。

机件的失效形式主要有三种：磨损、腐蚀与断裂。为保证机器的正常运转，通常要求机件具有足够的强度、刚度、硬度、耐磨性，以及一定的高温强度和化学稳定性。这些性能主要取决于所用材料的性质和性能，因此材料的选择以及材料具有的性能，对机件的性能、质量和寿命有直接影响。

研究工程材料的主要目的之一，是改善和提高材料的各种性能。所谓工程材料的性能，是指材料仅在外加载荷（外力或能量）或者仅在环境因素（温度、压力、介质等）作用下，以及在载荷和环境因素联合作用下所表现的行为。

材料性能主要包括力学性能（强度、硬度、耐磨性、塑性、韧性、抗疲劳性能等）、物理性能（热学、电学、磁学、光学、声学等性能）和化学性能（抗化学腐蚀及抗电化学腐蚀性能）。材料的各种性能，可用相关的性能指标进行表征和评定。性能指标，是指材料应能保证机件在一定载荷条件及环境条件下正常工作而不失效或破坏的极限值和规定极限值。对一般环境下工作的承载机件，通常以力学性能指标为主；对在特殊环境下（高温、腐蚀介质等）工作且载荷较小的机件，通常以化学性能指标为主；对利用声、光、电、磁等功能特性的机件，则以物理性能指标为主。在某些情况下，常常需要材料兼有多种性能，例如高温环境下的承载机件，既要有较好的力学性能，又要有良好的化学性能。一般在实验室内模拟机件的载荷条件、服役环境和失效形式，通过一系列的实验、分析和比较，然后确定材料的性能指标。

本章简要介绍常用的材料性能、性能指标、指标的工程意义以及测试、评定方法。

3.2 材料的力学性能

3.2.1 弹性与刚度

一原始截面积为 F_0，原始长度为 l_0 的低碳钢试样，拉伸条件下的负荷 P 与伸长 Δl 之间的关系曲线如图 3-1 所示，该图称为拉伸曲线图。为了消除尺寸影响，通常用应力 σ（σ=

P/F_0）和应变 ε（$\varepsilon=\Delta l/l_0$）来代表 P 和 Δl，由 σ 和 ε 构成的曲线称为应力-应变曲线，它与拉伸曲线有相似的形式，如图 3-2 所示。

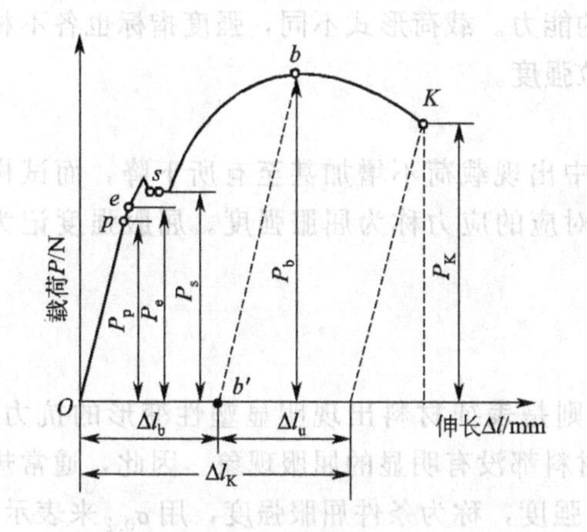

图 3-1　低碳钢拉伸曲线

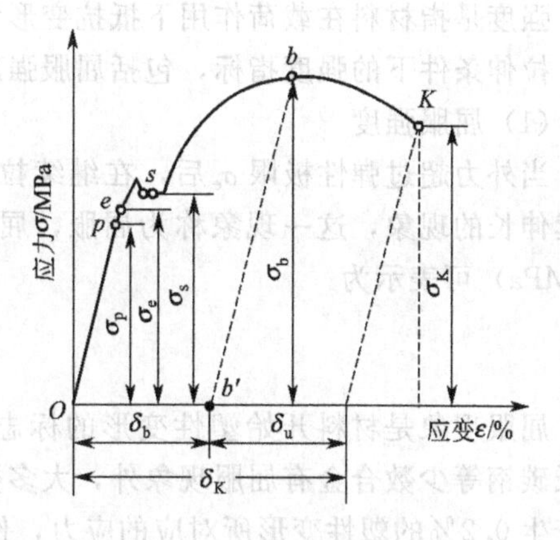

图 3-2　低碳钢的 σ-ε 曲线

（1）弹性

在低碳钢的拉伸曲线中，当负荷较小时（$P\leqslant P_e$），去除外力后试样恢复原状，这种变形称为弹性变形。弹性变形的本质，是晶体中的原子自平衡位置产生了可逆位移。图 3-1 中 p 点对应的应力称为比例极限 σ_p(MPa)，可表示为

$$\sigma_p=\frac{P_p}{F_0}$$

它代表材料应力与应变成正比的最大应力。σ_p不仅受测量精度的影响较大，而且在生产实际中很难测定。

超过 σ_p后，从 p 点到 e 点，σ 与 ε 之间不再是直线关系，但仍为弹性变形，即卸载后变形完全消失。e 点对应的应力，是材料由弹性变形过渡到弹-塑性变形的应力，称为弹性极限。应力超过弹性极限后，材料发生塑性变形。弹性极限记为 σ_e(MPa)，可由下式求出

$$\sigma_e=\frac{P_e}{F_0}$$

弹性极限的测定也受测量精度的影响。通常根据构件的服役条件，规定产生一定残余变形量所对应的应力，作为规定弹性极限。例如，规定残余伸长为 0.01%时，所对应的应力即为规定弹性极限，用 $\sigma_{0.01}$来表示。服役条件要求不允许产生微量变形的机件，设计时应根据 σ_e来选材。

（2）刚度

在 σ-ε 曲线中，p、e 两点非常接近。除有特殊要求外，工程上对弹性极限和比例极限并不严格区分。因此可以说应力低于弹性极限时（MPa），应力与应变成正比，材料遵从虎克定律，即

$$\sigma=E\varepsilon$$

式中，E 是与材料有关的比例常数，称为弹性模量。

工程上，弹性模量是度量材料刚度大小的系数。材料的刚度是指材料对弹性变形的抗力。在相同应力下，刚度（或弹性模量）越大，则材料的弹性变形越小。

金属等晶体的弹性模量，是一种对组织不敏感的性能。加工方法、热处理状态及加入少量合金元素等都不能使弹性模量发生明显变化。

3.2.2 强度

强度是指材料在载荷作用下抵抗变形和断裂的能力。载荷形式不同，强度指标也各不相同。拉伸条件下的强度指标，包括屈服强度和抗拉强度。

（1）屈服强度

当外力超过弹性极限σ_e后，在继续拉伸过程中出现载荷不增加甚至有所下降，而试样继续伸长的现象，这一现象称为屈服，屈服时所对应的应力称为屈服强度。屈服强度记为σ_s（MPa）可表示为

$$\sigma_s = \frac{P_s}{F_0}$$

屈服现象是材料开始塑性变形的标志，而σ_s则是表征材料出现明显塑性变形的抗力。除低碳钢等少数合金有屈服现象外，大多数塑性材料都没有明显的屈服现象。因此，通常规定产生0.2%的塑性变形所对应的应力，作为屈服强度，称为条件屈服强度，用$\sigma_{0.2}$来表示。

（2）抗拉强度

屈服后继续增加载荷，变形也将继续增加。当载荷达到最大值P_b后，试样的某一截面开始急剧减小，出现缩颈。其后不久，试样在缩颈处断裂。b点对应的应力σ_b，相当于试样拉断前所承受的最大载荷下的应力，称为抗拉强度，或称强度极限。σ_b（MPa）可由下式求出

$$\sigma_b = \frac{P_b}{F_0}$$

由于b点以前为均匀塑性变形阶段，因此抗拉强度的物理意义是表征材料对最大均匀变形的抗力。σ_b是工程材料的重要力学性能指标之一。

有些工程材料，如灰口铸铁、氧化铝、有机玻璃等脆性材料，它们不仅没有屈服现象，而且也不产生缩颈，其断裂负荷就是最大载荷。

3.2.3 塑性

（1）塑性变形

当外加载荷超过弹性极限后，试样进入弹塑性变形阶段，变形包括两部分：可恢复的弹性变形和不可恢复的残余变形。在图3-1中，拉伸至P_b点后缓慢卸载，拉伸曲线将沿bb'回到b'，则Ob'即为P_b拉应力下的残余变形Δl_b。这种外力去除后不能完全恢复的残余变形，称为塑性变形或永久变形。

单晶体的塑性变形方式主要为切应力作用下的滑移和孪晶。

所谓滑移是指晶体的一部分相对于另一部分沿一定的晶面和晶向产生的相对滑动。滑移通常沿原子密度最大的晶面和晶向发生。一个滑移面和位于该面上的一个滑移方向组成一个滑移系，通常滑移系越多，产生滑移的可能性越大，塑性变形的能力也越强。

面心立方晶体的滑移面为{111}，共有4组；滑移方向为〈110〉，每个滑移面上包含3个滑移方向，因此面心立方晶体共有12个滑移系。$c/a>1.633$时，密排六方晶体的滑移面为{0001}，滑移方向为〈11$\bar{2}$0〉，每个滑移面上包含3个滑移方向，密排六方晶体共有3个滑移系。体心立方晶体的滑移方向为〈111〉，但体心立方晶体没有原子最密排面，通常可在几个较密排的低指数面{110}、{112}和{123}上产生滑移。如果体心立方的滑移面为{110}，共有6组；滑移方向为〈111〉，每个滑移面上包含2个滑移方向，此时体心立方晶

体共有12个滑移系。

大量研究表明，滑移的本质过程是位错在切应力作用下沿滑移面运动的结果，因此滑移量是原子间距的整倍数。使位错运动并产生滑移的最小切应力，称为临界切应力。图3-3为晶体通过刃型位错移动形成滑移的示意图。

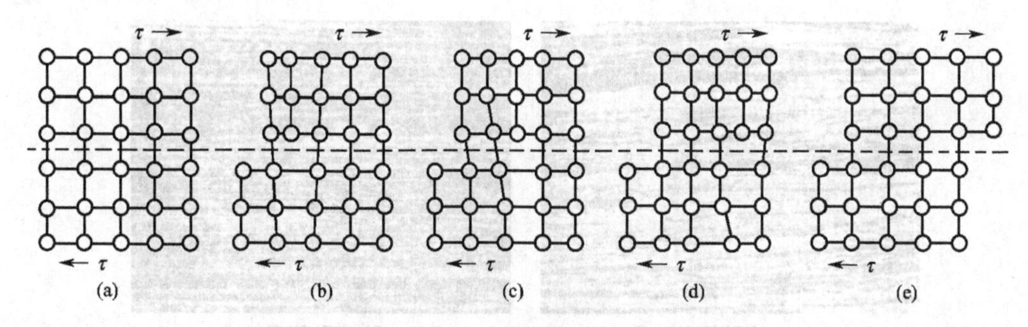

图3-3 晶体通过刃型位错移动形成滑移的示意图

孪晶［图2-11(c)］是塑性变形的另一主要方式。发生孪晶时，晶体的一部分沿一定的界面（孪晶面）和晶向（孪晶方向）进行逐层剪切移动。一般认为孪晶的临界切应力比滑移的临界切应力要大得多；孪晶的变形速度大，但孪晶产生的塑性变形量不大，通常不超过10%。孪晶通常发生在滑移系较少的密排六方金属。体心立方金属如α-Fe等，由于滑移系较多，因此只有低温或受冲击时才发生孪晶变形，而面心立方金属一般不发生孪晶变形。

对多晶体金属来说，塑性变形方式主要也是滑移和孪晶。但由于多晶体中晶界的影响，以及每个晶粒的位向与外力方向的关系各不相同，因此多晶体塑性变形时，应充分注意到晶界的作用和晶粒之间的形变协调性。一般规律是晶粒越细，多晶体的塑性和韧性越高。晶粒大小（平均直径 d）与屈服强度 σ_s 之间的关系为

$$\sigma_s=\sigma_i+\frac{K}{\sqrt{d}}$$

式中，σ_i 与 K 均为与材料有关的常数，该公式适用于大多数金属材料。实验表明，亚晶粒尺寸与屈服强度之间，以及两相混合物的片间距与屈服强度之间也同样存在这种关系。

用细化晶粒提高金属屈服强度的方法，叫做细晶强化。通常晶粒越细，强化效果越明显。但细晶强化并非适用于所有情况，例如高温下使用的机件，较粗的晶粒反而有较高的高温强度。

(2) 塑性指标

材料断裂前具有的塑性变形能力称为塑性。拉伸时的塑性指标，常用延伸率 δ 和断面收缩率 ψ 来表示，这些参数代表了材料断裂时的最大相对塑性变形。δ 和 ψ 可分别表示为

$$\delta=\frac{l_k-l_0}{l_0}\times100\%$$

$$\psi=\frac{F_k-F_0}{F_0}\times100\%$$

式中，l_k 和 F_k 分别为试样断裂后的标距长度和试样断裂后的最小截面积。

(3) 塑性变形时的组织与性能变化

① 组织变化 当变形量较大时，塑性变形后的晶粒将拉长为细条状或纤维状，如图3-4所示。同时，随着变形的发生，各晶粒的位向也会沿着变形方向发生转动。当变形量达到一定程度（70%～90%）时，将会出现某一晶向或晶面与轧制方向趋于一致的“择优取向”或

“织构”现象。例如冷拔时，铝的［111］晶向、铁的［110］晶向平行于冷拔方向，这种织构称为丝织构；轧制时，铁的（001）面平行于轧制平面、［110］晶向平行于轧制方向，这种织构称为板织构。纤维组织和织构都会使各向同性的多晶体，随变形量的增大而逐步发展成为各向异性。

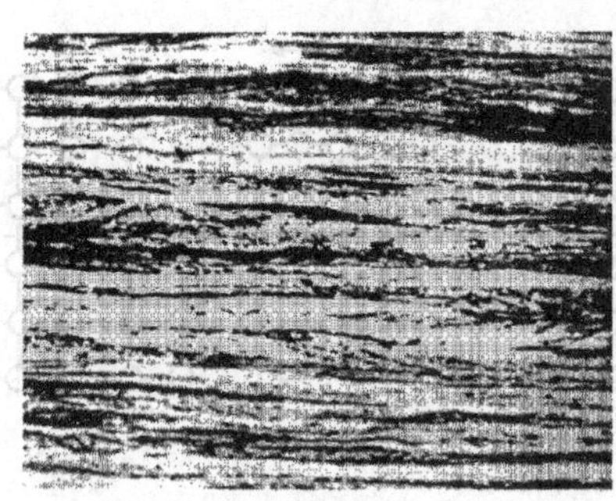
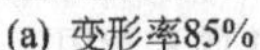
(a) 变形率85%

(b) 变形率95%

图 3-4 纯铜冷塑性变形后的显微组织

② 加工硬化 在图 3-1 中，拉伸至 b 点卸载后的试样，如果短时间内再次加载，试样的拉伸曲线将沿 $b'bK$ 变化。表明再次拉伸时，材料在到达 b 点以前属于弹性变形，过 b 点以后才开始出现塑性变形。可见在二次加载时，材料的弹性极限得到提高，但塑性变形和延伸率却有所下降。这种随塑性变形量的增加使材料的强度、硬度升高而塑性韧性下降的现象，称为加工硬化。

加工硬化是材料在冷加工过程中普遍存在的现象，如冷轧、冷拔、冷挤压、冷冲压过程中均可发生加工硬化。加工硬化是由于变形过程中晶粒破碎和位错密度的增加所引起的。加工硬化又叫形变强化，是强化材料的有效途径之一，特别是对不能通过热处理强化的纯铜、纯铝和某些不锈钢，更是主要的强化方法。但加工硬化也给一些冷加工带来困难，例如冷拔过程中钢丝会由于加工硬化而越来越硬，以致不能继续变形而拉断。因此，必须在冷加工过程中安排中间退火，以消除加工硬化，恢复材料的变形能力。

除加工硬化外，冷塑性变形还使材料的物理性能和化学性能发生变化，例如电阻增大，导电性和导热性下降；变形后材料的内能升高，使耐蚀性下降。

③ 内应力 冷塑性变形时，外力对材料所做的功，大部分以热的形式散掉，一小部分残留在材料内部，形成内应力。内应力大致有三类：

a. 第一类是由于工件各部分之间宏观不均匀变形所引起的内应力，因此又称宏观内应力。第一类内应力的数值不大，仅占内应力总额的 0.1%左右。

b. 第二类是塑性变形后，由于晶粒和亚晶粒的不均匀变形而引起的内应力。第二类内应力约占内应力总额的 10%。

c. 第三类是形变后，由位错及晶格缺陷引起的几百个至几千个原子范围内的晶格畸变所形成的内应力。第三类内应力占内应力总额的 90%。第二类、第三类内应力统称为微观内应力，由于它们的存在范围太小，与应力这一宏观概念不相吻合，因此又称为第二类、第三类畸变。

经冷塑性变形的金属材料，其组织和性能发生了明显变化。表现为晶粒变形、缺陷增多、内应力增大和内能升高，在热力学上处于不稳定状态，有自发恢复到原有稳定状态的趋势。有关这方面的知识将在回复与再结晶部分讲述。

3.2.4 断裂

在应力作用下材料被分离成两个或几个部分的现象称为断裂。断裂不仅使机件完全丧失服役能力，而且往往造成较大的经济损失和伤亡事故，因此在机件的三种主要失效形式（磨损、腐蚀与断裂）中，断裂造成的危害最大。

断裂是裂纹形成和扩展的过程。断裂类型不同，裂纹形成和扩展的机理及其特征也不一样。常见的断裂分类方法及其特征见表3-1。

表3-1 断裂分类及其特征

分类方法	名称	拉伸时断裂情况	特征
根据断裂前塑性变形大小	脆性断裂		断裂时没有明显的塑性变形，断口形貌是光亮的结晶状
	韧性断裂		断裂时有塑性变形，断口形貌是暗灰色纤维状
根据断裂面的取向	正断		断裂的宏观表面垂直于 $S_{最大}$ 或 $+\varepsilon_{最大}$ 方向
	切断		断裂的宏观表面平行于 $\tau_{最大}$ 方向
根据裂纹扩展所取的途径	穿晶断裂		裂纹穿过晶粒内部
	沿晶断裂		裂纹沿晶界发展

根据断裂前产生的塑性变形量大小，可将断裂分为脆性断裂和韧性断裂；按断裂面的取向，可将断裂分为正断和切断；按裂纹扩展所取的途径，可将断裂分为穿晶断裂和沿晶断裂；另外，按裂纹形成机制，可分为韧窝断裂和解理断裂（表中未列出）。

① 脆性断裂　脆性断裂的特征，是断裂前既无明显的宏观塑性变形，又往往没有其它征兆，一旦裂纹形成便迅速扩展，导致机件的突然断裂。大多数陶瓷、玻璃以及灰口铸铁等脆性材料，在室温下一般表现为脆性断裂。对于使用时有可能产生脆性断裂的机件，设计时必须从脆性断裂的角度计算其承载能力。

② 韧性断裂　韧性断裂的特征是断裂前产生明显的宏观塑性变形。由于塑性变形过程中微裂纹的不断扩展和相互连接形成了纤维状，而纤维状断口的反光能力很弱，因此韧性断裂的断口形貌呈暗灰色的纤维状。韧性断裂的危险性远比脆性断裂的小，在生产实践中也较少出现。使用中有可能出现韧性断裂的机件，只需按材料的屈服强度计算其承载能力。

③ 穿晶断裂与沿晶断裂　多晶体断裂时，如果裂纹扩展的途径穿过晶内，称为穿晶断裂；如果裂纹沿晶界扩展，则称为沿晶断裂。穿晶断裂可能是韧性断裂（如室温下的穿晶断裂），也可能是脆性断裂（低温下的穿晶断裂），而沿晶断裂则在多数情况下属于脆性断裂。

材料的断裂属于韧性还是脆性断裂，不仅取决于材料的内在因素，而且与机件的工作温度、加载速度、加载方式和应力状态有关。一般来说，低温、大变形速度及应力集中时易发生脆性断裂。

3.2.5 韧性

韧性是指材料断裂前吸收塑性变形功和断裂功的能力，或指材料抵抗裂纹扩展和断裂的能力。韧性包括冲击韧性和断裂韧性。

(1) 冲击韧性

机器零件往往在冲击载荷作用下工作，例如高速旋转飞轮的启动与刹车、锻锤的锤杆与基座等。冲击载荷与静载荷的主要区别，在于加载速度的不同。一般来说，随着变形速度的增加，材料的塑性、韧性下降，而脆性增加。所谓冲击韧性，是指材料抵抗冲击载荷破坏的能力。

工程上常用缺口试样冲击弯曲试验来测定材料的冲击韧性。冲击弯曲试验在一次摆锤式试验机上完成，试验采用U形缺口或V形缺口标准试样，脆性材料通常用光滑试样。

图3-5为摆式冲击试验机示意图。质量为G的摆锤在H高度的位能为GH，冲断试样后剩余的能量为Gh。摆锤冲断试样失去的位能即为试样变形和断裂所消耗的功，称为冲击功，用符号A_K表示，单位为J。用试样缺口处截面积$F(cm^2)$去除A_K，即得冲击韧性α_k

$$\alpha_k=\frac{A_K}{F}\quad (J/cm^2)$$

冲击韧性α_k对材料的组织非常敏感，能够灵敏地反映出材料的品质、宏观缺陷和显微组织方面的微小变化，因此可作为判定材料质量和估价材料脆断趋势的指标。

工程中常用的中、低强度结构钢，当试验温度低于某一温度T_k时，α_k值明显下降，材料由韧性转变为脆性，这种现象称为低温脆性。T_k称为韧脆转变温度或脆性转变临界温度。低温脆性对压力容器、桥梁和船舶结构，以及低温下服役的机件有非常重要的工程意义。通过系列冲击试验，可获得α_k与试验温度T之间的关系曲线，进而求出T_k，然后根据T_k来评价材料的低温脆变倾向，设计时应保证机件的服役温度高于T_k。

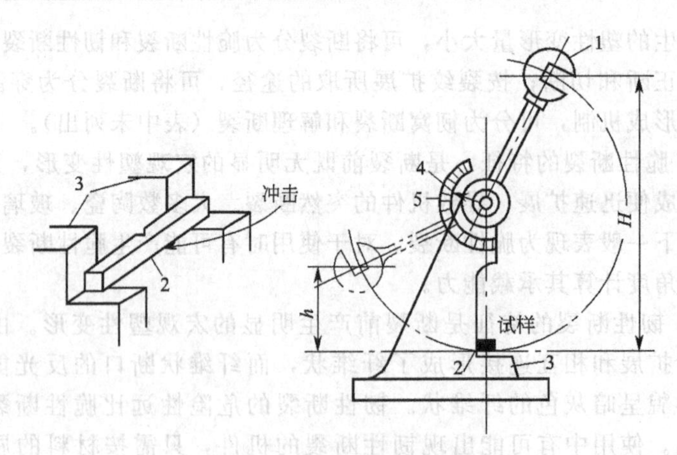

图3-5 摆式冲击试验机

1—摆锤；2—试样；3—机座及试样支座；4—指针；5—刻度盘

工程实际中的大多数机件，是在小能量多次冲击作用下遭到破坏的，例如凿岩机活塞、锻锤锤杆等。即使承受较大冲击载荷的机件，也很少只经受一次或几次冲击就断裂。在小能量多次冲击载荷作用下服役的机件，冲击次数$N>10^5$时的破坏属于疲劳破坏，因此，不能

再以 α_k 值作为选材和设计的依据，而应进行小能量多次冲击试验。

（2）断裂韧性

高强度钢、超高强度钢的机件，以及中、低强度钢的大型件，常常在工作应力低于屈服强度的条件下发生脆性断裂，这种脆性断裂称为低应力脆断。由于制造、使用或某些其它原因，在实际机件中不可避免地存在着宏观裂纹，低应力脆断就是由于这些宏观裂纹的失稳扩展所造成的。材料抵抗裂纹失稳扩展的能力，称为断裂韧性。

根据大量的断口观察结果，低应力脆断的断口没有宏观塑性变形痕迹，表明裂纹扩展时其尖端总是处于弹性状态，因此可以用线弹性断裂力学理论来研究低应力脆断的裂纹扩展问题。

含有裂纹的机件，根据外加应力与裂纹扩展面的取向关系，裂纹扩展有三种类型：张开型（Ⅰ型）、滑开型（Ⅱ型）和撕开型（Ⅲ型）。三种裂纹扩展形式如图 3-6 所示，其中Ⅰ型（张开型）裂纹扩展最易引起脆性断裂，因而也最危险。为安全起见，即使是其它形式的裂纹扩展，也常按Ⅰ型处理。

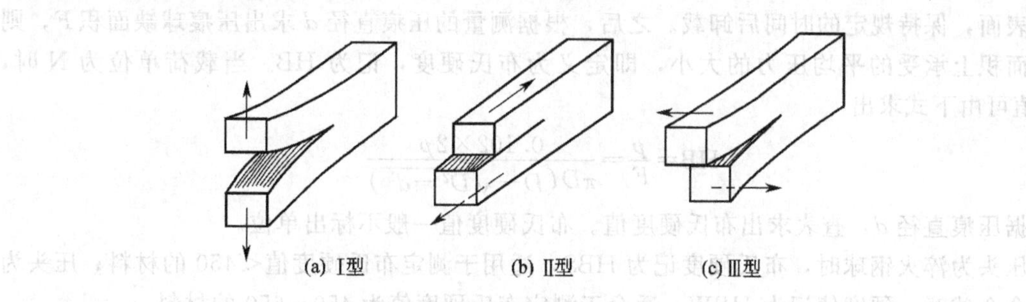

图 3-6 裂纹扩展的基本形式

设平板上有一长度为 $2a$ 的Ⅰ型穿透裂纹，在无限远处作用有均匀拉应力 σ，如图 3-7 所示。在断裂力学中，常用应力强度因子 K 来表示裂纹尖端附近区域内各点的应力强弱。Ⅰ型裂纹应力强度因子的一般表达式为

$$K_{\mathrm{I}}=Y\sigma\sqrt{a}$$

式中，Y 为裂纹形状系数，一般 $Y=1\sim2$。

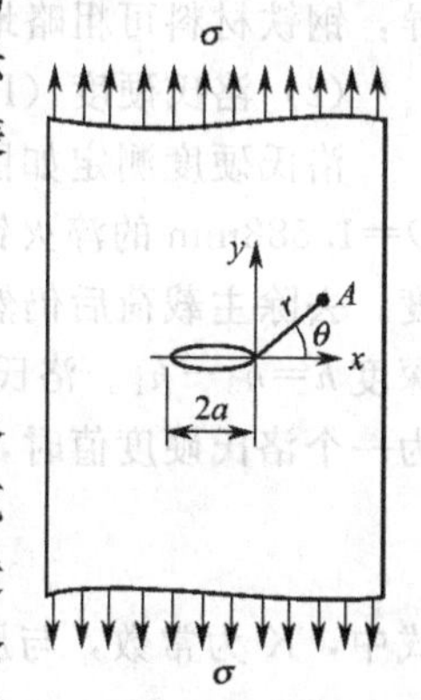

图 3-7 具有Ⅰ型穿透裂纹的无限大板

增加 σ 或者增加 a，K_{I} 也随之增大，或者说裂纹尖端附近区域各点的应力也在增大。当 K_{I} 达到某一临界值时，在裂纹尖端足够大的范围内，应力便会达到材料的断裂强度，从而使裂纹沿 x 轴失稳扩展，造成材料断裂。K_{I} 的临界值称为材料的断裂韧性，平面应变（厚板）条件下的断裂韧性记作 K_{IC}。K_{IC} 是规定条件下材料的测试值，它表示材料抵抗裂纹失稳扩展即抵抗低应力脆断的能力。

根据应力强度因子 K_{I} 和断裂韧性 K_{IC}，即可建立裂纹失稳扩展的判据，即

$$K_{\mathrm{I}}=Y\sigma\sqrt{a}\geqslant K_{\mathrm{IC}}$$

当带有裂纹的机件满足上述条件时，就会发生脆性断裂。而带裂纹的机件不发生脆断的条件则是：

$$K_{\mathrm{I}}=Y\sigma\sqrt{a}<K_{\mathrm{IC}}$$

只要满足上述条件，即使机件中含有裂纹也不会发生低应力脆断。

3.2.6 硬度

硬度是衡量材料软硬程度的性能指标。硬度测试方法有多种，基本分为压入法和刻划法。刻划法（莫氏硬度）常用来比较陶瓷等硬质材料的硬度，而生产制造和科学研究中多用压入法。

硬度值的物理意义随试验方法而有所不同，例如刻划法硬度值，主要表征金属对切断破坏的抗力，压入法硬度值则表示金属抵抗局部变形和破坏的能力。硬度与强度等力学性能之间虽无严格的对应关系，但可根据大量试验数据找出概略关系，从而根据硬度值来大致估计材料的静强度以及其它性能。

硬度试验由于设备简单，操作迅速方便，对机件无破坏，同时又能敏感地反映出材料的成分及组织结构的差异，因而在生产中常用于质量检查和性能评价。

常用的压入法硬度试验有布氏硬度、洛氏硬度、维氏硬度和显微硬度。

(1) 布氏硬度（HB）

布氏硬度测定如图 3-8 所示。在压力 p(N) 的作用下将直径为 D(mm) 的钢球压入被测材料表面，保持规定的时间后卸载。之后，根据测量的压痕直径 d 求出压痕球缺面积 F，则单位面积上承受的平均压力的大小，即定义为布氏硬度，记为 HB。当载荷单位为 N 时，HB 值可由下式求出

$$\mathrm{HB}=\frac{p}{F}=\frac{0.102\times 2p}{\pi D\left(D-\sqrt{D^2-d^2}\right)}$$

或根据压痕直径 d，查表求出布氏硬度值。布氏硬度值一般不标出单位。

压头为淬火钢球时，布氏硬度记为 HBS，适用于测定布氏硬度值$<$450 的材料；压头为硬质合金球时，硬度值记为 HBW，适合于测定布氏硬度值为 450～650 的材料。

金属材料的抗拉强度与布氏硬度之间成正比，即 $\sigma_b=k\mathrm{HB}$。k 为比例系数，因材料而异，钢铁材料可粗略地选取 $k\approx 3.3$。

(2) 洛氏硬度（HR）

洛氏硬度测定如图 3-9 所示。洛氏硬度压头用圆锥角 $\alpha=120°$ 的金刚石圆锥体，或者用 $D=1.588$mm 的淬火钢球。图中 h_1 为初载作用下的压入深度，h_2 为主载荷作用下的压入深度。去除主载荷后仍然保持初载荷时，由于弹性变形的恢复，压头位置为 h_3，主载荷压痕深度 $h=h_3-h_1$。洛氏硬度符号记为 HR，用主载荷压入深度来表示。规定每 0.002mm 深度为一个洛氏硬度值时，HR 可表示为

$$\mathrm{HR}=\frac{K-h}{0.002}$$

式中，K 为常数，与压头有关，金刚石压头的 K 值为 0.2mm。

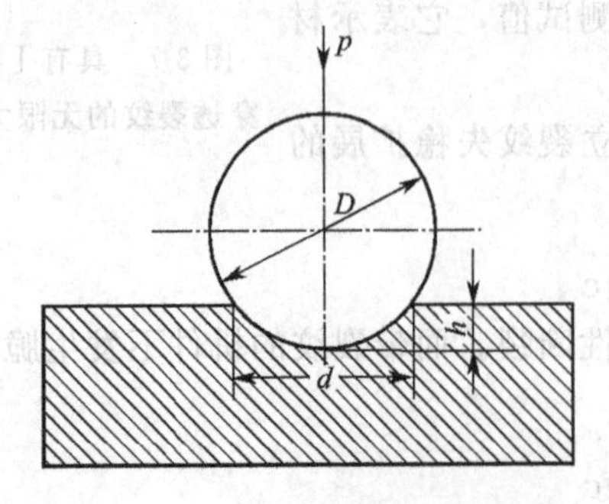

图 3-8 布氏硬度测定原理示意图

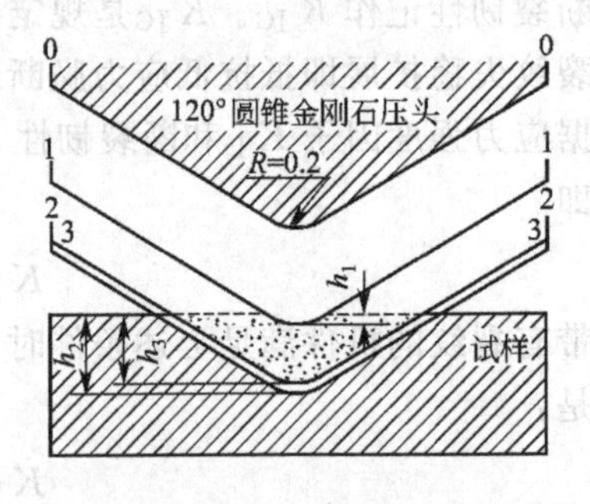

图 3-9 洛氏硬度测定原理示意图

实际测定洛氏硬度值时，可由表盘上直接读出硬度值。洛氏硬度有三个标尺，根据压头类型和总载荷大小，分别用 HRA、HRB 和 HRC 来表示。

(3) 维氏硬度与显微硬度

维氏硬度测试如图 3-10 所示，其压头为金刚石四棱锥体，两相对面之间的夹角为 136°。维氏硬度测试原理与布氏硬度相同，也是按压痕单位面积所承受的载荷来计算硬度值。实际测定时，根据测出的压痕对角线长度，通过查表确定维氏硬度值。维氏硬度用 HV 表示。

维氏硬度测试的载荷范围较宽，当载荷小于 1.961N(200gf) 时，由于压痕较小，通常须借助显微镜才能进行精确测量，因而称为显微硬度。显微硬度的符号仍用 HV 表示。显微硬度对压痕测量精度要求较高，微小的偏差即可导致硬度值的较大波动，因此显微硬度的测量结果通常比宏观硬度值更为分散。测定显微硬度时，应在同一表面上选取 5 个不同的视域进行测定，然后取平均值。

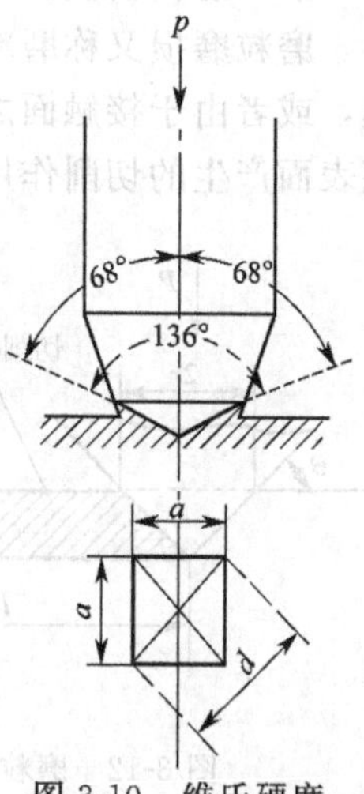

图 3-10　维氏硬度测试原理示意图

3.2.7 耐磨性

(1) 磨损与耐磨性

摩擦和磨损是运动机械中普遍存在的现象。机件之间由于相对运动引起的摩擦作用，使摩擦表面逐渐有微小颗粒分离出来形成磨屑，造成接触面不断发生质量损失和尺寸变化，这种现象称为磨损。摩擦降低了机械效率，而磨损则降低了机器精度甚至引起工件报废。磨损是机件三种主要失效形式（磨损、腐蚀和断裂）之一。

耐磨性是指材料抵抗磨损的能力。通常用磨损量来评价材料的耐磨性，磨损量越小，耐磨性越好。磨损既可以用线磨损（试样实际表面法线方向的尺寸减小）来表示，也可用体积磨损（试样体积或质量损失）来表示。

磨损有多种形式，常见的有粘着磨损、磨粒磨损、疲劳磨损和腐蚀磨损。疲劳磨损以及腐蚀磨损将在疲劳和腐蚀的相关内容中加以介绍。

(2) 粘着磨损

粘着磨损又称咬合磨损，它是由于零件表面存在的局部凸起在载荷作用下发生塑性变形，使相互接触的两物体粘着（冷焊）在一起，粘着点在随后的相对滑动时被剪断并转移到另一方物体表面，然后脱落下来形成磨屑所造成的。粘着点的不断形成与破坏，便构成了粘着磨损过程。图 3-11 为粘着磨损过程示意图。

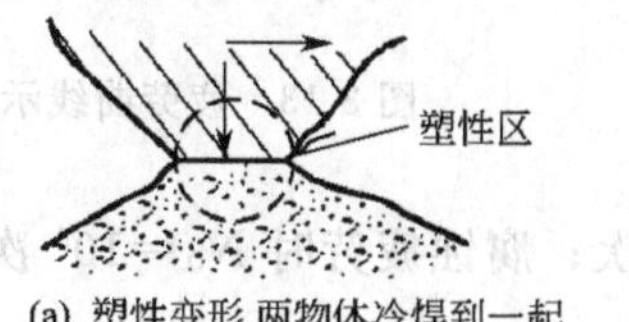

(a) 塑性变形,两物体冷焊到一起

(b) 粘着点剪断,转移到一方物体

图 3-11　粘着磨损过程示意图

粘着磨损通常在摩擦副的相对运动速度较低、润滑条件很差、表面粗糙度较大以及接触应力很大的情况下发生。因此，通过改善润滑条件、降低摩擦系数和降低表面粗糙度等方法，都可减轻粘着磨损。

(3) 磨粒磨损

磨粒磨损又称磨料磨损或研磨磨损，它是由于摩擦副的一方表面存在着坚硬的细微凸起，或者由于接触面之间存在着硬质粒子所造成的一种磨损。磨粒磨损过程可能是磨粒对摩擦表面产生的切削作用、塑性变形和疲劳破坏作用，或者是起因于脆性断裂，也可能是上述某种损害形式为主的综合作用的结果。磨粒磨损的主要特征，是摩擦面上有明显的痕迹。

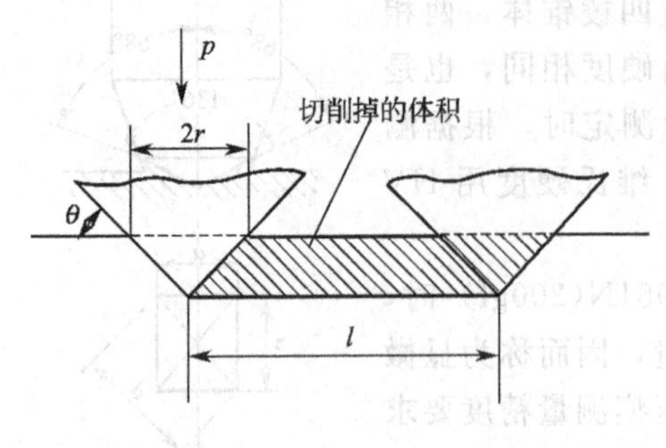

图 3-12 磨粒磨损示意图

图 3-12 是以切削作用为主的磨粒磨损过程示意图。

3.2.8 疲劳

轴、齿轮、弹簧等零件，工作时各点承受的应力大小，或者应力大小及方向通常随时间作周期性变化。呈周期性变化的应力称为交变应力，应力每重复变化一次称为一个应力循环，而重复变化的次数则称为循环次数 N。交变应力的循环特性，可用应力循环对称系数 $r(=\sigma_{min}/\sigma_{max})$ 来表示。$r=-1$ 时，称为对称应力循环；$r\neq-1$ 时，称为不对称应力循环。

在交变应力作用下，机件内的最大应力虽然低于材料的屈服强度，但经过交变应力长时间的重复作用之后，将产生裂纹、局部剥落甚至突然断裂。这些在交变应力作用下的损伤及失效形式，称为疲劳破坏，简称疲劳。产生疲劳的原因，主要是由于材料的质量、加工缺陷或结构设计不合理等因素的影响，在零件局部区域造成应力集中，从而使微观局部产生塑性变形并形成疲劳裂纹。在交变应力作用下，疲劳裂纹继续扩展、长大，最终导致局部剥落或者突然断裂。

(1) 对称循环疲劳极限

在交变载荷下，材料承受的最大交变应力 σ_{max} 与断裂前循环次数 N 之间的关系曲线，称为疲劳曲线，常简写为 σ-N 曲线。材料的疲劳曲线如图 3-13 所示。由图可以看出，当 σ_{max} 降低到某一值时，曲线趋于水平，表明材料在低于该应力下可以经受无数次循环而不发生疲劳断裂。材料经受无数次应力循环而不发生疲劳断裂的最大应力，称为疲劳极限或疲劳强度，记为 σ_r。对于对称应力循环，疲劳极限用 σ_{-1} 表示。试验证明，同种材料的对称循环疲劳极限最低，而非对称循环疲劳强度较高，因此 σ_{-1} 是衡量材料疲劳极限的基本指标。

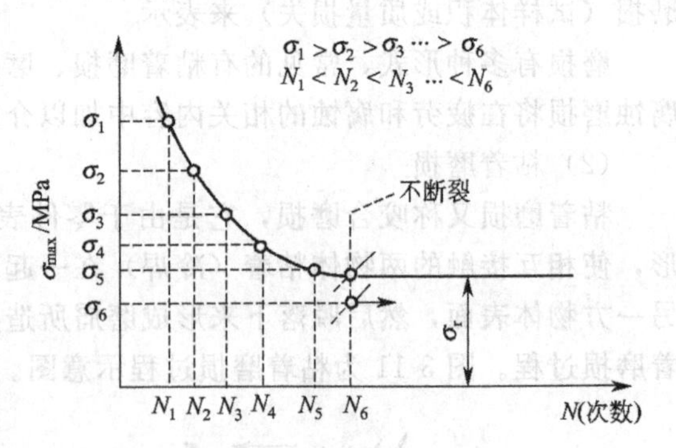

图 3-13 疲劳曲线示意图

对疲劳曲线上不出现水平部分的材料，如铝合金以及在高温下或腐蚀介质中工作的钢等，通常规定某一循环数次 N_0 所对应的应力值作为规定疲劳极限。例如，有色金属 $N_0=10^8$ 次；腐蚀疲劳时 $N_0=10^6$ 次。

(2) 接触疲劳极限

接触疲劳是滚动轴承、齿轮等零件的接触面，作相对滚动或滚动加滑动时，在交变接触压应力长期作用下所引起的一种表面疲劳剥落现象。表面剥落使机器的噪声增加、振动增大、磨损加剧，严重时造成机器不能正常工作。

虽然接触疲劳也是在交变应力作用下产生的表面失效形式，并且包括一般疲劳所具有的裂纹形成和扩展过程，但就其本质而言，它的形成机理却与磨粒磨损相同，即发生接触、摩擦，造成表面累计损伤并形成磨屑。因此，接触疲劳又称疲劳磨损。

按裂纹起始位置和剥落形态的不同，接触疲劳可分为麻点剥落、浅层剥落和硬化层剥落（深层剥落）三类，如表 3-2 所示。

表 3-2　接触疲劳分类及剥落形态

接触疲劳剥落分类	裂纹起始位置	剥落断面形态	形成特点
麻点剥落			摩擦力较大(表面最大综合切应力较高)，表层材料强度低(脱碳、淬火不足，夹杂物等)
浅层剥落	0.78b b— 接触面半宽度		摩擦力较小(表面光滑，相对滑动小)，在 0.78b 深处发生相对弱化(非金属夹杂集中)
深层剥落(硬化层剥落)	深层		硬化层深度不合理，心部强度太低，过渡区存在不利的应力分布

材料接触疲劳抗力的大小，通常用接触疲劳曲线 σ_{max}-N 来描述。σ_{max} 为最大接触压应力，N 为接触疲劳循环次数。典型的 σ_{max}-N 曲线如图 3-14 所示，曲线中水平部分对应的应力即为接触疲劳极限。接触疲劳的循环基数 N_0（转折点位置）以不产生大量扩展性麻点为依据。例如，低碳钢 $N_0=(2\sim4)\times10^6$；淬火-回火钢 $N_0=(10\sim20)\times10^6$；青铜与铜合金 $N_0=(3\sim12)\times10^6$。

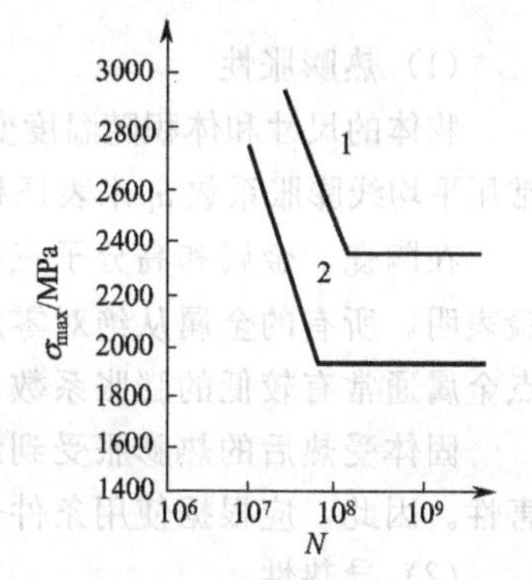

图 3-14　14CrMnSiNi$_2$Mo 钢接触疲劳曲线

1—碳氮共渗层深 0.66mm；

2—渗碳层深 6.76mm

3.3　材料的物理性能

材料的物理性能是材料的主要性能之一，主要包括材料的热学、电学、磁学、光学及声学等性能。材料的物理性能与原子结构、键合形式、原子排列方式、材料中的缺陷以及大量微观粒子热运动的平均效果有关。

一般认为，结构材料是以力学性能为主要特征的材料，而以物理性能为主要特征的材料则称为功能材料。研究和了解材料的物理性能，不仅对正确选择和应用功能材料有重要意义，而且对改善或提高结构材料的性能同样有工程意义。

3.3.1　材料的密度与熔点

（1）密度

物质单位体积具有的质量称为密度。物质的质量为 m，体积为 V 时，密度 ρ（kg/m^3 或 g/cm^3）可表示为

$$\rho=\frac{m}{V}$$

密度是物质致密程度的度量。不同的金属元素有不同的密度，取决于它们的原子质量、原子间的结合力和原子排列方式。密度值小于 3.5kg/m³ 的称为轻金属，密度值大于 3.5kg/m³ 的称为重金属。合金的密度不仅取决于合金元素的密度，还取决于它们之间的相互作用及合金的成分配比。无限互溶的固溶体，其密度随溶质含量的变化近似呈直线关系；但形成金属化合物时，则不具有直线关系。

材料的强度 σ_b 与密度 ρ 的比值称为比强度，弹性模量 E 与密度 ρ 的比值称为比模量。比强度和比模量是衡量材料承载能力的重要指标之一，对高速运动的机械以及要求减轻自重的构件，如航空、航天用的各种构件有重要意义。

（2）熔点

熔点是指材料的熔化温度，定义为固相和液相的平衡温度。晶体物质有固定的熔点，非晶体物质或混合物则没有固定的熔点，而是在一定的温度范围内软化，最终变为液态，如玻璃、耐火材料、高分子材料等。

熔化的本质，是随着温度的升高，晶格的热振动加剧，到达熔点时，热振动突破原子间的结合力使晶格破碎，物质由固相转变为液相。因此原子间的结合力越强、晶格能越高，物质的熔点也越高。在基体金属中加入 Cr、Mo、W、Nb 等熔点较高的元素后形成固溶体，除产生固溶强化效果外，还常常使基体金属的原子结合力和热强性（蠕变和特久极限）有明显提高。陶瓷材料的键合形式是离子键和共价键，大部分以离子键为主，因此熔点高、硬度大、稳定性好。

3.3.2 材料的热性能

（1）热膨胀性

物体的尺寸和体积随温度变化而产生的热胀或冷缩现象，称为物质的热膨胀性。工业上通常用平均线膨胀系数 α_l 来表征材料的热膨胀特性，α_l 表示温度升高 1℃时，材料的相对伸长。

在陶瓷、金属和高分子三种材料中，线膨胀系数有如下顺序：$\alpha_{陶瓷}<\alpha_{金属}<\alpha_{高分子}$。试验表明，所有的金属从绝对零度升高至熔点时，体积相对膨胀率均为 6%～7%，因此高熔点金属通常有较低的膨胀系数。

固体受热后的热膨胀受到约束时，将产生很大的内应力，这种内应力往往具有较大的危害性。因此，应根据使用条件合理地选择具有适当膨胀系数的材料。

（2）导热性

固体材料中的热量传递，以传导传热方式为主。一维稳定态传导传热时，固体单位面积通过的热流 q 与温度梯度 dt/dx 成正比，且与温度梯度的方向相反。按傅里叶定律，热流 q（W/m²）可表示为

$$q=-\lambda\frac{dt}{dx}$$

式中，λ 为物体的热导率，W/(m·℃)。热导率 λ 是表征物体导热能力大小的物理量，λ 越大，导热能力越强。

在金属、陶瓷和高分子三种材料中，金属的热导率最大，并且随温度的升高而缓慢减小。非金属材料的热导率大多数情况下比较小，并随温度的升高而增大。但高纯度非金属材料也具有良好的导热性，如金刚石晶体在室温的 λ 高达 2000W/(m·℃)，而银在室温的 λ 为

427W/(m·℃)。非晶态玻璃和塑料等，室温下的 λ 约为 10^{-1} W/(m·℃)。习惯上把 λ 小于0.23W/(m·℃)的材料，称为隔热材料、绝热材料或保温材料。

对于在加工和使用过程中，需要强化传热或者需要阻热、绝热的机件，热导率是材料选择和制定工艺参数时必不可少的物理参数。

(3) 热容

热容是指物体每升高1℃所吸收的热量。热容分为定容热容 C_v 和定压热容 C_p。对固体材料来说，两种热容相差很小，一般不加以区别。

单位质量物质的热容称为比热容，指单位质量的物体每升高1℃所吸收的热量。比热容用小写字母 c 表示。

在加热过程中，材料内部各点的均温能力可用导温系数 $\alpha=\lambda/(\rho c)$ 来表示。ρc 乘积越小，则 α 越大，表明材料的均温能力越强，物体表面与心部的温差越小，相应的升温时间也越短。因此，热容或比热容的大小，对材料的加热时间、温度均匀性乃至能量消耗均有影响。

3.3.3 材料的电性能

(1) 导电性

固体材料的导电性，是指材料允许电流通过的能力。工程上常用电阻率 ρ(Ω·m)来表征材料的导电性。ρ 越大，材料的导电性越差。

固体材料的电阻率，因其内部组成和结构的不同而有巨大差别。通常按电阻率的大小将固体材料分为导体、半导体和绝缘体。导体的电阻率 ρ 约小于 10^{-4} Ω·m，绝缘体的电阻率 ρ 约大于 10^{6} Ω·m，半导体的电阻率则介于两者之间。

(2) 超导性

金属的电阻率随温度的降低而连续下降，但有些金属在其温度、磁场和电流密度低于一定值时，电阻突然下降为零。金属失去电阻的现象，称为超导性。发生超导现象所对应的温度、磁场强度和电流，分别称为临界温度（T_c）、临界场强（H_c）和临界电流（I_c）。具有超导特性的材料称为超导材料或超导体，例如 T_c 为95K的Y-Ba-Cu-O系，以及 T_c 为122K的Tl-Ba-Ca-Cu-O系超导体。

3.3.4 材料的磁性能

物质磁性通常用磁导率 μ_γ 或磁化率来表征。物质按其磁性可分为顺磁性、抗磁性、铁磁性、反铁磁性和亚铁磁性等物质。其中铁磁性和亚铁磁性属于强磁性，通常所说的磁性材料是指具有这两种磁性的物质。磁性材料按其磁特性又可分为软磁性材料和硬磁性材料。

铁磁性是指材料具有较大的磁导率和易于磁化等特性。铁磁性材料有Fe、Co、Ni、Gd及其合金。

软磁性是指材料易于磁化和易于退磁的性能，其特点是磁导率高、矫顽力低和铁芯损耗小。软磁材料包括工业纯铁、硅钢、坡莫合金（Ni-Fe-Me）、锰（或镍）锌铁氧体，以及Co-Fe-B基和Fe-B基非晶态材料。

硬磁性是指去掉外磁场后，材料仍然保持较强的剩磁和较大磁矫顽力的性能。硬磁材料有钡（或锶）铁氧体、铝镍钴、稀土铝以及稀土-铁类合金。

3.3.5 材料的光学性能

材料的光学性能，是指材料对光波的反射、折射、吸收和透过能力，以及材料本身的发光能力。

投射到材料表面的光波，一部分被反射，一部分经折射后进入材料内部而被吸收，其余部分则透过材料。设材料的吸收率为α，反射率为γ，透过率为ρ，则$\alpha+\gamma+\rho=1$。

对大多数固体材料来说，光波在距表面很短的距离内便被吸收，因此透过率为零，即$\alpha+\gamma=1$，表明吸收能力大的固体材料反射能力小，反之吸收能力小的反射能力大。

材料对X射线、紫外线、红外线波段的电磁波也同样具有吸收、反射和透过能力。不同材料的吸收与反射能力，与入射电磁波的频率有关，例如石英玻璃对可见光几乎是全透过的，但却不能透过3.5mm～5.0μm波长的红外线。这种现象称为选择性吸收与透过。材料的吸收能力还与表面状况和温度有关，通常吸收率随温度升高而下降；表面越粗糙、反射率越小，则吸收率越大。

固体发光材料有两种不同的发光形式，一种是自发辐射发光，另一种是受激辐射发光，即激光。自发辐射发光的材料包括荧光材料和磷光材料，用于制造发光器件和显示器件；产生激光的物质称为激光工作物质，包括气体、液体、固体以及半导体固体。

3.3.6 材料的声学性能

声波属于机械波，是机械振动在媒质中的传播过程。声波与其它波一样，也有反射、折射、吸收和衍射。工程材料的声学性能，是指材料对声波的吸收能力、阻尼性能以及隔声和隔振等性能。

材料的吸声功能，在于把声能转换为热能。评价材料的吸声性能要从反射、吸声和透射三个方面考虑，通常以减小反射的方法来增加材料的吸声能力。具有吸声能力的材料有纤维材料、泡沫材料和涂料。

材料的阻尼功能，是利用材料自身对振动能量的高衰减能力，把较多的机械振动能量以热能的形式耗散掉，以减少机件产生的噪声污染，或者制造安静型高隐蔽性的军用装置，如潜艇螺旋桨等。阻尼材料包括高阻尼铜基合金、泡沫铝合金、高阻尼碳纤维增强树脂基复合材料等。

3.4 材料的化学性能

材料的化学性能，主要包括材料的吸附能力、催化作用、表面钝化与活化能力，以及材料的耐蚀性。由于腐蚀破坏是材料的三种主要失效形式（腐蚀、磨损和断裂）之一，因此工程材料的化学性能主要指材料的耐蚀性能。

材料与周围环境介质之间发生化学或电化学作用而引起的变质和破坏称为腐蚀，其中包括上述化学或电化学因素与机械因素或生物因素的共同作用。腐蚀既可在金属及其合金中发生，也可在非金属材料中发生。

3.4.1 化学腐蚀

化学腐蚀是指材料与腐蚀介质直接发生反应，并且在反应过程中不产生电流。金属及其合金的高温氧化，以及在不导电的液体（非电解质）中发生的腐蚀均属于化学腐蚀。化学腐蚀时，腐蚀产物在金属表面形成表面膜，例如高温氧化时产生的氧化膜等。如果表面膜的完整性、强度及韧性都比较好，而且膜的膨胀系数与基体金属的接近并与基体有较强的结合力，则有利于保护金属，降低腐蚀速度。这种金属表面在介质作用下生成保护膜而使耐蚀性升高的现象，称为金属的钝化。工业上常常利用钝化现象以达到保护金属、防止金属发生腐蚀的目的。

在发生钝化的金属中，那些在空气中以及在很多种含氧溶液中能够自发钝化的金属，称为自钝化金属，如Cr、Ti、Al、Ta以及不锈钢；不能自发钝化的金属，称为非自钝化金属，如Fe、Ni、Co等，这些金属必须在钝化剂（一般为强氧化性物质）作用下才能钝化。

金属材料的抗高温氧化性能，通常用氧化增重速率［$g/(m^2 \cdot h)$］来评价，增重速度越小，抗氧化性能越好。金属材料的高温氧化，与温度、时间和氧化膜的性质有关。加入Cr、Al、Si、Mo及稀土元素，有利于在表面形成连续致密、韧性好、结合力强的氧化膜，能明显提高材料的抗高温氧化性。

3.4.2 电化学腐蚀

电化学腐蚀指金属与电解质溶液发生电化学反应，在反应过程中伴有电流产生。电化学腐蚀原理与原电池相近。根据原电池原理，形成电化学腐蚀的条件是：①有两个电极电位不同的电极；②有电解质溶液；③两电极之间构成通路。

发生电化学腐蚀时形成的电池，称为腐蚀电池。腐蚀电池与一般原电池有本质区别。原电池能把化学能转换为电能，做有用功；腐蚀电池只能导致金属材料破坏，而不能对外界做有用功。

在电解液中，当两种或两种以上不同电位的金属材料直接接触时，形成的腐蚀电池称为宏观电池；而在同一块金属中，由于杂质与基体间的电位不同（图3-15），或者由于相与相之间的电位不同（图3-16）所形成的腐蚀电池，称为微电池。微电池电化学腐蚀，是金属材料中最普遍的现象。在同一块材料中，凡是由于成分、组织、加工形变等原因造成的表面能量分布不均匀的区域，都可能引起微电池电化学腐蚀。

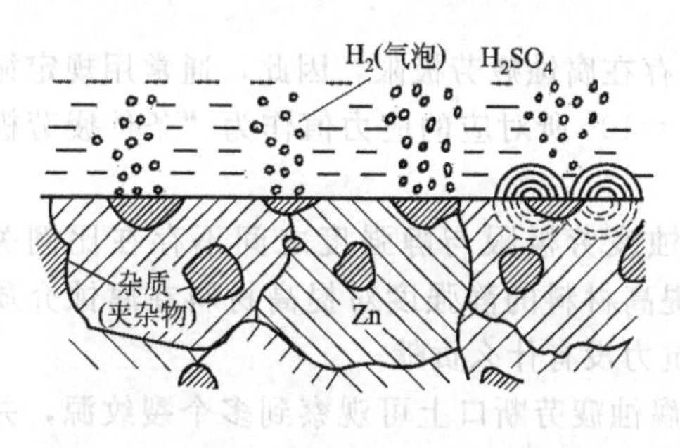

图3-15 含杂质的工业用锌在H_2SO_4中的电化学腐蚀示意图

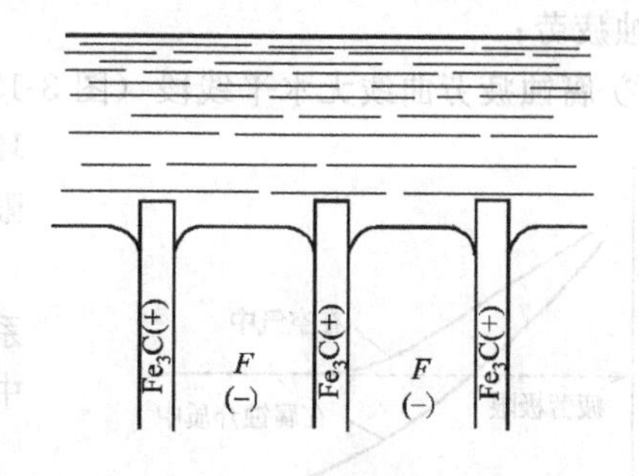

图3-16 片状珠光体在硝酸酒精中的电化学腐蚀示意图

通常用金属材料在单位时间内的平均腐蚀深度（mm/s）来表征电化学腐蚀速度。深度越小，则材料的耐蚀性越好。

3.4.3 其它形式的腐蚀

（1）应力腐蚀开裂（SCC）

应力与化学介质协同作用下引起的金属断裂，称为应力腐蚀开裂（SCC），简称应力腐蚀。

SCC的主要特征是必须有应力，特别是拉应力分量的存在；腐蚀介质是特定的，只有某些金属与某些介质的组合才发生 SCC（表 3-3）；一般纯金属不产生 SCC，而所有的合金对 SCC 都有不同程度的敏感性；断口形貌一般为沿晶断裂，也可能是穿晶解理断裂（通常为脆性断裂，见表 3-1）。

表 3-3 常用金属材料发生应力腐蚀的敏感介质

金属材料	介质	金属材料	介质
低碳钢和低合金钢	NaOH 溶液、沸腾硝酸盐溶液、海水、海洋性和工业性气氛	铝合金	氯化物水溶液、海水及海洋大气、潮湿工业大气
奥氏体不锈钢	酸性和中性氯化物溶液、熔融氯化物、海水	铜合金	氨蒸气，含氨气体、含铵离子的水溶液
镍基合金	热浓 NaOH 溶液、HF 蒸气和溶液	钛合金	发烟硝酸、300℃以上的氯化物，潮湿空气及海水

SCC 是危害最大的局部腐蚀之一，往往在没有预兆的情况下发生断裂。

材料抵抗应力腐蚀开裂的性能指标，有应力腐蚀临界应力强度因子 K_{ISCC}和应力腐蚀裂纹扩展速率 da/dt，这两个指标均可用于机件的选材和设计。

金属应力腐蚀，与金属、应力和腐蚀这三个因素有关，因此通过合理选材、控制应力和减缓腐蚀（改善介质条件，形成表面保护涂层等方法），均可防止或减轻应力腐蚀。

(2) 腐蚀疲劳

机件在腐蚀介质中由于承受交变载荷作用而产生的破坏现象，称为腐蚀疲劳，它是疲劳和腐蚀两种作用的结果。由于腐蚀和疲劳的联合作用会加速裂纹的形成和扩展，因此，腐蚀疲劳比任何一种单一形式的腐蚀或疲劳作用都严重得多，而且是造成机件突然破坏的主要原因之一，其危害性不亚于应力腐蚀。船舶推进器、内燃机连杆、汽轮机转子、油井活塞杆等机件，由于腐蚀疲劳造成的事故并不鲜见。

腐蚀疲劳的特点是：

① 腐蚀环境不是特定的，只要环境介质对金属有腐蚀作用，在交变应力作用下均可发生腐蚀疲劳；

② 腐蚀疲劳曲线无水平线段（图 3-17），即不存在腐蚀疲劳极限，因此，通常用规定循环次数 $N_0=10^7$ 所对应的应力值作为“条件疲劳极限”；

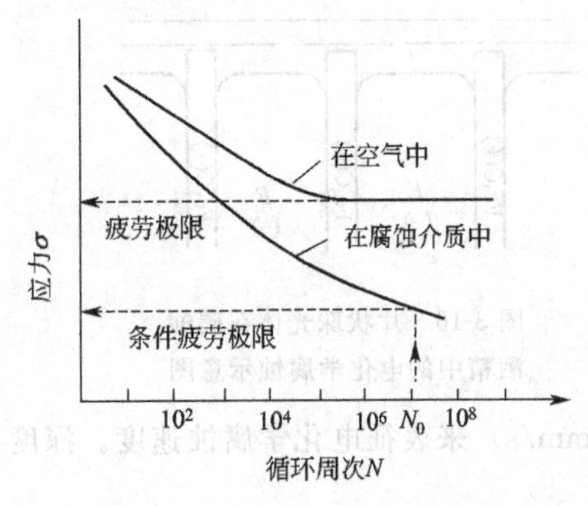

图 3-17 纯疲劳和腐蚀疲劳的疲劳曲线对比

③ 腐蚀疲劳极限与静强度之间不存在比例关系，表明提高材料的静强度对提高材料在腐蚀介质中的疲劳抗力没有什么贡献；

④ 在腐蚀疲劳断口上可观察到多个裂纹源，并有独特的多齿状特征。

减缓腐蚀和提高机件的抗疲劳性能，均有利于防止腐蚀疲劳。采用表面处理等方法提高抗疲劳性能时，要兼顾腐蚀和疲劳两种因素，既要提高表面耐蚀性，又要使表面产生压应力，以提高抗腐蚀疲劳性能。

(3) 腐蚀磨损

在摩擦过程中，摩擦副之间或摩擦副表面与环境介质之间发生化学或电化学反应而形成腐蚀产物（主要是氧化物），腐蚀产物的形成与脱落造成了腐蚀磨损。腐蚀磨损通常伴随着机械磨损（磨粒磨损和粘着磨损）同时发生。腐蚀磨损包括氧化磨损、机器零件嵌合部位出现的微动磨损以及水力机械中出现的浸蚀磨损（又称汽蚀或空泡腐蚀），其中氧化磨损是各类机械中普遍存在的一种磨损形式。

氧化磨损的产生，是当微观表面凹凸不平的摩擦副做相对运动时，由于产生塑性变形而加速了氧向变形区的扩散并形成氧化膜。氧化膜遇到第二个凸起部分时有可能产生剥落，使新露出的表面重新被氧化。氧化膜的不断形成和不断被清除，使机件表面逐渐磨损，这一过程就是氧化磨损。

在各种磨损中，氧化磨损速率最小，其值仅为 0.1～0.5μm/h，属于正常类型的磨损。氧化磨损不一定有害，如果氧化磨损先于其它类型的磨损（如粘着磨损）发生和发展，则氧化磨损是有利的。

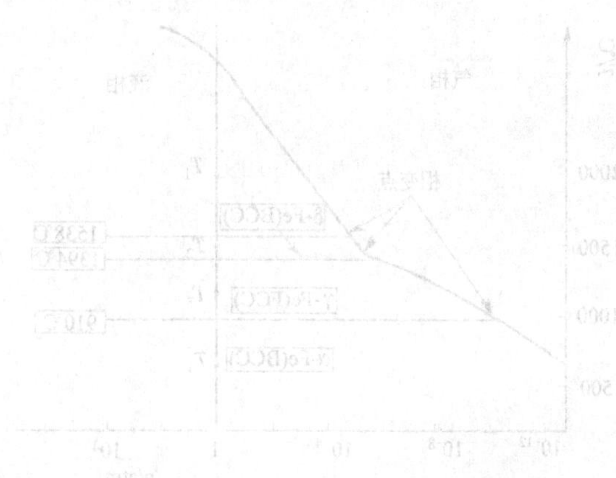

第4章 二元相图

4.1 概述

4.1.1 相图

工程材料，是指具有一定的种类、数量和性能，能够制造实际可用的构件、器件或物品的固体物质。材料的性能取决于材料的状态，即取决于材料的相组成、相成分和相的相对量，以及组织形态。因此，当材料体系，例如二元、多元合金体系以及某些二元陶瓷（如SiO_2-Al_2O_3）体系等，随着温度、压力和成分的变化而从一种热力学状态转变到另一种状态时，不但内部组织或结构会发生变化，其物理、化学性质和加工、使用性能也随之发生变化。

材料体系从一种状态转变到另一种状态的过程称为相变。材料从液态转变为固态的相变过程叫做凝固，如果凝固产物为晶体，则凝固过程称为结晶。结晶是一个形核及核长大的过程，需要一定的过冷度，即结晶开始的温度要低于物质的熔点。

在热力学平衡条件下表示材料状态与温度、压力、成分之间的关系的简明图解称为相图。相图又称平衡相图或平衡状态图。

由于材料一般都是凝聚态的，压力的影响极小，所以通常的相图是指在常压下（一个大气压）材料的状态与温度、成分之间的关系图。相图分为一元相图、二元相图和三元相图。

利用相图，可以知道在热力学平衡条件下，各种成分的材料在不同温度、压力下的状态，进而预测材料的性能，所以相图是材料研制与开发的重要工具。

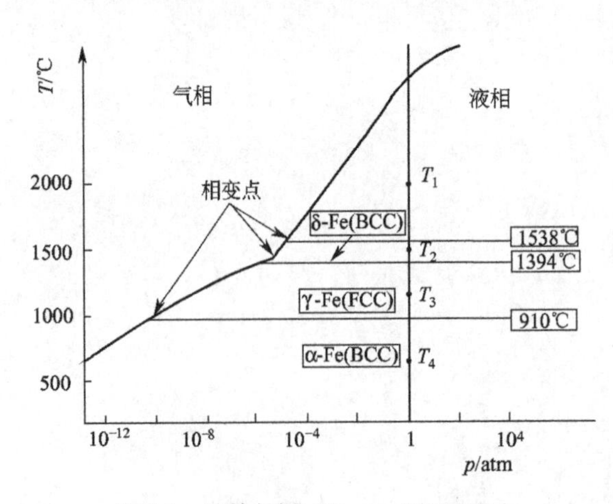

图4-1 纯铁相图（1atm＝101325Pa）

最简单的相图是单质元素的相图，纯铁的相图如图4-1所示。可以看出，环境压力为一个大气压时，纯铁在T_1、T_2、T_3和T_4温度下，分别为液相、体心立方的δ-Fe、面心立方的γ-Fe和体心立方的α-Fe。

4.1.2 相平衡与相律

热力学平衡状态，是指在没有外界影响的条件下，某个系统内各部分的宏观性质，如系统的化学成分、各物质的量及系统的温度、压力、体积、密度等长时间内不发生任何变化。

热力学平衡是一种动态平衡。一个热力学系统必须同时达到热平衡、力学平衡和相平衡时，才能处于热力学平衡状态。在指定的温度和压力下，若多相体系的各相中每一组元的浓度均不随时间而变，则体系达到了相平衡。相平衡的条件是，系统中的各组元在各相中的化学势相等。

表示平衡条件下系统的自由度数 f、组元数 c 和平衡相数 p 之间的关系式称为相律。其表达式为

$$f=c-p+1 \tag{4-1}$$

自由度数是指在不改变系统平衡相的数目的条件下，可独立改变的、影响合金状态的因素（如温度、压力、平衡相成分）的数目。

自由度数的最小值为零，$f=0$ 时发生恒温转变，例如纯金属的凝固、二元合金的三相平衡转变、三元合金的四相平衡转变等。

4.1.3　相图的建立

相图大多数是通过实验方法得到的，测试方法通常采用热分析法，此外还有膨胀法、硬度法、金相分析、X 射线结构分析、磁性法等，这些方法往往是配合热分析法共同使用并相互验证。随着计算机技术的发展，目前已经开始根据热力学函数来测定二元相图。

根据相律 $f=c-p+1$，恒压下二元合金有两个独立参数：温度和一个成分变量，所以二元相图是以直角坐标表示的二维平面图形，通常横坐标表示成分（质量分数或摩尔分数），纵坐标表示温度（摄氏温标或热力学温标）。

用热分析法建立 Cu-Ni 二元相图的过程如图 4-2 所示。

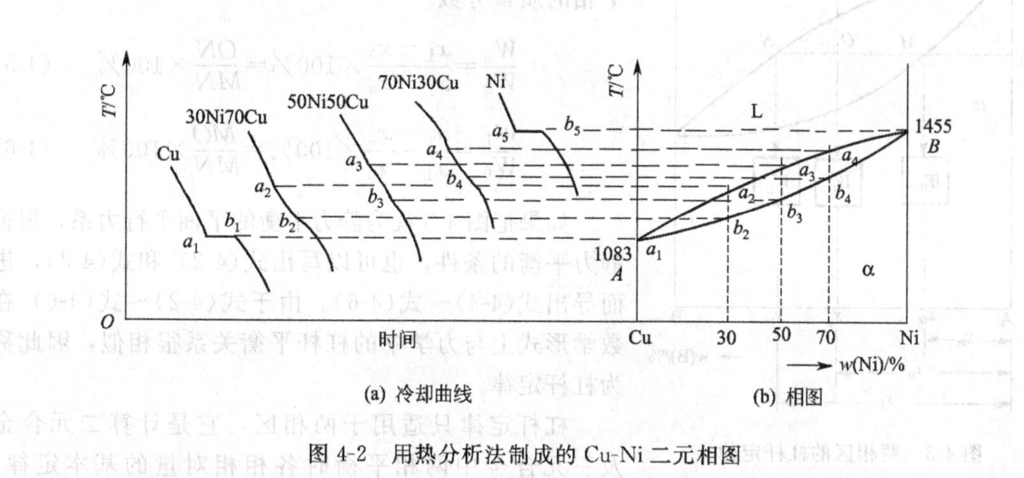

图 4-2　用热分析法制成的 Cu-Ni 二元相图

配制一系列成分合金，分别熔化并以极缓慢的速度冷却，用热分析法测出冷却曲线，找出各成分合金的相变点（即冷却曲线上的停歇点和转折点），通过这些相变点作垂直于纵坐标（温度轴）的温度垂线；按相应的合金成分作垂直于横坐标（成分轴）的成分垂线，然后使每个合金的温度垂线与相应的成分垂线相交，交点即为相图中的相变点。将各成分垂线上具有相同意义的相变点连成线，例如将相变开始点 $a_1 \sim a_5$ 连接，成为相图中的液相线 $\overset{\frown}{AB}$，将相变结束点 $b_1 \sim b_5$ 连接成为固相线 $\underset{\smile}{AB}$，这些线把相图分成若干个相区，每个相区内都是相同的相。最后，根据已知条件和分析结果，用字母或数字代表各相、相区或者组织的名称，即可得到图 4-2 所示的完整的二元相图。

4.1.4 杠杆定律

相图中的线是成分与相变温度点（临界点）之间的关系曲线，也是相区界线。图中的任意一点叫表象点，其坐标反映了合金的成分与温度。由相图中表象点所处的位置可以判定合金的状态，例如图 4-3 中的 O 点，其成分坐标为 x_0，温度为 T_1，合金位于两相区，处于液相和固相共存状态。固、液两相平衡时，过 O 点作水平线与固、液相线的交点分别为 M、N，M、N 两点对应的横坐标 x_α 和 x_L，表示成分为 x_0 的合金在温度 T_1 时固、液两个平衡相的成分。二元合金在两相区内，两个平衡相的质量相对量可用杠杆定律求出。

设合金的总质量为 W_0，在温度 T_1 时液相的质量为 W_L，固相的质量为 W_α，根据质量守恒定律

$$W_L + W_\alpha = W_0 \tag{4-2}$$

由于液、固两相中溶质 B 的总和，应与合金中的 B 含量相等，因此

$$W_L x_L + W_\alpha x_\alpha = W_0 x_0 \tag{4-3}$$

由式(4-2) 和式(4-3) 可以求出

$$W_\alpha(x_0 - x_\alpha) = W_L(x_L - x_0)$$

即

$$\frac{W_\alpha}{W_L} = \frac{x_L - x_0}{x_0 - x_\alpha} = \frac{ON}{MO} \tag{4-4}$$

式(4-4) 表明，两相平衡时，两相之间的质量比（相对量）与成分点两边的线段长度成反比。

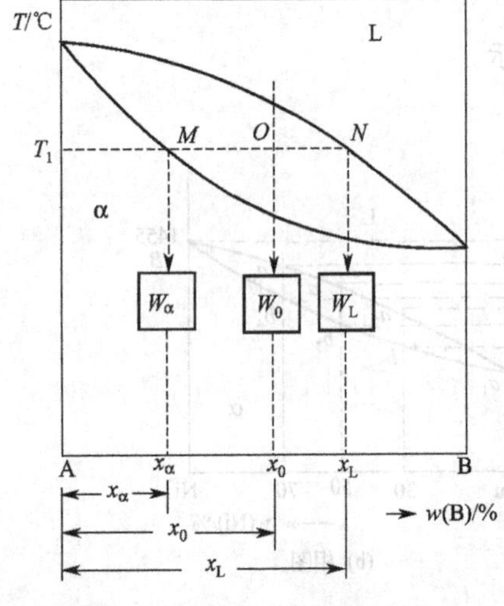

图 4-3 两相区的杠杆定律

由式(4-2) 和式(4-3) 还可以求出两相平衡时每个相的质量分数

$$\frac{W_\alpha}{W_0} = \frac{x_L - x_0}{x_L - x_\alpha} \times 100\% = \frac{ON}{MN} \times 100\% \tag{4-5}$$

$$\frac{W_L}{W_0} = \frac{x_0 - x_\alpha}{x_L - x_\alpha} \times 100\% = \frac{MO}{MN} \times 100\% \tag{4-6}$$

如果把图 4-3 视为静力平衡的平面平行力系，根据静力平衡的条件，也可以写出式(4-2) 和式(4-3)，进而导出式(4-4)～式(4-6)。由于式(4-2)～式(4-6) 在数学形式上与力学中的杠杆平衡关系很相似，因此称为杠杆定律。

杠杆定律只适用于两相区，它是计算二元合金及三元合金中两相平衡时各相相对量的基本定律。利用杠杆定律，即可计算相的相对量，也可计算组织的相对量。

4.2 二元相图

4.2.1 匀晶相图

由液相中结晶出单相固溶体的过程称为匀晶转变，匀晶转变的表达式为

$$L \rightleftharpoons \alpha$$

表示匀晶转变的相图，称为匀晶相图。大多数合金的相图中都包括匀晶转变部分。有些

合金如 Cu-Ni、Au-Ag、Au-At、Fe-Ni 和 Fe-Co 等只发生匀晶转变，其特征是两组元在液态和固态下均能无限互溶，因此这类合金称为匀晶系合金。

图 4-4 为 Cu-Ni 二元合金的匀晶相图。由图可见，整个相图被液相线$\overset{\frown}{AB}$和固相线$\underset{\smile}{AB}$分为液相区（L）、固相区（α）和液、固两相共存区（L＋α）。

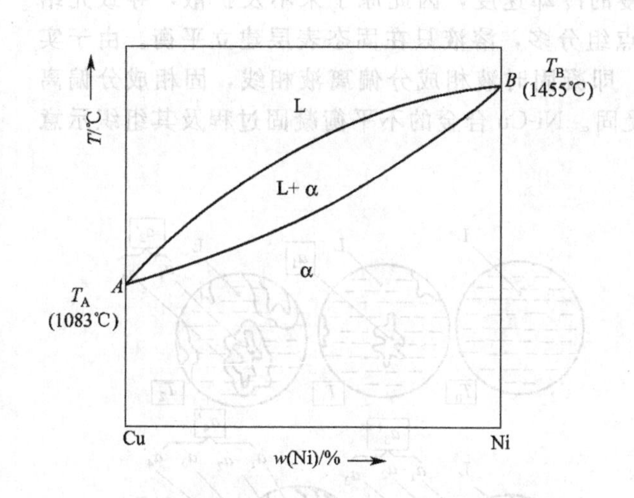

图 4-4　Cu-Ni 二元合金的匀晶相图

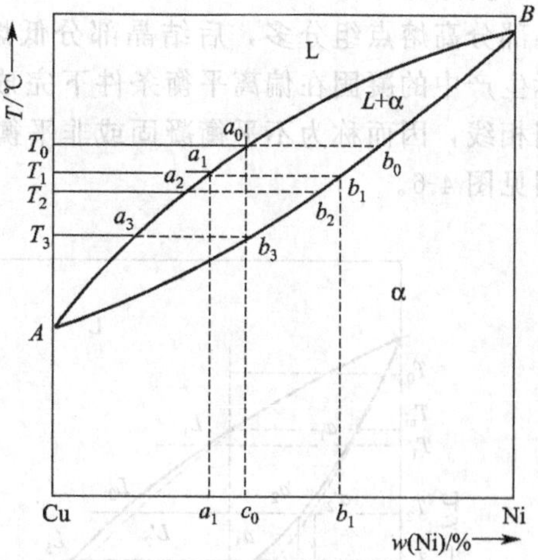

图 4-5　二元匀晶相图的结晶过程

合金从液态冷却至（L＋α）两相区时，将发生由液相向固相的转变 L ⇌ α。匀晶转变过程，就是由液相中析出单相固溶体并最终全部凝固为单相固溶体的过程。

4.2.1.1　平衡凝固

凝固过程分为平衡凝固和非平衡凝固，平衡凝固是指凝固的每个阶段都能达到平衡，因此平衡凝固是在无限缓慢的冷却条件下实现的。

如图 4-5 所示，成分为 c_0 的合金以无限缓慢的速度从液相降至温度 T_0 时，开始从液相中析出固相 α，此时析出的 α 相成分为过 a_0 的水平直线与固相线的交点 b_0。随着温度的不断下降，固相 α 逐渐增多而液相 L 逐渐减少，固相和液相的成分也分别沿着固相线和液相线变化。当温度降为 T_1 时，液相和固相的成分别为 a_1 和 b_1，到 T_2 时为 a_2 和 b_2，到 T_3 时全部液相转变为固相，此时液相成分为 a_3，固相的成分为 b_3。

根据杠杆定律，可以求出任一温度下液相和固相的相对含量。例如温度为 T_1 时，液相的成分点为 a_1，固相成分点为 b_1，合金的成分点为 c_0，则有

L 相的质量分数　$$w(\mathrm{L})=\frac{W_{\mathrm{L}}}{W_{c_0}}=\frac{b_1-c_0}{b_1-a_1}\times 100\%$$

α 相的质量分数　$$w(\alpha)=\frac{W_{\alpha}}{W_{c_0}}=\frac{c_0-a_1}{b_1-a_1}\times 100\%$$

同理，还可求出两相区内其它温度时各相的质量分数。

匀晶转变是在一个温度范围内进行的，要完成全部结晶过程必须不断降低温度。如果温度保持不变，则液相和固相的成分和相对含量也始终保持不变，不会因保温时间的延长而变化。

在匀晶转变过程中，液相成分沿液相线变化而固相成分沿固相线变化，因此固溶体在结晶过程中随着温度的下降，先析出部分所含的高熔点物质多，后结晶部分所含的低熔点物质多，要想最终获得成分均匀的固溶体，必须具有足够慢的冷却速度以保证原子扩散过程充分

进行。

由于匀晶转变过程中液相和固相的成分随温度降低而变化，所以形核时不但需要过冷度，而且需要与过冷度相适应的浓度起伏和结构起伏。

4.2.1.2 不平衡凝固

实际冷却时，往往不能保证十分缓慢的冷却速度，因此原子来不及扩散，导致先结晶部分高熔点组分多，后结晶部分低熔点组分多，溶液只在固态表层建立平衡。由于实际生产中的凝固在偏离平衡条件下完成，即凝固时液相成分偏离液相线，固相成分偏离固相线，因而称为不平衡凝固或非平衡凝固。Ni-Cu 合金的不平衡凝固过程及其组织示意图见图 4-6。

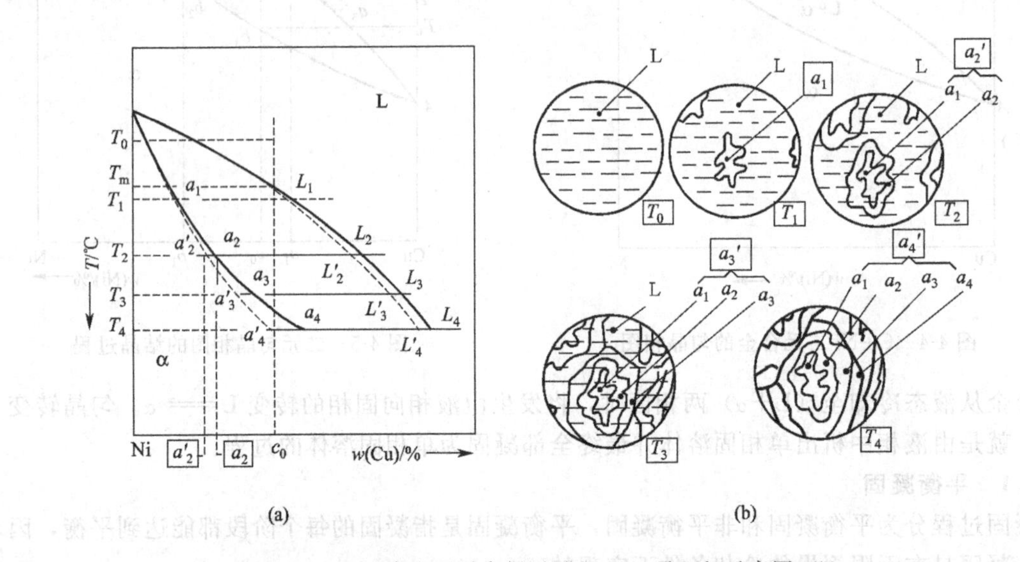

图 4-6 Ni-Cu 合金不平衡凝固过程（a）及组织示意图（b）

如图 4-6 所示，成分为 c_0 的合金，熔点为 T_m。实际冷却时，合金要冷却到低于 T_m 的温度 T_1 才能开始凝固。实际结晶温度 T_1 与熔点 T_m 之间的温差，称为过冷度。在 T_1 温度下，结晶的固体成分为 a_1，对应的液相成分为 L_1。T_2 温度下，结晶固体的均匀成分应为 a_2，液相的均匀成分应为 L_2。但由于冷速较快，先结晶出来的成分为 a_1 的固相，来不及通过扩散使其成分变为平衡成分 a_2，因此 T_2 温度下结晶固体的心部成分仍为 a_1，表面成分则为 a_2，结晶固体的平均成分为介于 a_1 和 a_2 之间的 a_2'；液相成分为介于 L_1 和 L_2 之间的 L_2'。同样，温度降至 T_3、T_4 时，结晶固体的平均成分分别为 a_3' 和 a_4'，相应的液相成分为 L_3' 和 L_4'。

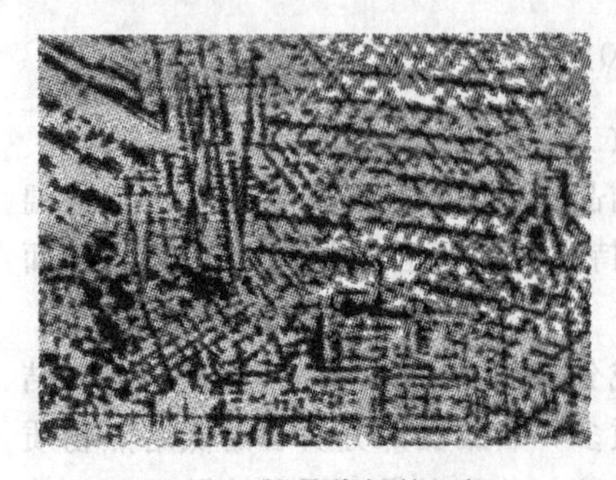

图 4-7 枝晶偏析的组织

不平衡冷却的冷却速度越快，不平衡冷却后固相的平均成分与平衡冷却的成分差异便越大。由于液相中的原子扩散速度比固相大，因此不平衡冷却的液相平均成分偏离平衡成分较小。

不平衡凝固导致合金内部成分不均匀的现象称为偏析，晶粒内部的成分不均匀称为“晶内偏析”，树枝晶内的偏析称为“枝晶偏析”，如图 4-7 所示。

枝晶偏析的存在，将严重影响合金的力学性能和耐蚀性能。生产中通过扩散退火（均匀化退火）来消除枝晶偏析。热轧和锻造也可降低枝晶偏析的程度。

4.2.2 共晶相图

恒温下从液相同时结晶出两个固相的转变称为二元共晶转变，其反应式为

$$L \rightleftharpoons \alpha+\beta$$

表示共晶转变的相图，称为共晶相图。许多合金，例如 Al-Si、Al-Cu、Fe-C、Pb-Sn 等合金中发生共晶转变。共晶相图的特征是，两组元在液态时完全互溶，固态下部分互溶或完全不互溶。

共晶转变的产物为两相机械混合物，称为共晶体或共晶组织。平衡冷却时，只有成分处于共晶点的合金能够得到全部共晶组织，因此平衡冷却的共晶点合金称为共晶合金。发生共晶转变的合金尤其是共晶合金，具有优良的铸造性能，在工业中得到广泛应用。

图 4-8 为 Pb-Sn 合金的二元共晶相图。T_A、T_B 分别为 Pb、Sn 的熔点，T_A-E-T_B 为液相线，T_A-M-E-N-T_B 为固相线。其中 E 点为共晶点，MEN 为共晶转变线。位于 MEN 线上任意一点成分的合金，从液态平衡冷却至 MEN 线温度（183℃）时，都将发生共晶转变，除 E 点成分的合金能够得到全部共晶组织外，MEN 线上其它成分的合金只能部分得到共晶组织。M、N 两点分别表示 α、β 两相的最大溶解度。α 相是 Sn 溶入 Pb 中形成的固溶体，β 相则是 Pb 溶入 Sn 中形成的固溶体。随着温度的下降，α、β 相的溶解度分别沿着 MF 和 NG 变化，MF 和 NG 称为固溶度线。F、G 两点分别为常温下 α、β 两相的固溶度。

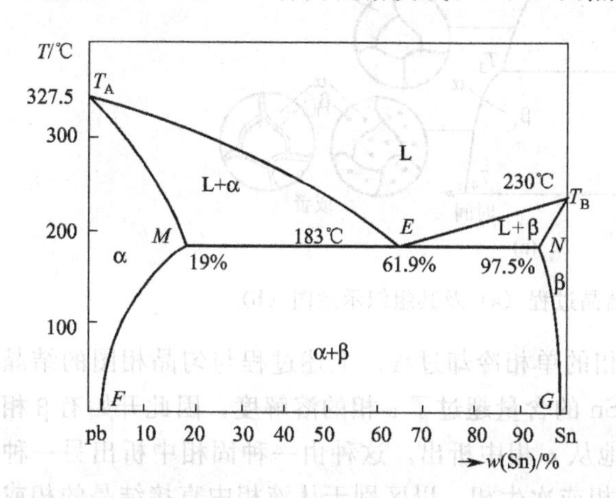

图 4-8　Pb-Sn 合金的二元共晶相图

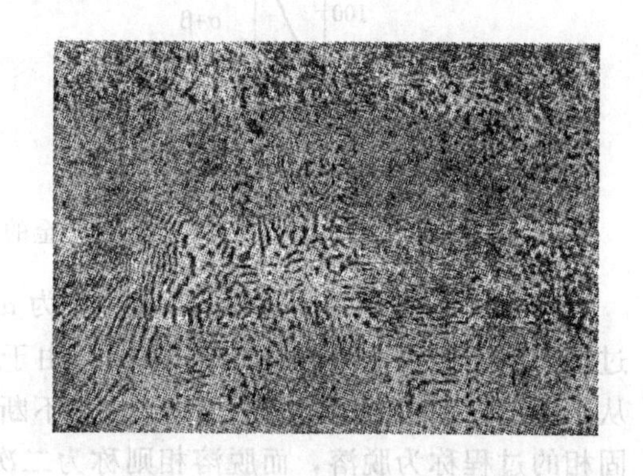
图 4-9　Pb-Sn 合金的共晶组织

Pb-Sn 合金的共晶点成分为 61.9% Sn。成分位于共晶点 E 的合金称为共晶合金，合金熔液冷却至 E 点对应的温度（183℃）时发生共晶转变，从液相中同时析出成分位于 M 点的 α 相和成分位于 N 点的 β 相，最终全部得到由 α 和 β 两个固相机械混合而成的共晶组织。Pb-Sn 合金的共晶组织如图 4-9 所示。

共晶转变可表示为

$$L_E \xrightarrow{\text{恒温 } T_E=183℃} \alpha_M+\beta_N$$

共晶转变的特点是 L_E、α_M 和 β_N 三相平衡共存。根据相律可知，三相平衡时自由度 $f=0$，表明二元合金的共晶转变必须在恒温下进行。

成分位于 M 点以左或 N 点以右的合金称为固溶体合金；成分位于共晶点 E 以左、M 点

以右的合金称为亚共晶合金；成分位于共晶点 E 以右、N 点以左的合金，称为过共晶合金。

二元共晶相图的种类不同，或者同一二元共晶相图中不同成分的合金，从液相冷却至室温的结晶过程有很大差异，但基本包括匀晶转变部分、共晶转变部分以及随着温度下降使固溶度减小而引起的脱溶过程。

（1）固溶体合金

在 Pb-Sn 合金相图中，位于 MF 及 NG 之间的合金从液相平衡冷却至室温时，发生匀晶转变和脱溶过程，形成以 α 相或以 β 相为主的两相合金；位于 F 点以左以及位于 G 点以右的合金，从液相冷却至室温时只发生匀晶转变，形成单一 α 相或者单一 β 相的固溶体。这些合金统称为固溶体合金。

以 10% Pb-Sn 合金为例，分析固溶体合金的平衡冷却过程。图 4-10 为其冷却曲线和组织变化示意图。当温度冷却至 T_1 时，开始从液相中结晶出 α 固溶体，随着温度的下降，α 固溶体的析出量不断增加，液相则不断减少。当温度降为 T_2 时，全部液相转变成固相，结晶过程完毕。

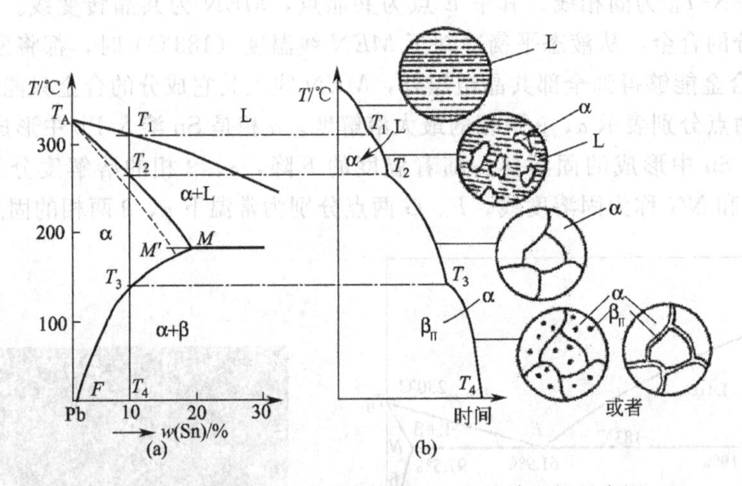

图 4-10 10% Sn-Pb 合金的结晶过程（a）及其组织示意图（b）

在 $T_2 \sim T_3$ 温度区间继续降温时，为 α 相的单相冷却过程。上述过程与匀晶相图的结晶过程相同。当温度降至稍低于 T_3 时，由于 Sn 的含量超过了 α 相的溶解度，因此开始有 β 相从中析出。随着温度的持续下降，β 相不断地从 α 相中析出。这种由一种固相中析出另一种固相的过程称为脱溶，而脱溶相则称为二次相或次生相，以区别于从液相中直接结晶的相或初生相，此处的二次 β 相记为 β_{II} 或 $\beta_{次}$。β_{II} 常分布在晶界上，有时也分布在晶内。

对于 NG 之间的合金，从液相平衡冷却至室温时发生的转变过程与 MF 之间的合金相似，只不过匀晶转变时由液相析出 β 相，脱溶转变时由 β 相中析出二次相 α_{II} 或 $\alpha_{次}$。

M 点以左或 N 点以右附近成分的合金不平衡凝固时，固相线由平衡位置 T_A-M 偏离至 T_A-M'，使合金冷却到共晶温度以下，仍有少量液相残留。最后这些液相转变为共晶体，形成所谓的不平衡共晶组织。

（2）共晶合金

对于 Pb-Sn 合金而言，Sn 含量为 61.9% 的合金为共晶合金，图 4-11 是共晶合金的结晶过程及其组织示意图。该成分的合金从液态缓慢冷却至共晶温度时，发生共晶转变

$$L_E \xrightarrow{\text{恒温 } T_E = 183℃} \alpha_M + \beta_N$$

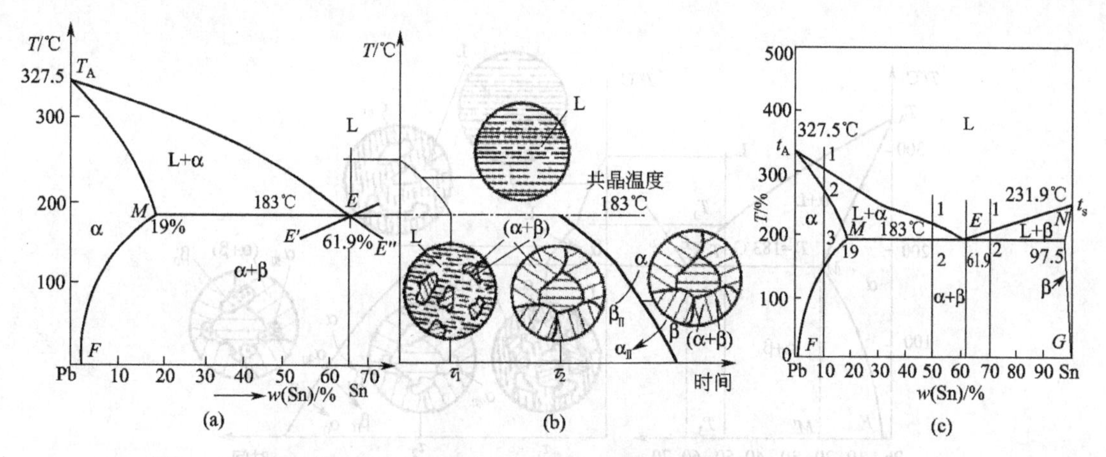

图 4-11 Sn-Pb 共晶合金的结晶过程（a）、组织示意图（b）及 Sn-Pb 相图（c）

由于共晶反应在恒温下完成，液态金属冷却至共晶反应温度 T_E(183℃）时，在 τ_1 时刻开始从液相中析出（α＋β）共晶体，随着时间延长，（α＋β）共晶体增多、液相随之减少；到达时间 τ_2 时，液相全部转变为（α＋β）共晶体，共晶转变结束。

形成共晶合金（α＋β）后，随着温度的继续下降，共晶体中的 α 相与 β 相都将发生固溶度变化，分别析出 β_{II} 和 α_{II}。β_{II} 和 α_{II} 各自依附在共晶体中的 α 相与 β 相长大，因此二次相在光学显微镜下难以辨认。

共晶合金完成共晶转变后，共晶体中 α 相与 β 两相相对量，可在略低于 T_E 温度的（α＋β）两相区内用杠杆定律求出

M 点的 α 相的相对量

$$w(\alpha_M)=\frac{EN}{MN}\times100\%=\frac{97.5-61.9}{97.5-19}\times100\%=45.4\%$$

N 点的 β 相的相对量

$$w(\beta_N)=\frac{ME}{MN}\times100\%=\frac{61.9-19}{97.5-19}\times100\%=54.6\%$$

平衡凝固时，任何非共晶点成分的合金都不可能得到 100％的共晶组织。在非平衡凝固条件下，成分接近共晶成分的亚共晶或者过共晶合金，以一定冷却速度冷却至 E-E'-E''区域，凝固后有可能得到全部共晶体组织。这种非共晶合金得到的完全共晶组织，称为伪共晶。

(3) 亚共晶合金

50％ Sn-Pb 合金属于亚共晶合金，其冷却过程及组织变化如图 4-12 所示。当温度冷却至 T_1 时，开始从液相中析出 α 相，这种在共晶前先析出的初生相用 $\alpha_{初}$ 表示。$\alpha_{初}$ 有时称为先共晶相。随着温度的持续下降，$\alpha_{初}$ 不断增多，$\alpha_{初}$ 和剩余液相的成分也分别沿 T_AM 和 T_AE 两条线变化。当降至稍微低于 T_2 的温度，剩余的液相成分达到 E 点时，随之发生共晶转变，即由剩余的位于 E 点成分的液相中同时析出 α 相和 β 相，共晶转变结束后获得的结晶组织为 $\alpha_{初}$＋(α＋β)。

共晶转变结束后，合金在温度 T_2 以下继续冷却至室温时，α 相和 β 相的固溶度要沿着 *MF* 和 *NG* 线逐渐减小，导致从 $\alpha_{初}$ 和共晶 α 相中析出 β_{II}，从 β 相中析出 α_{II}。由于从共晶组织的 α 相和 β 相中析出的 β_{II} 和 α_{II} 数量不多，且各自依附在共晶体中的 α 相与 β 相长大，因此这些二次相在光学显微镜下难以辨认。只有从 $\alpha_{初}$ 中析出的 β_{II}，在光学显微镜下才能观

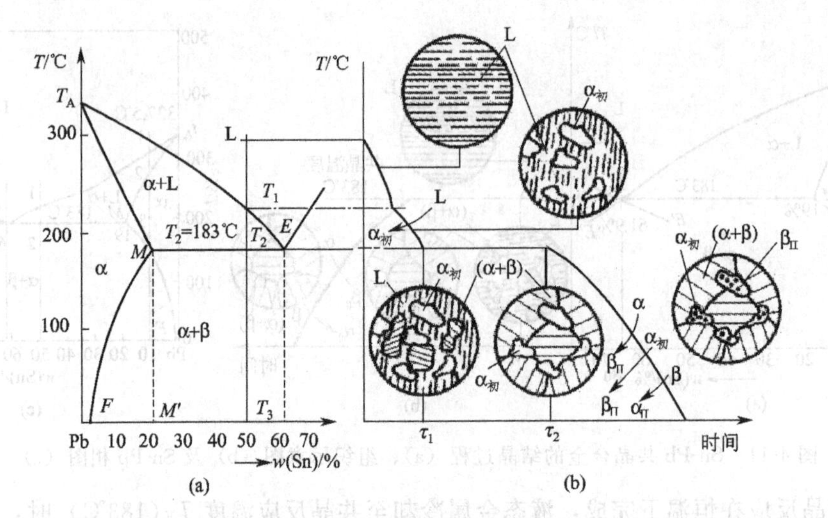

图 4-12 50% Sn-Pb 合金的结晶过程 (a) 及其组织示意图 (b)

察到，所以亚共晶合金在室温下的组织为 $\alpha_{初}+\beta_{Ⅱ}+(\alpha+\beta)$。

二元合金在两相区内的组织相对量，也可用杠杆定律求出。例如 50%Sn-Pb 的亚共晶合金在稍低于 T_2 温度的两相区内［图 4-11(c)］，各相的相对量为

$$w(\alpha_M)=\frac{T_2N}{MN}\times100\%=\frac{97.5-50}{97.5-19}\times100\%=60.5\%$$

$$w(\beta_N)=\frac{T_2M}{MN}\times100\%=\frac{50-19}{97.5-19}\times100\%=39.5\%$$

或者

$$w(\beta_N)=100\%-w(\alpha_M)=39.5\%$$

组织相对量为

$$w(\alpha_{初})=\frac{T_2E}{ME}\times100\%=\frac{61.9-50}{61.9-19}\times100\%=27.7\%$$

$$w(\alpha+\beta)=\frac{T_2M}{ME}\times100\%=\frac{50-19}{61.9-19}\times100\%=72.3\%$$

或者

$$w(\alpha+\beta)=100\%-w(\alpha_{初})=72.3\%$$

(4) 过共晶合金

过共晶的结晶过程与亚共晶相似，只是先析出的相为 $\beta_{初}$ 相而不是 $\alpha_{初}$ 相。随着温度的下降以及 $\beta_{初}$ 相的析出，当达到共晶转变温度发生共晶反应时，生成共晶体 (α+β)。共晶转变结束后，合金在温度 T_2 以下继续冷却至室温时，从 $\beta_{初}$ 中析出的 $\alpha_{Ⅱ}$ 在光学显微镜下能够观察到，其余的二次相在光学显微镜下难以辨认，所以过共晶合金在室温下的组织为 $\beta_{初}+\alpha_{Ⅱ}+(\alpha+\beta)$。

4.2.3 包晶相图

恒温下由一个固相和一个液相反应，生成另一个固相的转变，称为二元包晶反应。二元包晶反应的表达式为

$$L+\alpha \rightleftharpoons \beta$$

表示包晶转变的相图，称为包晶相图。许多合金，例如 Pt-Ag、Sn-Sb、Ag-Zn、Al-Pt 等合金发生包晶转变。工程上应用较多的 Fe-C、Cu-Zn、Cu-Sn、Fe-Ni 等合金系的相图中，

也包括共晶转变。包晶相图也是二元合金中的一种基本相图。

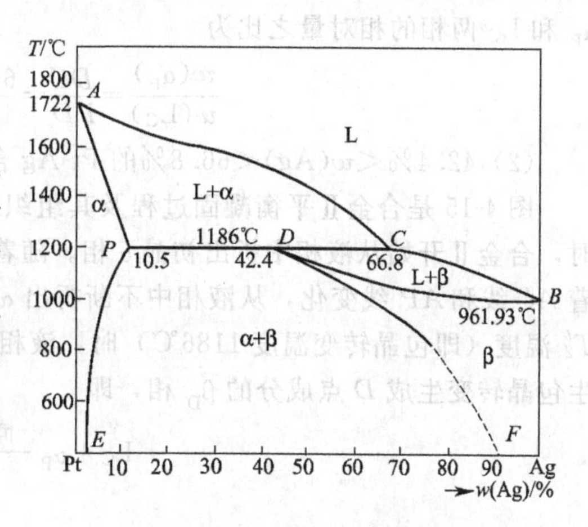

图 4-13　Pt-Ag 二元包晶相图

图 4-13 为典型的包晶相图。包晶相图的特征是，两组元在液态时完全互溶，固态下有限互溶。相图中的 PDC 水平线为包晶转变线，成分在 PDC 水平线范围内的所有合金，从液相平衡冷却到 PDC 线时，都要发生 $L_C+\alpha_P \xrightarrow{\text{恒温 1186℃}} \beta_D$ 的包晶转变。由于这种转变总是从相界面处开始，即生成相 β_D 必然包裹着反应相 α_P，因此称其为包晶反应。

4.2.3.1　Pt-Ag 合金的平衡转变

（1）42.4% Ag-Pt 合金（合金Ⅰ）

图 4-14 是合金Ⅰ平衡凝固过程及其组织示意图。当温度下降至稍低于 1 点的温度时，合金Ⅰ开始从液相中析出初晶 α 相。随着温度的继续下降，液相 L 与 α 相的成分分别沿着 AC 线和 AP 线变化，$\alpha_{初}$ 相不断从液相中析出，液相 L 不断减少。当温度下降至 D 点温度（1186℃）时，液相 L 和 α 相成分分别位于 P、C 两点，合金Ⅰ发生包晶转变生成 D 点成分的 β_D 相，即

$$L_C+\alpha_P \xrightarrow{\text{恒温 1186℃}} \beta_D$$

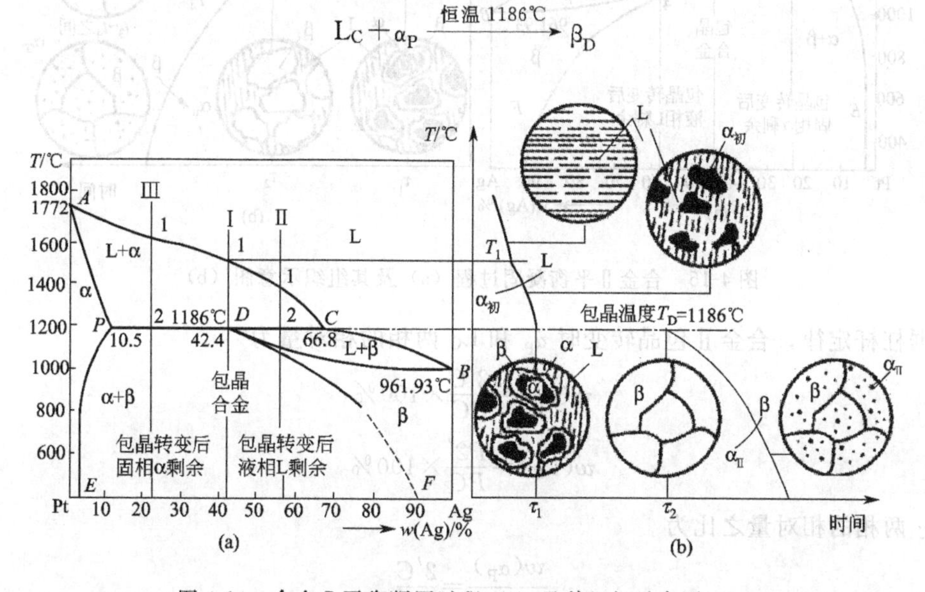

图 4-14　合金Ⅰ平衡凝固过程（a）及其组织示意图（b）

包晶转变结束后，液相 L 和 α 相全部转变为 β_D。继续冷却时，β 相的固溶度沿其固溶度线 DF 而减小，从 β 相中不断析出二次相 $\alpha_{Ⅱ}$。合金Ⅰ在室温下的平衡组织为 $\beta+\alpha_{Ⅱ}$。

包晶转变 α_P 和 L_C 两相的相对量可用杠杆定律求出。合金Ⅰ平衡凝固包晶转变时，两相的相对量为

$$w(\alpha_P)=\frac{DC}{PC}\times 100\%=\frac{66.8-42.4}{66.8-10.5}\times 100\%=43.3\%$$

$$w(L_C)=\frac{PD}{PC}\times 100\%=\frac{42.4-10.5}{66.8-10.5}\times 100\%=56.7\%$$

α_P 和 L_C 两相的相对量之比为

$$\frac{w(\alpha_P)}{w(L_C)}=\frac{DC}{PD}=\frac{66.8-42.4}{42.4-10.5}=0.765$$

(2) $42.4\%<w(Ag)<66.8\%$的 Pt-Ag 合金（合金Ⅱ）

图 4-15 是合金Ⅱ平衡凝固过程及其组织示意图。当温度下降至稍低于 1′点的 T_1' 温度时，合金Ⅱ开始从液相中析出初晶 α 相。随着温度的继续下降，液相 L 与 α 相的成分分别沿着 AC 线和 AP 线变化，从液相中不断析出 $\alpha_{初}$ 相，液相 L 不断减少。当温度下降至 2′点的 T_2' 温度（即包晶转变温度 1186℃）时，液相 L 和 α 相成分分别位于 C、P 两点，合金Ⅱ发生包晶转变生成 D 点成分的 β_D 相，即

$$L_C+\alpha_P \xrightarrow{\text{恒温 }1186℃} \beta_D$$

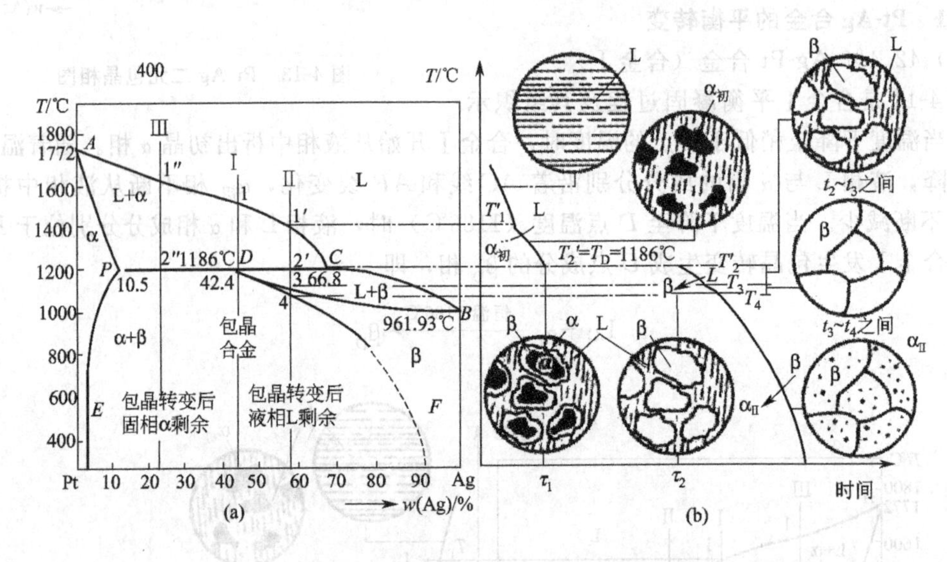

图 4-15　合金Ⅱ平衡凝固过程（a）及其组织示意图（b）

根据杠杆定律，合金Ⅱ包晶转变时 α_P 和 L_C 两相的相对量为

$$w(\alpha_P)=\frac{2'C}{PC}\times100\%$$

$$w(L_C)=\frac{P2'}{PC}\times100\%$$

α_P 和 L_C 两相的相对量之比为

$$\frac{w(\alpha_P)}{w(L_C)}=\frac{2'C}{P2'}$$

由于合金Ⅱ的 α_P 和 L_C 两相的相对量之比 $\frac{w(\alpha_P)_{Ⅱ}}{w(L_C)_{Ⅱ}}=\frac{2'C}{P2'}$，小于合金Ⅰ的 α_P 和 L_C 两相的相对量之比 $\frac{w(\alpha_P)_{Ⅰ}}{w(L_C)_{Ⅰ}}=\frac{DC}{PD}$，因此合金Ⅱ包晶反应结束后，仍然有剩余的 L 相。

合金Ⅱ包晶转变结束后继续降温，在 $T_2'\sim T_3$ 温度之间剩余的液相 L 将按匀晶转变方式全部转变为 β 相；温度降至 $T_3\sim T_4$ 之间的 β 相单相区时，β 相无变化；从 T_4 温度降至室温时，β 相的固溶度沿其固溶度线 DF 而减小，从 β 相中不断析出二次相 $\alpha_{Ⅱ}$，因此合金Ⅱ在室温下的平衡组织为 $\beta+\alpha_{Ⅱ}$。

(3) $10.5\%<w(\mathrm{Ag})<42.4\%$的 Pt-Ag 合金（合金Ⅲ）

图 4-16 是合金Ⅲ平衡凝固过程及其组织示意图。当温度下降至稍低于 T_1'' 温度时，合金Ⅲ开始发生匀晶转变，从液相中析出初晶 α 相。在 T_1'' 温度和 T_2'' 温度之间，随着温度的继续下降，液相中不断析出 $\alpha_{初}$ 相，液相 L 不断减少。当温度下降至 T_2'' 温度（即包晶转变温度 1186℃）时，液相 L 和 α 相成分分别位于 C、P 两点，合金Ⅲ发生包晶转变生成 D 点成分的 β_D 相。

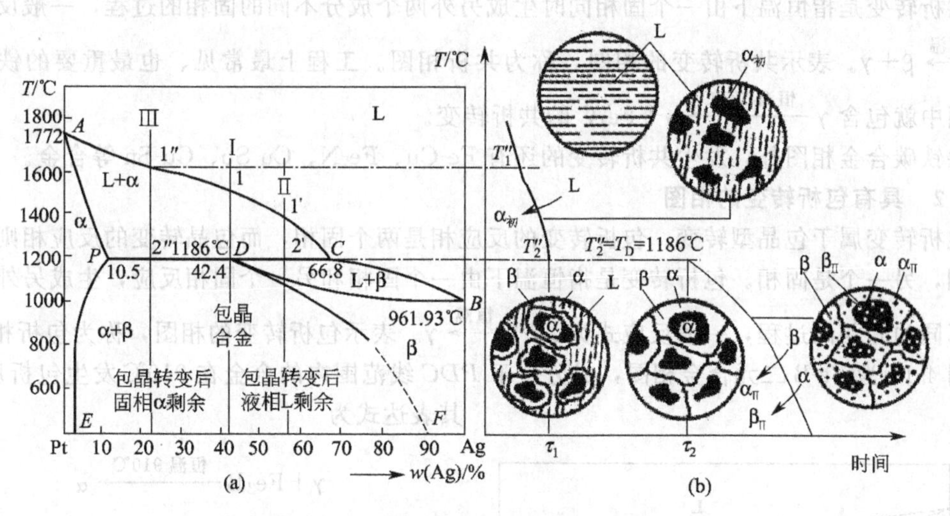

图 4-16　合金Ⅲ平衡凝固过程 (a) 及其组织示意图 (b)

包晶转变结束后，由于合金Ⅲ的 α_P 和 L_C 两相的相对量之比$\dfrac{w(\alpha_P)_{Ⅲ}}{w(L_C)_{Ⅲ}}=\dfrac{2''C}{P2''}$，大于合金Ⅰ的 α_P 和 L_C 两相的相对量之比$\dfrac{w(\alpha_P)_{Ⅰ}}{w(L_C)_{Ⅰ}}=\dfrac{DC}{PD}$，因此合金Ⅲ包晶反应结束后，仍然有剩余的 α 相。

在 T_2'' 温度至室温之间继续冷却，从包晶转变后剩余的 α 相中不断析出 $\beta_{Ⅱ}$，同时 β 相中也不断析出 $\alpha_{Ⅱ}$。合金Ⅲ平衡转变的室温组织为 $\alpha+\beta+\alpha_{Ⅱ}+\beta_{Ⅱ}$。

4.2.3.2　包晶转变的不平衡凝固

包晶转变的机制如图 4-17 所示。包晶转变的生成 β 相，在两个反应相 L 相和 α 相的界面形核与长大，因此必然使 β 相包在 α 相外面。平衡凝固时，α 相中高浓度的 Pt 原子通过 β 相扩散到 L 液相中，L 液相中高浓度的 Ag 原子通过 β 相扩散到 α 相，使包晶反应得以充分进行。

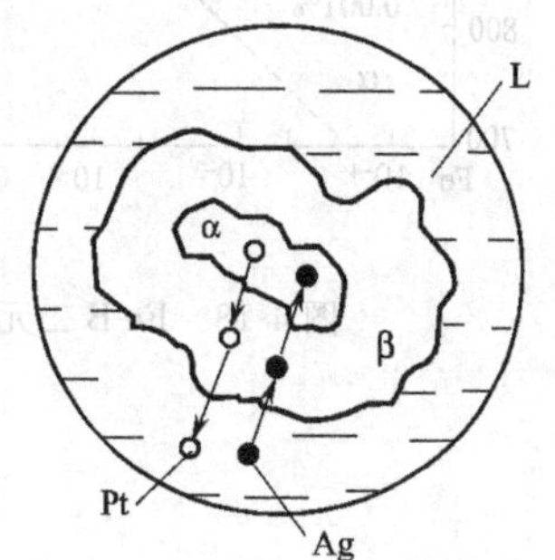

图 4-17　包晶转变机制示意图

实际生产中，由于冷却速度较快，包晶转变不能充分进行。例如 Pt-Ag 合金中的合金Ⅰ和合金Ⅱ，平衡凝固后的组织中不存在 α 相，不平衡凝固时则在 β 相的中心保留着残余的 α 相。合金Ⅲ不平衡凝固组织中的 α 相，则要比平衡凝固组织中的多。

不平衡凝固可使平衡凝固时不发生包晶转变的合金，例如 <10.5% Ag 的合金，也会发生包晶转变，导致室温组织中含有少量的包晶转变产物 β 相。

包晶转变的不平衡凝固组织中，存在明显的成分偏析，可通过长时间扩散退火（均匀化退火）来改善或消除。

4.2.4 其它相图

除了上述匀晶、共晶和包晶三种最基本的相图外，还有若干种其它类型的二元相图。

4.2.4.1 具有共析转变的相图

共析转变属于共晶型转变。共析转变的反应相是固相，而共晶型转变的反应相则是液相。共析转变是指恒温下由一个固相同时生成另外两个成分不同的固相的过程，一般反应式为 $\alpha \xrightarrow{\text{恒温}} \beta+\gamma$。表示共析转变的相图，称为共析相图。工程上最常见、也最重要的铁碳合金相图中就包含 $\gamma \xrightarrow{\text{恒温 727℃}} \alpha+Fe_3C$ 的共析转变。

除铁碳合金相图外，发生共析转变的还有 Fe-Cu、Fe-N、Cu-Sb、Cu-Sn 等合金。

4.2.4.2 具有包析转变的相图

包析转变属于包晶型转变。包析转变的反应相是两个固相，而包晶转变的反应相则一个是液相，另一个是固相。包析转变是指恒温下由一个固相和另一个固相反应，生成另外一个成分不同的固相的过程，一般反应式为 $\alpha+\beta \xrightarrow{\text{恒温}} \gamma$。表示包析转变的相图，称为包析相图。

图 4-18 为 Fe-B 二元合金相图，成分位于 *PDC* 线范围内的合金在 910℃发生包析反应，其表达式为

$$\gamma+Fe_2B \xrightarrow{\text{恒温 910℃}} \alpha$$

除 Fe-B 合金外，Fe-Ta、Fe-Sn、Cu-Si 等合金也具有包析转变部分。

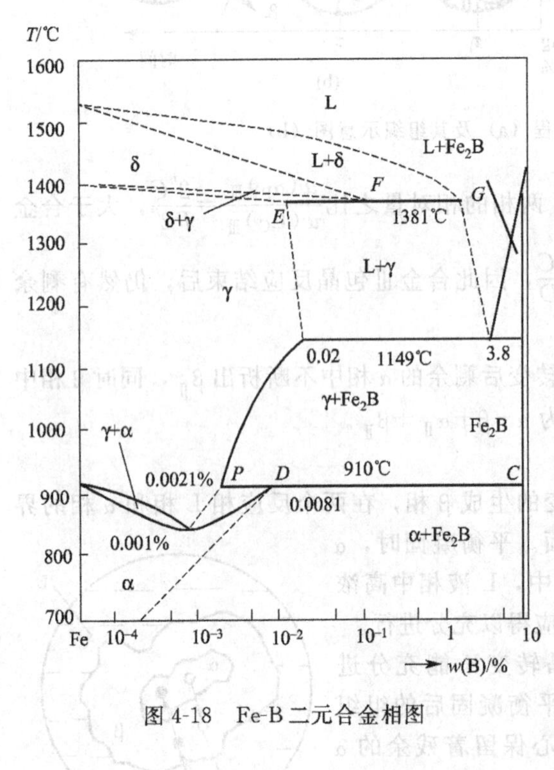

图 4-18 Fe-B 二元合金相图

4.2.4.3 具有熔晶转变的相图

熔晶转变属于共晶转变类型。熔晶转变的反应相是固相，而共晶转变的反应相是液相；熔晶转变的生成相一个是固相、另一个是液相，而共晶转变的生成相则是两个固相。熔晶转变是指由一个固定成分的固相，在恒温下转变成一个液相和另一个固相的过程，一般表达式为 $\alpha \xrightarrow{\text{恒温}} L+\beta$。表示熔晶转变的相图，称为熔晶相图。熔晶转变是先由匀晶转变形成单一的固溶体，然后再由固溶体分解为一个液相和一个固相。图 4-18 中成分位于 *EFG* 线范围内的合金，在 1381℃发生熔晶反应

$$\delta \xrightarrow{\text{恒温 1381℃}} \gamma+L$$

此外，Fe-S、Cu-Sb 等合金中也存在熔晶转变。

4.2.4.4 组元间形成化合物的相图

化合物有两种类型，一类是稳定化合物，另一类是不稳定化合物。稳定化合物是指具有一定熔点，在熔点以下不发生分解的化合物。稳定化合物可以作为一个组元，将相图划分为

几个相对独立的区域，使复杂的相图简单化。例如图4-19 Mg-Si二元相图中的Mg_2Si即可视为一个组元，从而将复杂的Mg-Si相图拆分成Mg-Mg_2Si和Mg_2Si-Si两个简单的相图。

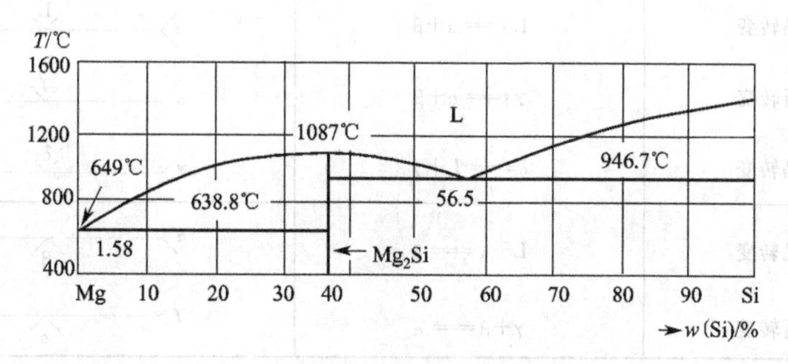

图4-19 Mg-Si二元相图

稳定化合物在相图中的相区，既可以是成分不变的一条垂线（图4-19中的Mg_2Si），也可能是成分在一定范围内变化的区域（图4-18中的Fe_2B，图4-20中的ε相和ζ相）。

加热至一定温度即发生分解的化合物，属于不稳定化合物。成分可变的不稳定化合物在相图上为一区域。不稳定化合物不能作为组元用于分割相图。

4.2.4.5 具有其它固态转变的相图

若构成合金的组元元素具有同素异构转变，则含有这种组元的固溶体必然会有同素异构转变。例如在Fe-Ti相图的近铁端，就会出现体心→面心之间的同素异构转变。

有些固溶体在温度下降时还要析出二次相，如图4-20所示的Fe-Ti二元相图，1291℃时Ti在Fe中的溶解度为9%，而当温度下降时即从α固溶体中析出ε相。

还有些合金在一定成分和一定温度下会发生有序→无序转变，相图中用一条虚线或直线表示。某些合金当温度变化时还会发生磁性转变，其转变温度称为居里温度，在相图中用点线表示，如图4-20所示。

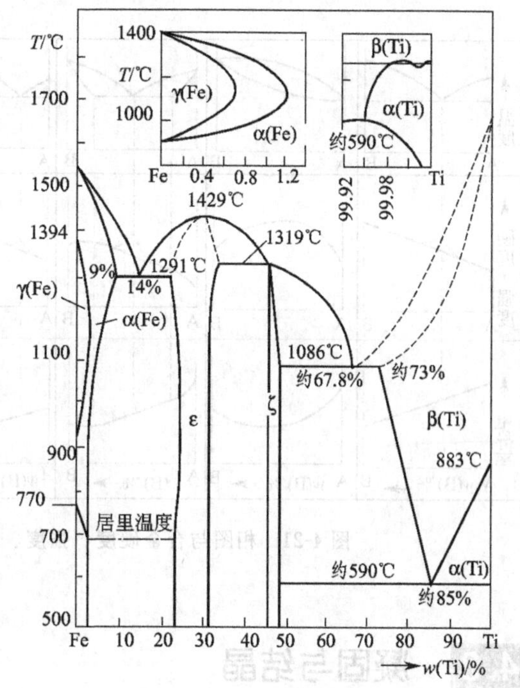

图4-20 Fe-Ti二元相图

4.2.4.6 复杂二元相图的分析方法

实际应用中的合金相图往往比较复杂，但复杂的相图均是由一些基本相图组合而成，只要学会相图分析的基本方法，就能使问题化繁为简。

① 先看相图中是否有稳定的中间相，如存在稳定的中间相，则可将相图分成几个区域来进行分析。

② 根据相区接触法则来区别各相区。两个单相区之间必定有一个由这两个相组成的两相区；两个两相区必定以单相区或三相水平线所分开。总之，在二元相图中，相邻两相区的相数必相差一个（点接触情况除外），这个规则称为相区接触法则。

③ 找出三相平衡转变水平线，确定恒温转变的类型、相变的特征点及转变反应式。二元系常见三相平衡转变的反应式及图型特征如表4-1所示。

表 4-1 二元系常见三相平衡转变的反应式及图型特征

恒温转变类型		反应式	图型特征
共晶式	共晶转变	$L \rightleftharpoons \alpha+\beta$	α L β
	共析转变	$\gamma \rightleftharpoons \alpha+\beta$	α γ β
	熔晶转变	$\delta \rightleftharpoons L+\gamma$	γ δ L
包晶式	包晶转变	$L+\alpha \rightleftharpoons \beta$	α L β
	包析转变	$\gamma+\beta \rightleftharpoons \alpha$	γ β α

④ 应用相图来分析具体合金随温度变化而发生的相变和组织转变，利用杠杆定律计算两相平衡时相的相对量。杠杆定律只适用于两相区，但可以利用杠杆定律计算三相平衡恒温转变前、后组成相的相对量。例如对包晶型转变，可在略高于包晶转变线的两相区内，计算 α_P 和 L_C 两相的相对量；对共晶型转变，可在略低于共晶转变线的两相区，计算 α_M 和 β_N 两相的相对量。

4.2.5 根据相图判断合金的性能

根据相图可以大致判断合金在平衡状态下的物理性能、力学性能以及铸造性能。图4-21给出了相图与合金硬度、强度、电导率以及与流动性、缩孔率之间的关系。

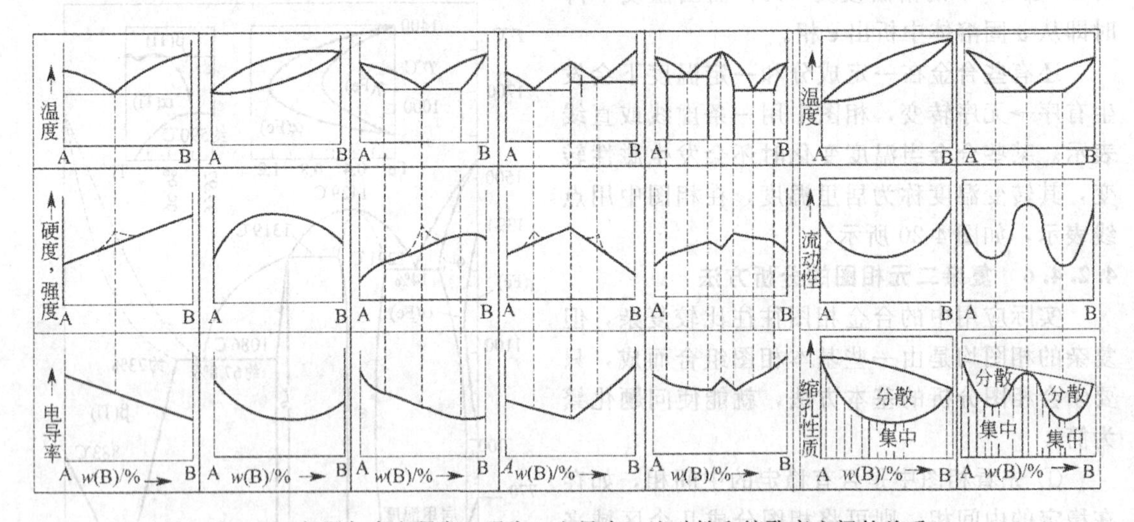

图 4-21 相图与合金硬度、强度、电导率、流动性和缩孔率之间的关系

4.3 凝固与结晶

物质由液态到固态的转变过程叫做凝固。如果凝固产物为晶体，则凝固过程叫做结晶。

工程中使用的金属材料，一般要经过由液态到固态的凝固过程，将其制造成铸锭或铸件。铸锭或铸件的组织及性能，与结晶过程有着密切关系。因此，对结晶过程的研究是提高金属材料性能的重要环节之一。

4.3.1　纯金属的结晶

（1）纯金属的结晶及热力学条件

金属的凝固是晶体形核和核长大的结晶过程。图 4-22 为结晶过程示意图。当液态金属被冷却至熔点以下某一温度时，液态金属并不立刻开始结晶［图 4-22(a)］，而是经过一段时间后才出现第一批晶核［图 4-22(b)］。之后，晶核开始不断长大，同时也有新的晶核生成［图 4-22(c)］。晶核的不断形成和长大，使液态金属越来越少。当所有的晶体都彼此相遇并将液态金属耗尽时，结晶过程即告完成［图 4-22(d)、(e)］，得到如图 2-7 所示的多晶体组织。

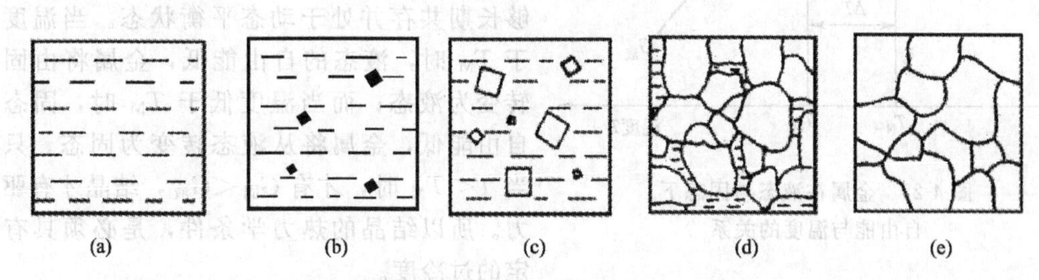

图 4-22　结晶过程示意图

单位时间内，单位体积液体中晶核的生成数量 N 叫做形核率［个/(m^3·s)］。单位时间内晶核生长的线长度 G 叫做长大线速度（m/s）。

多晶粒组织中的每个晶粒，分别是由最初的各个晶核形成的。由于晶核生成的随机性，使得各晶粒的位向各不相同。不同位向的晶粒之间，形成晶界。

纯金属液体在缓慢冷却过程中测出的温度-时间曲线（冷却曲线）如图4-23 所示。纯金属在平衡结晶温度 T_M 时不会结晶，只有冷却到 T_M 以下的某个温度 T_N 才开始形核，而后晶核长大并放出大量潜热，使温度回升到略低于 T_M 的温度 T_K。结晶完成后，由于没有潜热放出，温度继续下降。通常将平衡结晶温度 T_M 与实际结晶温度 T_N 之差 ΔT 称为过冷度，$\Delta T = T_M - T_N$。图中 ΔT_K 为动态过冷度，是晶体长大的驱动力。

过冷度的大小还和冷却速度有关。如图 4-24 所示，冷却速度越快，过冷度也越大。平衡冷却时，金属以极其缓慢的速度冷却，金属的实际结晶温度接近于理论结晶温度，过冷度接近于零。

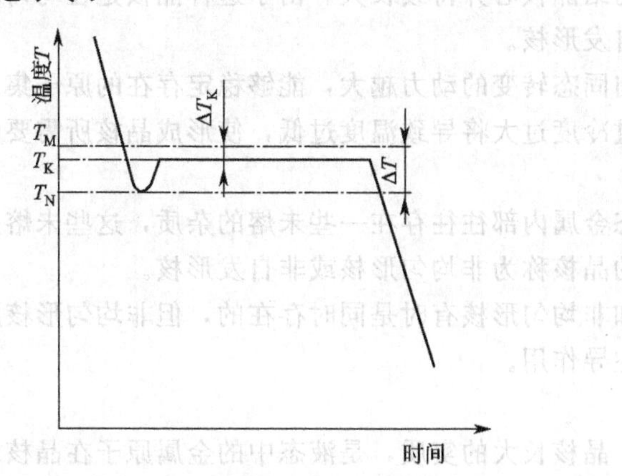

图 4-23　液态金属的冷却曲线

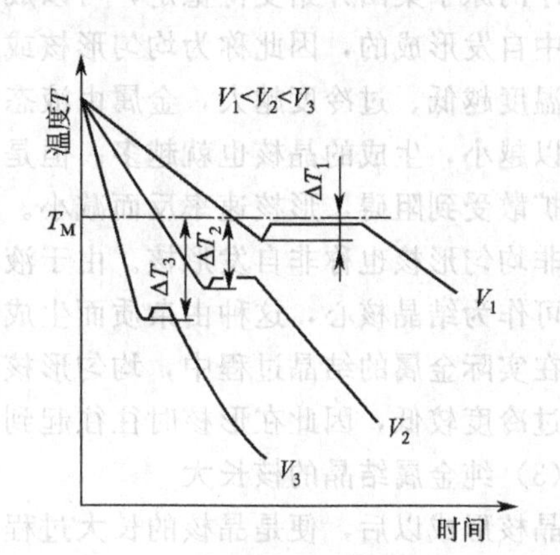

图 4-24　液态金属不同冷却速度下的冷却曲线

根据热力学第二定律，等温等压条件下，一切自发过程都朝着使系统自由能降低的方向进行。液态金属的自由能和固态金属的自由能与温度 T 的关系曲线如图 4-25 所示，可以看出，液、固金属的自由能均随温度的升高而下降，但液态金属的自由能随温度的变化曲线比固态的更陡。

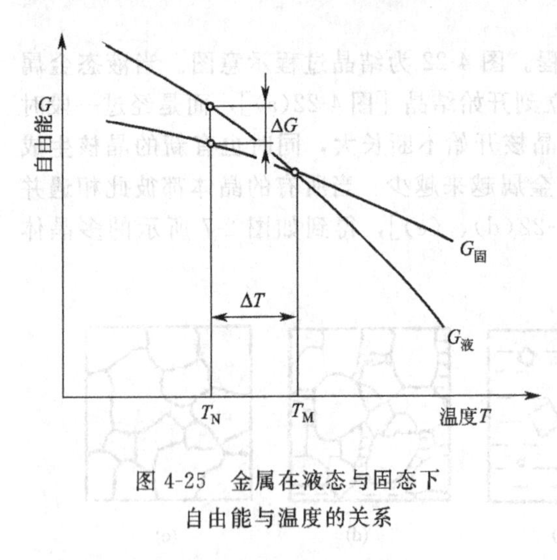

图 4-25　金属在液态与固态下自由能与温度的关系

由于固、液两相的 G-T 曲线斜率不同，自由能曲线必然相交于一点，交点对应的温度 T_M 称为理论结晶温度或称为熔点。T_M 温度下液态与固态的自由能相等，因而两相能够长期共存并处于动态平衡状态。当温度高于 T_M 时，液态的自由能低，金属将由固态转变为液态；而当温度低于 T_M 时，固态的自由能低，金属将从液态转变为固态。只有当 $T<T_M$ 时，才有 $G_{固}<G_{液}$，结晶才有驱动力。所以结晶的热力学条件，是必须具有一定的过冷度。

由热力学可证明，在恒温、恒压条件下，单位体积的液体与固体的自由能变化（自由能差）ΔG_V 为

$$\Delta G_V=\frac{-L_M\Delta T}{T_M}$$

式中，ΔT 是过冷度；L_M 为熔化潜热。该式表明过冷度越大结晶的驱动力也越大。

(2) 纯金属结晶的形核

金属结晶时，形核方式有均匀形核和非均匀形核。实际结晶时，大多以非均匀形核方式进行。

均匀形核也称为自发形核，是指在均匀母相中自发形成新相结晶核心的过程。金属在液态下即存在着大量尺寸不同的短程有序的原子集团。当温度高于结晶温度时，这些原子集团是不稳定的，时聚时散。这些短程有序、时聚时散的原子集团，叫做晶胚；时聚时散、此起彼伏的动态过程，称为结构起伏。当温度降至结晶温度以下且具有一定的过冷度时，这种短程有序的原子集团开始变得稳定，可以成为结晶核心并持续长大。由于这种晶核是在均匀的液体中自发形成的，因此称为均匀形核或自发形核。

温度越低、过冷度越大，金属由液态向固态转变的动力越大，能够稳定存在的原子集团就可以越小，生成的晶核也就越多。但是过冷度过大将导致温度过低，使形成晶核所需要的原子扩散受到阻碍，形核速率反而减小。

非均匀形核也称非自发形核。由于液态金属内部往往存在一些未熔的杂质，这些未熔杂质常可作为结晶核心，这种由杂质而生成的晶核称为非均匀形核或非自发形核。

在实际金属的结晶过程中，均匀形核和非均匀形核有时是同时存在的，但非均匀形核所需的过冷度较低，因此在形核时往往起到主导作用。

(3) 纯金属结晶的核长大

晶核形成以后，便是晶核的长大过程。晶核长大的实质，是液态中的金属原子在晶核表面的不断沉积。晶核长大所需的界面过冷度，称为动态过冷度，用 ΔT_K 表示。具有光滑界面的物质，ΔT_K 为 1～2℃；具有粗糙界面的物质，ΔT_K 仅为 0.01～0.05℃。说明不同类型

的界面，其长大机制不同。

对于具有微观光滑界面的物质，晶核的长大机制可能有两种。第一种是二维晶核长大机制，如图4-26所示。这种长大方式，是每增加一个原子层都需先形成一个二维晶核，然后侧向铺展至整个表面。这种机制下，晶体长大速度很慢。这种理论的实验根据还不多。

第二种长大机制是缺陷长大机制。液体中的原子不断地沉积到螺型位错或孪晶等晶体缺陷的台阶上，使晶体长大。

对于具有微观粗糙界面的物质，晶核长大按垂直长大机制进行，如图4-27所示。具有微观粗糙界面的物质，其液-固界面上存在许多结晶空位，液相中的原子可以直接沉积在这些空位上，使晶体整个界面沿其法线方向朝液相长大。垂直长大的生长速度很快，在金属中可达 10^{-2} cm/s。

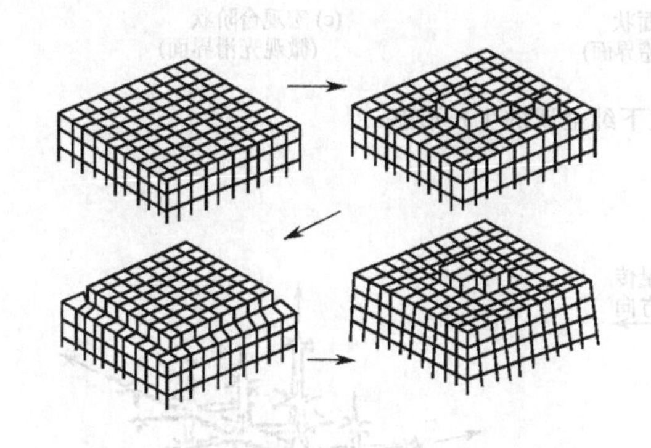

图4-26　二维晶核长大机制示意图

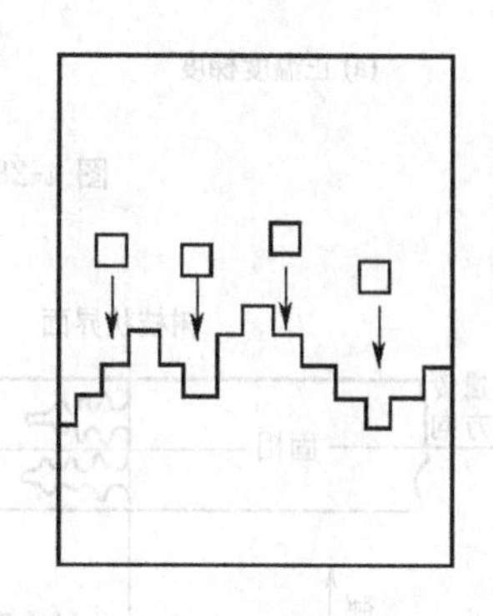

图4-27　垂直长大机制示意图

(4) 纯金属的生长形态

纯金属凝固时的生长形态，取决于固-液界面的微观结构和界面前沿的温度梯度。

① 正温度梯度（$dT/dx>0$）　正温度梯度时，结晶潜热只能通过固相散出，界面推移速度受固相传热速度的控制。微观粗糙、光滑的界面，晶体生长均以平面状向前推进。

在正温度梯度下，纯金属的生长形态如图4-28所示。当微观粗糙的固-液界面偶尔有凸起部分进入液相中，由于 $dT/dx>0$，距界面越远则液相温度越高、过冷度也越小，因此凸起部分的生长速度减慢甚至停止；当凸起周围的晶体向液相中生后，使凸起消失。伴随凸起的形成与消失，固-液界面以平面状向液相中推进，晶体以平面形态生长。微观粗糙界面的动态过冷度 ΔT_K 很小，所以界面几乎与 T_M 等温面重合［图4-28(b)］。

微观光滑的固-液界面，宏观上是由若干曲折小平面构成的台阶状。$dT/dx>0$ 时，这些小平面进入到温度较高的液体中使过冷度减小，所以小平面也不可能过多地向液相中生长。因此从宏观上看，微观光滑的固-液界面也平行于 T_M 等温面［图4-28(c)］。

② 负温度梯度（$dT/dx<0$）　负温度梯度下纯金属的生长形态如图4-29所示。

负温度梯度下，界面的热量可以从固、液两相散失，界面移动不单单受固相传热速率控制。界面某处偶然伸入液相，则进入了 ΔT 更大的区域，生长速度加快，在液相中形成一次晶轴。

一次晶轴结晶时向四周的液相中放出潜热，使液相中垂直于一次晶轴的方向又产生负温度梯度，这样一次晶轴上又会产生二次晶轴、三次晶轴……这种生长方式称为树枝状生长。以树枝方式生长时，最后凝固的金属将树枝空隙填满，使每个枝晶成为一个晶粒。

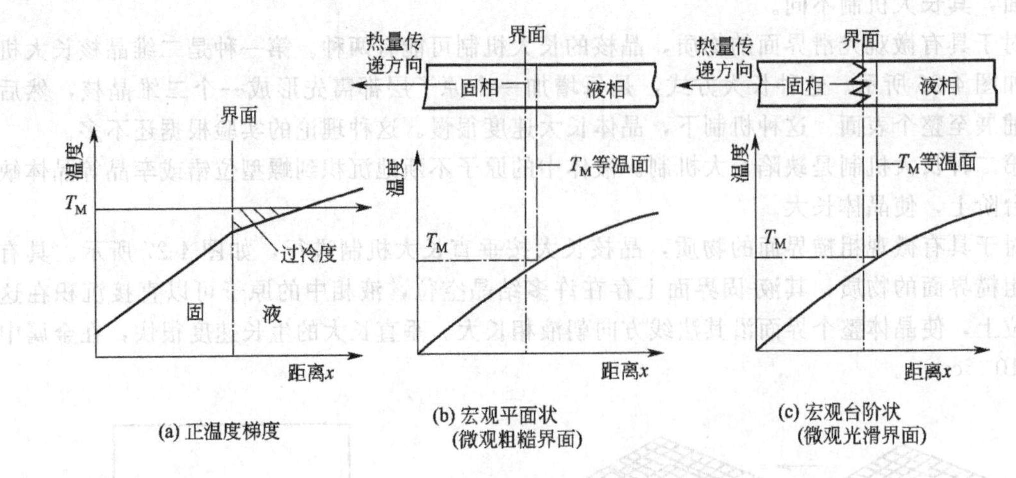

图 4-28 正温度梯度下纯金属的生长形态

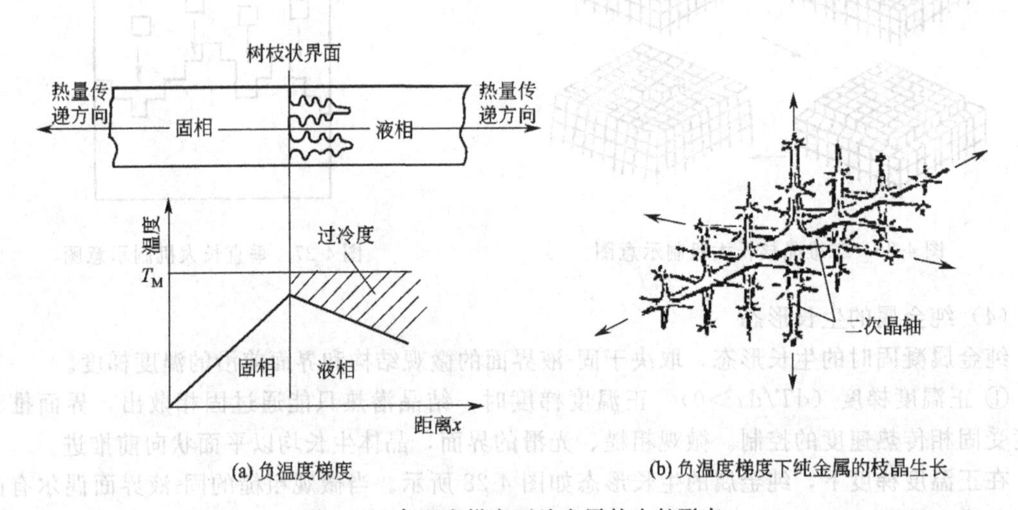

图 4-29 负温度梯度下纯金属的生长形态

4.3.2 合金的结晶

合金的凝固过程也是一个形核和长大的过程。但由于合金中存在第二组元或第三组元，其凝固过程要比纯金属复杂。为简便起见，仅讨论二元系固溶体合金和二元系共晶合金的凝固过程。

(1) 固溶体合金的凝固

固溶体的凝固过程，就是匀晶转变过程。固溶体的形核与长大，除需要纯金属结晶时的过冷度以及能量起伏和结构起伏外，还需要溶质原子重新分布的成分起伏。如前所述，匀晶转变有两个特点，一是转变在一定的温度范围内进行，二是转变过程中固相和液相的成分都随温度的下降而不断变化，因此固溶体结晶的过程还要发生偏析。

平衡冷却时，由于冷速很慢，液固两相中的扩散进行得很充分，原子的重新分布能够使固溶体的成分接近或达到平衡态，因此不会出现偏析。实际冷却时，由于冷却速度较快，原子来不及通过扩散而重新分布，导致先凝固的晶体富含高熔点物质，后凝固的部分富含低熔点物质，最终造成偏析。偏析一般分为两种，一种是前述的晶粒范围内的晶内偏析（显微偏析），另一种是在凝固过程中由于杂质偏聚造成的各区域成分存在差异的宏观偏析。

（2）共晶合金的凝固

共晶合金的凝固也是形核与长大的过程。发生共晶反应时，构成共晶体的两个相不会同时形核，首先形核的相称为领先相。

设共晶合金的组元为A、B，共晶转变产物是由α相和β相构成的层片状共晶体。如果领先相是α相，由于α相中B组元含量低，α相形核后就会有一部分B组元原子从α晶核中扩散出来，分布在晶界附近，使α晶核周围的液相中产生B原子富集区，为β相的形核创造了条件，于是β相就可以在α相的两侧开始形核。同样，β相的形核又会使其周围的液相中A原子产生富集，为α相的进一步形核创造了条件。这一过程的反复进行，即形成了α相与β相交替的层片共晶团，如图4-30(a)所示。

但实际形成共晶团时，并不需要α、β两相反复形核，而是首先形成一个α晶核，第二相β往往以领先相α为基底析出。然后α相和β相分别以搭桥方式连在一起构成了共晶体，因此一个共晶领域只包含一个α晶核和一个β晶核，如图4-30(b)所示。

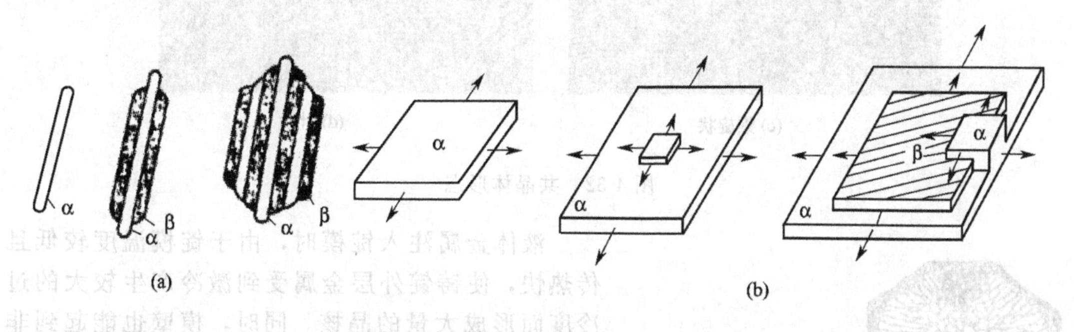

图4-30 层片状共晶的形核与生长示意图

共晶晶核形成后，α相和β相沿层片纵向长大，并分别向液相中排出B组元和A组元，使α相前沿的液相富有B组元，β相前沿的液相富有A组元。随后这些B、A组元原子分别向相邻的β相和α相前沿进行短程扩散，为两相的进一步长大创造了条件，最后形成了一个由相互平行的α相和β相层片相间的共晶领域，如图4-31所示。

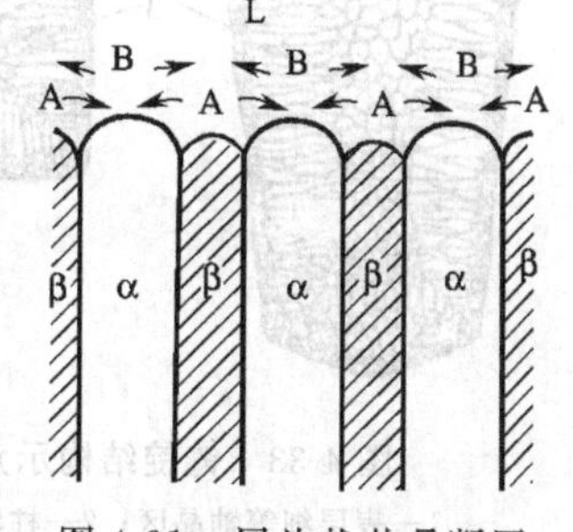

图4-31 层片状共晶凝固时的横向扩散示意图

应该指出，在共晶合金凝固过程中可以同时形成许多共晶晶核（共晶团），每个共晶团各自长成一个共晶领域，直至各个共晶团彼此相遇、液相全部消失为止，形成多晶体组织。

由于组成相的性质以及凝固时冷却速度的不同，可以得到不同形态的共晶体，主要有层片状、棒状、球状、针状、螺旋状等。图4-32为几种共晶体形态。两组成相的性质、冷却速度和两相的相对量，是影响共晶体形态的主要因素。

4.3.3 铸造组织的特点

金属及合金铸造时，由于表层和中心的结晶条件不同，因而铸件的结构也是不均匀的。铸锭是典型的铸造件，由表层细等轴晶区、柱状晶区和中心等轴晶区构成，如图4-33

所示。

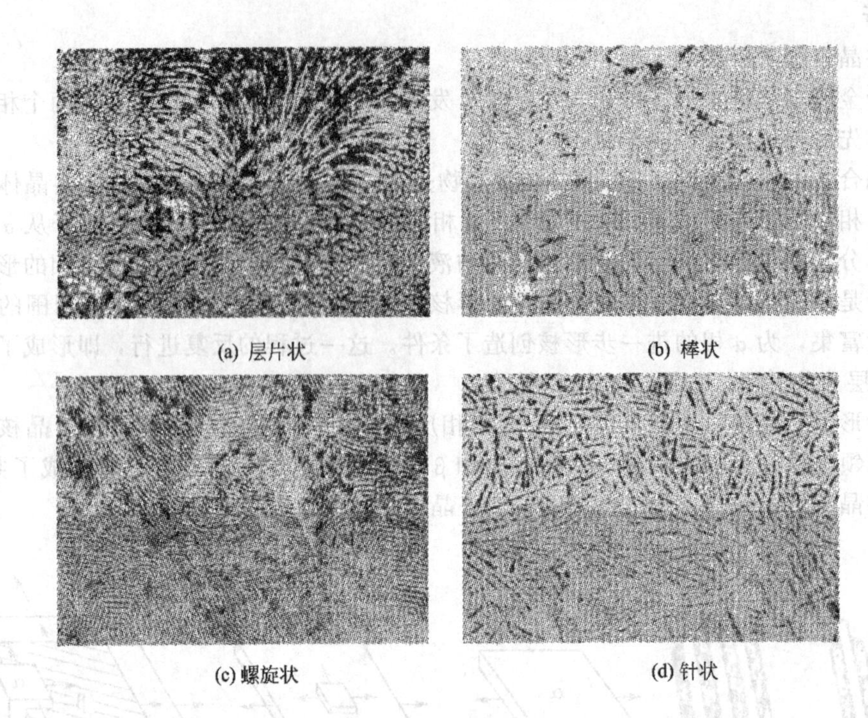

图 4-32 共晶体形态

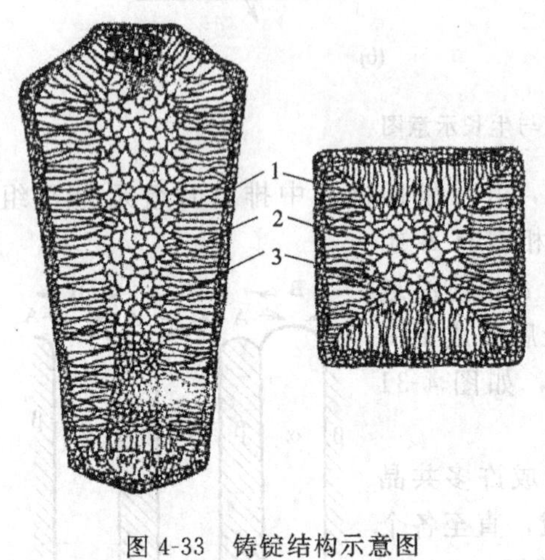

图 4-33 铸锭结构示意图

1—表层细等轴晶区；2—柱状晶区；3—中心等轴晶区

液体金属注入锭模时，由于锭模温度较低且传热快，使铸锭外层金属受到激冷产生较大的过冷度而形成大量的晶核。同时，模壁也能起到非均匀形核的作用，结果在金属表面形成一层厚度不大、晶粒很细的等轴晶区。

细等轴晶区形成的同时，使锭模温度升高，导致液体冷却速度降低和过冷度减小，形核速度也随之下降，但对长大速度的影响并不大，从而使结晶过程以细等轴晶区为基础继续向液相中长大，这种长大的结果是在细等轴晶区之后出现柱状晶区。

柱状晶区长大到一定程度后，铸型中心剩余液态金属的冷却速度进一步降低，过冷度进一步减小，各处温度趋于一致而使散热逐渐失去方向性。当整个熔液温度降至熔点以下时，熔液中出现许多晶核并沿各个方向长大，最终形成晶粒较大的中心等轴晶区。

铸锭组织对铸锭的性能有显著影响，因此控制铸锭组织具有十分重要的意义。通过改变浇注条件可以改变三个晶区的相对厚度和晶粒大小，甚至获得只由两个或一个晶区组成的铸件。通常情况下，快的冷却速度、高的浇注温度和定向散热有利于形成柱状晶。如果金属纯度较高、铸锭截面较小则柱状晶区可以一直发展到铸锭心部，形成所谓的穿晶组织；慢的冷却速度、低的浇注温度、均匀散热、孕育处理（即加入有效形核剂）、机械振动、电磁搅拌等则有利于形成细小等轴晶。

铸锭结构中往往还存在缺陷，一般情况下主要有以下几种缺陷。

① 缩孔　金属凝固时体积要收缩，但最后凝固的区域已无液体补充，于是形成了缩孔。这种缩孔多为集中缩孔，一般要切除后才能进行压力加工。

② 疏松　疏松即为分散缩孔，是枝状晶结晶时，由于枝晶间没有充足的液体补给而形成微小分散的缩孔。中心等轴晶区最易形成这样的缩孔。若疏松处无杂质，疏松可在之后的热锻、轧过程中焊合。

③ 气孔　气体在液态金属中的溶解度比固体中的高，因此凝固时要析出气体。如果在凝固时气体来不及逸出，就会残留在金属内部形成气泡。在其后的锻、轧制过程中气孔大多可以焊合，但孔面氧化的气孔，特别是表面附近的皮下气孔能造成微细裂纹和表面起皱现象，从而严重影响金属的质量。所以，在冶炼和铸锭过程中，应严格控制可能产生气体的各种因素，或采取有效措施消除气体产生的不利影响。

4.3.4　高聚物的凝固与结晶

凝固与结晶并不是金属材料特有的现象，在高分子材料、复合材料和陶瓷材料中，也有相同或类似的过程。

对热塑性高分子材料而言，当温度升至熔点以上时黏度很低，即使没有外力分子链也可以运动，如果施加外力，即可产生塑性流动并进行浇铸。

温度降至熔点以下时，高分子材料可形成无定形固体和结晶型固体。然而与金属材料不同的是，随着温度的变化，线型无定形高分子材料能够在玻璃态、高弹态和黏流态之间转化，这种状态之间的转化往往是一个渐变的过程，但晶态高分子材料却有明显的熔点。

4.4　铁碳合金相图

4.4.1　铁碳相图中的组元和相

钢与铸铁是现代工业中应用最广泛的合金，尽管钢和铸铁的品种繁多，并且由于加入了不同的合金元素而使成分差异非常大，但其基本组成还是铁和碳两种元素。铁碳合金中的碳以渗碳体（Fe_3C）或石墨（C）的形式存在。通常情况下，铁碳合金按 Fe-Fe_3C 系进行转变，但 Fe_3C 实际上是一个亚稳相，在一定条件下可以分解为铁的固溶体和石墨。因此，铁碳相图常表示为 Fe-Fe_3C 和 Fe-石墨（C）双重相图。在研究铁碳合金时，通常仅研究 Fe-Fe_3C 部分。Fe-Fe_3C 相图如图 4-34 所示。

（1）铁碳合金的组元

① 铁　铁的熔点为 1538℃，密度为 $7.87\times10^3kg/m^3$。固态下铁有 α-Fe、γ-Fe 和 δ-Fe 三种同素异形体。低于 912℃的 α-Fe 以及介于 1394℃和 1538℃之间的 δ-Fe 为体心立方结构。含 C 量低于 0.02%的铁碳合金，称为工业纯铁。工业纯铁具有强度、硬度较低，塑性、韧性较好的特点，主要力学性能指标为

抗拉强度极限 σ_b	180～230MPa	断面收缩率 ψ	70%～80%
抗拉屈服极限 $\sigma_{0.2}$	100～170MPa	冲击韧性 α_k	160～200J/cm²
延伸率 δ	30%～50%	硬度 HB	50～80

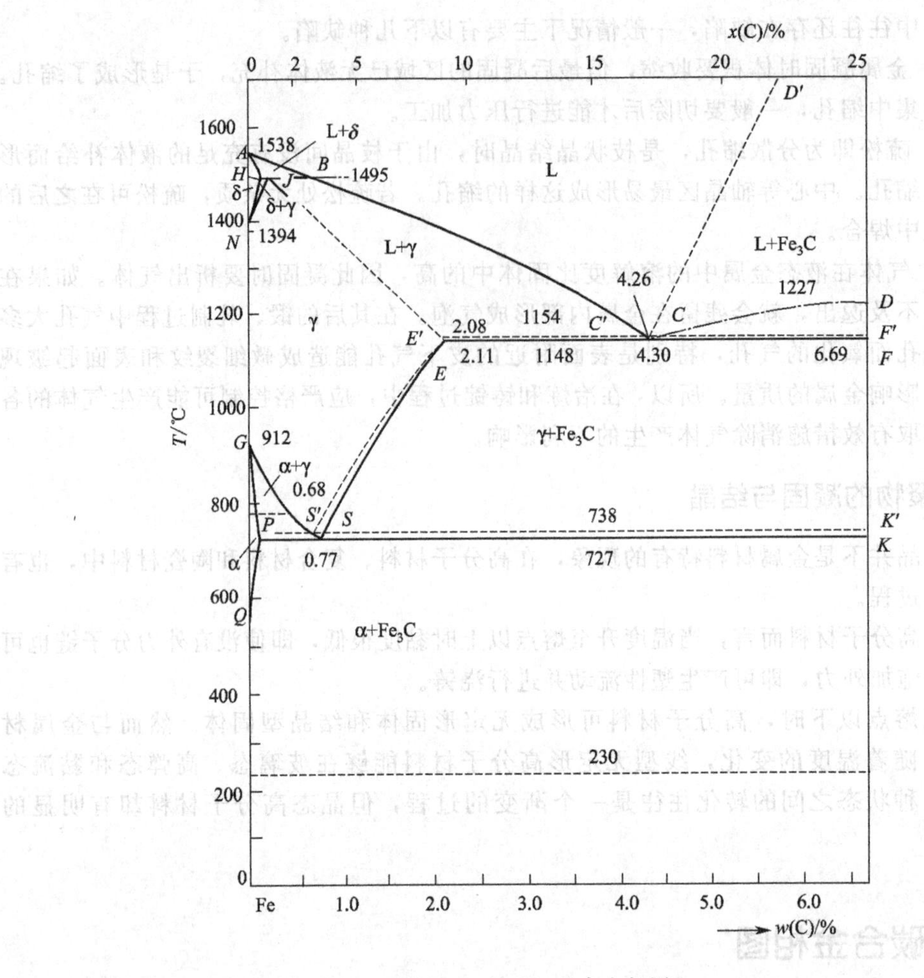

图 4-34　Fe-Fe_3C 合金相图

② Fe_3C　Fe_3C 是 Fe 和 C 形成的一种结构复杂的间隙化合物，通常称为渗碳体，它的性能特点是硬而脆，其主要力学性能指标为

抗拉强度极限 σ_b　30MPa　　冲击韧性 α_k　几乎为 0

延伸率 δ　几乎为 0　　硬度 HB　800

断面收缩率 ψ　几乎为 0

(2) 铁碳相图中的相

Fe-Fe_3C 相图中共有五种相。

① 液相 L　液态铁-碳合金。

② δ 相　又称高温铁素体，是碳在体心立方 δ-Fe 中的固溶体，存在于 1394℃和 1538℃之间，在 1495℃时碳的溶解度最大（0.09%）。

③ α 相　又称为铁素体，是碳在 α-Fe 中的固溶体，它存在于 911℃以下，在 727℃时碳的溶解度最大（0.0218%），常温下碳的最大溶解度为 0.0008%，它是钢铁材料中的软韧相。

④ γ 相　又称为奥氏体，是碳在 γ-Fe 中的固溶体，它存在于 727℃和 1495℃之间。在

1148℃时碳的溶解度最大，可达2.11%；它的强度较低、硬度不高，易于塑性变形。

⑤ Fe_3C 相 具有复杂结构的铁碳化合物，是一种硬脆相，直接影响到铁碳合金的硬度和强度。

4.4.2 Fe-Fe_3C 相图分析

Fe-Fe_3C 相图中各主要点的温度、碳含量及含义见表4-2。

表4-2 Fe-Fe_3C 相图中各主要点的温度、碳含量及含义

符号	温度/℃	碳含量(质量分数)/%	含 义
A	1538	0	纯铁的熔点
B	1495	0.53	包晶转变时液态合金的成分
C	1148	4.30	共晶点 $L_C \rightleftharpoons A_E + Fe_3C$
D	1227	6.69	Fe_3C 的熔点
E	1148	2.11	碳在 γ-Fe 中的最大溶解度
F	1148	6.69	Fe_3C 的成分
G	912	0	α-Fe ⇌ γ-Fe 同素异形转变点(A_3)
H	1495	0.09	碳在 δ-Fe 中的最大溶解度
J	1495	0.17	包晶点 $L_B + \delta_H \rightleftharpoons A_J$
K	727	6.69	Fe_3C 的成分
N	1394	0	γ-Fe ⇌ δ-Fe 同素异形转变点(A_4)
P	727	0.0218	碳在 α-Fe 中的最大溶解度
S	727	0.77	共析点(A_1)$A_S \rightleftharpoons F_P + Fe_3C$
Q	600 (或室温)	0.0057 0.0008	600℃(或室温)时碳在 α-Fe 中的溶解度

① *ABCD* 为液相线，*AHJECF* 为固相线。

② 三条水平线 *HJB*、*ECF*、*PSK* 表示三个恒温转变。

在 *HJB* 上发生包晶转变。成分为0.09%～0.53%C的铁碳合金，均要发生 $\delta_H + L_B \longrightarrow \gamma_J$ 的包晶转变。

在 *ECF* 水平线上发生 $L_C \longrightarrow \gamma_E + Fe_3C$ 的共晶转变，转变产物为 $\gamma_E + Fe_3C$ 的两相混合物，称为莱氏体，用 L_d 表示。成分为2.11%～6.69%C的铁碳合金，都要发生这种共晶转变。

在 *PSK* 水平线上发生 $\gamma_S \longrightarrow \alpha_P + Fe_3C$ 的共析转变，转变产物为 $\alpha + Fe_3C$ 的两相机械混合物，称为珠光体，用P表示。成分为0.0218%～6.69%C的铁碳合金，在727℃时均发生这种共析转变。

③ 固溶体多晶型转变线 *NH*、*NJ*、*GS*、*GP* *NH* 和 *NJ* 为δ和γ的多晶型转变开始线和终了线，其中 *NJ* 线又称为 A_4 线。*GS* 和 *GP* 为γ和α的多晶型转变开始线和终了线，其中 *GS* 线又称为 A_3 线。

④ 溶解度线 *ES* 和 *PQ* *ES* 为碳在奥氏体中的溶解度线，又称 A_{cm} 线。凡含碳量超过0.77的铁碳合金，当温度低于此线时要从奥氏体中析出渗碳体，称为二次渗碳体，用 Fe_3C_{II} 表示，以区别过共晶铸铁从液相中结晶出的一次渗碳体 Fe_3C_I。*PQ* 为碳在铁素体中的溶解度线，凡含碳量超过0.0008%的铁碳合金，当温度低于此线时要从铁素体中析出渗碳体，称为三次渗碳体，用 Fe_3C_{III} 表示。

⑤ 磁性转变线

MO 线为铁素体的磁性转变温度即居里点，用 A_2 表示。230℃水平线为渗碳体的磁性转变温度。

以上各线把 Fe-Fe_3C 相图划分为五个单相区 L、δ、γ、α 和 Fe_3C；七个两相区 L+δ，L+γ、L+Fe_3C，δ+γ，α+γ，γ+Fe_3C 和 α+Fe_3C；此外，在 *J* 点、*C* 点、*S* 点分别为 δ+L+γ，L+γ+Fe_3C，α+γ+Fe_3C 三相共存。

4.4.3 典型铁碳合金的平衡凝固

在 Fe-Fe_3C 相图中，可按含碳量将铁碳合金分为三类：工业纯铁、碳钢和铸铁。

(1) 工业纯铁

含碳量低于 0.0218% 的铁碳合金称为工业纯铁，它与碳钢的本质区别在于没有共析转变，即没有珠光体。图 4-35 中所示的①合金，是含碳 0.01% 的工业纯铁，图 4-36 为该合金的冷却转变过程示意图。合金冷却至 1 点时发生 L ⟶ δ 的匀晶转变，至 2 点匀晶转变结束并形成单相铁素体 δ。继续冷却至 3 点时发生 δ ⟶ γ 的同素异构转变，γ 不断生成，到 4 点 δ 全新转变为 γ。冷却至 5 点时，发生 γ ⟶ α 的同素异构转变，这种转变至 6 点结束，使 γ 全部转变成 α。之后当冷却到 7 点直至室温时，开始从 α 中不断析出 $Fe_3C_{Ⅲ}$。

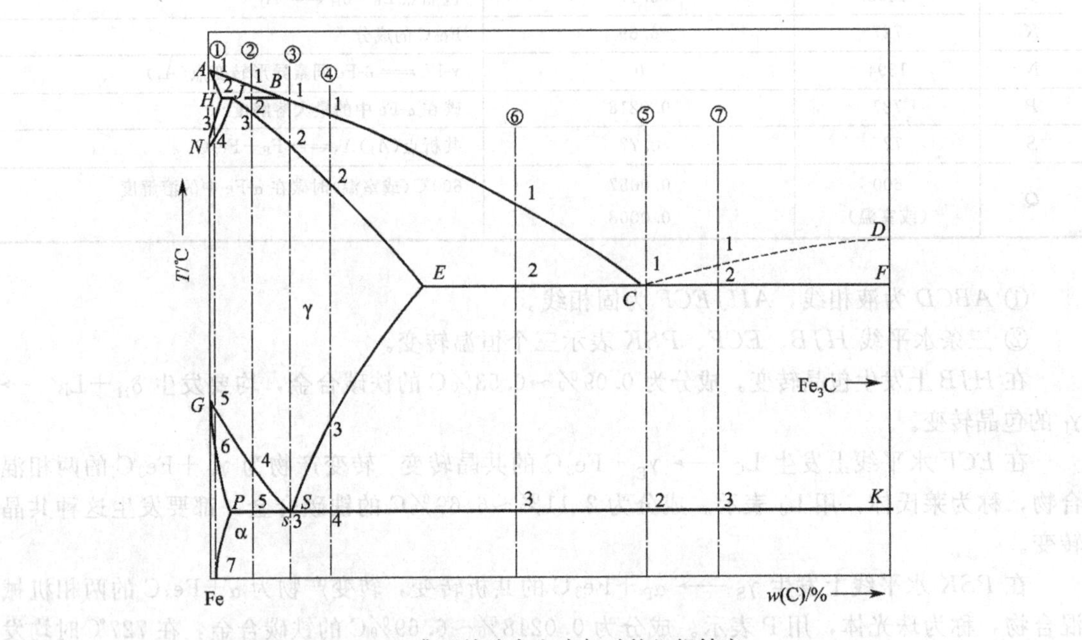

图 4-35 典型铁碳合金冷却时的组织转变

(2) 碳钢

含碳量为 0.0218%～2.11% 的铁碳合金，称为碳钢。钢又可分为共析钢、亚共析钢和过共析钢。

图 4-35 中的③合金是共析钢，含碳量为 0.77%，图 4-37 为其冷却转变示意图。合金熔液冷却至 1 点时发生 L ⟶ γ 的匀晶转变，直至 2 点结束，形成单相奥氏体。继续冷却至 3 点时发生 $\gamma_{0.77} \longrightarrow \alpha_{0.0218}+Fe_3C$ 的共析转变，转变结束时全部为珠光体，用符号 P 表示。当温度继续下降，将从铁素体中析出 $Fe_3C_{Ⅲ}$，但它与共析渗碳体混在一起，因而无法区分。其室温组织如图 4-38 所示。

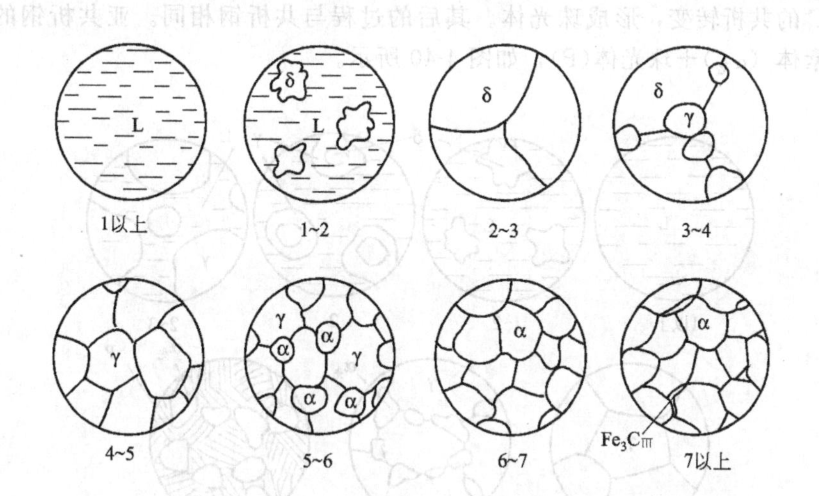

图 4-36　含碳 0.01%的工业纯铁冷却转变示意图

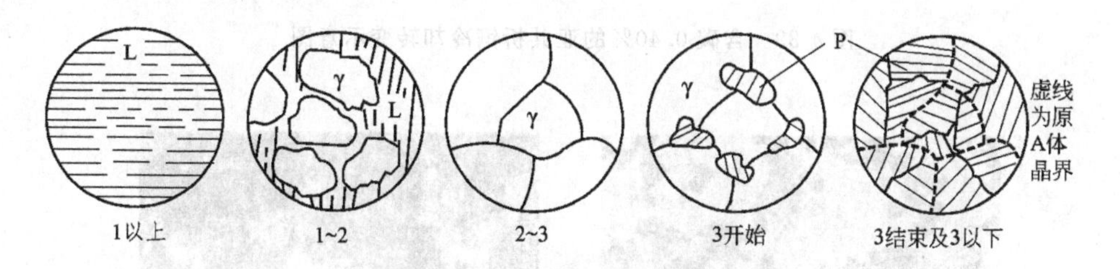

图 4-37　含碳 0.77%的共析碳钢冷却转变示意图

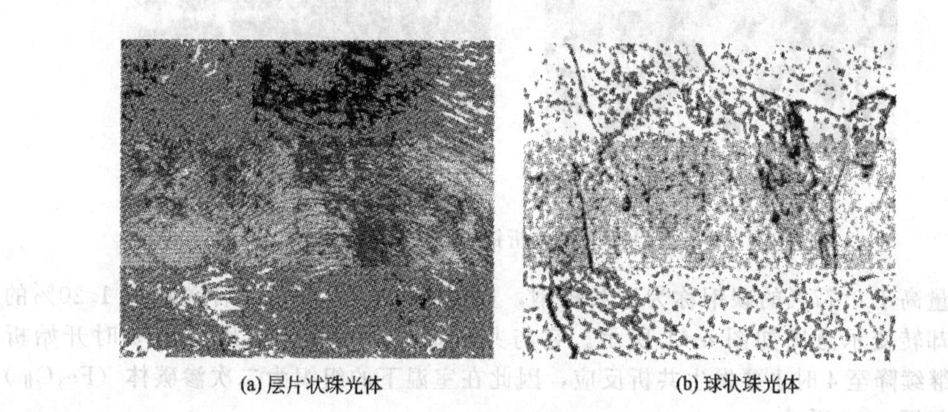

(a) 层片状珠光体　　(b) 球状珠光体

图 4-38　共析钢的室温组织

对含碳量低于 0.77%的亚共析钢而言，转变过程有所不同。图 4-35 中的②即亚共析钢，含碳量为 0.40%，图 4-39 为该合金的冷却转变过程示意图。

当温度降至 1 点时，发生 L ⟶ δ 的匀晶转变，这种转变至 2 点时停止，并被包晶转变 L+δ ⟶ γ 所取代。包晶转变结束后有部分 L 相剩余，此后发生另一个 L ⟶ γ 的匀晶转变，这种转变至 3 点结束，全部剩余的液相转变为 γ 相。当温度降至 4 点时，开始从 γ 相中析出先共析 α 相，随着温度的继续下降和 α 相的不断析出，先共析 α 相的成分沿 *GP* 线变化，γ 相的成分沿 *GS* 线变化，至 727℃时 γ 相的成分变为 0.77% C，开始发生 $\gamma_{0.77}$ ⟶

$\alpha_{0.0218}+Fe_3C$的共析转变，形成珠光体。其后的过程与共析钢相同。亚共析钢的室温组织为先共析铁素体（$\alpha_{先}$）+珠光体(P)，如图 4-40 所示。

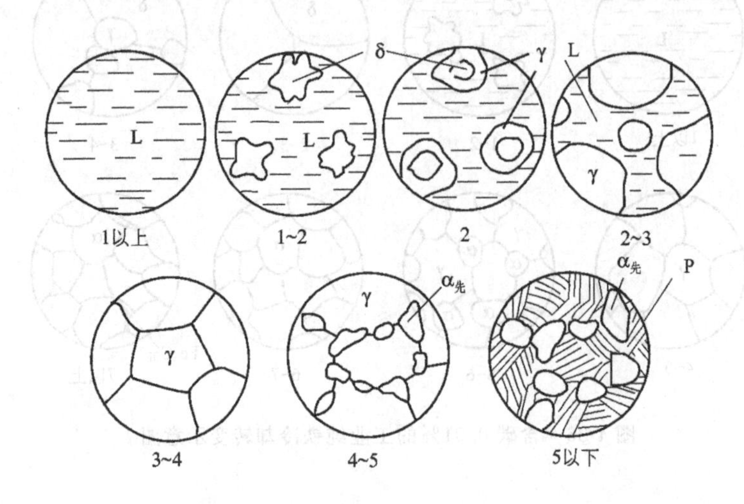

图 4-39　含碳 0.40%的亚共析钢冷却转变示意图

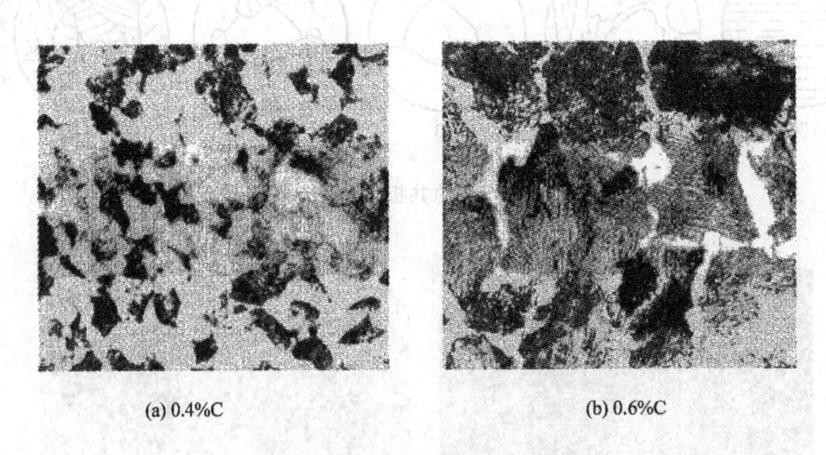

图 4-40　亚共析钢的室温组织

含碳量高于 0.77%的碳钢称为过共析钢，如图 4-35 中④所示的含碳量为 1.20%的合金，其冷却转变示意图如图 4-41 所示。它与共析钢的不同在于温度降至 3 时开始析出 Fe_3C_{II}，继续降至 4 时也要发生共析反应，因此在室温下的组织为二次渗碳体（Fe_3C_{II}）+珠光体，如图 4-42 所示。

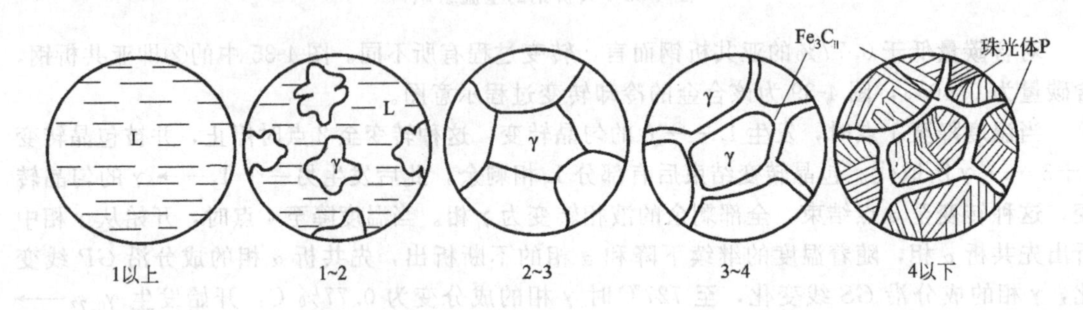

图 4-41　含碳 1.20%的过共析钢冷却转变示意图

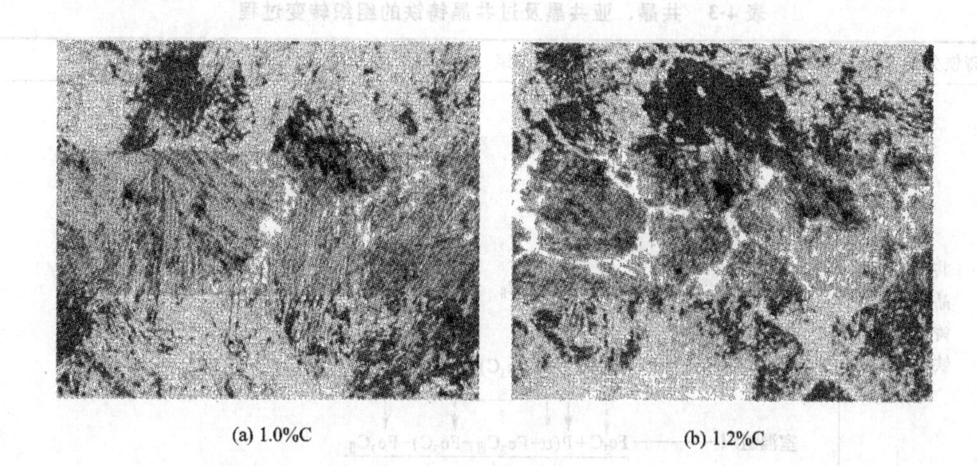

(a) 1.0%C　　(b) 1.2%C

图 4-42　过共析钢的室温组织

（3）铸铁

铸铁按含碳量也可分为三类：共晶铸铁（含碳量 4.3%）、亚共晶铸铁（含碳量 2.11%～4.3%）和过共晶铸铁（含碳量>4.3%）。

图 4-35 中含碳量 4.3%的合金⑤，是共晶铸铁。当合金熔液冷却至 1 点温度 1148℃时，在恒温下发生 $L_{4.3} \xrightarrow{1148℃} \gamma_{2.11} + Fe_3C$ 的共晶转变，转变产物称为莱氏体（$\gamma + Fe_3C$），记为 L_d。继续冷却时从共晶奥氏体中不断析出二次渗碳体，温度降至 2 点时发生共析转变，之后的转变与碳钢相同。共晶铸铁平衡转变的室温组织，称为室温莱氏体（$Fe_3C + P + Fe_3C_{Ⅱ}$），用 L'_d 表示。如图 4-43(a) 所示。

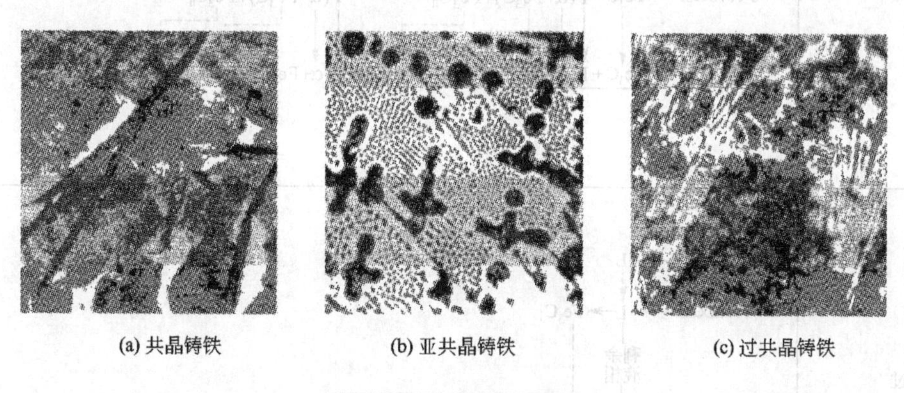

(a) 共晶铸铁　　(b) 亚共晶铸铁　　(c) 过共晶铸铁

图 4-43　铸铁的组织形貌

含碳量低于 4.3%的亚共晶铸铁，共晶转变前要析出先共晶 γ 相；含碳量大于 4.3%的过共晶铸铁，共晶转变前要先析出 $Fe_3C_Ⅰ$。由于有先析出相，亚共晶铸铁共晶转变后的产物为 $\gamma_{初} + L_d$，过共晶铸铁共晶转变后的产物为 $Fe_3C_Ⅰ + L_d$；共晶转变之后继续降温，亚共晶铸铁及过共晶铸铁的转变过程与共晶铸铁相同。平衡转变条件下，亚共晶铸铁的室温组织为 $P + Fe_3C_Ⅱ + L'_d(Fe_3C + P + Fe_3C_Ⅱ)$，过共晶铸铁的室温组织为 $Fe_3C_Ⅰ + L'_d(Fe_3C + P + Fe_3C_Ⅱ)$，分别如图 4-43(b)、(c) 所示。共晶、亚共晶及过共晶铸铁的组织转变示意图见表 4-3，实线表示参与反应的相，虚线表示未发生或者不发生转变的相。

表 4-3 共晶、亚共晶及过共晶铸铁的组织转变过程

铸铁分类	组织转变过程
共晶铸铁	反应前——L 共晶反应——L→ $\frac{L_d}{(Fe_3C+\gamma)}$ $\gamma+Fe_3C_{II}$ 共析反应——Fe_3C　$P(\alpha+Fe_3C)+Fe_3C_{II}$ 室温组织——$\underbrace{Fe_3C+P(\alpha+Fe_3C_{III}+Fe_3C)+Fe_3C_{II}}_{L'_d}$
亚共晶铸铁	反应前——L 匀晶反应——L→ $\gamma_{先}$ 剩余液相 共晶反应——$(Fe_3C+\gamma)$　γ $\gamma+Fe_3C_{II}$　$\gamma+Fe_3C_{II}$ 共析反应——Fe_3C—$P(\alpha+Fe_3C)+Fe_3C_{II}$——$P(\alpha+Fe_3C)+Fe_3C_{II}$ 室温组织——$\underbrace{Fe_3C+P(\alpha+Fe_3C_{III}+Fe_3C)+Fe_3C_{II}}_{L'_d}+P(\alpha+Fe_3C_{III}+Fe_3C)+Fe_3C_{II}$
过共晶铸铁	反应前——L 匀晶反应——L→ Fe_3C_I 剩余液相 共晶反应——$(Fe_3C+\gamma)$ $\gamma+Fe_3C_{II}$ 共析反应——Fe_3C—$P(\alpha+Fe_3C)+Fe_3C_{II}$ 室温组织——$\underbrace{Fe_3C+P(\alpha+Fe_3C_{III}+Fe_3C)+Fe_3C_{II}}_{L'_d}+Fe_3C_I$

不同成分的铁碳合金，室温下相的相对量以及组织组成物的相对量可总结在图 4-44 中。

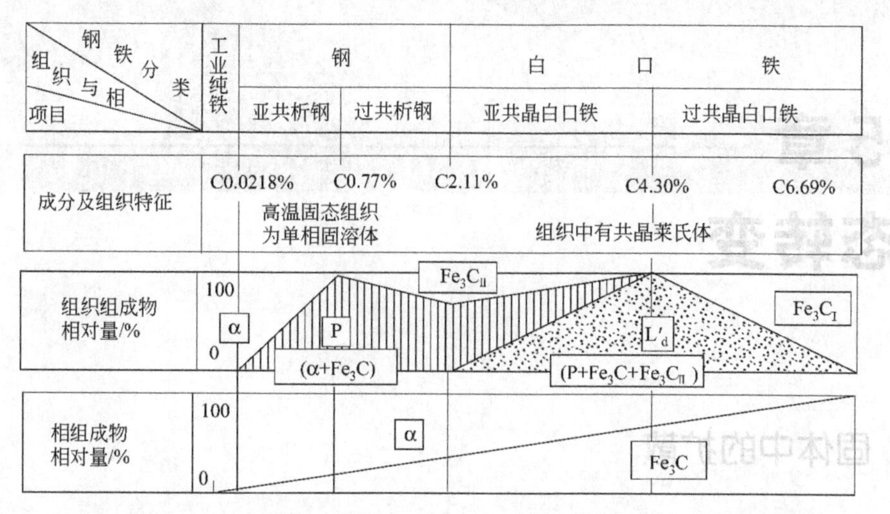

图 4-44　铁碳合金相的相对量及组织组成物相对量与成分之间的关系

4.4.4　碳钢的组织和性能

如前所述，随着含碳量的增加，钢的室温组织分别为 P＋α、P 和 P＋Fe_3C，硬脆 Fe_3C 相的相对量增大，韧性 α 相的相对量减小，各种钢的性能也将发生变化。图 4-45 中给出了一些主要力学性能随含碳量的变化。可以看出，随着含碳量的增加，钢的强度、硬度上升，而塑性、韧性下降。当含碳量超过 1.0%时，由于网状二次渗碳体的出现而导致钢的强度下降。因此，工业用钢在综合考虑强度、塑性、韧性等指标后，其含碳量一般不超过 1.2%。当含碳量为 0.77%时，组织全部为珠光体，其强度较高，σ_b ＝ 980MPa，HB＝240，而塑性较差；δ＝10%，ψ＝25%。含碳量很低的工业纯铁塑性很好，δ＝40%，ψ＝80%，但强度和硬度则很低，HB＝80，σ_b ＝180MPa。因此，在工程实际中如何选材，需要根据具体情况而定。

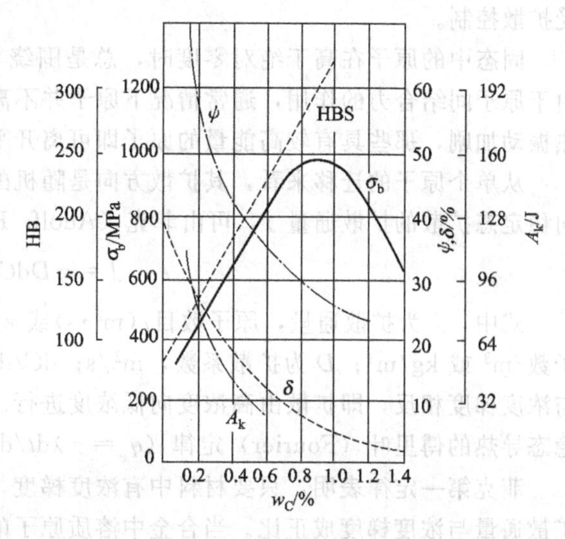

图 4-45　含碳量对钢的力学性能的影响

第5章 固态转变

5.1 固体中的扩散

5.1.1 原子扩散

扩散是指热运动导致原子或分子的微观迁移，以及这种微观迁移引起的质点宏观定向流动。在固体中，原子或分子的迁移只能靠扩散来进行。材料制备与加工中的许多反应，例如消除偏析的扩散退火、扩散型相变及组织转变、粉末烧结、外来分子向聚合物的渗透等，都受扩散控制。

固态中的原子在高于绝对零度时，总是围绕其平衡位置作高频率的热振动（$\nu=10^{13}$）。由于原子间结合力的作用，通常情况下原子并不离开其平衡位置。随着温度的升高，原子的热振动加剧，那些具有较高能量的原子即可离开平衡位置而发生迁移，于是产生了扩散。

从单个原子的迁移来看，其扩散方向是随机的，但大量原子的扩散则符合统计规律。单向稳定态扩散的扩散通量 J，可由菲克（Adolf. Fick）第一定律给出

$$J=-D\mathrm{d}C/\mathrm{d}x \tag{5-1}$$

式中，J 为扩散通量，原子数目/($\mathrm{m^2 \cdot s}$)或 kg/($\mathrm{m^2 \cdot s}$)；C 为扩散组元的体积浓度，原子数/$\mathrm{m^3}$ 或 kg/$\mathrm{m^3}$；D 为扩散系数，$\mathrm{m^2/s}$；$\mathrm{d}C/\mathrm{d}x$ 为浓度梯度；负号“－”表示扩散方向与浓度梯度相反，即扩散由高浓度向低浓度进行。菲克第一定律的表达式，与物理学中一维稳态导热的傅里叶（Fourier）定律（$q_x=-\lambda \mathrm{d}t/\mathrm{d}x$）十分相像。

菲克第一定律表明，只要材料中有浓度梯度，就会发生高浓度区向低浓度区的扩散，且扩散通量与浓度梯度成正比。当合金中溶质原子的分布不均匀或存在一定浓度梯度时，溶质原子的扩散总是使其分布趋于均匀或浓度梯度趋于消失。

菲克第一定律中的扩散系数 D 可表示为

$$D=D_0\exp(-Q/RT) \tag{5-2}$$

式中，D_0 为扩散常数；R 为气体常数；T 为热力学温度；Q 为扩散激活能，表示原子扩散时需要越过的势垒。可以看出，扩散系数与温度呈指数关系，温度越高，扩散能力也越大。

5.1.2 扩散机制

（1）间隙式扩散

在间隙固溶体中，尺寸较小的C、H、N、O等溶质原子的扩散，是从一个间隙位置跳

动到近邻的另一间隙位置的间隙扩散。图 5-1 为面心立方结构的（100）晶面及该晶面上的八面体间隙。间隙原子从间隙 1 向间隙 2 跳动时必须把溶剂原子 3、4 推开，从它们之间挤过去。因此间隙原子从位置 1 到位置 2，必须越过一个势垒 $\Delta G=G_2-G_1$，只有那些自由能大于 G_2 的原子才能跳动。

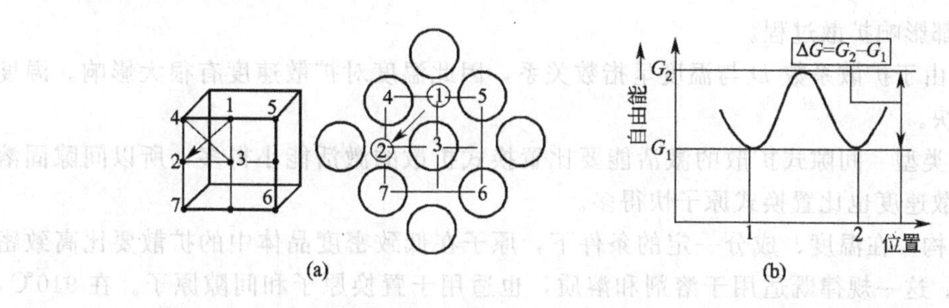

图 5-1　面心立方晶体的扩散间隙（a）以及原子位置与自由能的关系（b）

间隙机制的扩散，主要发生在间隙固溶体的溶质原子迁移过程中。此外，在置换式固溶体的扩散以及纯金属的自扩散中，也可能个别阵点上的原子脱离其平衡位置而进入间隙位置，通过在间隙之间的迁移来实现扩散。但由于这种迁移会导致点阵产生很大的畸变，所需的能量很高，因此难以通过间隙扩散的方式实现原子迁移。

（2）置换固溶体中的原子扩散

在置换式固溶体中，由于溶质和溶剂原子的尺寸相差不大，若以间隙机制扩散，则所需的能量较大，所以往往通过空位机制来实现扩散。

当一个原子周围存在一个空位时，这个原子就可能跳到这个空位中，使原阵点成为新的空位。同样，其它原子也可以占据这个新空位。因此，所谓空位扩散机制即为原子和空位进行位置交换的扩散过程，原子的迁移也可认为是空位的反向迁移，如图 5-2(a) 所示。

除空位扩散机制外，还有人提出置换式固溶体中可能存在直接换位机制和环形换位机制，图图 5-2(b)、(c) 为这两种机制的示意图。这两种机制除要求各原子间要协同跳动外，从能量角度来看，这两种机制均会使晶格产生较大的畸变，所需的能量也远远高于空位扩散机制，因此这两种机制实现的可能性较小。

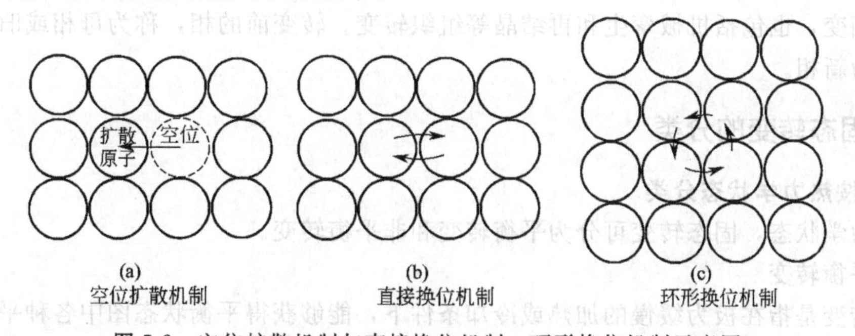

图 5-2　空位扩散机制与直接换位机制、环形换位机制示意图

（3）短路扩散

晶体中原子在表面、晶界、位错处的扩散速度比在晶体内部扩散要快，因此，原子在表面、晶界、位错处的扩散称为短路扩散。

但由于表面、晶界、位错占的体积份额很小，只有在低温条件下晶内扩散十分困难或者晶粒非常细小时，短路扩散才有显著作用。单晶银与多晶体银的自扩散系数测试结果表明，700℃以上二者的扩散系数相同，说明晶界扩散的作用不明显；700℃以下多晶体的扩散系数高于单晶体，温度越低这种差别越大，说明低温下晶界扩散才有显著作用。

5.1.3 扩散的影响因素

扩散速度和方向受诸多因素影响。由 $D=D_0\exp(-Q/RT)$ 可知，凡是对扩散系数 D 有影响的因素都影响扩散过程。

① 温度　由于扩散系数 D 与温度呈指数关系，因此温度对扩散速度有很大影响。温度越高，扩散越快。

② 固溶体类型　间隙式扩散的激活能要比置换式扩散的激活能小得多，所以间隙固溶体中的原子扩散速度也比置换式原子快得多。

③ 晶体结构　在温度、成分一定的条件下，原子在低致密度晶体中的扩散要比高致密度晶体中的快。这一规律既适用于溶剂和溶质，也适用于置换原子和间隙原子。在 910℃，碳在 α-Fe(Bcc) 中的扩散系数，约为 γ-Fe(Bcc) 中的 100 倍。

④ 浓度　扩散系数随浓度变化而变化，金-镍合金中浓度的变化使镍合金的自扩散系数发生显著变化；但在 927℃的 γ-Fe 中，虽然碳的扩散系数也随碳浓度而变化，但不是很显著。实际生产中为数学处理简便，常假定 D 与浓度无关。

⑤ 合金元素的影响　在二元合金中加入第三元素，扩散系数也将发生变化。某些合金元素对碳在 γ-Fe 中扩散的影响可分为三种情况：强碳化物形成元素 V、Nb、Ti，以及中碳化物形成元素 W、Mo、Cr 等与碳的亲和力较大，能强烈阻止碳扩散，降低碳的扩散系数；不形成稳定碳化物，但易溶解于碳化物中的元素，如 Mn 等对碳的扩散影响不大；不形成碳化物而溶于固溶体中的元素对碳扩散的影响各不相同，4% Co 能使碳在 γ-Fe 中的扩散速度增加一倍，Si 则降低碳扩散系数。

⑥ 短路扩散　晶体中原子在表面、晶界、位错处的扩散速度比在晶体内部扩散要快。

5.2 固态转变基础

材料体系在固态下从一种热力学状态到另一种状态的转变，称为固态转变。固态转变既包括各种相变，也包括机械孪生和再结晶等组织转变。转变前的相，称为母相或旧相，转变后的相称为新相。

5.2.1 固态转变的分类

5.2.1.1 按热力学状态分类

按热力学状态，固态转变可分为平衡转变和非平衡转变。

(1) 平衡转变

平衡转变是指在极为缓慢的加热或冷却条件下，能够获得平衡状态图中各种平衡相或平衡组织的转变。平衡转变主要包括以下几种。

① 纯金属的同素异构转变　随环境温度、压力的改变，纯金属由一种晶体结构转变为另一种晶体结构的过程，称为同素异构转变。例如，纯铁随温度变化发生的 α-Fe ⇌ γ-Fe ⇌ δ-Fe 转变。锰、钛、钴、锡等金属也都具有同素异构转变。

② 固溶体的多型性转变　固溶体随环境温度、压力变化而发生的晶体结构的改变，称为多型性转变。例如，钢在加热或冷却时发生的铁素体向奥氏体（F ⇌ A）的转变，即属于多晶型转变。

同素异构转变和多晶型转变是固态转变的主要类型。

③ 共析转变 合金冷却时由一个固相分解为另两个固相的转变称为共析转变。共析转变的三个相，其成分和晶体结构各不相同。例如碳钢发生 γ-Fe $\longrightarrow$ α-Fe+Fe_3C 转变后，γ-Fe、α-Fe 和 Fe_3C 之间的成分和晶体结构均不相同。加热时发生的转变，称为逆转变。共析转变的逆过程，称为逆共析转变。

固态平衡转变还包括有序化转变、平衡脱溶和调幅分解。

(2) 非平衡转变

若快速加热或快速冷却，平衡转变受到抑制，固体材料将发生平衡状态图不能反映的某些类型的转变，导致形成非平衡组织或亚稳态组织，这种转变称为非平衡转变。非平衡转变在钢、有色金属、陶瓷等固体材料中均可发生。非平衡转变主要包括以下几种。

① 马氏体相变

将有溶解度变化的合金在一定温度下加热，形成具有最大溶解度的单一固溶体。然后对固溶体以较大的冷速进行冷却，抑制其扩散分解，在室温下得到晶体结构与母相不同的过饱和固溶体。这种以无扩散的方式得到晶体结构与母相不同的非平衡组织（过饱和固溶体）的相变，称为马氏体相变，马氏体相变产物称为马氏体。马氏体用符号 M 表示。

原则上讲，只要冷速大到足以抑制扩散发生，在钢、有色合金、陶瓷或化合物中都可出现马氏体相变。

②贝氏体转变

钢中的奥氏体过冷到马氏体转变与珠光体转变之间的温度区，由于温度较低，虽然碳原子具有一定的扩散能力，但铁原子及半径较大的置换式合金元素原子已不能扩散，因此发生碳原子扩散、铁原子及半径较大的置换式合金元素原子不扩散的非平衡转变，这种转变称为贝氏体转变，贝氏体转变产物称为贝氏体。贝氏体用符号 B 表示。

固态非平衡转变还包括伪共析转变、非平衡脱溶及块状转变。

5.2.1.2 按原子迁移特征分类

按相变过程中原子的迁移情况，固态转变可分为扩散型、非扩散型和半扩散型转变。

(1) 扩散型转变

相变时，在新、旧两相的相界面处，母相原子在化学位能驱动下越过界面进入新相；在新相中，原子打乱重排，新旧两相原子的排列顺序不同。母相原子不断进入新相以及之后的重排过程，使界面不断向母相推移。这种通过原子扩散使界面移动的转变，称为扩散型转变。扩散型转变受原子扩散控制，因此，界面迁移速率是扩散激活能和温度的函数。

同素异构转变、多晶型转变、脱溶转变、共析型转变、调幅分解和有序化转变等均属于扩散型转变。

扩散型转变的基本特点是：①转变过程中发生原子扩散，相变速率受原子扩散速度控制；②新相和母相的成分往往不同；③只有因新相和母相比体积不同而引起的体积变化，并无宏观的形状改变。

(2) 非扩散型转变

相变过程中原子不发生扩散，参与转变的所有原子的运动是协调一致的，这种转变称为非扩散型转变，又称协调型转变。非扩散型转变时，原子仅作有规则的迁移，以使晶体点阵发生改组。迁移时，相邻原子相对移动距离不超过一个原子间距，相邻原子的相对位置保持不变。马氏体相变以及某些纯金属（如 Pb、Ti、Li、Co 等）在低温下进行的同素异构转变即为非扩散型转变，这类固态转变均在原子不易或不能扩散的低温条件下发生。

非扩散型转变的一般特征是：①发生均匀切变引起的宏观形状改变，在试样表面出现浮凸现象；②相变时无原子扩散，因此相变时亦无成分变化，即新相与母相的化学成分相同；③新相与母相之间存在一定的晶体学位向关系；④某些材料发生非扩散转变时，相界面的移动速度极快，可接近声速。

(3) 半扩散型相变

这类相变是介于扩散型相变和非扩散型相变之间的一种过渡型相变。钢中的贝氏体转变就属于这种类型的转变，相变过程中铁素体晶格改组以切变机构进行，同时伴随有碳原子的扩散。块状转变也属于这类转变。

5.2.1.3 按相变方式分类

按相变方式可将固态转变分为有核转变和无核转变。

(1) 有核转变

通过形核-长大方式发生的转变，称为有核固态转变。新相晶核既可在母相中均匀形成，也可在母相中的某些部位优先形成；新相与母相之间有界面分开。新相的不断形核以及晶核的持续长大，使转变过程得以完成。大部分的固态转变均属于有核转变。

(2) 无核转变

无需形核过程的转变，称为无核转变。无核转变以固溶体中的成分起伏为开端，通过成分起伏形成高浓度区和低浓度区，但两者之间没有明显的界限，成分由高浓度区连续过渡到低浓度区。之后，依靠上坡扩散使浓度差逐渐增大，最后导致由一个单相固溶体分解成为晶体结构相同但成分不同的两个相，两相之间为共格界面。合金中的调幅分解即为无核转变。

此外，根据相变前后热力学函数的变化，还可将固态转变分为一级相变、二级相变以及高级相变。

尽管固态转变的类型繁多，但就其转变过程的实质而言，大致可归结成以下三种变化：结构变化、成分变化和有序化程度的变化。有些转变只有上述三种变化中的一种，而有些转变则可能同时兼有两种或两种以上的变化。

5.2.2 固态转变特点

(1) 相变阻力大

固态相变时系统自由能变化的一般公式为

$$\Delta G=-V\cdot\Delta G_V+S\sigma+V\omega-\Delta G_d \tag{5-3}$$

式中，V 为母相中形成新相的总体积；ΔG_V 为新旧两相单位体积的自由能差；S 为新旧相界面的总面积；σ 可视为界面的比表面能；ω 为相变引起的单位体积的弹性应变能，其大小与弹性模量及应变平方的乘积成正比；ΔG_d 为缺陷引起的体系能量下降。

凝固时，液态母相对固态新相的约束很小，相变引起的弹性应变能 $V\omega$ 可忽略不计，因此凝固的系统自由能变化为

$$\Delta G=-V\cdot\Delta G_V+S\sigma-\Delta G_d \tag{5-4}$$

式(5-3) 与式(5-4) 相比，固态相变多出一项弹性应变能 $V\omega$，此外，固态相变的扩散能力远小于液相，所以固态相变的阻力比凝固的阻力要大。

(2) 新相与母相界面原子保持一定的排列关系

固态相变时，为了降低相变阻力，新相与母相界面上原子排列易保持一定的匹配关系。根据界面上两相原子在晶体学上的匹配程度，可将固态相变产生的相界面分为三种类型，即共格界面、半共格界面和非共格界面，如图 5-3 所示。

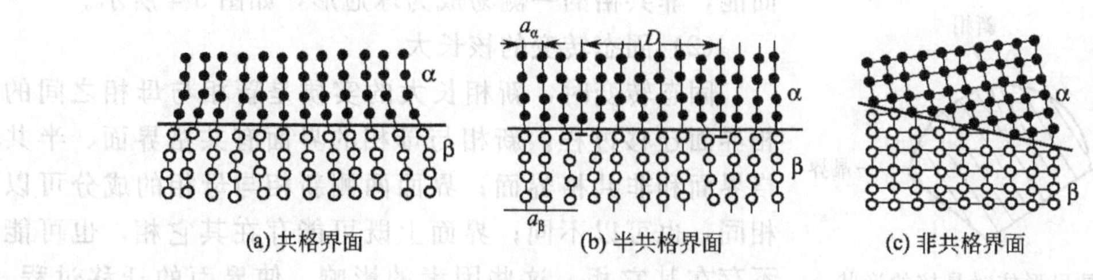

(a) 共格界面　(b) 半共格界面　(c) 非共格界面

图 5-3　固态相变界面结构示意图

在三种界面中，共格界面具有最低的界面能和最高的弹性应变能，非共格界面具有最高的界面能和最小的弹性应变能，半共格界面居于两者之间。界面结构的不同，对新相的形核、生长过程以及相变后的组织形态等都将产生很大影响。

(3) 新相与母相之间有一定的晶体学位向关系

为了减少新相与母相之间的界面能，固态相变时，新旧两相晶体的晶面与晶向之间往往存在一定的位向关系。例如，纯铁进行 γ-Fe ⟶ α-Fe 的同素异构转变时，新相 α-Fe 与母相 γ-Fe 存在如下位向关系：$\{110\}α // \{111\}γ$，$\langle 111\rangle α // \langle 110\rangle γ$。

(4) 新相在母相的一定晶面上形成

固态相变时，新相通常以特定的晶向在母相特定的晶面上形成，这个晶面称为惯习面，而晶向称为惯习方向。多数情况下，惯习面和惯习方向是母相的密排面和晶向，但也可以是别的晶面或晶向。

(5) 母相晶体缺陷对相变起促进作用

固态金属缺陷使其周围的晶格发生畸变，导致自由能升高。新相在位错、空位、晶界和亚晶界等晶体缺陷处形核，将引起体系自由能下降，比在其它区域形核能获得更大的驱动力。实验表明，母相中的缺陷越多，形核率越高，转变速度也越快。

(6) 易于出现过渡相

过渡相是一种亚稳相，其成分和结构介于新相和母相之间。固态相变阻力大，原子扩散困难，尤其转变温度较低且新、旧相成分相差很大时，难以直接形成稳定相。过渡相是为了克服相变阻力而形成的一种协调性的中间转变产物。

5.2.3　固态转变的形核与核长大

(1) 固态转变的形核

固态转变分为有核转变与无核转变两大类。除调幅分解等少数转变外，绝大多数都是有核转变。有核转变分为扩散形核与无扩散形核，扩散形核与无扩散形核又可以进一步分为均匀形核和非均匀形核。

形核过程往往是在母相基体的某些微小区域内，先具备产生新相所必需的成分与结构，称为核胚；若这种核胚的进一步生长能使系统的自由能降低，即成为新相的晶核。当晶核在母相基体中无选择地任意均匀分布，称为均匀形核；如果晶核在母相基体中某些区域，例如在晶体缺陷处优先形核，则称为非均匀形核。如前所述，缺陷形核能获得更大的相变驱动力，因此非均匀形核是相变的主要形核方式。

晶界形核时，新相与母相的一个晶粒形成共格或半共格界面以降低界面能，可减少形核功。共格一侧具有平直界面，和母相具有一定的位向关系。由于大角晶界的两侧通常没有对称关系，因此晶核一般不能同时与两侧晶粒共格，而是一侧共格，一侧非共格。为了降低界面能，非共格的一侧易成为球冠形，如图 5-4 所示。

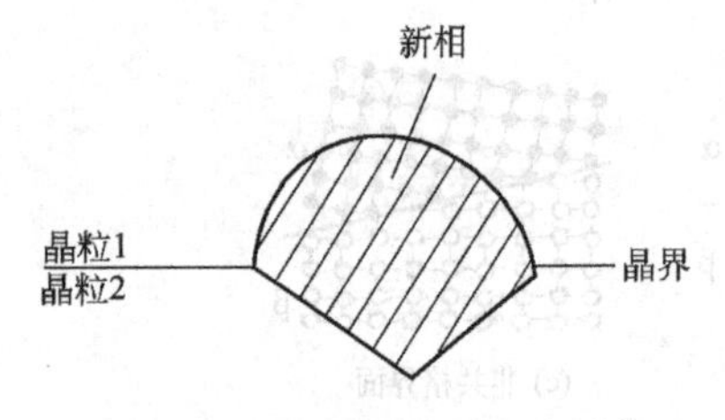

图 5-4 晶界形核时晶核的形状

(2) 固态转变的核长大

固态转变时，新相长大的实质是新相与母相之间的相界面迁移过程。新相与母相的界面有共格界面、半共格界面和非共格界面；界面两侧新相与母相的成分可以相同，也可以不同；界面上既可能存在其它相，也可能不存在其它相。这些因素的影响，使界面的迁移过程，即新相的长大变得多样化。

实际上，界面完全共格的情况是很少的，即使新相与母相的原子在界面上匹配良好也难免受到杂质等因素的影响，因此通常只是半共格与非共格两种界面。

半共格晶界由于具有较低的界面能，因此在长大过程中往往继续保持为平面。晶核长大时，界面作法向迁移，半共格界面上的界面位错也随之移动，其可能的结构如图 5-5 所示。其中 (a) 为平界面，其特点是位错只有进行攀移才能跟随界面移动，因此运动较为困难；(b) 为台阶界面，位错的滑移运动就可使台阶发生侧向迁移，从而造成界面沿其法向推进，如图 (c) 所示。这种晶核长大方式称为台阶式长大。

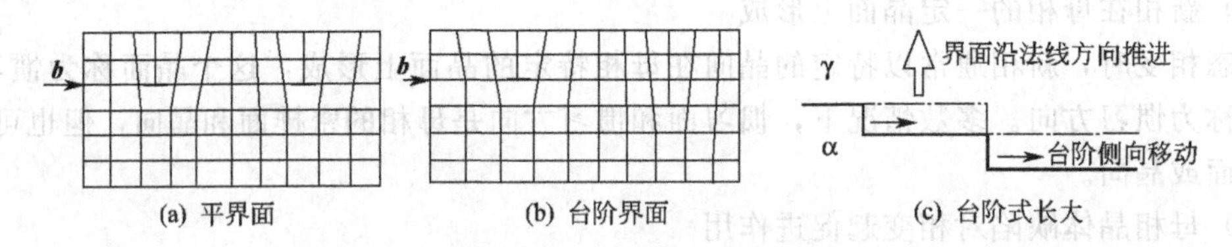

图 5-5 半共格界面的可能结构（$\boldsymbol{b}$ 为柏氏矢量）

非共格界面的可能结构如图 5-6 所示。界面处原子排列紊乱，为不规则排列的过渡薄层。这种界面可在任何位置接受原子和输出原子，随母相原子不断地向新相中转移，界面本身作法向迁移，新相连续长大。非共格界面也可能呈台阶状或包含突出部分，台阶的横向移动引起界面在垂直方向上推移使新相长大。这两种长大的基本方式都是通过界面扩散进行的。

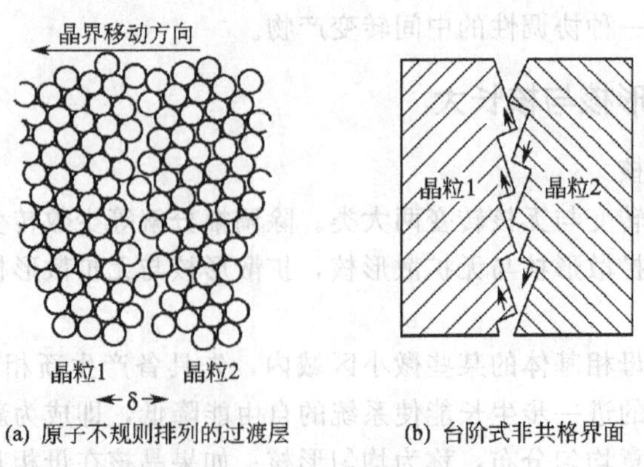

图 5-6 非共格界面的可能结构

5.3 固态转变类型

5.3.1 钢在加热时的奥氏体转变

钢铁材料的热处理，通常要将钢铁材料加热到奥氏体区，然后控制其冷却速度，以获得珠光体、贝氏体或马氏体。钢在加热时的相变，称为奥氏体转变或奥氏体化，获得的组织称为奥氏体。

钢在实际加热时的奥氏体相变，并不按平衡相图上的临界温度进行，大多有不同程度的滞后现象，使实际转变温度偏离平衡的临界温度，冷却时也是如此。加热或冷却速度越快，滞后现象越严重。

在 $Fe-Fe_3C$ 相图中，有三条与奥氏体化有关的平衡相变线，*PSK* 线（又称 A_1 线）、*GS* 线（又称 A_3 线）和 *ES* 线（又称 A_{cm}线）。以这三条平衡相变线为基准，通常把实际加热时的临界温度标以字母“c”，例如 A_{c1}、A_{c3}、A_{ccm}；实际冷却的临界温度标以字母“r”，例如 A_{r1}、A_{r3}、A_{rcm} 等。

5.3.1.1 奥氏体形成过程

奥氏体转变是扩散型转变。钢的原始组织不同，形成奥氏体的转变机制也不尽相同。

共析碳钢的片状珠光体，由层片交替的铁素体和渗碳体组成。铁素体为体心立方结构，渗碳体为正交结构，而奥氏体则为面心立方结构，三者之间的晶体结构相差很大。因此，奥氏体转变是由晶体结构和含碳量不同的两个相，转变为晶体结构完全不同的另一相的过程，必然包括碳的扩散和重新分布以及铁原子的晶格重构。奥氏体转变过程包括四个阶段：奥氏体形核，奥氏体晶核向铁素体和渗碳体两侧长大，渗碳体溶解和奥氏体成分均匀化。图 5-7 是共析钢片状珠光体形成奥氏体的示意图。

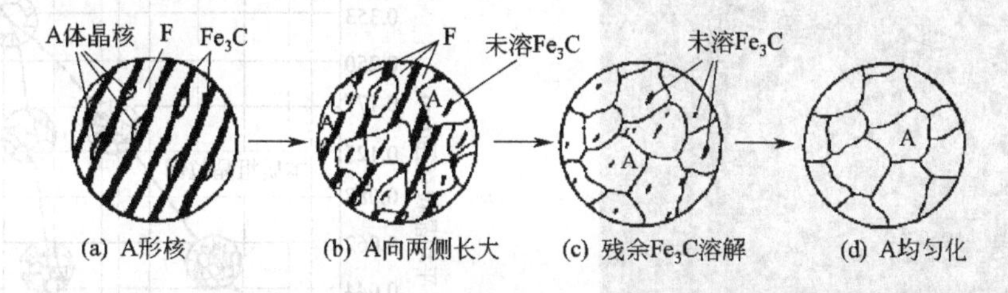

图 5-7 共析钢的片状珠光体形成奥氏体的示意图

对于亚共析钢和过共析钢来说，加热至 A_{c1} 以上并保温足够长的时间，只能使原始组织中的珠光体转变为奥氏体，但仍会保留先共析铁素体或先共析渗碳体，这种奥氏体化过程叫做“部分奥氏体化”或“不完全奥氏体化”。只有进一步加热至 A_{c3} 或 A_{ccm} 以上保温足够的时间，才能获得均匀的单相奥氏体，称为非共析钢的“完全奥氏体化”。

5.3.1.2 奥氏体晶粒大小及其控制

奥氏体化的目的，是获得成分均匀、晶粒大小一定的奥氏体，为之后的固态转变奠定组织基础。奥氏体晶粒大小，对冷却转变过程以及转变后的组织形态和性能产生很大影响。通常，总是希望得到晶粒细小的奥氏体。但为了获得某些特殊的应用性能或加工性能，有时也需要晶粒较大的奥氏体。例如组织粗大的热强钢，往往具有良好的热强性；较大的奥氏体晶粒有利于改善工件切削加工的表面粗糙度。

（1）奥氏体晶粒大小的表示方法

晶粒度是常用的表征晶粒大小的参量。晶粒度级别 *N* 与单位面积中晶粒数量的关系为

$$n=2^{N-1} \tag{5-5}$$

式中，n为放大100倍视域中1平方英寸（$6.45\times10^{-4}m^2$）面积内的晶粒数；N为晶粒度级别。

由式(5-5) 可以得出

$$N=\frac{\ln n}{\ln 2}+1 \tag{5-6}$$

显然，晶粒越细，晶粒度级别越大。晶粒度级别通常分为8级，1级晶粒最粗，8级最细。

(2) 奥氏体晶粒度的概念

奥氏体晶粒度有三种：起始晶粒度、实际晶粒度和本质晶粒度。对钢来说，如不特别指明，一般指奥氏体化之后的实际晶粒度。

① 起始晶粒度　是指铁素体溶解消失后，奥氏体晶粒边界刚刚相互接触时的晶粒大小。

② 实际晶粒度　是指在某一实际加热条件下得到的奥氏体晶粒大小。实际加热条件下的奥氏体晶粒如图5-8所示。

③ 本质晶粒度　是根据标准试验方法，在（930±10)℃保温3～8h后测定的奥氏体晶粒的大小。晶粒度1～4级，称为本质粗晶粒钢；5～8级称为本质细晶粒钢。晶粒度低于1级或超过8级，则分别称为超粗或超细晶粒。

本质晶粒度只表示在一定加热条件下晶粒长大的趋势，和实际晶粒度不尽相同。不同钢种或不同冶炼方法制备的同一钢种，在同一加热条件下，晶粒可能表现出不同的长大倾向。例如，本质细晶粒钢加热到950～1000℃以上时，经一定时间保温也可能得到十分粗大的实际晶粒。相反，在稍高于临界点温度加热，本质粗晶粒钢也可能获得较细的奥氏体晶粒。图5-9给出这两类钢奥氏体晶粒随温度升高而长大的情况。一般情况下，本质细晶粒钢加热后获得的实际晶粒比较细小。

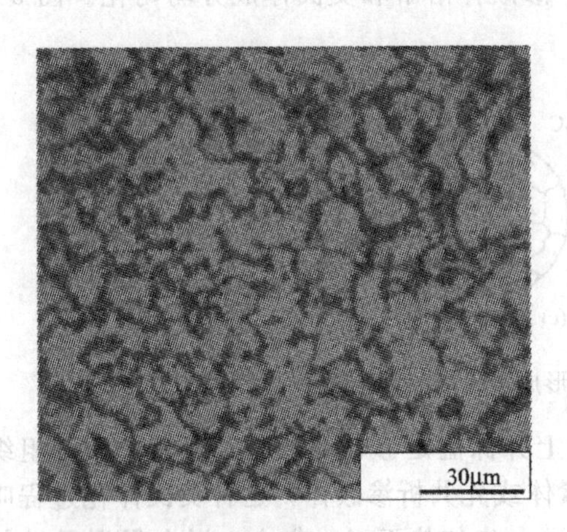

图5-8　实际加热条件下的奥氏体晶粒

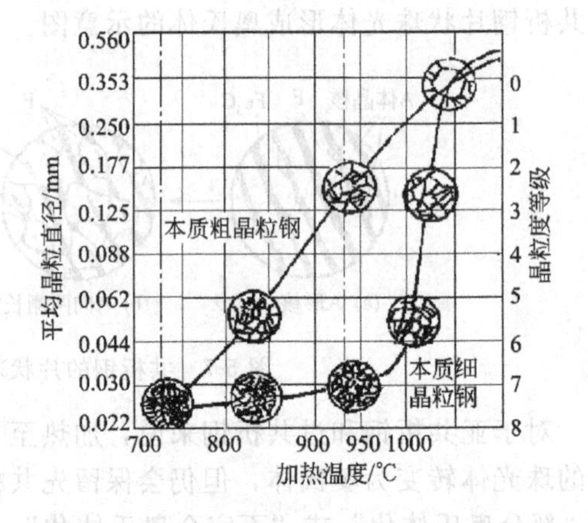

图5-9　加热温度对奥氏体晶粒大小的影响

(3) 奥氏体晶粒大小的控制

奥氏体起始晶粒的大小，取决于奥氏体的形核率N和长大速度G。设n为$1mm^2$面积内的晶粒数，则n与形核率N和长大速度G之间的关系可表示为

$$n=1.01\left(\frac{N}{G}\right)^{\frac{1}{2}} \tag{5-7}$$

由式(5-7) 可以看出，增大形核率或降低长大速度，均可获得细小的晶粒。

奥氏体的实际晶粒度，既取决于钢材的本质晶粒度，又和实际加热条件（温度和时间）有关。通常，在一定加热速度下，加热温度越高、保温时间越长，得到的实际晶粒越粗大。

此外，钢的化学成分以及钢的原始组织，对奥氏体晶粒的大小均有影响。一般来说，原始组织越细，碳化物分散度越大，得到的奥氏体起始晶粒越细小，但晶粒的长大倾向也越大。

化学成分的影响比较复杂，但奥氏体转变属于扩散型转变，合金元素对奥氏体转变的影响，与合金元素对碳在 γ-Fe 中扩散的影响趋势相一致，例如强碳化物形成元素 V、Nb、Ti，以及氮化物形成元素 Al 等，当形成弥散稳定的碳化物和氮化物且分布在晶界上，抑制了晶界的迁移，进而阻止奥氏体晶粒长大。

5.3.2 过冷奥氏体转变曲线

奥氏体在临界点以上是稳定相，冷却至临界点以下时处于热力学不稳定状态，将发生分解。冷却至临界点以下，仍未发生分解的奥氏体，称为过冷奥氏体。在不同的温度下等温，或者以不同的冷却速度连续冷却，过冷奥氏体可通过不同的转变机制形成珠光体、贝氏体或马氏体等组织。过冷奥氏体转变，多数情况下属于非平衡转变，不能用平衡相图来分析转变过程和转变产物，因此必须研究过冷奥氏体在不同冷却机制下的转变曲线。

(1) 过冷奥氏体等温转变曲线

将奥氏体迅速冷却到临界温度以下的某一温度并保持等温，在等温过程中发生的相变称为过冷奥氏体的等温转变。等温转变曲线称为C曲线，或者 TTT 曲线。C曲线的形状是多种多样的。建立C曲线的方法通常有金相法、膨胀法、磁性法、电阻法及热分析法等。

将加热、保温后获得均匀奥氏体组织的试样，置于恒温盐浴中等温并保持一定的时间，然后迅速取出试样放入盐水中激冷，使未转变的奥氏体转变为马氏体。再用金相法确定在给定的温度及等温时间内转变产物的类型和转变百分数，并将结果绘成曲线。图 5-10(a) 是不同温度下等温时，转变量与时间的关系曲线。由图可见，过冷奥氏体在各个温度下等温并非一开始就转变，而是历经一定时间后才开始转变，这段时间称为孕育期。孕育期长短反映过冷奥氏体稳定性的大小。共析钢在 550℃左右孕育期最短，表示过冷奥氏体最不稳定，转变速度最快，称为C曲线的“鼻子尖”。

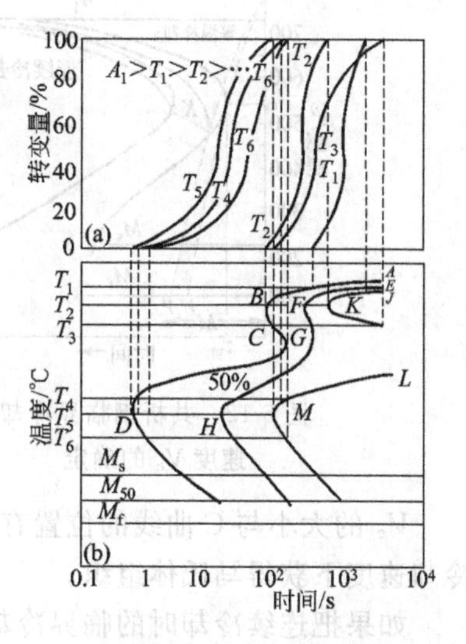

图 5-10　过冷奥氏体等温转变曲线

将不同温度下的等温转变开始时间和终了时间绘制在温度-时间半对数坐标系中，并将转变开始点和转变终了点分别连成曲线，得到如图 5-10(b) 所示的过冷奥氏体等温转变曲线。图中 $ABCD$ 线表示转变开始时间，而 $EFGH$ 线和 JK、LM 线分别表示发生 50% 和 100%（实际中常为 98%）转变所需的时间。M_s 为马氏体相变开始温度，M_f 为马氏体相变终了温度。

(2) 过冷奥氏体的连续转变曲线

实际热处理常常在连续冷却条件下进行，因此还需研究奥氏体的连续冷却转变规律。连续转变曲线，又称 CCT

曲线。含碳量0.46%碳钢的连续冷却曲线，如图5-11所示。自左上方至右下方的若干曲线代表不同冷速的冷却曲线。这些曲线依次与铁素体、珠光体和贝氏体转变终止线相交处所标注的数字，指的是以该冷速冷至室温后组织中铁素体、珠光体和贝氏体所占的体积分数，冷却曲线下端的数字表示以该速度冷却时获得的组织在室温下的维氏（或洛氏）硬度。

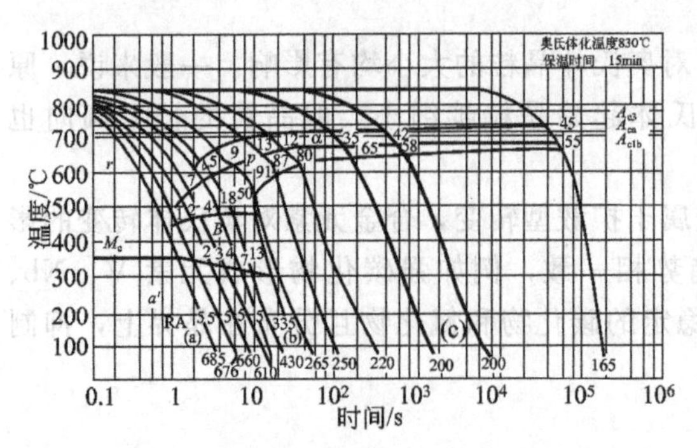

图5-11　0.46%碳钢的连续冷却转变曲线

连续冷却时奥氏体在一定的温度范围内发生转变，因此可以把连续冷却转变看成是若干温差很小的等温转变的总和，连续冷却转变组织是不同温度下等温转变组织的混合。然而，与等温转变相比，连续冷却转变有其明显的特征，主要表现为其转变产物既可以只有某一种或两种，也可以几种产物兼而有之。另外，与等温转变相比，连续冷却转变的温度较低、所需的孕育期较长。

(3) 过冷奥氏体转变曲线的应用

钢的冷却转变曲线反映了过冷奥氏体的转变规律，表征了等温温度或冷却速度对转变产物及硬度的影响。因此，它可为正确制定钢的热处理工艺、分析热处理后的组织和性能以及合理选用钢材提供依据。

如果使钢在连续冷却时仅发生马氏体转变，则必须把过冷奥氏以$\geqslant V_c$的冷却速度连续冷却至M_s点以下。V_c是保障只发生马氏体转变的最小冷却速度，称为临界冷却速度，它是选择钢的淬火冷却介质的依据。共析钢临界冷却速度V_c的确定，如图5-12所示，图中的K线，是共析钢连续冷却时A⟶P转变的中止线。共析钢的连续冷却曲线碰到K线时，A⟶P转变中止，剩余的A体一直保留到M_s点以下转变为M体。共析钢及过共析钢，连续冷却转变曲线中均没有贝氏体转变区，这些钢连续冷却时不会得到贝氏体。

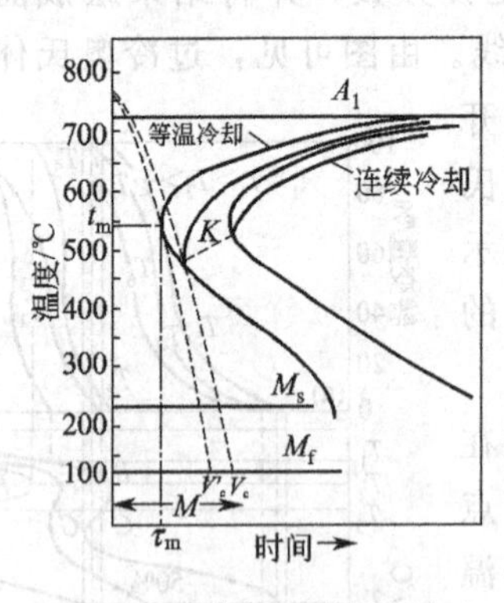

图5-12　共析钢临界冷却速度V_c的确定

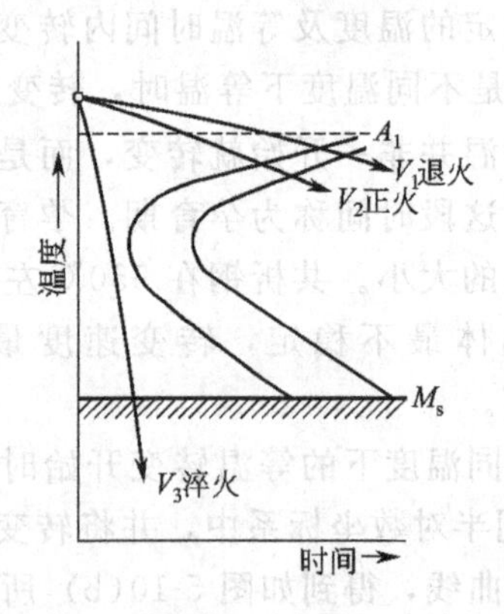

图5-13　钢淬火、退火、正火的冷却速度曲线与C曲线的关系

V_c的大小与C曲线的位置有关，例如C曲线越往右移，则V_c就越小，即可在较低的冷却速度下获得马氏体组织。

如果把连续冷却时的临界冷却速度V_c叠绘在等温转变C曲线上，发现由等温转变C曲线上确定的V_c'要比V_c更快。通常过冷奥氏体的等温转变曲线容易测出，因此工程上可以用V_c'代替V_c。利用C曲线还可以估算退火、正火及其它热处理工艺的冷却速度，如图5-13

所示。图中 V_1、V_2、V_3 分别对应于退火、正火和淬火的冷却速度。钢以 V_1 速度冷却时获得珠光体，以 V_2 速度冷却时获得细小的珠光体，以 V_3 速度冷却时获得马氏体。

5.3.3 珠光体转变

5.3.3.1 珠光体的组织形态

共析成分的奥氏体在 A_1～550℃温度区等温时，将发生珠光体类型的转变，形成铁素体和渗碳体的两相机械混合物。由于转变温度较高，也称高温转变。珠光体转变是典型的扩散型相变。珠光体的组织形态为层片状或球粒状。

(1) 片状珠光体

片状珠光体由片状交替的铁素体和渗碳体构成，如图 5-14 所示。一片铁素体和一片渗碳体的总厚度，称为珠光体片间距，用 S_0 表示［图 5-15(a)］。片层方向大致相同的区域，称为珠光体团或珠光体晶粒［图 5-15(b)］。一个奥氏体晶粒内可以形成若干个珠光体团。

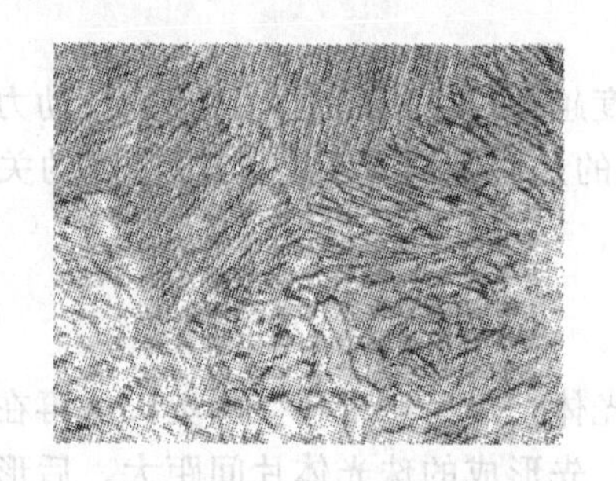

图 5-14 共析钢在 700℃形成的片状组织

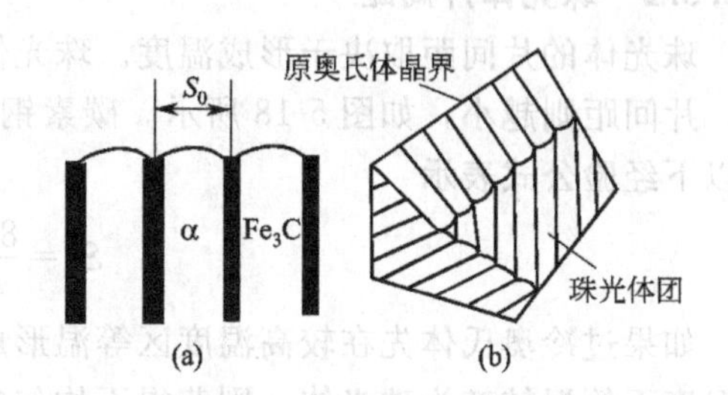

图 5-15 片状珠光体的片间距和珠光体团示意图

片间距在 150～450nm 时，在光学显微镜下即能清楚地观察到铁素体和渗碳体的形貌。片间距在 80～150nm 范围内，用 900 倍以下的光学显微镜难以辨别铁素体和渗碳体的形态，这种细片状珠光体称为索氏体。片间距小到 30～80nm 时，须用电子显微镜才能观察清楚，这种珠光体称为屈氏体，又称托氏体。这些具有片状特征的珠光体组织，不论珠光体、索氏体和屈氏体，它们之间的差异只是片间距不同，区分界线也是相对的。上述三种组织的典型形貌如图 5-16 所示。

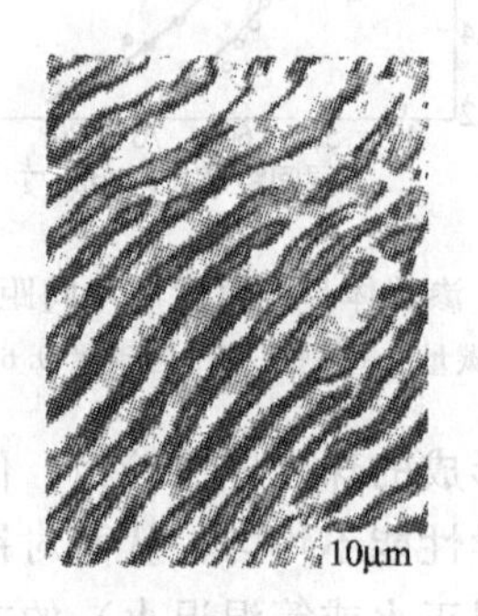

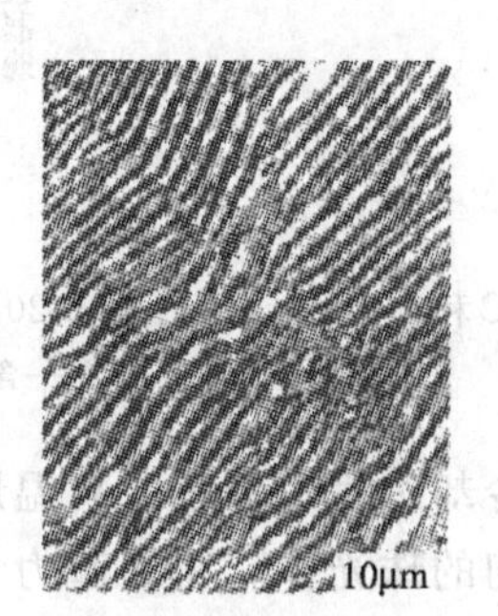

图 5-16 共析钢珠光体、索氏体和屈氏体（由左至右）的形貌

(2) 粒状珠光体

对于共析钢和过共析钢，如碳素工具钢、合金工具钢、轴承钢等工业用钢，为了调整组织、改善性能，常常需要得到铁素体基体上分布粒状碳化物的组织，称为“粒状珠光体”或

"球状珠光状"。一般通过球化退火工艺获得粒状珠光体，T12 钢的球化退火组织如图 5-17 所示。此外，淬火钢经过高温回火后，也可获得碳化物呈球粒状分布的回火屈氏体和回火索氏体。

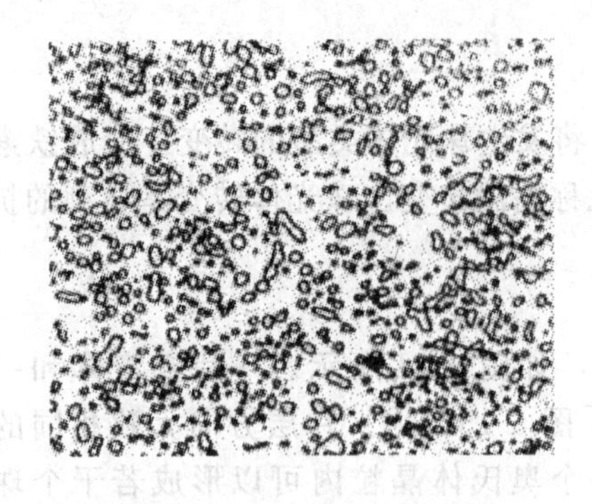

图 5-17 T12 钢的球化退火组织

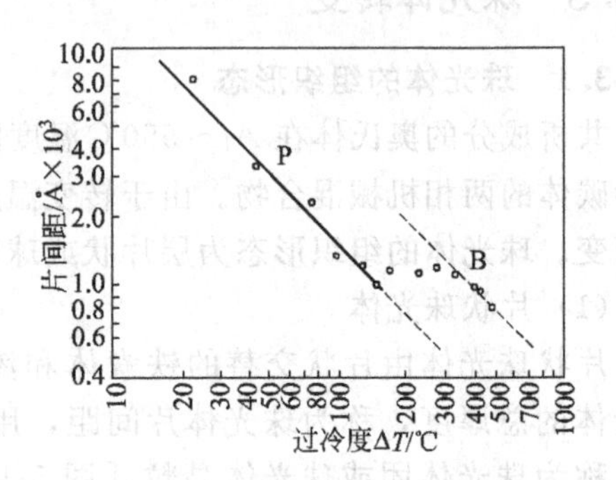

图 5-18 T12 钢的珠光体片间距与过冷度的关系

5.3.3.2 珠光体片间距

珠光体的片间距取决于形成温度。珠光体转变温度越低、过冷度越大，相变驱动力也越大，片间距则越小，如图 5-18 所示。碳素钢中珠光体的片间距离（nm）与过冷度的关系可用以下经验公式表示

$$S_0=\frac{8.02}{\Delta T}\times 10^3 \tag{5-8}$$

如果过冷奥氏体先在较高温度区等温形成部分珠光体，之后使未转变的奥氏体再在较低的温度下等温转变为珠光体，则获得不均匀的珠光体，先形成的珠光体片间距大，后形成的珠光体片间距小。共析钢先在 700℃等温，再在 674℃等温后水冷，其显微组织如图 5-19 所示，可以看到片间距明显不同的片状珠光体区域。

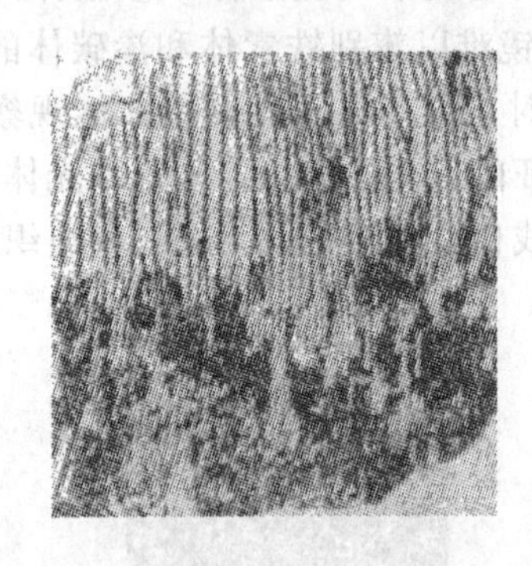

图 5-19 共析钢过冷奥氏体在 700℃和 674℃等温分解珠光体组织

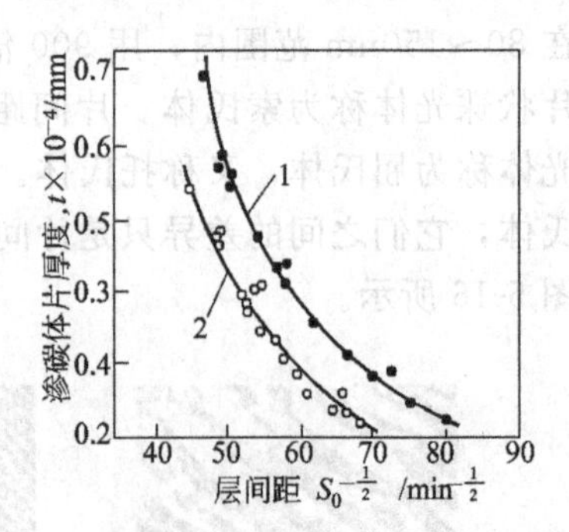

图 5-20 渗碳体片的厚度与片间距的关系
1—含碳量 0.8%钢；2—含碳量 0.6%钢

同理，如果过冷奥氏体在连续冷却过程中分解，高温形成的珠光体比较粗，低温形成的珠光体比较细。这种组织粗细不均匀的珠光体，将引起力学性能不均匀，从而对钢的切削加工性能产生不利影响。因此，结构钢应采用等温处理（等温正火或等温退火）的方法获得粗细相近的珠光体组织，以提高钢的性能。

合金元素也可以改变片间距。Mn 和 Ni 降低 A_1 点，使珠光体转变的过冷度减小，因此 Fe-Mn-C 和 Fe-Ni-C 合金等温转变的珠光体片间距大于 Fe-C 合金；而 Cr 和 Mo 提高 A_1 点，使过冷度增大，所以 Fe-Cr-C 和 Fe-Mo-C 合金比 Fe-C 合金的片间距小。

实验证明，奥氏体晶粒大小对珠光体团（或珠光体晶粒）的直径有影响，但对片间距没有明显影响。

珠光体的片间距减小时，珠光体中渗碳体片的厚度将减小，如图5-20所示。而且，当珠光体的片间距相同时，随着钢中碳含量的降低，渗碳体片也将减薄。

在退火状态下，珠光体中铁素体的亚结构是位错，位错密度较小，渗碳体中的位错密度则更小。

5.3.3.3 珠光体的性能

(1) 片状珠光体的强度与硬度

片状珠光体组织的静强度主要取决于片间距，铁素体和渗碳体中的亚结构对强化的贡献较小。高纯度0.81%碳钢的片状珠光体组织，其屈服强度和断裂强度随形成温度的降低而提高，如图5-21所示。在较高的转变温度区内，屈服强度和断裂强度随转变温度升高（即随过冷度的减小）而明显降低。

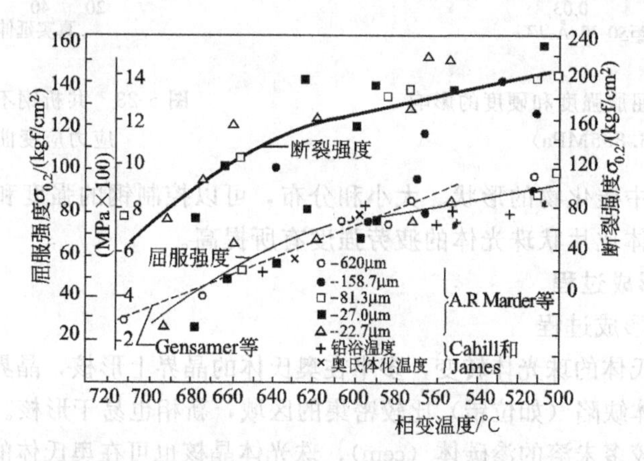

图5-21 转变温度对屈服强度和断裂强度的影响（$1kgf/cm^2=98.0665kPa$）

片状珠光体组织的屈服强度$\sigma_{0.2}$与片间距S_0之间的关系，可用Hall-Petch公式表示：

$$\sigma_{0.2}=\sigma_i+kS_0^{-1/2} \tag{5-9}$$

转变温度升高，片间距随之增大，因此屈服强度下降。

片间距不仅对强度有影响，而且对硬度也有影响。转变温度越低，珠光体的片层间距越小，硬度越高，如图5-22所示。

珠光体的基体相是硬度低、易变形的铁素体，因此主要依靠渗碳体片进行强化。渗碳体的强化作用不仅依靠本身的高硬度，同时还利用与铁素体之间的相界面增大位错运动的阻力。珠光体片层间距较大时，相界的总面积较小，因而强化作用也较小。此外，硬脆的渗碳体片厚度越大，不仅难以变形，而且易于脆裂，导致塑性和韧性降低；当珠光体片层间距较细小时，相界的总面积增大，强化作用显著提高，并且渗碳体片越薄，越容易随同铁素体一起变形而不致引起脆裂，所以细片状珠光体（索氏体、屈氏体）不但强度、硬度高，而且塑性、韧性也较好。

(2) 粒状珠光体的强度

球化退火的粒状珠光体，其组织形态是无亚晶界的铁素体基体上分布着颗粒状碳化物。设d_g为铁素体晶粒直径，用$\Delta\sigma_p$表示渗碳体颗粒对强度的附加作用，则粒状珠光体的屈服强度σ_y可表示为

$$\sigma_y=\sigma_i+\Delta\sigma_p+kd_g^{-1/2} \tag{5-10}$$

在退火状态下，对于相同含碳量的钢，粒状珠光体比片状珠光体具有较少的相界面，其硬度、强度较低，塑性较高，如图 5-23 所示。所以，粒状珠光体常常是高碳钢（高碳工具钢）切削加工前要求获得的组织形态。这种组织状态，不仅提高了高碳钢的切削加工性能（但粗糙度较差），而且可以减小钢件的淬火变形和开裂倾向。中碳钢和低碳钢的冷挤压成型，也要求具有粒状碳化物的原始组织。

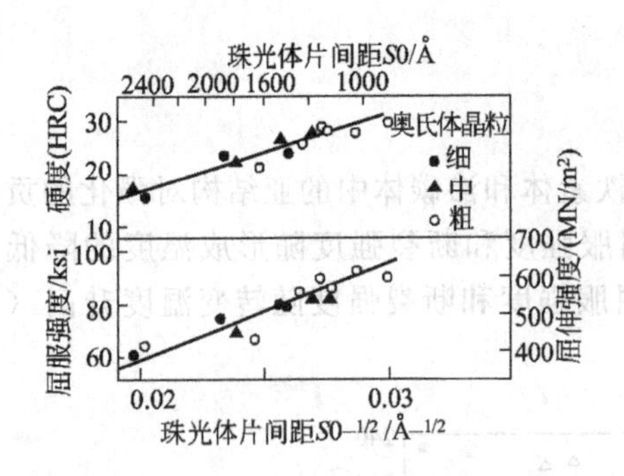

图 5-22 片间距对屈服强度和硬度的影响（1ksi＝6.895MPa）

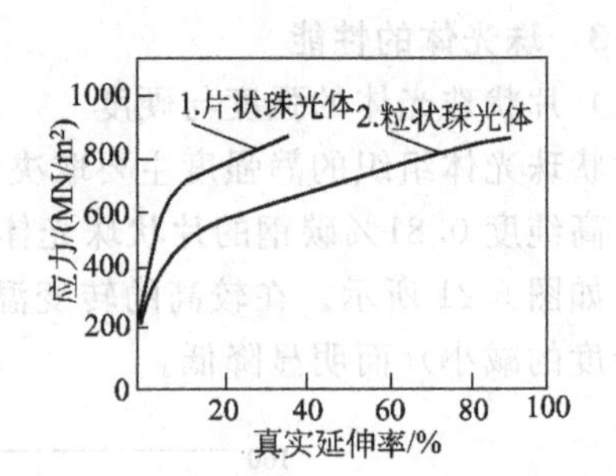

图 5-23 共析钢不同组织的应力应变曲线

通过控制珠光体中碳化物的形状、大小和分布，可以控制钢的强度和硬度。在相同的抗拉强度下，粒状珠光体比片状珠光体的疲劳强度有所提高。

5.3.3.4 珠光体的形成过程

（1）片状珠光体形成过程

共析成分过冷奥氏体的珠光体转变，多半在奥氏体的晶界上形核，晶界的交点更有利于珠光体形核。在其它晶体缺陷（如位错）比较密集的区域，新相也易于形核。如果奥氏体中碳浓度很不均匀，或者有较多未溶的渗碳体（cem），珠光体晶核也可在奥氏体的晶粒内部形成。

珠光体由两个相组成，共析转变时存在领先相的问题，领先相的晶核即为珠光体的有效晶核。铁素体或渗碳体都有可能成为领先相。如果以渗碳体为领先相，则片状珠光体的形成过程如图 5-24 所示。

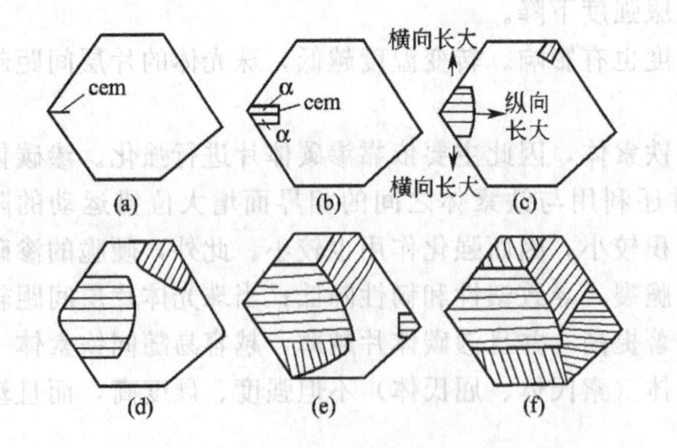

图 5-24 片状珠光体的形成过程示意图

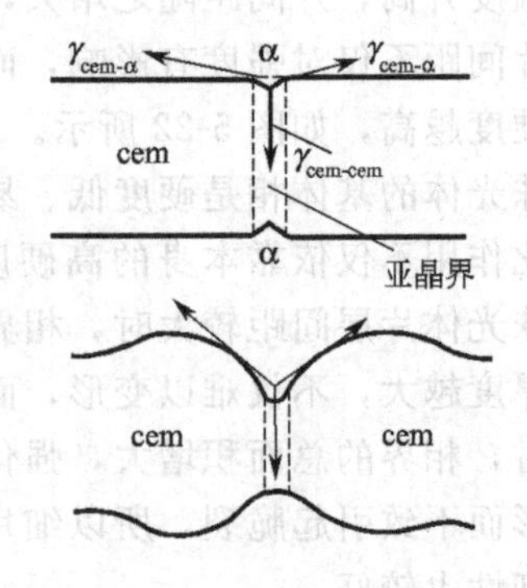

图 5-25 片状渗碳体球化机理示意图

片状珠光体转变时，包括纵向长大和横向长大两个过程，纵向长大是渗碳体片和铁素体片同时向奥氏体中的连续延伸，而横向长大则主要是渗碳体片与铁素体片的交替堆叠。

（2）粒状珠光体的形成过程

粒状珠光体一般是通过渗碳体球化获得的，转变过程如图 5-25 所示，图中 $\gamma_{cem\text{-}\alpha}$ 是渗碳体和铁素体的界面张力，$\gamma_{cem-cem}$是渗碳体之间的界面张力。如果将片状珠光体加热到略高于A_1温度，将得到奥氏体和未完全溶解的渗碳体组织，这时渗碳体已不是完整的片状，而是凹凸不平、厚薄不匀，甚至某些地方已经断开。与曲率半径小的渗碳体尖角相接触的奥氏体碳浓度较高，而与曲率半径较大的渗碳体平面相接触的奥氏体碳浓度较低，奥氏体中的C原子将从渗碳体的尖角处向平面处扩散，破坏了界面平衡。为恢复平衡，渗碳体尖角处将溶解而使曲率半径增大，平面处将长大而使曲率半径减小，直至逐渐成为颗粒状。之后从加热温度缓慢冷却到A_1以下，得到渗碳体呈颗粒状分布的粒状珠光体。这种处理称为球化退火。

如果奥氏体化时得到碳浓度分布极不均匀的奥氏体，在随后的冷却过程中，大量存在的高碳区将有利于渗碳体形核并向四周长大，形成颗粒状渗碳体，继续缓慢冷却后，也可得到粒状珠光体。

5.3.4 马氏体转变

5.3.4.1 马氏体相变的定义

马氏体相变，是指溶剂原子或置换式原子无扩散共格切变，引起形状改变和表面浮凸的相变。相变时原子沿相界面作整体协调运动，产生均匀形变和不均匀形变。

马氏体相变不但普遍发生在钢铁材料中，在有色金属、陶瓷材料和复合材料中也存在马氏体相变；马氏体相变既可在块状材料中发生，也可在粉体材料、薄膜材料和涂层中出现。

5.3.4.2 马氏体相变的特征

(1) 切变共格和表面浮凸

发生马氏体相变后，在试样的断面或表面可观察到倾动和表面浮凸现象，如图5-26和图5-27所示，表明马氏体相变是通过均匀切变完成的。

图5-26 高碳马氏体相变时试样表面出现的倾动

图5-27 Fe-29Ni合金淬火至−30℃形成的表面浮凸

在抛光的试样表面预先刻一条直线划痕STS'，马氏体相变后引起的表面倾动将使该直线变为折线$S''T'TS'$，导致表面浮凸，如图5-28所示。由此可见，马氏体形成是以切变的方式实现的；同时，界面上的原子为两相所共有，既属于马氏体，又属于奥氏体，而且整个相界面互相牵制，因此这种界面称为"切变共格"界面。在共格界面中，新旧两相原子的位置有一一对应的关系，新相长大时，原子只作有规则的整体迁移而不改变其共格界面关系。

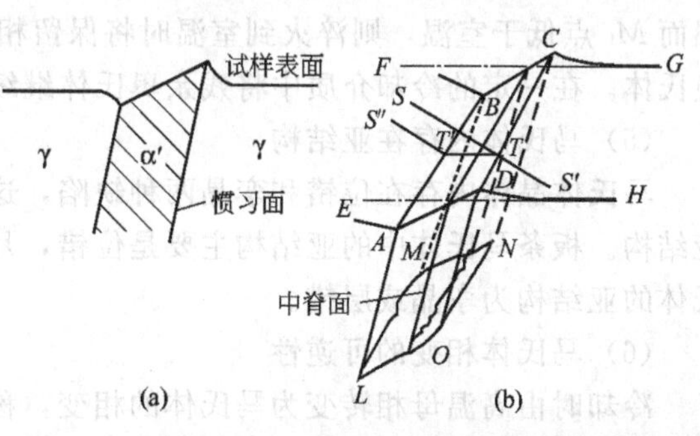

图5-28 高碳马氏体形成时引起的表面倾动示意图

（2）相变的无扩散性

马氏体相变时出现的宏观均匀切变现象，表明马氏体相变过程是原子整体协调运动的结果，原来相邻的两个原子，相变后仍然相邻，它们之间的相对位移不超过一个原子间距，即马氏体相变是在溶剂原子或置换式原子无扩散条件下发生的。无扩散相变使母相与新相的成分相同，相变前的母相与相变后的新相之间无成分变化。M_s 点较高的低碳钢马氏体相变时，可能存在碳的扩散，但这种碳的扩散属于偶然扩散，并非是马氏体相变的必需过程。

（3）惯习面及位向关系

① 惯习面　马氏体通常在母相的一定晶体学平面上形成，这一晶面称为惯习面；马氏体长大时，惯习面即为两相之间的相界面。惯习面通常以母相的晶面指数表示。惯习面是无应变无转动的平面，称为不变平面。

钢中马氏体的惯习面与碳含量及形成温度有关。碳含量小于 0.6%时为 $\{111\}_\gamma$，碳含量在 0.6%～1.4%之间为 $\{225\}_\gamma$，碳含量高于 1.4%时为 $\{259\}_\gamma$。随马氏体形成温度下降，惯习面有向高指数变化的趋势，因此，同一成分的钢有可能出现两种惯习面，先形成的马氏体惯习面为 $\{225\}_\gamma$，后形成的马氏体惯习面为 $\{259\}_\gamma$。

在有色金属中，Cu-Al 合金 β_1' 马氏体的惯习面与 $\{133\}_{\beta 1}$ 差 2°，γ' 马氏体的惯习面与 $\{122\}_{\beta 1}$ 差 3°；Cu-Sn 合金中 β' 马氏体的惯习面为 $\{133\}_\beta$；钛合金马氏体的惯习面为 $\{344\}_{\beta 1}$。

② 位向关系　马氏体相变时，新相与母相之间保持一定的晶体学位向关系。在钢中已经观察到的位向关系有 K-S 关系、西山关系和 G-T 关系。

a. K-S 关系　1.4%C 钢中马氏体与母相奥氏体之间的位向关系为 $\{111\}_\gamma /\!/ \{110\}_{\alpha'}$ 和 $\langle 110\rangle_\gamma /\!/ \langle 111\rangle_{\alpha'}$。

b. 西山关系　30% Ni 的 Fe-Ni 合金单晶，室温以上形成的马氏体和奥氏体之间有 K-S 关系，但−70℃以下形成的马氏体的位向关系为 $\{111\}_\gamma /\!/ \{110\}_{\alpha'}$ 和 $\langle 112\rangle_\gamma /\!/ \langle 110\rangle_{\alpha'}$。

c. G-T 关系　Fe-0.8% C-22%Ni 合金中奥氏体与马氏体的位向关系，与 K-S 关系略有偏差，分别为 $\{111\}_\gamma /\!/ \{110\}_{\alpha'}$ 相差 1°，$\langle 110\rangle_\gamma /\!/ \langle 111\rangle_{\alpha'}$ 相差 2°，说明 G-T 关系介于 K-S 关系和西山关系之间。

（4）马氏体相变的降温形成及转变

马氏体相变开始后，通常在不断降温的条件下，转变才能继续进行。冷却中断，转变立即停止。虽然在等温条件下也可发生马氏体相变，但马氏体等温转变普遍不能彻底进行，所以马氏体相变需要在一定的温度范围内连续冷却才能完成。在一定冷速范围内，马氏体相变开始温度 M_s 与冷却速度无关；在马氏体相变终了温度 M_f 点以下，马氏体相变不再进行。

如果某种钢的 M_s 点低于室温，则快冷到室温时将得到全部奥氏体；如果 M_s 点高于室温而 M_f 点低于室温，则淬火到室温时将保留相当数量的未转变的奥氏体，通常称之为残余奥氏体。在一定的冷却介质中将残余奥氏体继续转变为马氏体的操作过程，称为冷处理。

（5）马氏体内存在亚结构

马氏体晶体内存在位错和孪晶两种缺陷，这些由马氏体相变引起的缺陷，称为马氏体的亚结构。板条马氏体中的亚结构主要是位错，片状马氏体的亚结构主要是孪晶。有色合金马氏体的亚结构为孪晶或层错。

（6）马氏体相变的可逆性

冷却时由高温母相转变为马氏体的相变，称为冷却相变；重新加热时，如果马氏体不发生分解而直接转变为母相的过程，称为可逆相变或者逆相变。逆相变的开始温度和终了温度

分别用 A_s 和 A_f 表示。

某些铁合金和非铁合金的马氏体相变具有可逆性，例如 Fe-Ni，Fe-Mo，Cu-Al，Cu-Au，In-Tl，Au-Cd，Ni-Ti 等。这些合金中的马氏体逆相变，按其特点不同可分为热弹性马氏体逆相变和非热弹性马氏体逆相变。热弹性马氏体逆相变，是发展形状记忆合金的基础；而非热弹性马氏体逆相变则导致材料的相变冷作硬化，成为材料强化的有效途径之一。

钢中的马氏体一般不发生逆相变，因为加热时只要原子能够扩散，非平衡马氏体就会析出碳化物而发生回火转变。

5.3.4.3 马氏体的晶体结构与组织形态

(1) 钢中马氏体的晶体结构

钢中的马氏体，是碳在 α-Fe 中的过饱和固溶体，具有体心正方结构。室温下马氏体的点阵常数 c 和 a，以及正方度 c/a 与钢中的含碳量［C］呈线性关系

$$\begin{aligned} c&=a_0+\alpha[\mathrm{C}],\ \alpha=0.116\pm0.002 \\ a&=a_0-\beta[\mathrm{C}],\ \beta=0.013\pm0.002 \\ c/a&=1+\gamma[\mathrm{C}],\ \gamma=0.046\pm0.001 \end{aligned} \tag{5-11}$$

式中，a_0 是 α-Fe 的点阵常数，$a_0=0.2861\mathrm{nm}$。式(5-11) 同样适用于合金钢，但对 M_s 点低于 0℃的 Mn 钢（0.6%～0.8%C，6%～7%Mn)，新生马氏体的正方度数值明显低于式(5-11)，称为异常低正方度；而 Al 和高 Ni 钢的新生马氏体的正方度却明显高于式(5-11)，称为异常高正方度。

由晶体学基础知识已知，C 原子在马氏体点阵中的可能位置，是 Fe 原子组成的扁八面体中心。晶胞的面心及各棱边的中央位置，等同于扁八面体的中心。计算表明，α-Fe 中扁八面体中的最大间隙半径仅为 0.19Å，而 C 原子的有效半径为 0.77Å，因此，平衡状态下 C 原子在 α-Fe 中的溶解度极小（0.006%)。一般钢中马氏体的碳含量远远超过这个数值，因此，C 原子的溶入必然引起点阵畸变，使短轴方向 Fe 原子的间距伸长 36%，而在另外两个方向收缩 4%。由 C、N、B 等（有效半径大于 0.19Å）间隙原子溶入而引起的 α-Fe 扁八面体的非对称畸变，称为畸变偶极，可以看成是很强的应力场。这个畸变偶极应力场与位错产生强烈的交互作用，是提高钢中马氏体强度的主要原因。

(2) 钢中马氏体的组织形态

钢中的马氏体形态虽然多种多样，但就其组织形态特征而言，大致分为以下几类。

① 板条马氏体　板条马氏体是低、中碳钢，马氏体时效钢和不锈钢等铁系合金中形成的典型的马氏体组织之一，图 5-29 是其组织示意图，图 5-30 是板条马氏体的光学显微组织照片。

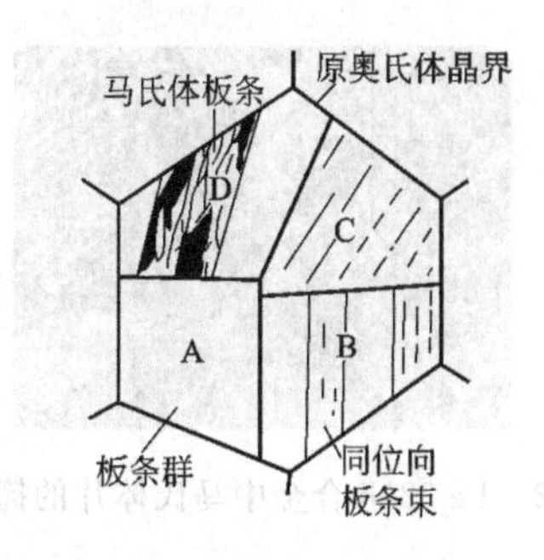

图 5-29　板条马氏体组织示意图

图 5-30　低合金高强钢淬火板条马氏体

由图 5-29 可以看出，一个原奥氏体经晶粒中可以出现 3～5 个板条群（A 区域），板条群的尺寸为 20～35μm，由若干个尺寸相近的板条，沿大致平行的空间位向排列。一个板条群既可由两种板条束（B 区域）组成，也可以只由一种板条束构成（C 区域）。

在 B 区域，两种板条束之间为大角晶界。C 区域只有一种板条束，所以 C 区域实际上是大小与板条群相等的板条束，板条束由若干平行的板条构成（D 区域）。

每个板条是一个马氏体单晶体，尺寸约为 0.5μm×5.0μm×20μm。马氏体板条具有平直界面，界面近似平行于惯习面 $(111)_\gamma$。这些稠密的马氏体板条多被连续的高度变形的残余奥氏体薄膜隔开，含碳量很高的残余奥氏体薄膜约为 2nm 厚，在室温下很稳定，对钢的力学性能有明显影响。

相邻马氏体板条一般以小角晶界分开，也可呈孪晶关系。呈孪晶关系时，板条之间无残余奥氏体。电镜观察表明，马氏体板条内具有较高的位错密度，ρ 约为 $(0.3\sim0.9)\times10^{12}\text{cm}^{-2}$，相当于纯铁经过剧烈冷变形后的位错密度；有时也会有少量的相变孪晶存在。由于板条状马氏体的亚结构主要为位错，所以通常也将板条状马氏体称为位错型马氏体。

在一个马氏体板条群内，马氏体与奥氏体的位向关系在 K-S 和西山关系之间，并以介于两者之间的 G-T 关系居多。

实验证明，改变奥氏体化温度可明显改变奥氏体晶粒的大小，但对板条马氏体宽度几乎无影响。板条群的大小随奥氏体晶粒的增大而增大，而且两者之比大致不变，所以一个奥氏体晶粒内生成的板条群数大体不变。马氏体板条群径和板条束的宽度随淬火速度增大而减小，提高淬火冷却速度有利于细化板条状马氏体组织，提高强度和韧性。

② 片状马氏体　片状马氏体，常见于淬火高、中碳钢及高 Ni 的 Fe-Ni 合金中，是铁系合金中出现的另一种典型的马氏体组织。图 5-31 是高碳钢中典型片状马氏体组织的示意图及马氏体形貌的金相照片。片状马氏体也称为透镜片状马氏体、针状或竹叶状马氏体。片状马氏体的亚结构主要为孪晶，因此又称为孪晶马氏体。

片状马氏体的组织特征之一，是片与片之间相互不平行。将成分均匀的奥氏体冷却至稍低于 M_s 点时，某一晶粒内先形成的第一片马氏体将贯穿整个奥氏体晶粒而将晶粒分割为两部分，使后形成的马氏体片的大小受到限制。因此，马氏体片的大小几乎完全取决于奥氏体化时的晶粒大小，但马氏体片的大小还与转变的先后顺序有关，越是后形成的马氏体片愈小。

由于马氏体的形成速度极快，后形成的马氏体片对先形成的马氏体片产生强烈的冲击作用，使先形成的马氏体片内产生形变孪晶，并在中脊区形成割阶或者撞击裂纹（图 5-32），导致片状马氏体的脆性增大而韧性下降。

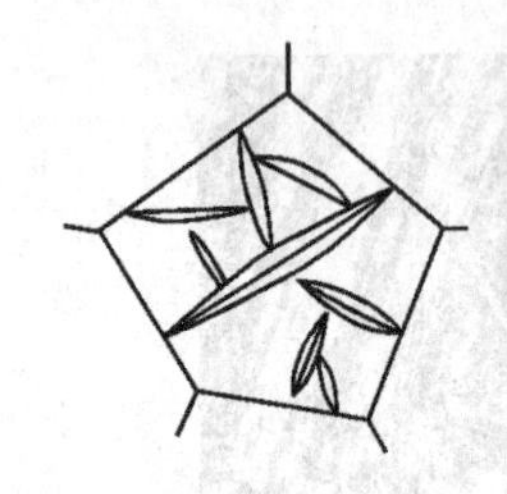

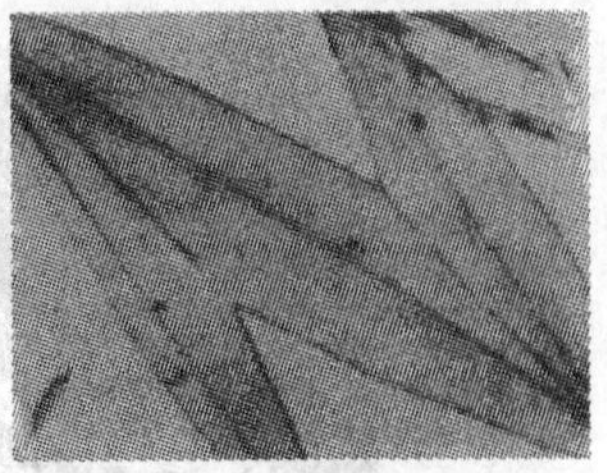

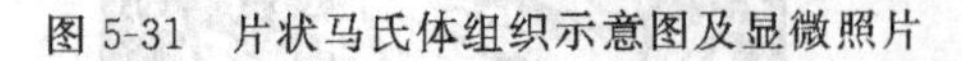

图 5-31　片状马氏体组织示意图及显微照片

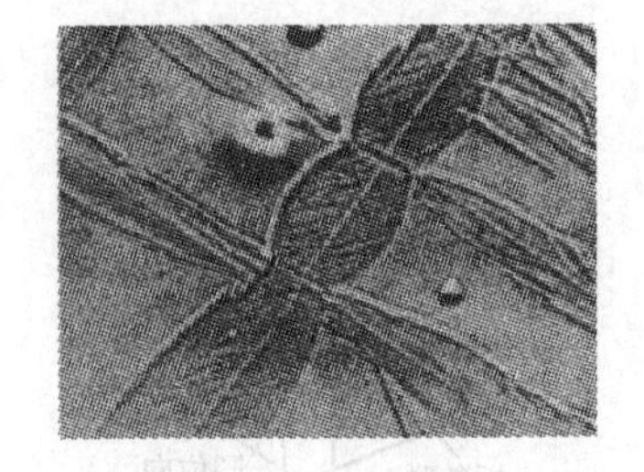

图 5-32　Fe-32Ni 合金中马氏体片的撞击裂纹

片状马氏体中常能见到明显的中脊面及孪晶区，如图 5-33 所示。中脊面的惯习面为 $(225)_\gamma$ 或 $(259)_\gamma$；与母相的位向关系符合 K-S 或西山关系。片状马氏体中存在大量孪晶，组织形貌中观察到的中脊面，即为孪晶切变时的不变平面（或惯习面）。孪晶的存在，是片状马氏体最重要的组织学特征。孪晶区一般不扩展到马氏体的边界上，在马氏体片的边缘区域内是复杂的位错组态。孪晶区所占的比例，与合金的成分和 M_s 点有关。例如，Fe-Ni 合金中的含 Ni 量越高，或者成分相同时 M_s 点越低，则孪晶区比例越大；当含 Ni 量达 33%、M_s 点为－150℃时，孪晶区扩展至马氏体片边缘，马氏体片呈完全孪晶的形貌。尽管孪晶区发生了变化，但孪晶密度却几乎不变。

③ 薄片状马氏体　自促发形核、瞬间长大的 Fe-Ni-C 合金，当 M_s 点很低时，马氏体形态由片状变为薄片状，称为薄片状马氏体，如图 5-34 所示。薄片马氏体的惯习面仍接近 $\{259\}_\gamma$，与母相之间的位向关系符合 K-S 关系。薄片中的亚结构为 $\{112\}_{\alpha'}$ 孪晶，但无中脊，这是区别于片状马氏体的明显特征。薄片状马氏体转变时，既有新片的不断形成，又有旧片的长大和增厚过程。

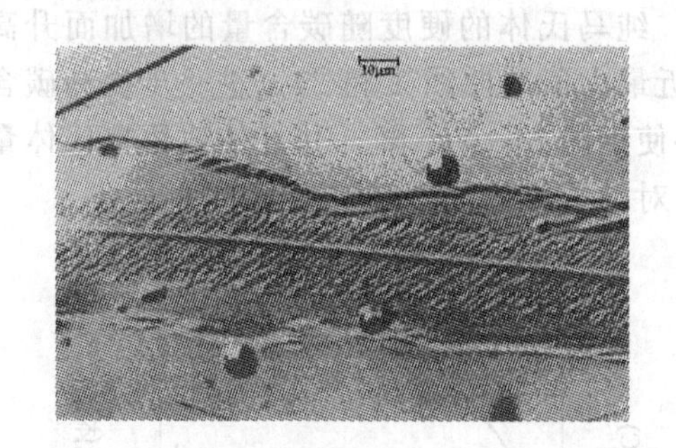

图 5-33　片状马氏体组织的孪晶区及中脊面

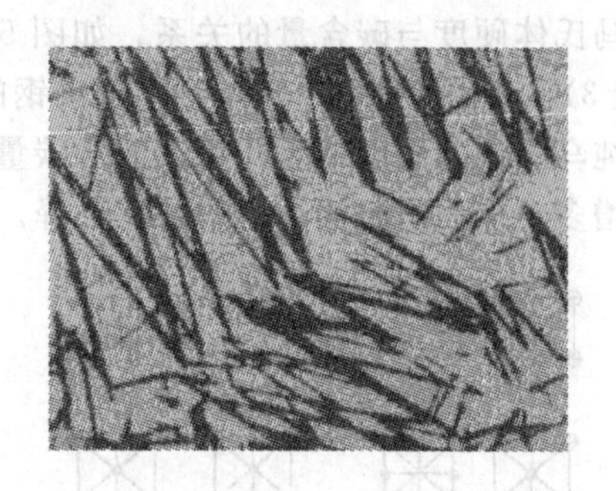

图 5-34　薄片状马氏体形貌

④ ε 马氏体　上述的板条状、片状及薄片状马氏体，都是具有体心正方（或体心立方）结构的 α' 马氏体，但在奥氏体层错能较低的合金中，往往能观察到密排六方结构的 ε 马氏体，如图 5-35 所示。ε 马氏体呈极薄的片状，厚度仅为 100～300nm，内部亚结构为高密度层错。ε 马氏体的惯习面为 $\{111\}_\gamma$，与奥氏体的位向关系为 $\{111\}_\gamma /\!/ \{0001\}_\varepsilon$，$\langle 110\rangle_\gamma /\!/ \langle 11\bar{2}0\rangle_\varepsilon$。

（3）铜合金中马氏体的组织形态

在 Cu-M（M 代表 Al、Ga、Ni、Sn、Zn 中的一种或几种元素）合金中，马氏体相变前的母相往往呈有序态，一般为 B_2 型、DO_3 型和 Heusler 型结构，以及介于 B_2 型和 DO_3 型之间的 $L2_1$ 型结构。图 5-36 给出了 B_2 型和 DO_3 型的晶体结构，● 和 ○ 代表不同的原子。

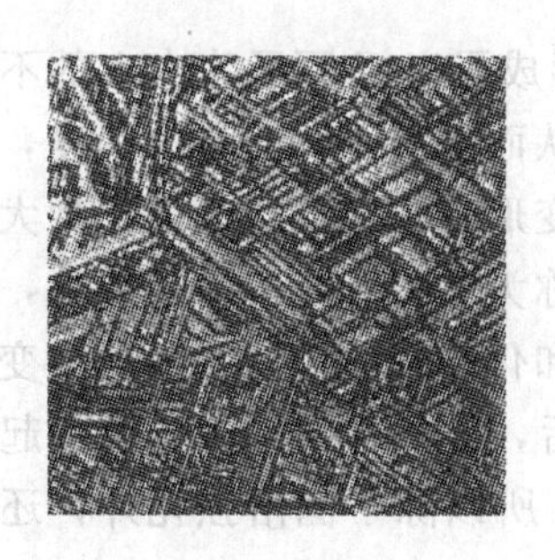

图 5-35　Fe-19Mn 钢中的 ε 马氏体

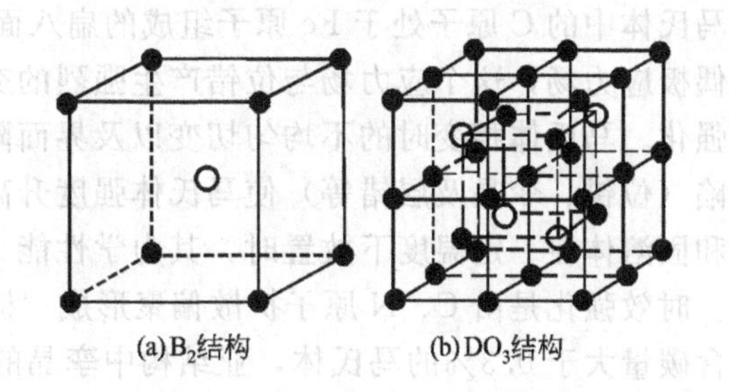

图 5-36　β 相的 B_2 型和 DO_3 型晶体结构

一般情况下，B_2 结构的母相对应于 2H、3R 和 9R 马氏体结构；DO_3 结构的母相对应于 6R 和 18R 马氏体结构。结构符号的字母，代表结构对称性，H 代表六方，R 代表菱方及单斜；字母前的数字，代表结构中一个周期的堆层数。

图 5-37(a) 表示 B_2 结构的堆垛基面 $(0\bar{1}1)$ 上的堆垛顺序和堆垛结构单元（A_CB_C…）。形成 2H、3R 和 9R 结构的马氏体时，基面为（001），堆垛顺序为 ABAB…(2H)，ABCAB…(3R) 和 ABCBCACAB…(9R)。图 5-37(b) 表示 DO_3 结构的基面 $(0\bar{1}1)$ 上的堆垛顺序和堆垛结构单元（A_CB_C…），以及形成的 6R 和 18R 结构的马氏体。这些马氏体的基面为（001），6R 结构马氏体的堆垛顺序为 AB′CA′BC′…，18R 堆垛顺序为 AB′CB′CA′CA′BA′BC′BC′AC′AB′…。

5.3.4.4 马氏体的力学性能

马氏体的力学性能主要包括硬度、强度和韧性。硬度、强度主要取决于碳含量，韧性和塑性则取决于亚结构。

(1) 马氏体的硬度

马氏体硬度与碳含量的关系，如图 5-38 所示。纯马氏体的硬度随碳含量的增加而升高（曲线 3)，当碳含量达 0.6%时，淬火钢的硬度接近最大值（曲线 1 和 2)。进一步提高碳含量，纯马氏体的硬度继续升高；但含碳量的增加将使钢的 M_s 点下降，并且使残留奥氏体量逐渐增多，从而引起淬火钢的硬度下降。合金元素对马氏体的硬度影响不大。

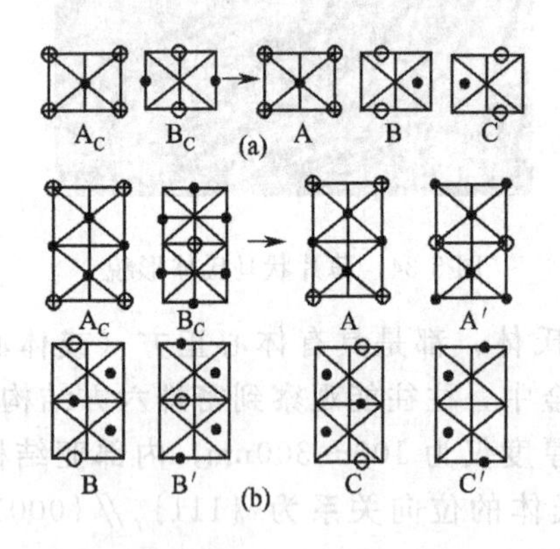

图 5-37 有序 β 母相以及马氏体的堆垛顺序和堆垛结构单元

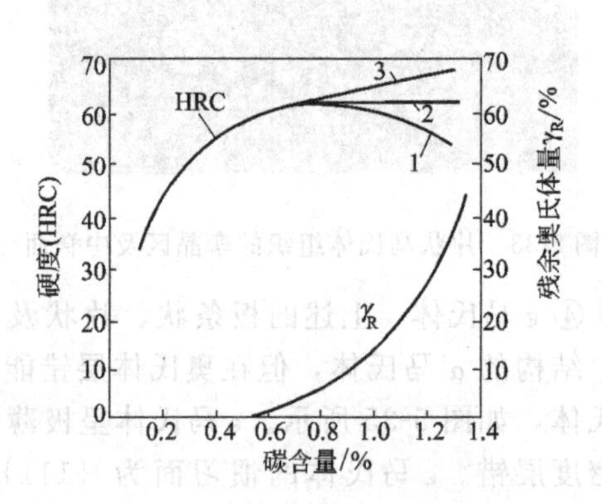

图 5-38 淬火钢硬度和碳含量的关系

(2) 马氏体的强度

影响马氏体高强度的原因是多方面的，其中主要包括碳原子的固溶强化、相变强化、时效强化和孪晶强化。

马氏体中的 C 原子处于 Fe 原子组成的扁八面体中心，形成了以 C 原子为中心的不对称畸变偶极应力场，这个应力场与位错产生强烈的交互作用，从而提高了马氏体的强度，称为固溶强化。马氏体相变时的不均匀切变以及界面附近的塑性变形，在马氏体内部产生大量微观缺陷（位错、孪晶及层错等）使马氏体强度升高的现象，称为相变强化。时效强化，是指过饱和固溶体在一定温度下放置时，其力学性能、物理性能和化学性能随时间延长而变化的现象。时效强化是由 C、N 原子扩散偏聚形成“柯氏气团”后，对位错产生钉扎所引起的强化。含碳量大于 0.3%的马氏体，亚结构中孪晶的比例增大，所以除了固溶强化外，还附加有孪晶对强度的贡献。

(3) 马氏体的韧性

大量试验证明，在相同的屈服强度下，位错马氏体的断裂韧性和冲击韧性比孪晶马氏体好得多（图 5-39)，回火后仍有这一规律（图 5-40)，表明马氏体的韧性取决于亚结构。

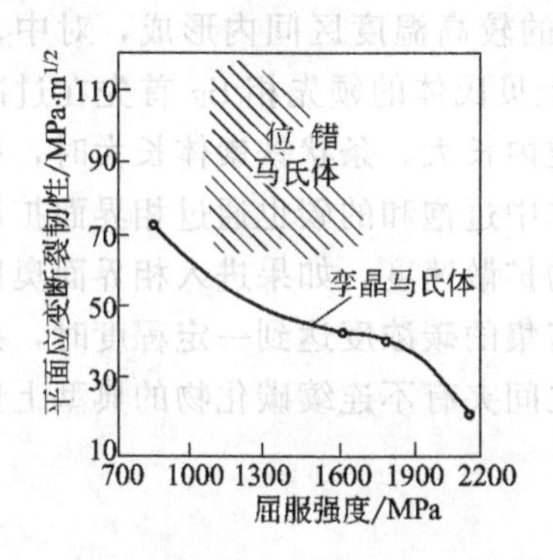

图 5-39 淬火及回火 Fe-Cr-0.2%C 钢的性能

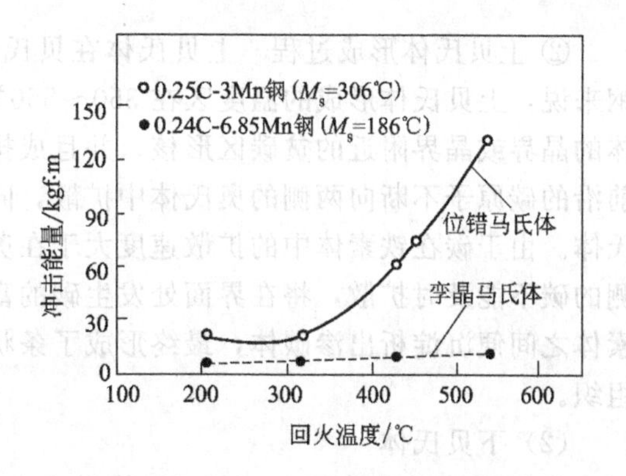

图 5-40 位错及孪晶马氏体不同温度回火的冲击韧性（1kgf·m=9.0665J）

低碳位错型马氏体具有较高的强度和良好的韧性，高碳孪晶型马氏体则强度高而韧性差。位错型马氏体不仅韧性优良，而且具有脆性转变温度低、对缺口不敏感等优点。因此，当以各种途径强化马氏体时，应保证马氏体的亚结构为位错，以获得最佳的强韧性配合。

影响钢中马氏体亚结构的主要因素，是含碳量以及 M_s 点。因此，目前结构钢的碳含量通常在0.4%以下，以保证 M_s 点不低于350℃。对于轴承钢，应严格控制奥氏体化温度和保温时间，使马氏体中的含碳量控制在0.50%左右，保证淬火后的金相组织为隐晶马氏体，以降低脆性，提高疲劳寿命。

5.3.5 贝氏体转变

5.3.5.1 钢中贝氏体的组织形态及形成过程

钢中常见的贝氏体组织，是上贝氏体、下贝氏体和粒状贝氏体，此外有时还出现无碳化物贝氏体、柱状贝氏体和反常贝氏体。

（1）上贝氏体

① 上贝氏体组织形态　钢中典型的上贝氏体组织，由平行簇状的铁素体（B_F）和不连续的碳化物组成。B_F 为平行的长条状，其亚结构为位错缠结。上贝氏体的碳化物基本是渗碳体，很少见到ε-碳化物。碳化物分布在铁素体条之间，碳化物的析出方向与 B_F 的方向平行。上贝氏体在光学镜下的显微组织如图5-41(a)所示，羽毛状组织为上贝氏体，白色基体为淬火马氏体和残余奥氏体。图5-41(b)是上贝氏体的电镜形貌，基体为过饱和度不大的铁素体，白色条状物为碳化物。

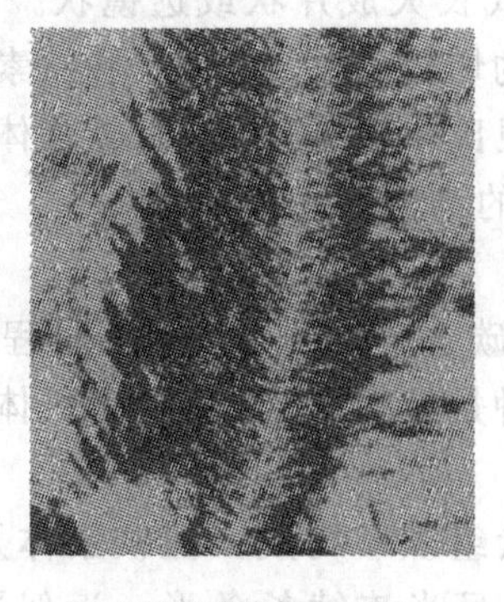
(a) 光学显微组织(600×)

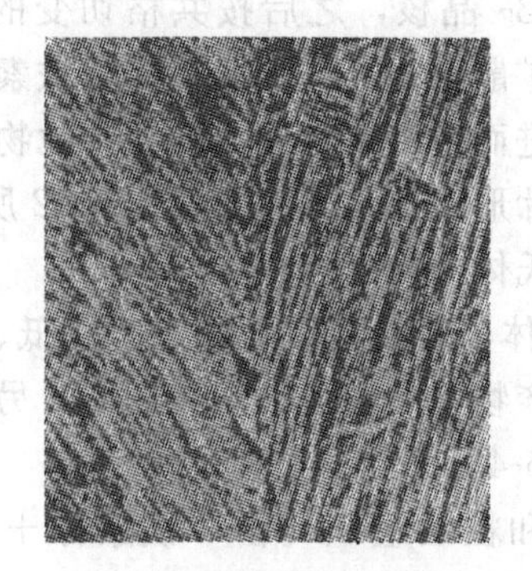
(b) 电镜显微组织(4500×)

图 5-41 65Mn 钢 450℃等温淬火后的组织

② 上贝氏体形成过程　上贝氏体在贝氏体转变区的较高温度区间内形成，对中、高碳钢来说，上贝氏体形成的温度区在350～550℃之间。上贝氏体的领先相B_F首先在过冷奥氏体的晶界或晶界附近的贫碳区形核，并且成排地向晶粒内长大。条状铁素体长大时，相界面前沿的碳原子不断向两侧的奥氏体中扩散，同时铁素体中过饱和的碳也通过相界面扩散到奥氏体。由于碳在铁素体中的扩散速度大于在奥氏体中的扩散速度，如果进入相界面奥氏体一侧的碳不能及时扩散，将在界面处发生碳的富集。当富集的碳浓度达到一定程度时，条状铁素体之间便沉淀析出渗碳体，最终形成了条状铁素体之间夹有不连续碳化物的典型上贝氏体组织。

(2) 下贝氏体

① 下贝氏体组织形态　下贝氏体组织也由铁素体和碳化物组成，但下贝氏体B_F的三维空间形貌为双凸透镜状；下贝氏体B_F中碳的过饱和度比上贝氏体B_F大，转变温度越低过饱和越明显。下贝氏体B_F在光学镜下呈暗黑色针片状，各个针状B_F之间有一定交角[图5-42(a)]。下贝氏体B_F的亚结构也是缠结位错，与板条马氏体和上贝氏体铁素体相似，但位错密度高于上贝氏体。

下贝氏体的碳化物通常为ε-碳化物或渗碳体，有时两种碳化物可同时存在。典型下贝氏体中的碳化物，以薄片状或粒状在铁素体片内部析出，沿着与铁素体片长轴呈55°～60°角的方向排列成行[图5-42(b)]。

(a) 光学显微组织(1000×)

(b) 电镜显微组织(18000×)

图5-42　65Mn钢320℃等温淬火后的下贝氏体组织

② 下贝氏体形成过程　下贝氏体在贝氏体转变区的较低温度范围内形成，对中、高碳钢来说，下贝氏体形成的温度区约在350℃至M_s之间；含碳量很低时，形成温度可能高于350℃。在中、高碳钢中，如果贝氏体的转变温度较低，首先在过冷奥氏体的晶界或晶界附近的贫碳区形成B_F晶核，之后按共格切变的方式长大成片状或透镜状。由于转变温度较低，碳原子难以扩散至相界，因此，伴随铁素体的切变长大，碳原子在铁素体的某些亚晶界或晶面上偏聚，进而析出细片状或粒状碳化物。贝氏体转变时，一片铁素体的长大将促发其它方向的铁素体片形核及长大，形成图5-42所示的典型下贝氏体组织。

(3) 粒状贝氏体与粒状组织

① 粒状贝氏体与粒状组织的形态　在低、中碳合金钢的中温转变过程中，还存在两种粗大组织的转变产物，一种是粒状贝氏体，另一种是粒状组织。粒状贝氏体和粒状组织的光学镜照片，如图5-43、图5-44所示。

粒状贝氏体和粒状组织均由“铁素体+岛状组织”构成，但铁素体及岛状物的形成过程和分布形态明显不同。粒状贝氏体中的小岛呈半连续长条形，近似平行地排列在由条状铁素体形成的铁素体块上；粒状贝氏体中的铁素体，是中温转变区内形成的上贝氏

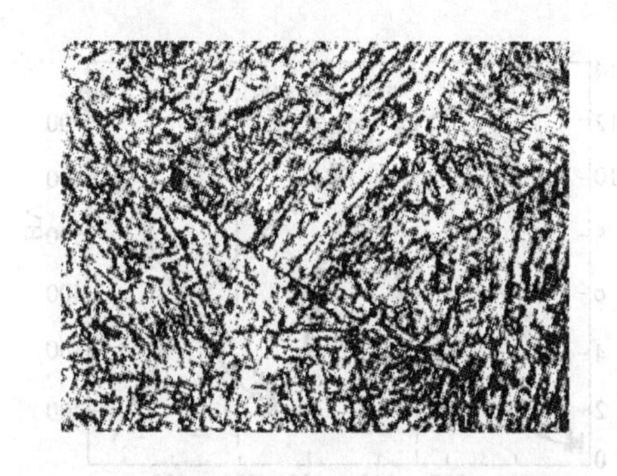

图 5-43 Fe-0.12C-3.0Mn-0.001B 钢中的粒状贝氏体（600×）

图 5-44 Fe-0.12C-2.8Mn 钢中的粒状组织（600×）

体铁素体。

粒状组织中的“小岛”呈不规则形状，无序地排列在粗大块状的铁素体上，块状铁素体的外形不规则，常具有“海湾”状边界；粒状组织中的铁素体，是先共析区内形成的先共析铁素体。

② 粒状贝氏体与粒状组织形成过程　粒状贝氏体与粒状组织的转变过程可分为两个阶段，在第一阶段，粒状贝氏体发生如下反应：$\gamma \longrightarrow \alpha$(上贝 B_F)$+\gamma$(富碳)，而粒状组织的反应为：$\gamma \longrightarrow \alpha$(先共析铁素体)$+\gamma$(富碳)。在第二阶段，粒状贝氏体与粒状组织中的转变相同，即富碳的奥氏体在随后的冷却过程中可能发生以下三种转变：

a. 部分转变为高碳孪晶型马氏体，岛状物由 γ(残余奥氏体)$+\alpha'$(马氏体) 组成，又称 M-A 组织；

b. 部分或全部分解为铁素体和碳化物的混合组织；

c. 全部保留下来，成为残余奥氏体。

粒状贝氏体通常在连续冷却条件下形成，转变温度高于上贝氏体的形成温度，钢的化学成分及冷却条件明显影响其组织形态。与上、下贝氏体不同，粒状贝氏体的 B_F 中没有碳化物存在，只有细密的岛状 M-A 颗粒沿原奥氏体晶界及贝氏体铁素体板条间界分布。在铁素体形态上，粒状贝氏体与上贝氏体十分相似，都呈板条状，只是粒状贝氏体 B_F 的板条长度方向较短，横向较宽。

5.3.5.2 钢中贝氏体的力学性能

碳钢贝氏体的抗拉强度与形成温度的关系如图 5-45 所示，韧性和硬度与形成温度的关系见图 5-46。钢中贝氏体的力学性能主要取决于组织形态。钢中贝氏体的组织形态，随转变温度和化学成分而变化，主要受转变温度的影响。

通常上贝氏体形成温度较高，铁素体晶粒与碳化物颗粒较粗大，且碳化物呈短杆状平行地分布在铁素体板条之间。这种组织形态使铁素体条间易于产生脆断，因此上贝氏体强度较低、韧性较差。

下贝氏体中的铁素体针、片细小且分布较均匀，铁素体内位错密度较高而且弥散分布着细小的 ε-碳化物，这种组织形态使得下贝氏体不仅强度、硬度高，而且韧性好，具有良好的综合性能。生产上广泛采用的等温淬火工艺，其目的就是获得下贝氏体，以提高钢的强韧性。

在粒状贝氏体中，分布于铁素体基体的 M-A“小岛”可以起到复相强化作用，所以粒状贝氏体具有较好的强韧性，在实际生产中已得到广泛应用。

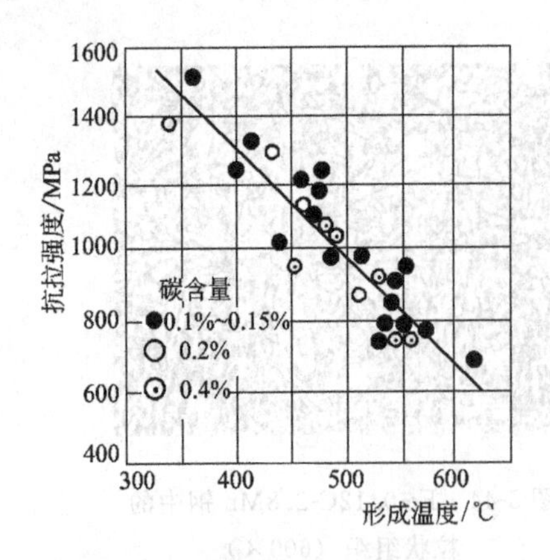

图 5-45 碳钢贝氏体抗拉强度与形成温度的关系

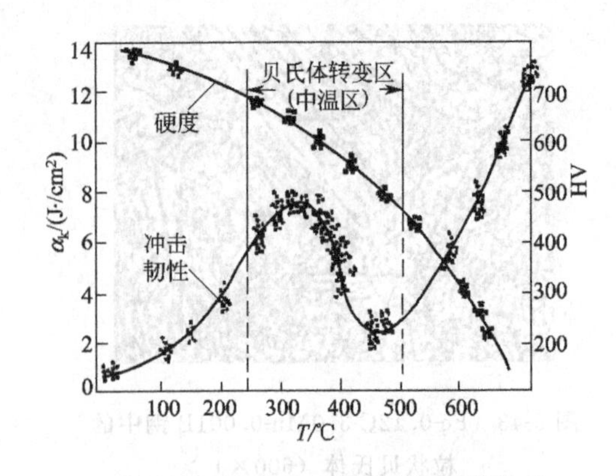

图 5-46 共析钢韧性和硬度与形成温度的关系

5.4 回复与再结晶

5.4.1 金属冷塑性变形的组织与性能

冷塑性变形在改变金属材料外形的同时，也使内部组织和性能发生改变。

5.4.1.1 显微组织与性能的变化

① 晶粒变形拉长　多晶体塑变时，随变形量增大晶粒沿着形变方向被拉长，由多边形变为扁平状或长条形；形变量较大时可被拉长成为纤维状。图 5-47 为铜冷压后的组织照片。冷压 30%，晶粒沿形变方向拉长；冷压 99%晶粒已被显著拉长，变为纤维状，这种组织称为纤维组织。纤维组织的力学性能具有明显的方向性，纵向的强度和韧性远大于横向。

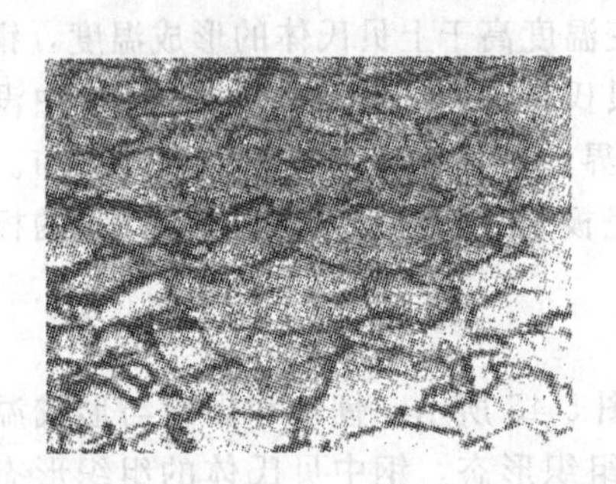

图 5-47 纯铜不同程度冷变形后的显微组织

② 位错密度增加，产生加工硬化　从微观上看，冷变形使晶粒破碎，变成亚晶粒；变形量增加，位错密度变大，位错交织缠结，随后形成胞状结构-形变亚晶；随变形量增加，位错密度由退火状态 $10^6\sim10^8/cm^2$ 增至 $10^{11}\sim10^{12}/cm^2$，位错胞的形状也被拉长。从力学性能上看，形变量越大，形变金属的强度和硬度越高，而塑性韧性下降，这便是加工硬化。冷变形还使一些物理、化学性能发生变化，如导电率、耐蚀性下降等。

5.4.1.2 形变织构

冷塑性变形时晶体发生转动，使原为任意取向的各晶粒逐渐调整到晶面或晶向的位向趋于一致，形成了晶体的择优取向，称为形变织构。变形量越大，择优取向越明显。冷拔时形成丝织构，其特点是各晶粒的某一晶向大致与拔丝方向平行。轧板时形成的织构称板织构，其特点是各晶粒的某一晶面与轧制面平行，某一晶向与轧制时的主形变方向平行。

织构的存在使多晶体的力学性能显示出各向异性，产生织构强化；但也导致深冲时形成“制耳”现象，如图5-48所示。

5.4.1.3 残余应力

在冷塑变过程中，外力对构件做的功大部分转化为热，还有一部分（约占10%）以内能的形式储存在形变金属内部，这部分能量叫储存能。储存能具体表现为宏观残余应力、微观残余应力与晶格畸变内应力。

① 宏观残余应力 又称第一类内应力，是物体各部分不均匀变形所引起的，在整个物体范围内处于平衡。例如轧制棒材，表面有很高的拉伸残余应力，心部有很高的压应力，如图5-49(a)所示。如果冷加工切除一薄层，如图5-49(b)所示，切下的薄层由于失去次表层的拉应力，为恢复平衡，板材必须弯曲，如图5-49(c)所示。

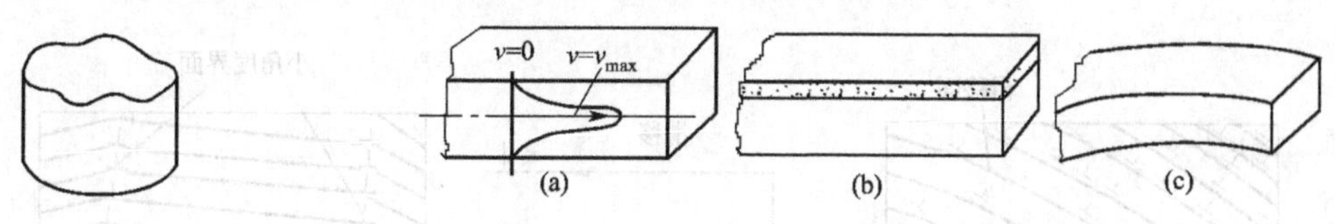

图5-48 有制耳的深冲件　　图5-49 冷轧棒材的残余应力与变形

② 微观内应力 也叫第二类内应力，由晶粒或亚晶变形不均匀引起，在晶粒或亚晶范围内互相平衡。该应力与外力联合作用下，易使工件在远小于屈服应力下而产生裂纹，并导致断裂。

③ 晶格畸变内应力 也叫第三类内应力，约占储存能的90%。由形变金属内部产生的大量位错等晶体缺陷引起，其作用范围仅为几十至几百纳米。晶格畸变内应力使金属强度、硬度升高，塑性、韧性下降，是金属冷加工强化的主要原因。

第一、第二类残余应力一般是有害的，导致工件的开裂、变形，产生应力腐蚀；但有时也可以加以利用，例如齿轮、弹簧的喷丸处理，在工件表面产生残余压应力，能够显著提高抗疲劳强度。

储存能使冷变形金属在热力学上处于亚稳定状态，它的组织和结构具有恢复到稳定状态的倾向，如提供合适的热力学条件，则冷变形金属可以恢复到稳定状态。这种冷变形后的平衡状态向稳定状态的转变包括回复、再结晶和再结晶后的晶粒长大三个阶段及性能变化如图5-50所示。

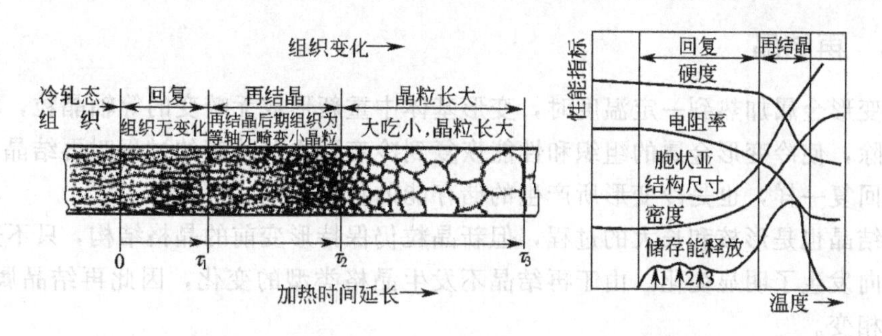

图5-50 回复、再结晶和晶粒长大过程及性能变化示意图

5.4.2 回复

5.4.2.1 回复机制

回复是指冷变形金属加热时，其显微组织未发生改变，但由于点体缺陷和位错运动引起

某些性能变化的过程。回复的驱动力，是冷变形所产生的储存能的释放。不同加热温度引起的回复过程各不相同，其回复机制也有区别。根据加热温度的高低，可将回复分为低温回复、中温回复及高温回复 。

① 低温回复主要涉及点缺陷的运动。空位或间隙原子移动到晶界或位错处消失，空位与间隙原子相遇后湮灭，空位集结形成空位对或空位片，使点缺陷密度大大下降。

② 中温回复，随温度升高，原子活动能力增强，位错可以在滑移面上滑移或交滑移，使异号位错相遇相消，位错密度有所下降，位错胞内部重新排列组合，使亚晶规整化。

③ 高温回复，原子活动能力进一步增强，位错除滑移外，还可攀移。高温回复的主要机制是多边化，如图 5-51 所示。在高温回复阶段，位错可被充分激活，刃型位错通过攀移和滑移形成同号刃型位错垂直排列的“位错墙”，形成小角度晶界，将原来的一个畸变晶粒分隔成许多取向略有差异的亚晶粒，这一过程叫做多边化。

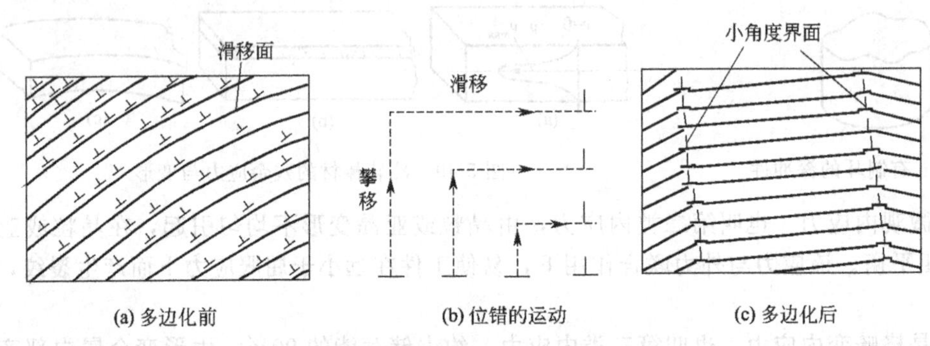

图 5-51　多边化过程的位错重新排列

多边化之后，还可通过两个或多个亚晶合并的方式长大，使亚晶界更清晰，位向差变大。

5.4.2.2 性能变化

冷变形金属的回复，可在很大程度上消除第一、第二类内应力，避免工件变形和开裂，同时又能保持加工硬化效果，因此在实际生产中经常用来对工件进行去应力退火。一些工件虽未进行冷加工，但在铸造、焊接及切削过程中造成的残余应力，也可以利用回复过程加以消除。所以，回复退火应用较广，生产中常称为去应力退火。

5.4.3 再结晶

冷变形金属加热到一定温度时，变形基体中重新形成无畸变的等轴晶粒，加工硬化效果完全消除，使冷变形金属的组织和性能恢复到冷变形之前状态的过程叫再结晶。再结晶的驱动力与回复一样，也是冷变形所产生的储存能的释放。

再结晶也是形核和长大的过程，但新晶粒仍保持形变前的晶格结构，只不过晶粒外形和晶格位向发生了明显变化。由于再结晶不发生晶格类型的变化，因此再结晶属于组织转变，而不是相变。

(1) 再结晶的形核

再结晶核心首先在大角度界面如晶界、相界面、孪晶或滑移带界面上形成，也可能在晶粒内某些特定的位向差较大的亚晶上形成。

① 亚晶合并机制　冷变形量较大或层错能较高的金属，易以亚晶合并的方式形成再结晶核心，如图 5-52(a) 所示。再结晶是高温回复阶段的延续，变形时形成的位错胞，在层错

能高的金属中易通过多边化及亚晶合并形成亚晶粒，这些亚晶粒又可通过亚晶界的消失或解离而合并。在合并过程中，由于某些亚晶粒的旋转会使合并后大亚晶粒的某些边界与相邻晶粒的位相差增大，从而演变为大角亚晶界甚至大角晶界。大角晶界能量高，容易迁移，晶界迁移的结果使掠过的小区域内储存能完全释放，留下无畸变的晶体成为再结晶的核心。

② 亚晶蚕食形核 冷变形量很大或层错能低的金属，容易以亚晶蚕食的方式形成再结晶核心，如图 5-52(b) 所示。变形量很大的低层错能金属，位错密度很高。位错密度很大的小区域，通过位错的攀移和重新分布，形成位错密度很低的亚晶。低位错密度的亚晶，向高位错密度区域生长，亚晶界的位错密度逐渐增大，亚晶与周围形变基体的取向差逐渐变大，最终由小角度晶界演变成能量高、易于移动的大角亚晶界。大角亚晶界迁移的结果，留下无畸变的晶体，继而成为再结晶的核心。

③ 晶界弓出形核 冷变形量较小的金属，位错密度较低，难以形成大量的位错胞，不能通过亚晶合并或亚晶蚕食的方式形成再结晶核心。冷变形量较小的金属，变形量不均匀，相邻晶粒的位错密度可以相差很大。晶界的一小段会由低位错密度区向高位错密度区突然弓出，一旦弓出部分超过了半球形，晶核即可自动长大，如图 5-52(c) 所示。

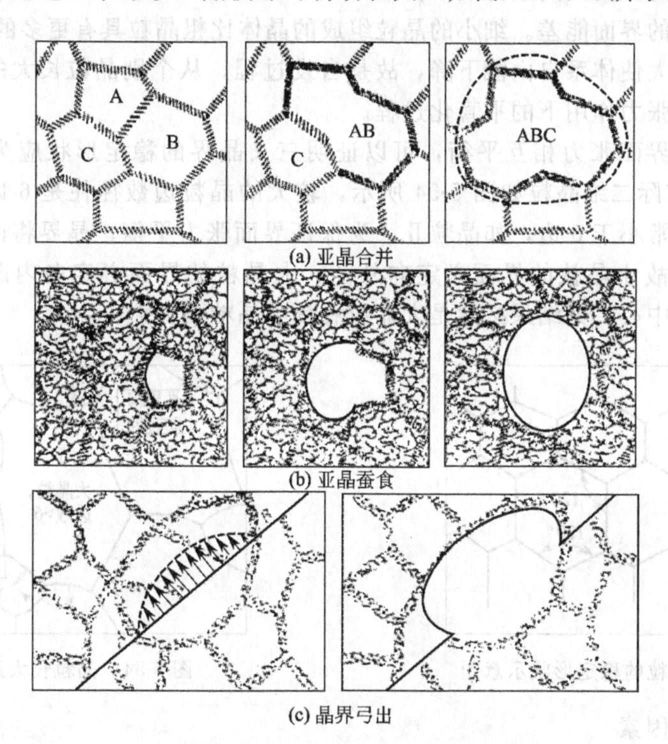

(a) 亚晶合并

(b) 亚晶蚕食

(c) 晶界弓出

图 5-52 三种再结晶形核机制示意图

(2) 再结晶的晶核长大

再结晶晶核形成以后，核心内部由于冷变形而储存的能量得以释放，界面便继续向周围存在变形储存能的基体中迁移，迁移的驱动力依然是储存能，在晶核长大过程中储存能不断释放。由于各处储存能分布的不均匀，储存能高的地方晶界运动驱动力大，迁移速度较快；储存能低的地方驱动力小，迁移速度也较慢，从而使界面总是参差不齐并且呈锯齿状。再结晶晶核的长大过程，直到各晶粒界面彼此接触，旧的形变晶粒全部被新生的再结晶晶粒所取代，最终形成无畸变的等轴晶粒。

(3) 再结晶温度

冷变形金属中能够发生再结晶的最低温度，称为理论再结晶温度。通常规定，经较大冷变形（变形量大于70%）的金属，在1h的退火时间内，能够完成95%体积分数的再结晶所对应的退火温度，称为实际再结晶温度。通常所说的再结晶温度，即为这种实际再结晶温度。工业上还常用材料的熔点来估算再结晶温度，经验式为：

$$T_{再} \approx (0.35 \sim 0.40) T_{熔} (\mathrm{K})$$

5.4.4 再结晶后的晶粒长大

在正常条件下，再结晶结束后的初始晶粒往往是比较细小的等轴晶粒。如果继续升温或保温，这些无畸变的等轴晶粒会继续长大。如果晶粒均匀连续地生长，叫做正常长大；如果晶粒长大不均匀，只是少数晶粒迅速长大，称为异常长大，异常长大又叫二次再结晶。

5.4.4.1 正常长大

(1) 长大机制

再结晶完成后，新的等轴晶粒完全接触，形变造成的储存能已完全释放。但晶粒在更高的加热温度或更长的保温时间条件下，仍然可以继续长大。晶粒长大的驱动力，整体上看，是晶粒长大前后总的界面能差。细小的晶粒组成的晶体比粗晶粒具有更多的晶界，故界面能高，所以细晶粒长大使体系自由能下降，故是自发过程。从个别晶粒长大的微观过程来说，是弯曲晶界在界面张力作用下的平直化过程。

由于晶界处的界面张力相互平衡，可以证明三叉晶界的稳定形状应为120°角的晶界，如图5-53所示。实际二维晶粒如图5-54所示，较大的晶粒边数往往是6以上，如晶粒Ⅰ；较小的晶粒边数常常小于6边，如晶粒Ⅱ。为保证界面张力平衡，晶界将由弯曲变为平直，晶界角应为120°，故小晶粒的界面必定向外凸，大晶粒的界面必定向内凹。晶界迁移时，移动方向指向曲率中心，其结果必然是大晶粒吞食小晶粒而长大。

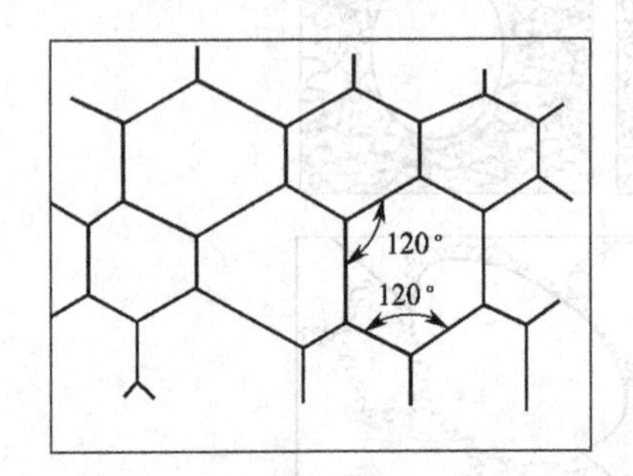

图5-53 晶粒的稳定形状示意图

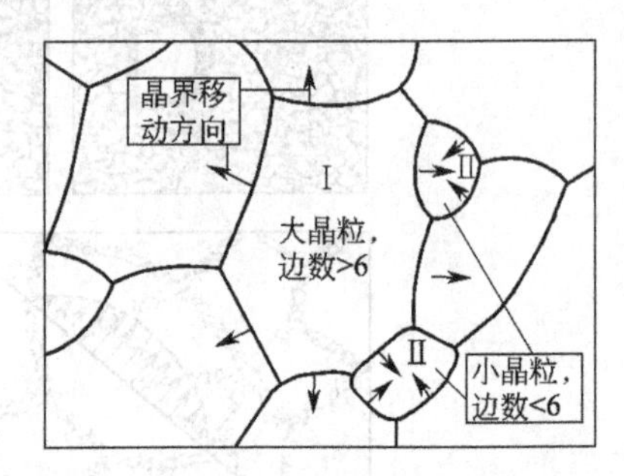

图5-54 晶粒长大示意图

(2) 长大影响因素

由于正常长大是靠晶界迁移来进行的，因此凡是影响晶界移动的因素都会影响晶粒长大。一般情况下不希望晶粒粗化，因而必须适当控制某些影响晶粒长大的因素。

① 温度 退火温度是影响晶粒长大的最主要因素。退火温度越高，晶界越易被热激活，其迁移速度随温度升高而急剧增大。因此，温度升高会显著增加晶粒的长大速度。

② 第二相粒子 第二相粒子对晶界的迁移具有钉扎作用，可降低晶粒长大速度。第二相粒子数量越多、越细小，对晶界运动的阻碍作用越大。目前，利用第二相粒子阻碍高温下金属晶粒长大的方法，已广泛应用于许多金属材料中。

③ 微量溶质原子 由于晶界能量较高，对某些杂质或溶质具有吸附作用，这些偏聚在

晶界的杂质或溶质原子，起到拖曳位错运动的作用，对晶界的移动形成阻力。

④ 晶粒间位向差 在一般情况下，晶界能较高时其迁移速率也较大，而晶界能与相邻晶粒间的位向差有关。一般小角度晶界或具有孪晶位向的晶界，因其晶界能比普通的大角度晶界低，可表现出很小的迁移率，而大角晶界的迁移率则较大。

⑤ 表面热蚀沟 金属在高温下长时间加热时，晶界与金属表面相交处为了达到表面张力平衡，将会通过表面扩散产生如图 5-55 所示的表面晶界沟槽，或称为热蚀沟。若晶界迁移离开热蚀沟，其长度便要增加，进而引起晶界总能量增加。显然，热蚀沟的存在为晶界移动增加了约束力。当热蚀沟约束晶界移动的阻力等于晶界能提供的晶界移动驱动力时，晶界就被扎钉在热蚀沟处，使薄板中的晶粒尺寸达到极限而不再长大。

5.4.4.2 异常长大

前述的再结晶完成后的正常长大过程是均匀、连续地长大，晶粒长大的速率基本相近。但在某些情况下，只是少数几个晶粒突发性、不连续地长大，这种长大称为异常长大，如图 5-56 所示。由于其过程好像又再次发生了再结晶，因此也称为二次再结晶。

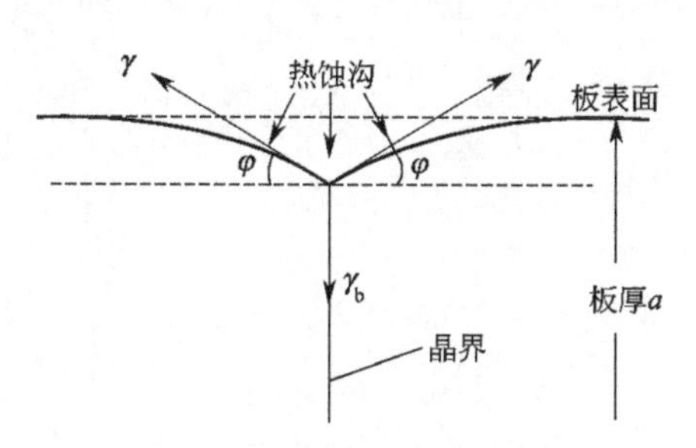

图 5-55 表面热蚀沟示意图

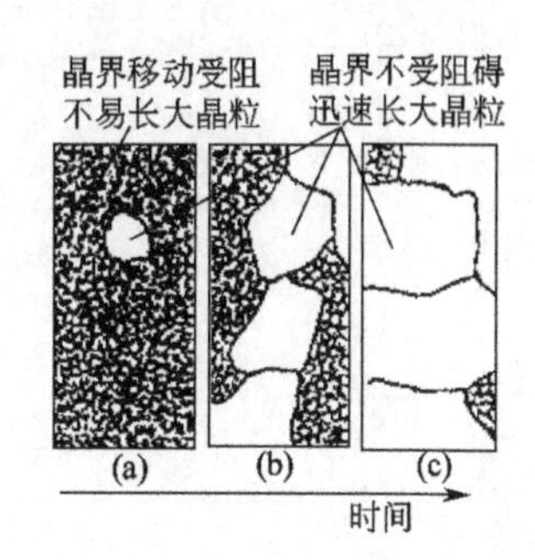

图 5-56 晶粒异常长大示意图

发生异常长大的主要原因，是组织中大多数晶粒的晶界迁移受到阻碍，只有少数晶粒的晶界迁移不受限制而迅速长大。阻碍晶界迁移的主要因素有：细小、弥散分布的第二相粒子，冷加工形成的变形织构及再结晶织构，热加工产生的热蚀沟等。

二次再结晶会形成非常粗大的晶粒及很不均匀的组织，不仅会降低材料的强度、塑性和韧性，还会增加再次冷加工工件的表面粗糙度，因此通常要尽可能避免发生二次再结晶；但有时为了某种特殊需要，如电工材料的硅钢片也可利用二次再结晶以获得粗大晶粒。

5.4.5 金属热塑性变形的组织与性能

金属热加工时可通过大量塑变，来明显改善铸锭组织。如使气泡焊合，粗大铸态组织细化，改善夹杂物及脆性相的形态与分布，部分消除偏析，从而改善了组织，增加了材料的致密度，提高了力学性能。

热加工之后，在工件磨光、浸蚀的剖面上，可看到沿变形方向分布的、形态呈纤维状的“加工流线”（图 5-57）。利用加工流线的各向异性，有利于提高热锻吊钩、曲轴等零件的性能。

低碳钢热轧时，铁素体和珠光体沿加工方向呈层片平行交替的组织形貌，称为“带状组织”(图 5-58)，使性能产生明显的方向性，特别是横向的塑性变差。可通过正火或高温扩散退火加正火，来改善或消除“带状组织”。

正常热加工可使晶粒细化，但变形不均匀时，变形量处在临界变形度的部位，锻后晶粒特别粗大，变形量很大的地方易出现二次再结晶，导致晶粒异常粗大。终锻温度过高、锻后冷却过慢都会造成晶粒粗化，使组织性能变坏。因此对无相变的合金，或热变形后不进行热处理的钢件，应对热加工过程认真进行控制，以获得细小均匀的晶粒。

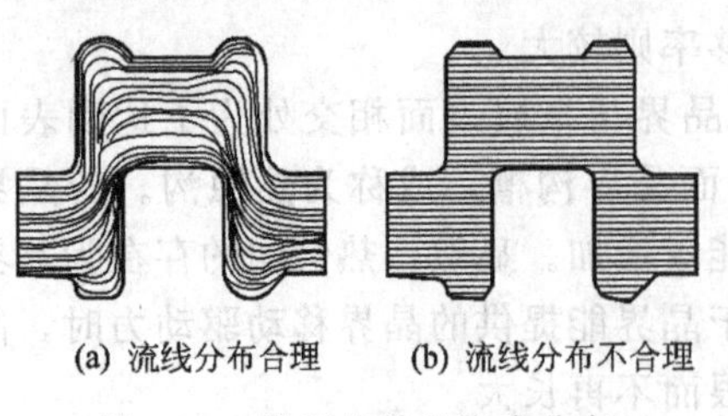

图 5-57　锻钢曲轴的流线分布

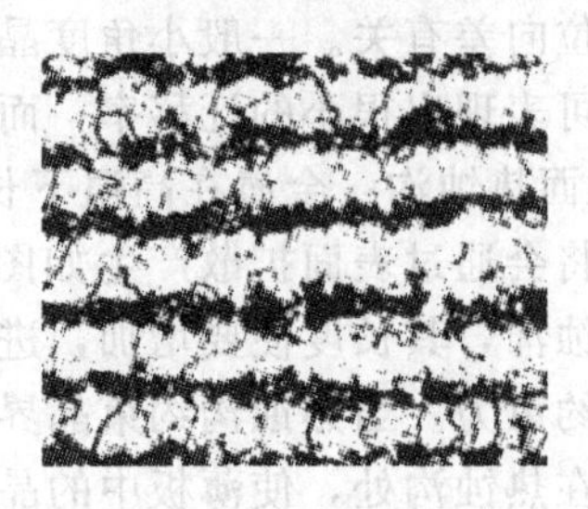

图 5-58　亚共析钢的带状组织

第6章 钢铁材料

钢铁材料是钢和铸铁的总称，泛指各种黑色金属材料。

工业用钢按化学成分分为碳素钢和合金钢两大类。碳素钢（简称碳钢）除铁、碳元素之外，还有少量的锰、硅、硫、磷等杂质元素。由于碳钢具有较好的力学性能和工艺性能，并且产量大、价格较低，已成为机械工程上应用最广泛的金属材料。合金钢是为了改善和提高碳钢的性能或是使之获得某些特殊性能，在碳钢的基础上，特意加入某些合金元素而得到的钢种。由于合金钢具有比碳钢更优良的特性，因此合金钢的用量比率在逐年增大。

与钢相比，铸铁含碳、硅、硫、磷较多，其强度、塑性、韧性较差，不能锻轧成形。但铸铁具有优良的铸造性能，良好的减摩性、消震性和切削加工性，以及低的缺口敏感性等一系列优点，且生产简便、成本低廉。因此，铸铁在机械工程中得到广泛应用。

6.1 钢铁材料的分类

6.1.1 钢的分类

钢的分类通常采用以下几种方法。

(1) 按用途分类

按用途可将钢分类为结构钢、工具钢和特殊性能钢。

结构钢又可分为建筑及工程用结构钢（包括碳素结构钢、低合金高强度结构钢）和机器制造用结构钢（主要包括渗碳钢、调质钢 、弹簧钢及滚动轴承钢等）。

工具钢按用途不同可分为刃具钢、模具钢、量具钢。

特殊性能钢可分为不锈钢、耐热钢、耐磨钢等。

(2) 按化学成分分类

按化学成分分类，可把钢分为碳素钢及合金钢。碳素钢按含碳量可分为低碳钢（碳含量＜0.25％）、中碳钢（碳含量＝0.25％～0.60％）、高碳钢（碳含量＞0.60％）。合金钢按所含合金元素的种类可分为锰钢、铬钢、硼钢、硅锰钢、铬镍钢等；也可按合金元素总含量分为低合金钢（合金元素含量＜5％）、中合金钢（合金元素含量为5％～10％）、高合金钢（合金元素含量＞10％）。

(3) 按质量等级分类

按有害杂质硫、磷的含量，可将钢分为普通钢（硫含量≤0.05％，磷含量≤0.045％）、优质钢（硫、磷含量均≤0.035％）、高级优质钢（硫、磷含量均≤0.025％）。

6.1.2 铸铁的分类

（1）根据碳在铸铁中的存在形式分类

① 白口铸铁　碳全部以渗碳体的形式存在于铸铁中，因断口呈银白色，故称白口铸铁。其性能硬而脆，难以切削加工，所以很少直接用来制造各种零件。

② 灰口铸铁　碳全部或大部分以游离态的石墨形式存在于铸铁中，其断口呈暗灰色，故称灰口铸铁，这也是广义的灰口铸铁。工业上常用的铸铁即为此类灰口铸铁。

③ 麻口铸铁　碳一部分以石墨形式存在，另一部分以渗碳体形式存在。它是一种白口和灰口相间的组织，由于硬脆性较大，工业上也很少应用。

（2）根据铸铁中石墨的形态分类

① 灰口铸铁（简称灰铸铁）　铸铁中的石墨全部或大部分以片状形式存在。这类铸铁的力学性能不高，如强度和韧性较低。但生产工艺简单、价格低廉，可通过孕育处理提高其力学性能，故应用十分广泛。

② 球墨铸铁（简称球铁）　铸铁中的石墨全部或大部分呈球粒状。它的力学性能高于灰铸铁，而且能通过热处理来强化其基体组织，进一步提高力学性能。所以它的应用日益广泛。

③ 可锻铸铁　铸铁中的石墨全部或大部分为团絮状。其强度与灰铸铁相近，但韧性和塑性比灰铸铁高。

④ 蠕墨铸铁　铸铁中的石墨全部或大部分呈蠕虫状。它兼有灰铸铁和球铁的某些优点，因此工程应用日益广泛。

⑤ 特种铸铁　具有耐热、耐蚀、耐磨等特殊性能的铸铁。

6.2 钢的热处理

钢的热处理是指将钢在固态范围内进行加热、保温和冷却，以改变钢的内部组织，从而获得所需要性能的一种工艺。钢的最基本热处理工艺是淬火、回火、退火和正火。

6.2.1 钢的淬火

淬火是将钢加热到临界温度 A_{c3} 或 A_{c1} 以上保温一定时间，然后以大于临界冷却速度 V_c 的冷速进行连续冷却，或冷却至一定温度保温，以获得马氏体或下贝氏体的热处理工艺。

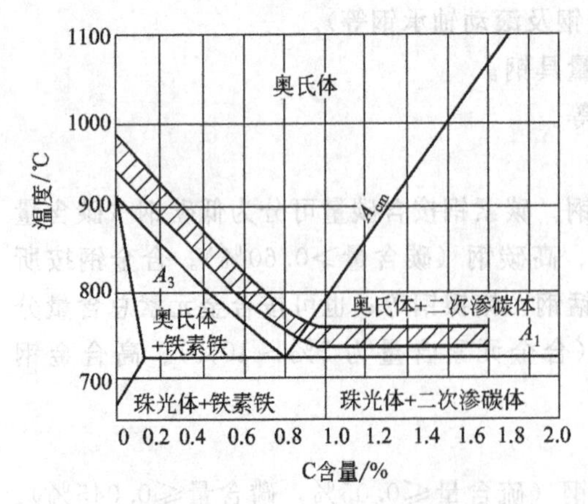

图 6-1　碳钢的淬火温度范围

6.2.1.1 钢的淬火工艺

（1）淬火加热温度的确定

碳钢的淬火温度范围如图 6-1 所示。

对碳钢而言，亚共析钢适宜的淬火加热温度一般为 A_{c3} +（30～50）℃，淬火后的组织为均匀的马氏体。如果淬火加热温度低于 A_{c3}，则淬火组织中将保留自由铁素体，使钢淬火后达不到预期的硬度，并产生软点。

经过预先球化处理的共析钢和过共析钢，适宜的淬火温度应为 A_{c1} +（30～50）℃，淬火后的组织为隐针马氏体和粒状的二次渗碳体。由于渗碳体的硬度比马氏体高，故二次渗碳体的存在能增加钢的硬度和耐磨性。并且由于降低了奥氏体中的碳含量，可以改变马氏体的形态，增加板条状马氏体的数量，从而降低其脆性。此外还可减少淬火后残余奥氏体的数量，有利于硬度的提高。反之如果加热温度高于 A_{ccm}，淬火后得到粗针状马氏体和较多的残余奥氏体，致使淬火钢的硬度降低，脆性增加。

(2) 加热保温时间的确定

加热保温时间包括工件透热时间和组织转变所需的时间。保温时间取决于钢的成分、工件尺寸和形状、装炉量、加热方法等因素。可由经验公式或实验加以确定。

(3) 淬火冷却介质

淬火的冷却速度必须大于 V_c。根据图 6-2 所示的 C 曲线，要获得马氏体组织，并不需要整个冷却过程中都进行快速冷却，关键是在 C 曲线的鼻尖温度区内必须快冷。在此温度以上，特别在鼻尖温度以下、M_s温度以上的区域并不希望快冷，以免热应力和组织应力过大，导致工件变形和开裂。

在 650～500℃区间，盐水和碱水的冷却能力最大，其次是水。这些介质的不足是 200～300℃ 区间冷速仍较大，不利于减小变形开裂；高温区间冷却能力不够强也是水的另一缺点。油在低温区冷却速度合适，但在高温区冷却能力很低。可见都不是理想的淬火介质。

实际生产中应根据钢种的特性来选择淬火介质，如碳钢的过冷奥氏体稳定性差，临界冷却速度大。可采用冷却能力较强的介质，如水、盐水；合金钢的临界冷却速度小，可采用比较缓和的淬火介质，如油。

工业上常以盐浴和碱浴作为分级淬火和等温淬火的介质，用来处理形状复杂、尺寸较小和变形要求严格的工具类零件。

此外，目前在工业上还应用 NaOH 水溶液、氯化钙水溶液以及有机聚合物（如聚乙烯醇、聚醚等）水溶液作为淬火冷却介质，均得到良好的效果。近年来国内外研究了多种新型淬火介质，它们兼有水和油的优点，有的还可调节冷却能力。

6.2.1.2 淬火方法

工业上常用的淬火方法有单液淬火、双介质淬火、马氏体分级淬火和贝氏体等温淬火等，如图 6-2 所示。

(1) 单液淬火

钢件奥氏体化后，在一种介质（如水、油等）中冷却，这种方法称为单液淬火，通常只适用于形状简单的淬火件。淬透性小的钢件在水中淬火，淬透性较高的合金钢工件及尺寸小的碳钢件（直径小于 6mm）在油中淬火。这种淬火方法操作简单，易于实现机械化和自动化；但其缺点是水淬容易变形、开裂，油淬容易产生硬度不足或硬度不均匀等现象。

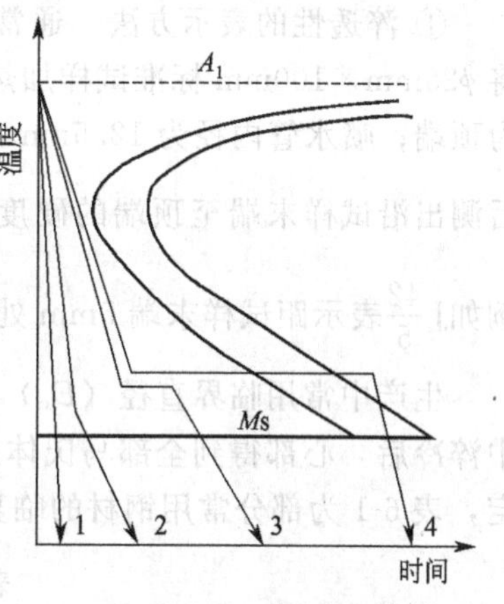

图 6-2 共析钢 C 曲线及不同淬火方法示意图

1—单液淬火；2—双介质淬火；3—马氏体分级淬火；4—贝氏体等温淬火

(2) 双介质淬火

钢件奥氏体化后，先浸入一种冷却能力强的介质，在钢件还未冷却到该淬火介质温度之前即取出，马上浸入另一种冷却能力弱的介质中冷却，这种方法称双介质淬火。最常见的是先水后油，即水淬油冷。这种方法的淬火应力小，减小了变形和开裂的可能性，但操作复杂，主要用于形状比较复杂的碳素钢（特别是高碳钢）淬火件。

(3) 马氏体分级淬火

马氏体分级淬火，是先将奥氏体化后的钢件浸入温度稍高或稍低于 M_s 点的液态介质（盐浴或碱浴）中，保持适当时间，待钢件的表层和心部都达到介质温度后取出空冷，以获得马氏体组织的淬火工艺。控制分级淬火工艺的关键，是保证分级盐溶的冷速一定要大于临界冷速。这种淬火方法比双介质淬火更有效地减小热应力和组织应力，避免变形和开裂。但由于盐浴或碱浴的冷却能力较小，分级淬火只适用于截面尺寸较小的工件，例如直径不大于10～12mm 的碳钢淬火件，以及直径不大于 20～30mm 的合金钢淬火件。

(4) 贝氏体等温淬火

将奥氏体化的钢件快冷到贝氏体转变温度区间（260～400℃）保温，使奥氏体转变为下贝氏体的淬火工艺，称为贝氏体等温淬火。与其它淬火方法相比，经该法处理后的工件，在获得相同的硬度时可获得更高的塑性和韧性，而且淬火应力也大大降低，更有效地减少了变形和开裂。该方法适用于形状复杂和精度要求较高的小型工件，如弹簧、齿轮、丝锥等。

6.2.1.3 钢的淬透性和淬硬性

(1) 钢的淬透性

淬透性是指钢在淬火时获得马氏体的能力，它是钢材本身固有的属性。一般规定，以工件表面至半马氏体区（50%马氏体组织和 50%非马氏体组织的区域）的距离为淬透层深度。在规定条件下，淬透层深度越大，钢的淬透性越好。结构钢淬透层深度的测量，通常以半马氏体区的硬度为基准。但要特别注意，淬透性和淬透层深度并非同一概念，钢的淬透性乃是钢材本身固有的性质，与外界因素无关；而工件的淬透层深度除取决于钢材的淬透性之外，还与采用的冷却介质、工件尺寸等外部因素有关。如果工件的中心在淬火后获得了 50%以上的马氏体，则可认为该工件已经全部淬透。

钢的淬透性主要决定于奥氏体的稳定性。过冷奥氏体越稳定，临界冷却速度则越小，钢的淬透性也就越好。因此，凡是影响过冷奥氏体稳定性的因素，均影响钢的淬透性。

① 淬透性的表示方法　通常用末端淬火法来测定碳素结构钢和合金结构钢的淬透性。将 ϕ25mm×100mm 标准试样加热后，垂直悬挂在喷水装置上冷却；近水端为末端，悬挂端为顶端；喷水管内径为 12.5mm，水柱自由高度 65mm，出水端距试样端面 12.5mm。冷却后测出沿试样末端至顶端的硬度值，将硬度值整理成淬透性曲线。淬透性表示为 $J\frac{HRC}{d}$，例如 $J\frac{42}{5}$ 表示距试样末端 5mm 处的试样硬度值为 HRC42。

生产中常用临界直径（D_c）法来测定钢的淬透性。所谓临界直径是指钢材在某种介质中淬冷后，心部得到全部马氏体或 50%马氏体组织时的最大直径。临界直径可通过试验确定，表 6-1 为部分常用钢材的临界直径。

表 6-1　部分常用钢材的临界直径

钢　号	半马氏体硬度 HRC	20～40℃水 D_c/mm	40～80℃矿物油 D_c/mm
45	42	13～16.5	5～9.5
60	47	11～17	6～12
T10	55	10～15	<8
40Cr	44	30～38	19～28
60Si2Mn	52	55～62	32～46
38CrMoAlA	44	100	80
18CrMnTi	37	22～35	15～24

② 淬透性的工程意义 淬透性不同的钢材淬火后，沿截面的组织和力学性能差别很大。经高温回火后，完全淬透的钢整个截面为回火索氏体，力学性能较均匀。未淬透的钢虽然整个截面上的硬度接近一致，但由于内部为片状索氏体，强度较低，冲击韧性更低。因此淬透性越低，钢的综合力学性能越差。

截面较大或形状较复杂以及受力情况特殊的重要零件，要求截面的力学性能均匀一致，应选用淬透性好的钢。而承受扭转或弯曲载荷的轴类零件，外层受力较大，心部受力较小，可选用淬透性较低的钢种，只要求淬透层深度为轴半径的1/3～1/2即可，既满足了性能要求，又降低了成本。

截面尺寸不同的工件，实际淬透深度是不同的。截面小的工件，表面和中心的冷却速度均可能大于临界冷速V_c，可以完全淬透。截面大的工件只可能表层淬硬，截面更大的工件甚至连表面都难以淬硬。这种随工件尺寸增大而热处理强化效果逐渐减弱的现象，称为"尺寸效应"，在设计中必须予以注意。

(2) 钢的淬硬性

钢在理想条件下进行淬火所能达到的最高硬度，称为钢的淬硬性。它主要取决于马氏体的含碳量，含碳量越高，硬度亦越大。应该特别指出，淬透性和淬硬性是两个不同的概念。淬透性好的钢不一定淬硬性也好，反之，淬硬性好的钢其淬透性也未必高。例如3Cr2W8V为含碳0.3%的高合金模具钢，其淬透性极好，但由于含碳量不高，因此在1000～1050℃油淬后的硬度仅达HRC50左右。

6.2.2 钢的回火

钢件淬硬后，再加热至A_{c1}以下某一温度保温一定时间，然后冷却到室温的热处理工艺称为回火。

大多数情况下，钢件淬火之后脆性大，不宜直接使用，必须进行回火。回火的主要目的是消除淬火时产生的残余内应力，提高材料的韧性，获得强度、韧性配合良好的综合力学性能；获得较为稳定的组织，在使用过程中钢的组织不发生变化，以保证工件的尺寸稳定性。

6.2.2.1 淬火钢在回火时的组织转变

随着回火温度的升高，淬火高碳钢的组织发生以下四个阶段的变化。

(1) 马氏体的分解

淬火钢在100℃以下回火时，内部组织的变化并不明显，硬度基本上也不下降。当回火温度大于100℃时，马氏体开始分解。马氏体中的碳以ε-碳化物（Fe_xC）的形式析出，使过饱和度减小，变成立方马氏体。ε-碳化物是极细的并与母相保持共格的薄片。这种在过饱和立方马氏体母相上分布着共格ε-碳化物的组织称为回火马氏体，其硬度比淬火后略有下降。

(2) 残余奥氏体的转变

回火温度在200～300℃时，将发生残余奥氏体的转变。由于马氏体分解为回火马氏体，引起正方度下降，并降低了对残余奥氏体的压力，使残余奥氏体转变为回火马氏体或下贝氏体。残余奥氏体从200℃开始分解，到300℃基本完成，得到的下贝氏体并不多，所以此阶段的主要组织仍为回火马氏体。此时硬度有所下降。

(3) 碳化物类型的转变

回火温度在250～400℃阶段，碳原子的扩散能力增加，过饱和固溶体很快转变为铁素体。同时亚稳定的ε-碳化物也逐渐转变为稳定的渗碳体，并与母相失去共格联系，淬火时晶格畸变引起的内应力大大消除。此阶段到400℃时基本完成，形成由尚未再结晶的铁素体和与母相非共格关系的细颗粒状渗碳体组成的混合组织，称回火屈氏体。此时硬度继续下降。

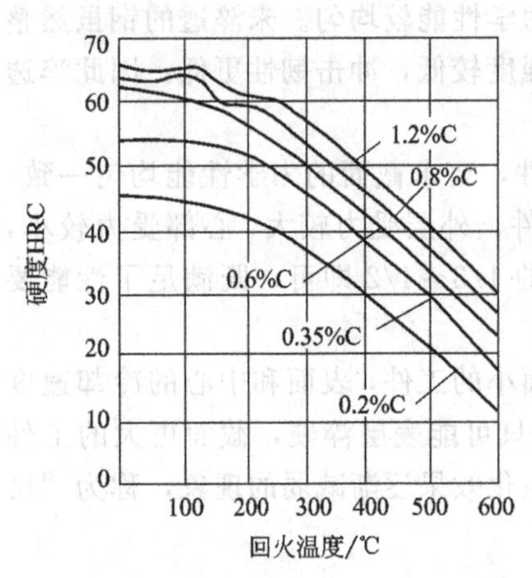

图 6-3 钢的硬度随回火温度的变化曲线

（4）渗碳体的聚集长大和铁素体的回复与再结晶

回火温度达到 400℃以上时，渗碳体逐渐聚集长大，形成较大的粒状渗碳体，到 600℃以上时，渗碳体迅速粗化。同时，在 450℃以上铁素体开始回复和再结晶，失去针状形态而成为多边形铁素体。这种由多边形铁素体和粒状渗碳体组成的混合物，称为回火索氏体。图 6-3 为钢的硬度随回火温度的变化曲线。

6.2.2.2 回火的分类及应用

根据回火温度和钢件所要求的力学性能，工程上一般将回火分为三种。

（1）低温回火（250℃以下）

回火后的组织为回火马氏体，不仅降低了淬火内应力、提高了韧性，而且基本上保持了淬火后的高硬度（一般为 HRC58～64）和高耐磨性。主要用于处理各种高碳工具钢、模具、滚动轴承以及渗碳和表面淬火的零件。

（2）中温回火（350～500℃）

回火后的组织为回火屈氏体。回火屈氏体的硬度一般为 HRC35～45，具有较高的弹性极限和屈服点，屈强比（σ_s/σ_b）较高，一般能达到 0.7 以上，同时也具有一定的韧性，主要用于处理各种弹性元件。

（3）高温回火（500～650℃）

高温回火得到回火索氏体组织。其综合力学性能优良，在保持较高强度的同时，具有良好的韧性和塑性。硬度一般为 HRC25～35。

工业上通常将各种结构钢件淬火及高温回火的复合热处理工艺，称为调质处理。它广泛用于要求综合力学性能优良的各种机器零件，如轴、齿轮、连杆和高强度螺栓等。

6.2.3 钢的退火和正火

（1）退火

将金属或合金加热到适当温度保持一定时间，然后缓慢冷却（通常炉冷）的热处理工艺称为退火。根据不同的处理目的和性能要求，常用的退火工艺有完全退火、等温退火、球化退火、扩散退火和去应力退火等。各种退火的加热温度范围及工艺曲线如图 6-4 所示。

① 完全退火　完全退火是将钢加热至 A_{c3} 以上 30～50℃，完全奥氏体化保温后缓慢冷却（随炉或埋入石灰中冷却），以获得接近平衡组织的热处理工艺。其目的是细化组织、降低硬度、改善切削加工性能和消除内应力，主要用于亚共析碳钢及合金钢的铸件、锻件及热轧型材，过共析钢不宜采用。

② 等温退火　等温退火是将钢件加热到 A_{c3} 以上 30～50℃（亚共析钢）或 A_{c1} 以上 20～40℃（共析钢和过共析钢），保持适当时间后，较快地冷却到珠光体温度区间的某一温度并保持等温，使奥氏体转变为珠光体型组织，然后空冷的退火工艺。其目的和完全退火相同，但能大大缩短退火时间，提高生产率并获得均匀的组织和性能，主要用于处理大型铸锻件及冲压件等。

③ 球化退火　球化退火是使钢中碳化物球状化的热处理工艺。主要用于过共析钢和共

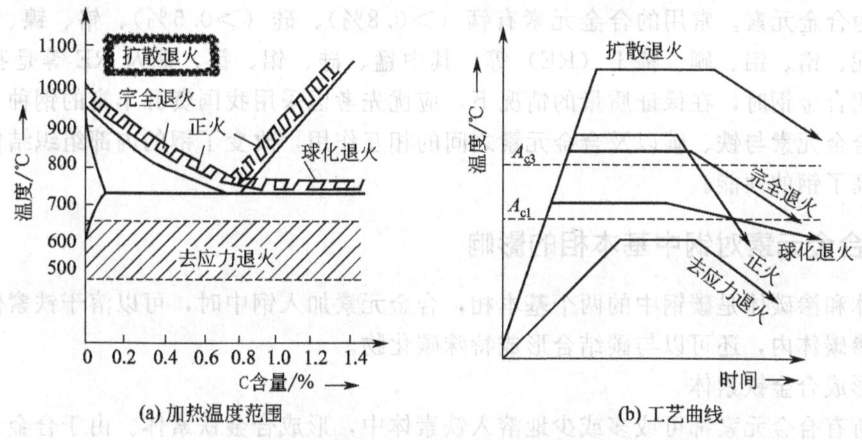

图 6-4 碳钢各种退火的工艺规范示意图

析钢，目的是使二次渗碳体及珠光体中的片状渗碳体球状化，从而降低硬度，改善切削加工性能，并为后续的淬火处理作组织准备。

球化退火前必须先进行正火，将组织中的网状渗碳体消除，以保证球化退火后的组织中所有的渗碳体球状化。球化退火工艺是将过共析钢加热到 A_{c1} 以上20～30℃，目的是保留较多的未溶碳化物粒子，或者使奥氏体中有较大的碳浓度分布的不均匀性，以促使球状碳化物的形成。图 6-5 为 T12 钢球化退火后的显微组织，铁素体基体上均匀分布着球粒状渗碳体。

图 6-5 T12 钢球化退火后的显微组织

④ 扩散退火 为减少铸件或锻件的成分偏析和组织不均匀性，将其加热到 A_{c3} 以上150～200℃，长时间（10～15h）保温后缓慢冷却的热处理工艺，称为扩散退火。其目的是为了达到化学成分和组织的均匀化。扩散退火后工件的晶粒粗大，一般还要进行完全退火或正火。

⑤ 去应力退火 为了去除塑性变形、焊接等加工过程中形成的内应力以及铸件内的残余应力而进行的退火，称为去应力退火。去应力退火时，将钢件加热至低于 A_{c1} 的某一温度（一般为 500～650℃），保温后缓冷。去应力退火不发生相变，因此不改变钢材的内部组织。

（2）正火

将钢材或钢件加热到 A_{c3} 或 A_{ccm} 以上 30～50℃，保温适当的时间后在静止空气中冷却的热处理工艺，称为正火。

正火与退火相比，生产周期短，设备利用率高，还可提高钢的力学性能，因此得到广泛的应用。正火主要用于钢材及铸锻件的细化晶粒和改善组织（如消除魏氏组织、带状组织等缺陷），为最终热处理做组织准备；提高低碳钢的硬度，改善切削加工性能；用于过共析钢消除或破碎网状渗碳体，为球化退火做准备；某些受力不大、性能要求不高的结构件，可将正火作为最终热处理。

6.3 钢的合金化

为了改善钢的力学性能或获得某些特殊性能，在冶炼过程中有目的地加入一些元素，这些元素称为合金元素。常用的合金元素有锰（>0.8%）、硅（>0.5%）、铬、镍、钼、钨、钒、钛、铌、锆、铝、硼、稀土（RE）等。其中锰、硅、钼、钒、硼及 RE 等是我国富产元素。选用合金钢时，在保证质量的情况下，应优先考虑采用我国资源丰富的钢种。

由于合金元素与铁、碳以及合金元素之间的相互作用，改变了钢的内部组织结构，从而改善和提高了钢的性能。

6.3.1 合金元素对钢中基本相的影响

铁素体和渗碳体是碳钢中的两个基本相，合金元素加入钢中时，可以溶于铁素体内，也可以溶于渗碳体内，还可以与碳结合形成特殊碳化物。

（1）形成合金铁素体

几乎所有合金元素都可或多或少地溶入铁素体中，形成合金铁素体。由于合金元素与铁的晶格类型和原子半径有差异，从而引起铁素体晶格畸变，产生固溶强化。图 6-6 和图 6-7 为几种合金元素对铁素体的硬度和冲击韧性的影响。可见，当合金元素在铁素体中含量适当时，一般可以使钢得到强化，而并不降低韧性。

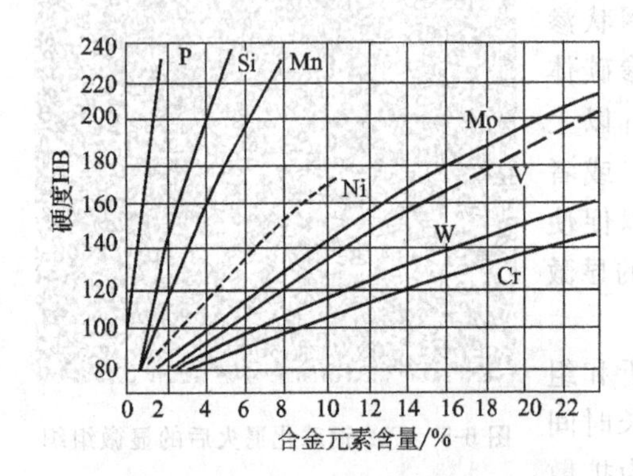

图 6-6 合金元素对铁素体硬度的影响

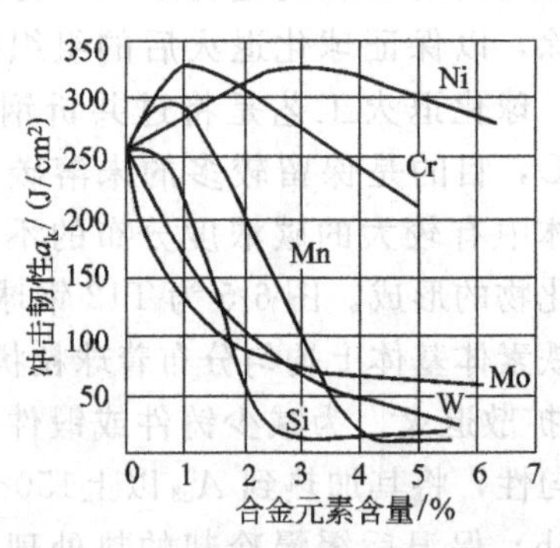

图 6-7 合金元素对铁素体冲击韧性的影响

（2）形成合金碳化物

在钢中能形成碳化物的元素有铁、锰、铬、钼、钨、钒、铌、锆、钛等（按与碳的亲和力由弱到强依次排列）。

锰是弱碳化物形成元素，与碳的亲和力略强于铁，它在钢中一般是溶入渗碳体，形成合金渗碳体 $(Fe,Mn)_3C$。

铬、钼、钨属于中强碳化物形成元素。当它们在钢中含量不多时（0.5%～3%），一般形成合金渗碳体，如 $(Fe,Cr)_3C$、$(Fe,W)_3C$ 等；当其含量较高（5%）时，倾向于形成特殊碳化物，如 Cr_7C_3、$Cr_{23}C_6$、MoC、WC 等。

铌、钒、锆、钛是强碳化物形成元素，即使其含量较少，也倾向于形成特殊碳化物，如 NbC、VC、ZrC、TiC。

合金渗碳体比渗碳体略为稳定，硬度也较高，是一般低合金钢中碳化物的主要存在形式。而特殊碳化物，特别是间隙相碳化物比合金渗碳体具有更高的熔点、硬度与耐磨性，并且更为稳定，是合金钢中的重要强化相。

6.3.2 合金元素对铁碳合金相图的影响

合金元素的加入，对铁碳合金相图的相区、相变温度、共析成分等都有影响。

合金元素会使奥氏体的单相区扩大或缩小。镍、锰、钴、碳、氮等元素的加入都会使奥氏体相区扩大，称为奥氏体稳定化元素，特别以镍、锰、钴的影响更大，如图 6-8(a) 所示。当锰、镍含量达到一定值时，有可能在室温下形成单相奥氏体钢。而铬、钼、硅、钨等元素使奥氏体相区缩小称为铁素体稳定化元素。图 6-8(b) 为铬对铁碳合金相图的影响。由图可见，当铬含量较高时，有可能在室温下形成单相铁素体钢。由于在高合金钢中可得到奥氏体钢或铁素体钢，而使钢具有某些特殊的性能，如耐酸不锈、耐热、耐低温、无磁等。

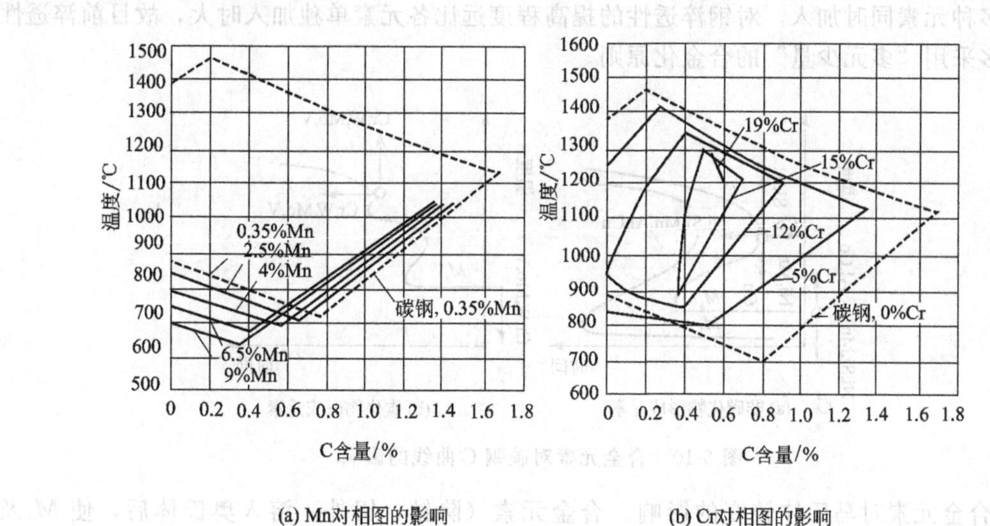

(a) Mn对相图的影响　　(b) Cr对相图的影响

图 6-8　合金元素对 Fe-C 合金相图的影响

钢中加入合金元素以后，共析转变温度也有提高或下降，如图 6-9(a) 所示。扩大奥氏体区的元素使 A_1 下降，而缩小奥氏体区的元素使 A_1 上升，且随合金元素含量的增加而显著变化。因此合金钢在热处理时的加热温度必须作相应的调整。

由图 6-9(b) 可见，几乎所有合金元素都使共析点碳含量降低，共晶点也有类似的规律，尤其以强碳化物形成元素的作用最强烈。在合金相图中 S 点及 E 点的左移，使钢中的组织与含碳量之间的关系发生变化。例如，含 0.3%C 的 3Cr2W8V 热模具钢已成为过共析钢，而碳含量不超过 1.0%的 W18Cr4V 高速钢，在铸态下已具有莱氏体组织。

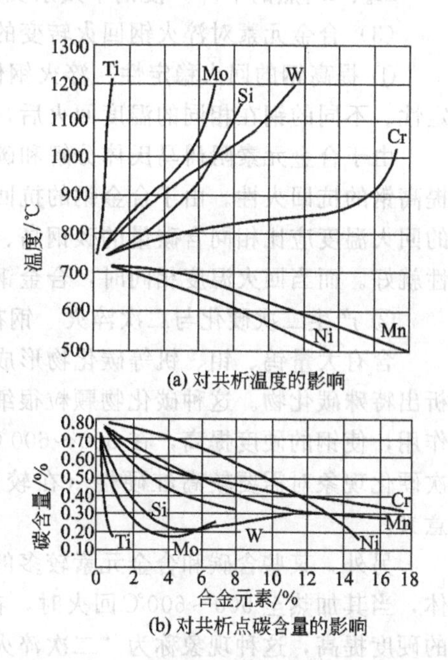

(a) 对共析温度的影响

(b) 对共析点碳含量的影响

图 6-9　合金元素对共析温度及共析点碳含量的影响

6.3.3 合金元素对热处理的影响

(1) 合金元素对钢加热转变的影响

合金元素的影响，一是改变奥氏体的形成速度，二是影响奥氏体的晶粒大小。

大多数合金元素（除镍、钴外）均减缓奥氏体化的过程。这是由于合金元素使碳和铁的扩散速度减慢，同时元素自身的扩散速度又远低于碳。因此，合金钢加热时需要更高的加热温度与更长的保温时间。

合金元素（除锰外）均不同程度地阻止奥氏体晶粒长大。因此，除锰钢外合金钢的重要优点之一是在加热时不易过热。

（2）合金元素对过冷奥氏体转变的影响

① 合金元素对过冷奥氏体等温转变的影响　合金元素（除钴外）溶入奥氏体后，均增大过冷奥氏体的稳定性，使C曲线右移，即提高了钢的淬透性（如图6-10所示），这是钢中加入合金元素的主要目的之一。提高淬透性的常用元素有钼、锰、铬、镍、硅、硼等。实践证明，多种元素同时加入，对钢淬透性的提高程度远比各元素单独加入时大，故目前淬透性好的钢多采用“多元少量”的合金化原则。

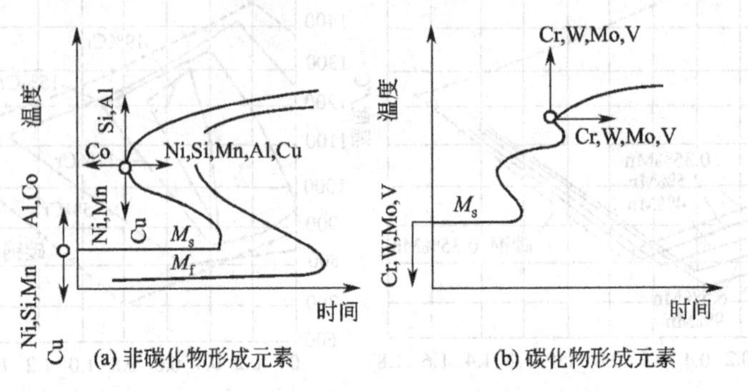

图6-10　合金元素对碳钢C曲线的影响

② 合金元素对马氏体转变的影响　合金元素（除钴、铝外）溶入奥氏体后，使M_s及M_f降低，其中锰、铬、镍作用较强。

M_s、M_f点的下降，使钢中残余奥氏体量增多，从而对钢的性能产生较大影响。

（3）合金元素对淬火钢回火转变的影响

① 提高钢的回火稳定性　淬火钢件回火时抵抗软化的能力称为抗回火性，又称回火稳定性。不同的钢在相同的温度回火后，强度、硬度下降越小，其抗回火性能力越强。

由于合金元素阻碍马氏体分解和碳化物聚集长大，使回火时的硬度降低过程变缓，从而提高钢的抗回火性。由于合金钢的抗回火性比碳钢高，若要得到相同的回火硬度时，合金钢的回火温度应比相同含碳量的碳钢高、回火的时间也长，内应力消除得充分，钢的塑性和韧性就好。而当回火温度相同时，合金钢的强度、硬度均比碳钢高。

② 产生二次硬化与二次淬火　钢在回火时出现硬度回升的现象，称为二次硬化。

含有大量钨、钼、钒等碳化物形成元素的淬火钢，当回火温度超过400℃以上时形成和析出特殊碳化物。这种碳化物颗粒很细且不易聚集，能有效地阻碍位错运动，产生弥散硬化作用，使钢的硬度提高，在500～600℃回火时出现“二次硬化”现象，如图6-11所示。二次硬化现象对需要较高红硬性（在较高温度下保持较高硬度的能力）的工具钢具有重要意义。

另外，某些含碳和合金元素较多的钢，如高速钢、高铬钢等，淬火后有较多的残余奥氏体，当其加热至500～600℃回火时，在冷却过程中有部分残余奥氏体转变为马氏体，使钢的硬度提高，这种现象称为“二次淬火”。二次淬火可提高高速钢制品的硬度、耐磨性和尺寸稳定性。

③ 回火脆性　淬火钢在某些温度区间回火或从回火温度缓慢冷却通过该温度区间时产生的脆化现象，称为回火脆性，如图6-12所示。

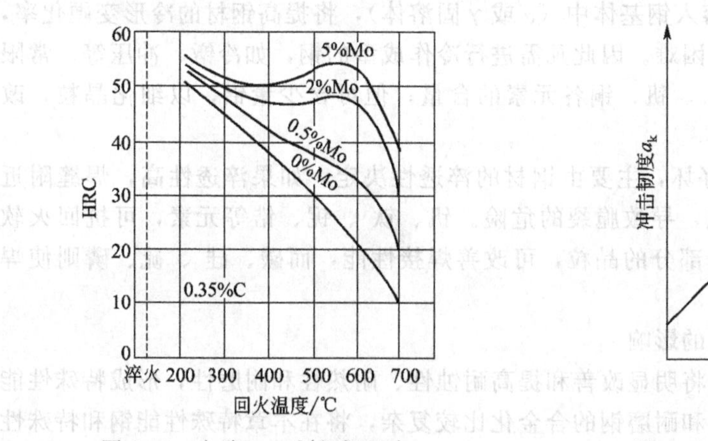

图 6-11 含碳 0.35%钼钢回火温度与硬度的关系曲线

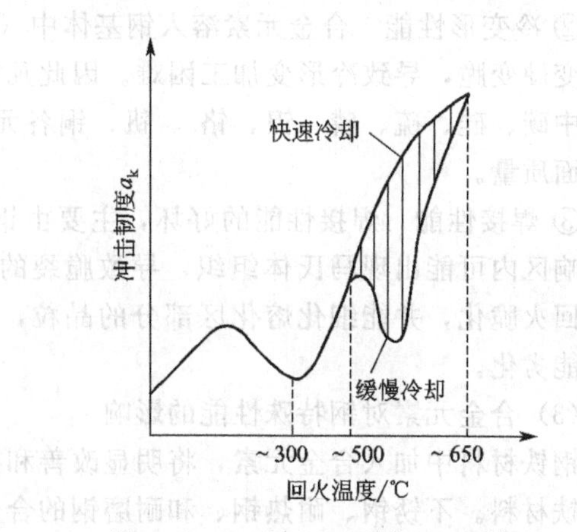

图 6-12 0.3%C-1.74%Cr-3.4%Ni钢的冲击韧性与回火温度的关系

回火脆性可分为第一类回火脆性和第二类回火脆性。淬火钢在300℃左右回火时产生的回火脆性称为第一类回火脆性。无论碳钢或合金钢，都可能发生这种脆性，并且与回火后的冷却方式无关。第一类回火脆性主要与回火时碳化物析出不良有关，这种回火脆性产生后无法消除。为了避免第一类回火脆性，一般不在250～350℃温度范围内回火，这就是前述的三种回火中不包括250～350℃温度段的主要原因。

含有铬、锰、铬-镍等元素的合金钢淬火后，在400～550℃温度区回火或者经更高温度回火后，以缓慢的冷速通过该温度区所产生的脆性，称为第二类回火脆性。它与Sb、Sn、P等杂质元素在原奥氏体晶界上偏聚有关。含铬、锰、镍等合金元素的合金钢，回火后缓慢冷却时，最容易发生这种偏聚。如果回火后快冷，杂质元素便来不及在晶界上偏聚，也就不易发生这类回火脆性。第二类回火脆性具有可逆性，当出现第二类回火脆性时，可将其加热至500～600℃经保温后快冷，即可消除回火脆性。对于不能快冷的大型结构件或不允许快冷的精密零件，应选用含有适量钼或钨的合金钢，能有效地减缓或防止第二类回火脆性。

6.3.4 合金元素对钢的性能的影响

(1) 合金元素对钢力学性能的影响

合金元素加入钢中，可通过固溶强化直接提高钢的强度，但作用有限。合金元素对钢力学性能的影响，更重要的是表现为一种间接作用，即通过对钢淬火及回火过程的影响而影响钢的力学性能。主要表现在合金元素加入钢中可提高钢的淬透性和抗回火性，从而保证钢在淬火时容易获得马氏体，以及回火时在相同韧性条件下具有更高的强度或在相同强度条件下获得更好的韧性。

此外，合金元素对钢的高温及低温力学性能也产生一定影响。如提高钢的高温强度、改变钢的韧-脆转变温度等。

(2) 合金元素对钢工艺性能的影响

① 切削加工性能　钢材的切削加工性能通常总是和力学性能相矛盾，越是强度高、韧性好的钢越难切削。除通过中间热处理改善切削性能之外，适当提高硫、锰的含量，通过钢中均匀分布的硫化锰夹杂物可改善切削性能。当切削工艺性能要求很高时，可专门在钢中加入适量的铅，并使它弥散、均匀分布在钢中，成为易切削钢。

② 冷变形性能　合金元素溶入钢基体中（α或γ固溶体），将提高钢材的冷形变硬化率，使钢变硬变脆，导致冷形变加工困难。因此凡需进行冷作成型的钢，如冷镦、冲压等，常限制钢中碳、硅、硫、磷、镍、铬 、钒、铜各元素的含量；但可含少量铝，以细化晶粒，改善表面质量。

③ 焊接性能　焊接性能的好坏，主要由钢材的淬透性决定，如果淬透性高，焊缝附近热影响区内可能出现马氏体组织，导致脆裂的危险。钒、钛 、铌、锆等元素，可抗回火软化或回火脆化，并能细化熔化区部分的晶粒，可改善焊接性能，而碳、硅 、硫、磷则使焊接性能劣化。

（3）合金元素对钢特殊性能的影响

钢铁材料中加入合金元素，将明显改善和提高耐蚀性、耐热性和耐磨性，形成特殊性能的钢铁材料。不锈钢、耐热钢、和耐磨钢的合金化比较复杂，将在本章特殊性能钢和特殊性能铸铁部分加以介绍。

6.4 碳素钢

6.4.1 概述

目前工业上使用的钢铁材料，碳钢占有重要的位置。常用的碳钢含碳量一般小于1.3%，强度和韧性均很好，同时具有良好的工艺性能，可以进行各种加工，因而用途非常广泛。只有一些受力较大、截面尺寸较大、要求较高的零件，碳钢不能满足使用要求时，才选用合金钢。

（1）钢中杂质元素的影响

除碳之外，碳钢中还有少量的锰、硅、硫、磷等冶炼时残留的杂质元素，它们对钢材质量有一定影响。

① 锰（<0.8%）和硅（<0.5%）的影响　锰和硅是在炼钢过程中由于脱氧而加入钢中的。一般认为它们是有益元素。这些元素能溶于铁素体中，对钢有一定的强化作用。锰还能与硫生成高熔点的MnS，减轻硫形成FeS-Fe共晶体带来的热脆倾向，改善钢的热加工性能。

② 硫、磷的影响　硫和磷主要是在炼钢时由矿石带进钢中的，一般认为硫和磷是有害元素。硫以FeS的形式存在于钢中，FeS与Fe能形成低熔点（985℃）的共晶体（FeS+Fe)，它低于钢材的热加工开始温度（1150～1200℃）。在热加工时，由于分布在晶界的共晶体已经熔化，从而导致加工时开裂，这种现象叫“热脆性”。为此，钢中含硫量应严格控制（≤0.05%）。而磷在钢中的溶解度达1.2%，能全部溶于铁素体内，使铁素体在室温的强度和硬度提高，但塑性和韧性却剧烈下降，即产生“冷脆性”。因此，钢中含磷量控制得比较严格，一般≤0.045%。

（2）碳钢的分类

碳钢按用途及质量可分为普通碳素结构钢、优质碳素结构钢和碳素工具钢。

6.4.2 普通碳素结构钢

（1）碳素结构钢的牌号表示方法

普通碳素结构钢的牌号由代表屈服点的字母Q，屈服强度值，质量等级符号及脱氧方法符号四个部分按顺序组成。例如Q235-A·F，其中“Q”为“屈”字的汉语拼音字首，“235”表示屈服强度为235MPa，“A”表示A级钢（质量等级分为A、B、C、D四个等，质量依次提高），“F”表示沸腾钢，若为半镇静钢则标注“b”，而镇静钢和特殊镇静钢可省略不注。所以Q235-A·F表示屈服强度为235MPa、质量为A级的沸腾钢。

(2) 普通碳素结构钢的成分、性能和用途

普通碳素结构钢能够确保力学性能符合标准规定，化学成分也符合一定要求。一般在供货状态下使用，但也可根据需要在使用前对其进行热加工或热处理。钢的牌号、化学成分、力学性能及应用列于表6-2。

表6-2 碳素结构钢的牌号、化学成分、力学性能（摘自GB/T 700—2006）及应用

牌号	质量等级	化学成分(质量分数)/%					脱氧方法	力学性能(不小于)		应用举例	相当旧牌号
		C	Mn	Si	S	P		钢材厚度≤16mm			
				不大于				σ_s/MPa	δ_s/%		
Q195	—	0.12	0.50	0.30	0.040	0.035	F、Z	195	33	地脚螺栓、铆钉、垫圈、冲压件及焊接件等	B1
Q215	A	0.15	1.2	0.35	0.050	0.045	F、Z	215	31		A2
	B				0.045						C2
Q235	A	0.22	1.4	0.35	0.050	0.045	F、Z	235	26	销、轴、螺栓、齿轮及焊接件，建筑结构、桥梁等的角钢、工字钢、槽钢、钢筋	A3
	B	0.20			0.045						C3
	C	0.17			0.040	0.040	Z				—
	D	0.17			0.035	0.035	TZ				—
Q275	A	0.24	1.5	0.35	0.050	0.045	F、Z	275	22	齿轮、刹车板、农机用钢	C5
	B	0.21				0.045	Z				
	C	0.22				0.040	Z				
	D	0.20				0.035	TZ				

虽然普通碳素结构钢的硫、磷含量以及金属夹杂物较多，但是由于容易冶炼、工艺性好、价格便宜，在力学性能上一般能满足普通机械零件及工程结构件的要求，因此用量很大，约占钢材总量的70%。

6.4.3 优质碳素结构钢

与碳素结构钢相比，优质碳素结构钢的硫、磷含量较低（S和P均≤0.035%），非金属夹杂物也较少，含碳量波动范围较小，故钢材的质量级别较高。因此，处理后的性能比较稳定。由于优质碳素结构钢一般都是在热处理后使用，所以上述成分特点保障了钢材在热处理后能够获得合格和稳定的性能。

(1) 优质碳素结构钢的牌号表示方法

优质碳素结构钢的钢号，用代表平均碳含量的两位数字表示，数字以钢中平均含碳量的0.01%为单位，45钢表示钢中平均含碳量为0.45%，08钢表示钢中平均含碳量为0.08%。如为沸腾钢，则在数字后加“F”，如08F等。

按含锰量不同，这类钢分为普通含锰量（0.35%～0.8%）和较高含锰量（0.7%～1.2%）两组。较高含锰量的一组，在钢号数字后加“Mn”，如15Mn、20Mn等。

(2) 优质碳素结构钢的成分、性能和用途

部分优质碳素结构钢的牌号、化学成分、力学性能和用途列于表6-3中。

表 6-3 部分优质碳素结构钢的牌号、化学成分、力学性能（摘自 GB/T 699—1999）**和用途**

牌号	化学成分(质量分数)/%					力学性能					应用举例
	C	Si	Mn	P	S	σ_b /MPa	σ_s /MPa	δ_s /MPa	ψ /%	A_k /J	
						不小于					
08F	0.05～0.11	≤0.03	0.25～0.50	≤0.035		295	175	35	60	—	冲压件、焊接件、紧固件，如螺栓、螺母垫圈、凸轮、滑块、活塞销等
10	0.07～0.14	0.17～0.37	0.35～0.65			335	205	31	55	—	
20	0.17～0.24	0.17～0.37	0.35～0.65			410	245	25	55	—	
35	0.32～0.40	0.17～0.37	0.50～0.8	≤0.035		530	315	20	45	55	连杆、曲轴、主轴、活塞销、表面淬火齿轮、凸轮等
40	0.37～0.45	0.17～0.37	0.50～0.8			570	335	19	45	47	
45	0.42～0.50	0.17～0.37	0.50～0.8			600	355	16	40	39	
55	0.52～0.60	0.17～0.37	0.50～0.8			6345	380		35	—	
60	0.57～0.65	0.17～0.37	0.70～1.00	≤0.035		675	400	12	35	—	轧辊、弹簧、钢丝绳、偏心轮等
65	0.62～0.70	0.17～0.37	0.70～1.00			695	410	10	30	—	
15Mn	0.12～0.19	0.17～0.37	0.70～1.00	≤0.035		410	245	26	55	—	凸轮轴、曲柄轴、活塞销、齿轮、滚动轴承的套圈等
20Mn	0.17～0.24	0.17～0.37	0.70～1.00			450	275	24	50	—	
35Mn	0.32～0.40	0.17～0.37	0.70～1.00	≤0.035		560	335	19	45	55	螺栓、螺母、曲轴、连杆、轴、啮合杆、齿轮等
40Mn	0.37～0.45	0.17～0.37	0.70～1.00			590	355	19	40	47	
45Mn	0.42～0.50	0.17～0.37	0.70～1.00			620	375	15	40	39	
60Mn	0.57～0.65	0.17～0.37	0.70～1.00	≤0.035		695	410	11	35	—	螺旋弹簧、板弹簧、弹簧垫圈、弹簧发条等
65Mn	0.62～0.70	0.17～0.37	0.70～1.00			735	430	9	30	—	

08F、10F 钢的含碳量低，塑性好，主要用来制造冷冲压零件。

15、20 钢强度较低，但塑性、韧性较高，焊接性能优良，可以制造各种受力不大但要求高韧性的零件、冷冲压件和焊接件。经过渗碳处理，还可用来制造表面要求耐磨并能承受冲击载荷的零件。

30、40、45、50 钢属于调质钢，经过调质处理后，具有良好的综合力学性能，主要用来制造齿轮、套筒、轴类等零件。这类钢在机械制造中应用广泛，其中以 45 钢最为常用。

60、65、70、75、80、85 钢属于弹簧钢，经过热处理后可获得高的弹性极限，主要用来制造弹簧等弹性零件及耐磨零件。

6.4.4 碳素工具钢

(1) 碳素工具钢的牌号表示方法

这类钢的编号是在“T”字后面附以数字来表示。“T”表示“碳”字的汉语拼音字首，后面的数字表示钢的平均含碳量，以 0.10% 为单位。较高含锰量的碳素工具钢在数字后标以“Mn”。高级碳素工具钢在牌号尾部加符号“A”。

(2) 碳素工具钢的成分、热处理、性能及用途

碳素工具钢的牌号、成分及用途见表 6-4。

表 6-4 碳素工具钢的牌号、成分（摘自 GB/T 1298—2008）**及用途**

牌号	化学成分(质量分数)/%			退火状态 HBW 不小于	试样淬火① HRC 不小于	用途举例
	C	Si	Mn			
T7 T7A	0.65～0.74	≤0.35	≤0.40	187	800～820℃水 62	承受冲击、韧性好、硬度适中的工具，如扁铲、铁钳、大锤、起子、木工工具
T8 T8A	0.75～0.84	≤0.35	≤0.40	187	780～800℃水 62	承受冲击、要求较高度的工具，如冲头、压缩空气工具、木工工具

续表

牌号	化学成分(质量分数)/%			退火状态 HBW 不小于	试样淬火① HRC 不小于	用途举例
	C	Si	Mn			
T8Mn T8MnA	0.80～0.90	≤0.35	0.40～0.60	187	780～800℃水 62	同上，单淬透性较大、可制断面较大的工具
T9 T9A	0.85～0.94	≤0.35	≤0.40	192	760～780℃水 62	韧性中等、硬度高的工具，如冲头、木工工具、凿岩工具
T10 T10A	0.95～1.04	≤0.35	≤0.40	197	760～780℃水 62	不受剧烈冲击、硬而耐磨的工具，如车刀、刨刀、冲头、丝锥、钻头、手锯条
T11 T11A	1.05～1.14	≤0.35	≤0.40	207	760～780℃水 62	不受剧烈冲击、硬而磨的工具，如车刀、刨刀、冲头、丝锥、钻头、手锯条
T12 T12A	1.15～1.24	≤0.35	≤0.40	207	760～780℃水 62	不受冲击、硬而耐磨的工具，如锉刀、刮刀、精车刀、丝锥、量具
T13 T13A	1.25～1.35	≤0.35	≤0.40	217	760～780℃水 62	同上，要求更耐磨的工具，如刮刀、剃刀

① 淬火后硬度不是指用途举例中各种工具的硬度，而是指碳素工具钢材料淬火后的最低硬度。

这类钢的含碳量为0.65%～1.35%，优质钢硫≤0.03%、磷≤0.035%，高级优质钢S≤0.02%、P≤0.03%。

碳素工具钢的预备热处理为球化退火，在机械加工之前进行。目的是降低硬度，改善切削加工性能，并为淬火做组织准备。最终热处理为淬火+低温回火。

碳素工具钢经热处理后，硬度较高，耐磨性和加工性较好，价格又便宜，生产上得到广泛应用。但其淬透性低，红硬性差，因此多用于制造刃部受热程度较低的手用工具和低速、小走刀量的机用工具，也可做尺寸较小的模具和量具。

6.5 合金钢

6.5.1 概述

由于碳钢有淬透性差、强度和屈强比低、抗回火性差、不具有特殊的物理化学性能等方面的不足，使它的应用受到了限制。为了满足高强度、耐高温、耐腐蚀等方面的需要，在碳钢的基础上加入合金元素发展了合金钢。

(1) 合金钢的分类

合金钢一般按用途进行分类，包括合金结构钢、合金工具钢和特殊性能钢三大类。

合金结构钢用于制造各种工程结构件和机器零件，主要包括低合金高强度结构钢、合金渗碳钢、合金调质钢、弹簧钢、滚动轴承钢等。

合金工具钢用于制造各种工、模具。根据其用途不同，可分为合金刃具钢、合金模具钢和合金量具钢。

特殊性能钢是指具有特殊物理、化学性能的钢，包括不锈钢、耐热钢、耐磨钢等。

(2) 合金钢的编号方法

各类合金钢的编号方法如表6-5所示。

表 6-5 合金钢的编号方法

分类	编号方法	举例
低合金高强度结构钢	钢的牌号由代表屈服点的汉语拼音字母(Q)、屈服点数值、质量等级符号(A、B、C、D)三个部分按顺序排列	Q 345 C C—质量等级符号 345—屈服点数值,单位 MPa Q—屈服点的"屈"字汉语拼音首字母
合金结构钢	数字+化学元素符号+数字,前面的数字表示钢的平均含碳量,以 0.01%为单位表示。后面的数字表示合金元素的含量,以平均含量的 1%为单位表示。含量少于或等于 1.5%时,一般不标明含量。若为高级优质钢,则在钢号的最后加"A"字。滚动轴承钢在钢号前面加"G",铬含量用 0.1%为单位表示	60 Si2 Mn Mn—平均含锰量≤1.5% Si2—平均含硅量 2% 60—平均含碳量 0.6% GCr15SiMn Cr15—平均含铬量 1.5%
合金工具钢	平均含碳量≥1.0%时不标出,<1.0%时以 0.1%为单位标出。高速钢例外,平均含量<1.0%时也不标出 合金元素含量的表示方法与合金结构钢相同	5CrMnMo 5—平均含碳量 0.5% CrWMn 钢的平均含碳量≥1.0%
特殊性能钢	平均含碳量以 0.1%为单位标出。但当平均含碳量≤0.03%及≤0.08%时,钢号前分别冠以 00 及 0 表示。合金元素含量的表示方法与合金结构相同	2Cr13 2—平均含碳量 0.2% 0Cr18Ni9——含碳量≤0.07% 00Cr17Ni4Mo2——含碳量≤0.03%

6.5.2 合金结构钢

合金结构钢是专门用于制造工程结构件和机器零件的钢材。其中低合金高强度结构钢主要用于各种受力结构(也称为建造用钢)。这类钢大多为普通质量钢,具有冶炼简便、成本低、适合建造用钢大批量生产的特点,使用时一般不进行热处理。而合金渗碳钢、合金调质钢、弹簧钢、滚动轴承钢等,用于制造机器零件(也称为机械制造用钢)。由于对这类钢的力学性能要求较高,因此在质量上都是优质钢或高级优质钢。它们一般都经过热处理后使用。

(1) 低合金高强度结构钢

低合金高强度结构钢,是在碳素结构钢的基础上加入少量合金元素发展起来的。这类钢含碳量较低,以少量锰为主加元素,并辅加钛、钒、铌、铜、磷等合金元素。锰是强化基本元素,含量在 1.8%以下,除固溶强化外,还形成合金渗碳体,所以既提高了强度,又改善了塑性和韧性。钛、钒、铌等合金元素在钢中形成微细碳化物,起到细化晶粒和弥散强化的作用,从而提高钢的强度和冲击韧性等。铜、磷可提高钢对大气的抗蚀能力。

这类钢在具有良好的焊接性以及较好的韧性、塑性的基础上,强度显著高于相同含碳量的碳钢,因此可大幅度减轻结构重量,节约钢材,提高使用可靠性。

这类钢多在热轧状态或热轧后正火状态下使用,组织为铁素体和少量珠光体。有时也可以在淬火低碳马氏体状态下使用。

常用低合金高强度结构钢的牌号、成分、性能及用途列于表 6-6。其中 Q345 钢的应用最广泛,是我国发展最早、使用最多、产量最大、各种性能匹配较好的钢种。我国的南京长江大桥、内燃机车车体、万吨巨轮以及压力容器、载重汽车大梁等都采用 Q345 钢制造。

表6-6 常用低合金高强度钢的牌号、成分、性能（摘自GB/T 1591—2008）及用途

牌号	质量等级	化学成分(质量分数)/%					力学性能			用途举例	相当旧牌号
		C≤	Mn	Si≤	P≤	S	σ_b/MPa	σ_s/MPa	δ_s/%		
Q345	A	0.20	≤1.7	≤0.50	0.035	0.035	470～630	345	20	锅炉、桥梁、车辆、压力容器、输油管道、建筑结构等	16Mn 16MnNb 12MnV
	B				0.035	0.035					
	C				0.030	0.030			21		
	D	0.18			0.030	0.025					
	E				0.025	0.020					
Q390	A	0.20	≤1.7	≤0.50	0.035	0.035	490～650	390	≥20	桥梁、起重设备、船舶、压力容器、电站设备等	15MnV 16MnNb
	B				0.035	0.035					
	C				0.030	0.030					
	D				0.030	0.025					
	E				0.025	0.020					
Q420	A	0.20	≤1.7	≤0.5	0.035	0.035	520～680	420	≥19	桥梁、高压容器、大型船舶、电站设备、大型焊接结构等	14MnVTiRE 15MnVN
	B				0.035	0.035					
	C				0.030	0.030					
	D				0.030	0.025					
	E				0.025	0.020					
Q460	C	0.20	≤1.80	≤0.6	0.030	0.030	550～720	460	17		—
	D				0.030	0.025					
	E				0.025	0.020					
Q500	C	0.18	≤1.80	≤0.6	0.030	0.030	610～770	500	17		
	D				0.030	0.025					
	E				0.025	0.020					

（2）合金渗碳钢

① 性能特点　合金渗碳钢主要是用来制造性能要求较高或截面尺寸较大的渗碳零件。渗碳零件能在冲击载荷作用下及强烈磨损条件下工作，具有表面硬度高、耐磨性好而心部有较高韧性和足够强度的性能特点。如汽车、拖拉机上的变速齿轮，内燃机上的凸轮轴、活塞销等零件都是用此类钢制造的。

② 化学成分　渗碳钢的含碳量一般介于0.1%～0.25%之间，这样低的含碳量主要是保证渗碳零件的心部具有足够的韧性。合金渗碳钢中常用的合金元素有锰、铬、镍、硼等，它们能提高钢的淬透性、改善心部性能。另外，还可加入少量的钛、钒、钼等阻止奥氏体晶粒长大的元素以细化晶粒，防止钢件在渗碳过程中发生过热。

③ 热处理特点　渗碳钢的热处理一般是在渗碳后进行淬火及低温回火处理。经上述热处理后的合金渗碳钢，其表层组织由回火马氏体及少量分布均匀的碳化物组成，有很高的硬度（HRC58～62）和耐磨性。而心部组织与钢的淬透性及零件尺寸有关，当全部淬透时是低碳回火马氏体（HRC40～48），在多数未淬透的情况下是屈氏体、少量低碳回火马氏体及少量铁素体（HRC25～40，$\alpha_k \geqslant 60 J/cm^2$）。总之，渗碳钢零件在渗碳之后又经过淬火及低温回火，可以达到“表硬里韧”的性能。

④ 常用钢种及渗碳件工艺路线　渗碳钢按淬透性的高低，分为低淬透性钢（如20Cr等）、中淬透性钢（如20CrMnTi等）和高淬透性钢（如18Cr2Ni4WA等）三类。常用渗碳钢的牌号、成分、热处理、性能及用途列于表6-7。

20CrMnTi钢制造汽车变速箱齿轮的工艺路线如下：下料→锻造→正火→加工齿形→渗碳（930℃）、预冷淬火（830℃）→低温回火（200℃）→磨齿。正火的目的是为了改善锻造组

表 6-7 常用渗碳钢的牌号、成分、热处理、性能（摘自 GB/T 3077—1999）及用途

类别	牌号	主要化学成分(质量分数)/%								毛坯尺寸	热处理/℃				力学性能					用途举例
		C	Mn	Si	Cr	Ni	V	Ti	其他		渗碳	第一次淬火	第二次淬火	回火	σ_b /MPa	σ_s /MPa	δ_s /%	ψ /%	A_{ku2} /J	
低淬透性钢	15	0.12～	0.35～0.65	0.17～0.37						<13	900～950	890±10空冷	770～800水冷	200	490	294	15	55		活塞销等
	20Mn2	0.17～0.2	1.40～1.80	0.17～0.37						15	910～930	850水、油		200水、空	785	590	10	40	47	小齿轮、小轴、活塞销等
	20Cr	0.17～0.2	0.50～0.80	0.17～0.37	0.70～1.0					15	890～910	880	780～820水、油	200水、空	835	540	10	40	47	
	20MnV	0.17～0.2	1.30～1.60	0.17～0.37			0.07～0.12			15	930	880水、油		200水、空	785	590	10	40	55	小齿轮、小轴、活塞销等，锅炉高压容器等
	20CrV	0.17～0.2	0.50～0.80	0.17～0.37	0.80～1.1		0.07～0.12			15	900～925	880水、油	800水油	200水、空	835	590	12	45	55	齿轮、小轴、活塞销
中淬透性钢	20CrMn	0.17～0.2	0.90～1.20	0.17～0.37	0.90～1.2					15	900～930	850油		200水、空	930	735	10	45	47	齿轮、轴、蜗杆、摩擦轮等
	20CrMnTi	0.17～0.2	0.80～1.10	0.17～0.37	1.00～1.3			0.04～0.10		15	930～950	880油	870油	200水、空	1080	835	10	45	55	
	20SiMnMoVB	0.17～0.24	1.30～1.60	0.50～0.80			0.07～0.12		B:0.0005～0.0035	15	900～950	900油		200水、空	1175	980	10	45	55	汽车、拖拉机变速箱齿轮
高淬透性钢	20Cr2Ni4A	0.17～0.2	0.30～0.60	0.17～0.37	1.25～1.60	3.25～3.65				15	900～950	880油	780油	200水、空	1175	1080	10	45	55	大型渗碳齿轮和轴
	18Cr2Ni4WA	0.13～0.19	0.30～0.60	0.17～0.37	1.35～1.65	4.00～4.50				15	900～920	950空	850油	200水、空	1175	835	10	45	78	

织，获得合适的加工硬度（HBS170～210），以利于切削加工。

（3）调质钢

① 性能特点　调质钢的含碳量在0.25%～0.50%之间。碳量过低，影响钢的强度指标；碳量过高，则韧性不足。

合金调质钢中常加入硅、锰、铬、镍等元素，以提高淬透性和强化铁素体。微量硼（0.001%～0.003%）的加入，可显著提高钢的淬透性。此外还常加入少量钨、钼等元素，以减轻或防止第二类回火脆性。

② 热处理特点　调质钢的预备热处理一般采用正火或退火，目的是降低硬度、改善切削加工性能、细化晶粒、改善组织，为最终热处理做好准备。但对于合金元素含量较高的钢，由于正火后形成马氏体组织，硬度很高，尚需进行一次高温回火，以降低硬度。

调质钢的最终热处理一般采用调质处理。如果零件还要求表面有良好的耐磨性，则要在调质处理后进行表面淬火或氮化处理。

调质钢的最终热处理，有时也采用淬火后中温回火或低温回火，用于制造韧性要求不高而强度要求较高的零件，如模锻锤杆采用中温回火，凿岩机活塞采用低温回火。

③ 常用钢种及零件工艺路线　常用调质钢的牌号、化学成分、热处理参数、性能及用途列于表6-8。其中以40Cr应用最广泛。

以东方红-75拖拉机的连杆螺栓为例，材料选用40Cr，工艺路线为：下料→锻造→退火→粗机加工→调质→精机加工→装配。

（4）弹簧钢

① 性能特点　弹簧钢是指用来制造各种弹簧和弹性元件的钢种。弹簧是利用弹性变形吸收能量以缓和震动和冲击，或依靠弹性储存能起驱动作用。因此要求弹簧钢应具有高的弹性极限和屈强比，高的疲劳强度，一定的塑性和韧性，较好的淬透性。

② 化学成分　中、高碳，以保证高的弹性极限和疲劳强度。碳素弹簧钢的含碳量约为0.6%～0.9%，合金弹簧钢的含碳量一般为0.45%～0.7%。合金弹簧钢中的主要合金元素是硅和锰。其主要作用是提高淬透性、抗回火性、屈强比以及强化铁素体。另外，少量铬、钒的加入可进一步提高淬透性和抗回火性，并细化晶粒。

③ 热处理特点　按弹簧的加工工艺方法不同，可分为冷成型弹簧和热成型弹簧。

a. 冷成型弹簧　对于直径较小的弹簧，可采用冷拔（或冷拉）钢丝冷卷成型。冷卷后的弹簧不必进行淬火处理，只需进行一次消除内应力和稳定尺寸的定型处理，即加热到250～300℃，保温一段时间，从炉内取出空冷即可。

b. 热成型弹簧　对于截面尺寸较大的弹簧，通常是在热成型后进行淬火＋中温回火（350～500℃）处理，得到回火屈氏体组织，具有高的屈服强度特别是高的弹性极限，并有一定的塑性和韧性。

④ 常用钢种及零件工艺路线　常用弹簧钢的牌号、化学成分、热处理、性能及用途列于表6-9。

弹簧的表面质量对使用寿命影响很大，故常采用喷丸来强化表面，以提高弹簧钢的屈服点和疲劳强度。用60Si2Mn制成的汽车板簧，经过喷丸处理后，使用寿命可提高3～5倍。

以汽车板簧为例，其工艺路线为：扁钢下料→加热压弯成型→淬火和中温回火→喷丸。

表 6-8 常用调质钢的牌号、化学成分、热处理、性能（摘自 GB/T 3077—1999）和用途

牌号	主要化学成分(质量分数)/%								毛坯尺寸/mm	热处理/℃		力学性能						应用举例
	C	Mn	Si	Cr	Ni	Mo	V	其他		淬火	回火	σ_b/MPa	σ_s/MPa	δ_s/%	ψ/%	α_k/J	HB100/3000小于	
40	0.35～0.45	0.45～0.7	0.17～0.37	≤0.2					100～300	830～850 水	580～640 空	540	270	17	36	>30	≤207	齿轮、心轴、杆、轴等
									≤100			600	320	18	40	>50	≤228	
45	0.4～0.5	0.45～0.7	0.17～0.37	≤0.2					100～300	830～850 水	580～640 空	≥580	≥650	15	35	≥25	≥207	轧辊、齿轮、轴颈号柱塞、轮箍等
									≤100			≥290	≥350	17	38	≥45	≥235	
40Cr	0.37～0.44	0.50～0.80	0.17～0.37	0.80～0.10					25	850 油	520 水、油	980	785	9	45	47	207	轴、齿轮、连杆、螺栓、蜗杆等
40CrMnMo	0.37～0.45	0.90～1.20	0.17～0.37	0.90～1.20		0.20～0.30			25	850 油	600 水、油	980	785	10	45	63	217	高强度耐磨齿轮、主轴等重载荷零件
40CrMo	0.38～0.45	0.50～0.80	0.17～0.37	0.90～1.20		0.15～0.25			25	880 油	560 水、油	1080	930	12	45	80	217	连杆、齿轮、摇臂等
30CrMnSi	0.27～0.34	0.80～1.10	0.90～1.2	0.80～1.10					25	880 油	520 水、油	1080	885	10	45	39	229	高压鼓风机叶片、飞机重要零件
40MnB	0.37～0.44	1.10～1.40	0.17～0.37					B:0.0005～0.0035	25	850 油	500 水、油	980	785	10	45	47	207	代替 40Cr 做转向节、半轴、花键轴等
40MnVB	0.37～0.44	1.10～1.40	0.17～0.37				0.05～0.10	B:0.005～0.0035	25	850 油	520 水、油	980	785	10	45	47	207	
40CrNiMoA	0.37～0.44	0.50～0.80	0.17～0.37	0.60～0.90	1.25～1.65	0.15～0.25			25	850 油	600 水、油	980	835	12	55	78	269	制造高强度耐磨齿轮
38CrMoAl	0.35～0.42	0.30～0.60	0.20～0.45	1.35～1.65		0.15～0.25		Al:0.70～1.10	30	940 油	640 水、油	980	835	14	50	71	229	高精度镗杆、主轴、齿轮、摇臂等

表 6-9 常用弹簧钢的牌号、化学成分、热处理、性能（摘自 GB/T 1222—2007）和用途

牌号	化学成分(质量分数)/%					热处理/℃		力学性能				应用举例
	C≤	Si	Mn	V	其它	淬火	回火	σ_b/MPa	σ_s/MPa	δ/%	ψ/%	
65	0.62～0.70	0.17～0.37	0.50～0.80			840油	500	980	785	9	35	截面<15mm小弹簧
65Mn	0.62～0.70	0.17～0.37	0.90～0.12			830	540	980	785	8	30	截面<20mm的螺旋弹簧、板弹簧等
60Si2Mn	0.56～0.64	1.50～2.00	0.60～0.90			870油	480	1275	1175	5	25	截面<25mm机车板簧、螺旋弹簧
60Si2CrVA	0.56～0.64	1.40～1.80	0.40～0.70	0.10～0.20	Cr：0.9～1.2	850油	410	1865	1665	6 (σ_s)	20	高载荷、耐冲击的重要弹簧，<250℃耐热弹簧
50CrVA	0.46～0.54	0.17～0.37	0.50～0.80	0.10～0.20	Cr：0.8～1.1	850油	5.0	1275	1130	10 (σ_s)	40	大截面(25mm)、高应力螺旋弹簧，<300℃耐热弹簧

（5）滚动轴承钢

① 性能特点　滚动轴承钢主要用来制造滚动轴承的内、外套圈和滚动体。这类零件在使用状态下，其表面受到极高的局部应力和磨损。因此，要求钢材具有很高的硬度、耐磨性及良好的疲劳强度。此外，还要有足够的韧性和淬透性。

② 化学成分　含碳量为0.95%～1.15%，以保证钢具有高硬度和高耐磨性。基本合金元素是铬，含量在0.40%～1.65%之间，作用是提高淬透性，形成弥散分布的铬碳化物，以提高钢的耐磨性和接触疲劳强度。对大型轴承，为增加淬透性，还加入硅、锰等元素。

③ 热处理特点　预备热处理是球化退火，在锻造后进行。最终热处理是淬火+低温回火。淬火温度一定要严格控制，以保证轴承钢的各项力学性能指标满足要求。

④ 常用钢种及零件工艺路线　常用滚动轴承钢的牌号、化学成分、热处理及用途列于表6-10。

铬轴承钢制造轴承的生产工艺路线一般如下：轧制、锻造→正火+球化退火→机械加工→淬火+低温回火→磨削加工。对于精密轴承，为保证尺寸稳定性，可在淬火后进行冷处理，并在磨削加工后在120～130℃下进行5～10h的稳定化处理。

表 6-10 常用滚动轴承钢的牌号、化学成分、热处理（YB/T 1—1980）及用途

牌号	化学成分(质量分数)/%				典型热处理			用途举例
	C	Cr	Mn	Si	淬火/℃	回火/℃	回火后硬度HRC	
GCr9	1.00～1.10	0.90～1.20	0.25～0.45	0.15～0.35	830	160	61～65	10～20mm的滚珠
GCr15	0.95～1.05	1.40～1.65	0.25～0.45	0.15～0.35	830～845	150～160	61～65	壁厚20mm中小型套圈，ϕ<50mm钢球
GCr15SiMn	0.95～1.05	1.40～1.65	0.95～1.25	0.45～0.75	830	180	62	壁厚>30mm大型套圈，ϕ50～100mm钢球

6.5.3 合金工具钢

工具钢是用来制造各种加工工具的钢种，按用途可分为刃具钢、模具钢和量具钢。

6.5.3.1 合金刃具钢

(1) 性能要求

刃具钢是用来制造各种切削刃具（如车刀、铣刀、钻头等）的钢种。它必须满足以下几个基本要求：

① 高的硬度　一般硬度在 HRC60 以上。

② 高的耐磨性　耐磨性与硬度有关，也取决于碳化物的性质、数量、大小及分布。在回火马氏体的基础上，均匀分布着细小而硬的碳化物颗粒，能使钢的耐磨性提高。

③ 高的红硬性　刃具切削时必须保证刃部硬度不随温度的升高而明显降低。钢在高温下保持硬度的能力，称为热硬性或红硬性。

④ 足够的韧性和塑性　防止刃具受冲击或震动时折断和崩刃。

(2) 低合金刃具钢

① 成分特点　高碳（0.75%～1.50%），常含有硅、铬、锰、钨、钒等合金元素。主要作用是保证高硬度、耐磨性，提高淬透性、抗回火性及热硬性。

② 热处理　锻造后进行球化退火，最终热处理为淬火＋低温回火，使用状态的组织为回火马氏体＋未溶碳化物＋残余奥氏体。

③ 常用钢种　常用低合金刃具钢的牌号、成分、热处理及用途列于表 6-11。

表 6-11　常用低合金工具钢（刃具钢）牌号、成分、热处理（摘自 GB/T 1299—2000）及用途

牌号	化学成分(质量分数)/%					试样淬火		退火状态	用途举例
	C	Si	Mn	Cr	其它	淬火温度/℃	HRC 不小于	HBS 不小于	
Cr06	1.30～1.15	≤0.40	≤0.40	0.50～0.70	—	780～810 水	64	214～187	锉刀、刮刀、刻刀、刀片、剃刀
Cr2	0.95～1.10	≤0.40	≤0.40	1.30～1.15	—	830～860 油	62	229～179	车刀、插刀、铰刀、冷轧辊
9SiCr	0.85～0.95	0.30～0.60	1.20～1.60	0.95～1.25	—	820～860 油	62	241～197	丝锥、板牙、钻头、铰刀、冷冲模等
8MnSi2	0.75～0.85	0.80～1.10	0.30～0.60	—	—	800～820 油	60	≤229	长铰刀、长丝锥
9Cr2	0.85～0.95	≤0.40	≤0.40	—	Cr 1.30～1.70	820～850 油	62	217～179	尺寸较大的铰刀、车刀等刃具
W	1.05～1.25	≤0.40	≤0.40	0.10～0.30	W 0.80～1.20	800～830 水	62	229～187	低速切削硬金属刃具，如麻花钻、车刀和特殊切削工具

(3) 高速钢

① 成分特点　高碳（0.75%～1.65%），目的是保证形成足够的合金碳化物，获得高碳马氏体，从而保证钢的高硬度及耐磨性。

高速钢中含有大量的碳化物形成元素，如钨、钼、钒、铬等。钨和钼的作用主要是提高钢的热硬性。含有大量钨和钼的马氏体具有很高的抗回火性，在 560℃左右回火时，会析出弥散的特殊碳化物 W_2C、Mo_2C，造成二次硬化。铬能显著提高钢的淬透性、耐磨性和良好的切削性。钒形成的碳化物 VC 很稳定，硬度极高，可显著提高钢的耐磨性；钒也产生二次硬化，提高钢的热硬性。淬火加热时未溶的钨、钼或钒的碳化物，能阻止奥氏体晶粒长大，并显著提高耐磨性。

② 热处理特点　高速钢属于莱氏体钢，铸态组织中含有大量呈鱼骨状分布的共晶碳化

物，见图 6-13，使钢有很大的脆性。这种碳化物不能用热处理来消除，通常采用反复锻造的办法将其击碎，并使其均匀分布。因此，高速钢的锻造具有成形和改善碳化物的两重作用。

高速钢锻造后进行球化退火，其组织为索氏体和细小粒状碳化物（见图 6-14）。

高速钢的优良性能，只有经过正确的淬火和回火之后才能发挥出来。它的淬火温度非常高（1200℃以上），其原因是为了增加热硬性。在不使钢发生过热的前提下，温度越高，溶入奥氏体中的合金元素量越多，在淬火后马氏体中的合金元素浓度也越高，钢的热硬性也就越高。高速钢的导热性很差，淬火加热温度又很高，所以淬火加热时，必须进行一次预热（800～850℃）或两次预热（500～600℃，800～850℃），以防止开裂。

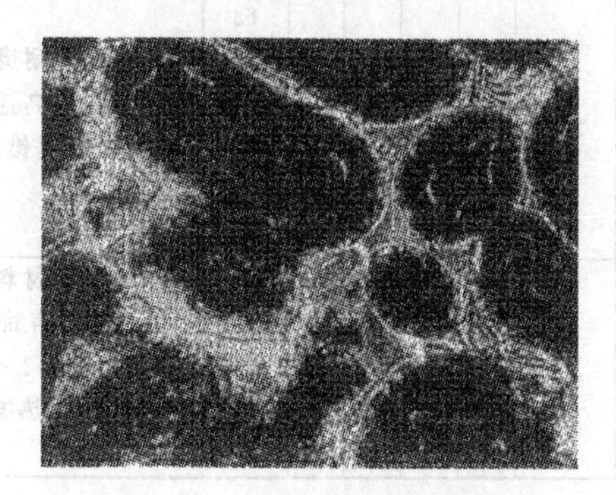
图 6-13　高速钢的铸态组织

图 6-14　W18Cr4V 钢的退火组织

高速钢常用的回火工艺是在 550～570℃回火三次，每次保温 1h。在此温度范围内的回火过程中，由马氏体中析出高度弥散的钨、钼及钒的碳化物，使钢的硬度明显提高，形成二次硬化；同时残余奥氏体转变为马氏体，也使硬度提高，由此造成二次淬火现象，保证了钢的高硬度和热硬性（图 6-15）。但是残余奥氏体转变经一次回火往往进行得不完全，通常经三次回火，才能将残余奥氏体基本消除。高速钢回火后的组织为极细的回火马氏体、较多的粒状碳化物及少量残余奥氏体。

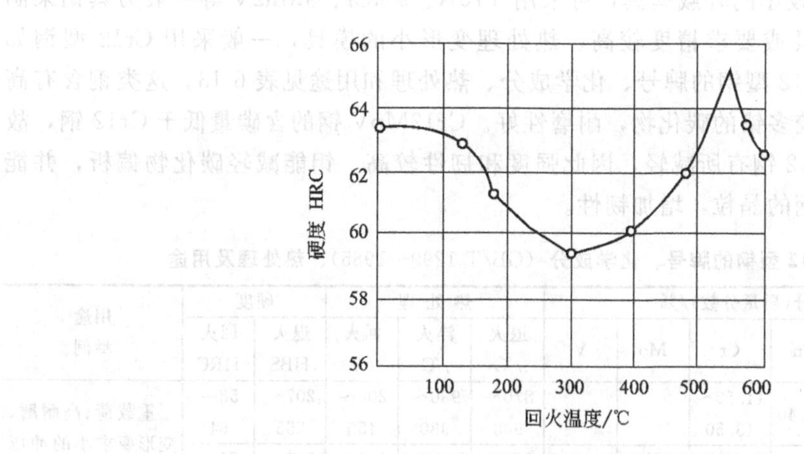

图 6-15　W18Cr4V 钢硬度与回火温度的关系

③ 常用钢种　常用高速工具钢的牌号、化学成分、热处理及用途见表 6-12。

W18Cr4V 钢是我国发展最早、应用最广的一个钢种，它的特点是热硬性高、加工性好，但脆性大，易崩齿。目前应用日趋广泛的还有 W6Mo5Cr4V2 等钨钼系高速钢，这类钢的耐磨性、热塑性和韧性都优于 W18Cr4V 钢，而且价格相对较低，但其脱碳敏感性较大。

表 6-12 常用高速工具钢的牌号、化学成分、热处理、硬度和用途

牌号	化学成分(质量分数)/%										HBS不大于		热处理					用途举例
	C	Mn	P	S	Si	Cr	V	W	Mo	Al	退火	其它加工方法	预热温度/℃	淬火温度/℃ 盐浴炉	淬火温度/℃ 箱式炉	回火温度/℃	HRC不小于	
W18Cr4V	0.70~0.80	0.10~0.40	≤0.30	≤0.30	0.20~0.40	3.80~4.40	1.00~1.40	17.50~19.00	≤0.30		255	269	820~870	1270~1285油	1270~1285油	550~570	63	制造一般高速切削用车刀、刨刀、钻头、铣刀等
W6Mo5Cr4V2	0.80~0.90	0.15~0.40	≤0.30	≤0.30	0.20~0.45	3.80~4.40	1.75~2.20	5.50~6.75	4.50~5.50		255	262	730~840	1210~1230油	1210~1230油	540~560	63(箱式炉) 64(盐浴炉)	制造要求耐磨性和韧性好的高速切削刀具,如丝锥、钻头等
W6Mo5Cr4V2Al	1.05~1.20	0.15~0.40	≤0.30	≤0.30	0.20~0.60	3.80~4.40	1.75~2.20	5.50~6.75	4.50~5.50	0.80~1.20	269	285	820~870	1230~1240油	1230~1240油	540~560	65	加工一般材料的刀具,使用寿命为W18Cr4V的1~2倍,也可作冷热模具零件

6.5.3.2 合金模具钢

根据模具的工作条件不同，合金模具钢可分为冷作模具钢和热作模具钢。

(1) 冷作模具钢

冷作模具钢用于制造使金属在冷态下变形的模具，如冷冲模、冷镦模、拉丝模等。

① 性能要求 由其工作条件可知，这类模具所要求的性能主要是高的硬度和良好的耐磨性以及足够的强度和韧性。

② 常用钢种 尺寸较小的轻载模具，可采用 T10A、9SiCr、9Mn2V 等一般刃具钢来制造。尺寸较大的重载模具或要求精度较高、热处理变形小的模具，一般采用 Cr12 型钢如 Cr12、Cr12MoV 等。Cr12 型钢的牌号、化学成分、热处理和用途见表 6-13。这类钢含有高碳和高铬，其组织中有较多铬的碳化物，耐磨性好。Cr12MoV 钢的含碳量低于 Cr12 钢，故其碳化物不均匀性比 Cr12 钢有所减轻，因此强度和韧性较高。钼能减轻碳化物偏析，并能提高淬透性。钒可细化钢的晶粒，增加韧性。

表 6-13 Cr12 型钢的牌号、化学成分 (GB/T 1299—1985)、热处理及用途

牌号	化学成分(质量分数)/%						热处理			硬度		用途举例
	C	Si	Mn	Cr	Mo	V	退火/℃	淬火/℃	回火/℃	退火HBS	回火HRC	
Cr12	2.00~2.30	≤0.40	≤0.40	11.50~13.50			870~900	930~980	200~450	207~255	58~64	重载荷、高耐磨、变形要求小的冲压模具
Cr12MoV	1.45~1.70	≤0.40	≤0.40	11.00~12.50	0.40~0.60	0.45~0.30	850~870	1020~1040	150~425	207~255	55~63	

冷作模具钢都是先将退火良好的毛坯进行机械加工，成型后才作最终热处理。在热处理过程中，必须仔细谨慎，防止模具发生大量的变形。冷作模具钢的回火温度，根据模具所要求的硬度而定。

(2) 热作模具钢

热作模具钢用于制造使金属热成型的模具，如热锻模、热挤压模、压铸模等。

① 性能要求 热作模具钢工作中承受很大的冲压载荷、强烈的高温摩擦磨损、剧烈的冷热循环所引起的不均匀热应变和热应力，以及高温氧化，常出现崩裂、塌陷、磨损、龟裂等失效现象。因此，对热作模具钢主要性能的要求是：高的热强性和足够高的韧性，尤其是承受较大冲击的热锻模具钢；高的热硬性和高温耐磨性；高的热疲劳抗力和抗氧化能力；高的淬透性和良好的导热性。

② 常用钢种 热作模具钢一般采用含碳≤0.5%，并含有 Cr、Ni、Mn、Si 等合金元素的亚共析钢制造，含碳量较低是为了保证有足够的韧性。合金元素的作用基本上与调质钢相似。为了防止回火脆性，也加入 Mo 、W 等元素。Cr 、W、Mo 还通过提高共析温度（使 A_1上升）来提高抗热疲劳的能力。5CrMnMo 和 5CrNiMo 是常用的热锻模用钢，其中 5CrMnMo 用于中、小尺寸的模具，5CrNiMo 用于大尺寸的模具。对于压铸模和热挤压模，常采用 3Cr2W8V。此外，4Cr5MoSiV、4CrW2Si 等也是常用钢种。

热作模具钢的预备热处理是锻造后退火。最终热处理是淬火＋高温回火，得到回火索氏体，以获得良好的综合力学性能。常用热作模具钢的牌号、化学成分、热处理及用途见表 6-14。

表 6-14 常用热作模具钢的牌号、化学成分、热处理及用途

牌号	化学成分(质量分数)/%								热处理			用途举例
	C	Cr	Mn	Mo	Ni	Si	W	V	淬火/℃	回火/℃	硬度HRC	
5CrMnMo	0.50～0.60	0.60～0.90	1.20～1.60	0.15～0.30	—	0.25～0.60	—	—	830～860	560～580	35～37	中、小型锤锻模
5CrNiMo	0.50～0.60	0.50～0.80	0.50～0.80	0.15～0.30	1.40～1.80	≤0.40	—	—	830～860	530～550	38～40	大型锤锻模
3Cr2W8V	0.30～0.40	2.20～2.70	≤0.40	—	—	≤0.40	7.50～9.00	0.20～0.50	1050～1100油或硝盐	560～580（三次）	46～48	高应力压模，如铜合金挤压模、热剪切刀等

6.5.3.3 合金量具钢

量具钢用于制造各种量测工具，如卡尺、千分尺、块规、塞规等。

(1) 性能要求

量具钢的工作部分要有足够高的硬度和耐磨性，以保证量具在长期使用过程中不因磨损而失去原有的精度。量具在使用和保存期间，其形状和尺寸应保持不变，以保证其高精度。

(2) 常用钢种及其热处理

常用的量具用钢为碳素工具钢和低合金工具钢，选用举例见表 6-15。

表 6-15 量具用钢的选用举例

用途	选用的钢号举例	
	钢的类别	钢号
尺寸精度不高，形状简单的量具、塞规、样板等	碳素工具钢	T10A、T11A、T12A
精度不高，耐冲击的卡板、样板、直尺等	渗碳钢	15、20、15Cr
块规、塞规、样柱、样套等	低合金工具钢	9CrWMn、CrWMn
块规、塞规、样柱等	滚动轴承钢	GCr15
各种要求高精度的量具	冷作模具钢	9Mn2V

量具钢热处理的关键，在于保障量具的尺寸稳定性。因此在淬火和低温回火时，要采取以下措施提高组织的稳定性：在保证硬度的前提下尽量降低淬火温度，以减少残余奥氏体量；淬火后立即进行−70～−80℃的冷处理，使残余奥氏体尽可能地转变为马氏体，然后进行低温回火；精度要求高的量具，淬火回火后再在120～130℃进行几至几十小时的时效处理，以进一步提高其尺寸稳定性。

6.5.4 特殊性能钢

特殊性能钢是指具有特殊的物理、化学性能的钢，如不锈钢、耐热钢和耐磨钢等。

6.5.4.1 不锈钢

不锈钢是不锈钢和耐酸钢的总称，亦是不锈耐酸钢的简称。所谓“不锈钢”是指在大气及弱腐蚀性介质中耐腐蚀的钢，而“耐酸钢”是指在各种强腐蚀性介质中耐腐蚀的钢。

对不锈钢最主要的性能要求是耐蚀性，此外还要有良好的工艺性能及力学性能，以便制作各种零件及构件。

（1）金属腐蚀的概念

金属与周围介质之间发生化学或电化学作用而引起的变质和破坏，称为腐蚀。腐蚀通常分为化学腐蚀和电化学腐蚀。金属直接与周围介质发生化学反应而产生的腐蚀，称为化学腐蚀；而金属在电解质溶液中由于原电池作用产生电流而引起的腐蚀称为电化学腐蚀。大部分金属的腐蚀都属于电化学腐蚀。当两种电极电位不同的金属互相接触，且有电解质溶液存在时，将形成原电池，使电极电位较低的金属成为阳极并不断被腐蚀。在同一合金中，也有可能形成微电池而产生电化学腐蚀。例如钢中渗碳体的电极电位比铁素体的高，当存在电解质溶液时，铁素体成为阳极而被腐蚀。实际金属中第二相的电极电位往往较高，使基体成为阳极而被腐蚀。

由电化学腐蚀的基本原理可知，要提高钢的抗腐蚀能力，可采取以下措施：

① 尽量使钢在室温下呈单相组织　合金元素加入钢中后，使钢形成单相铁素体、单相奥氏体或单相的马氏体组织，这样可减少或避免构成微电池的条件，从而提高钢的耐蚀性。

② 提高电极电位　在钢中加入合金元素，使钢中基本相的电极电位显著提高，常加入的合金元素有铬、镍、硅等。例如，含铬量超过12.5%（原子百分比）时，合金的电极电位有一个跃迁，其抗腐蚀能力也会明显提高。

③ 形成钝化膜　金属表面在介质作用下生成保护膜，使耐蚀性提高的现象，称为金属的钝化。合金元素加入钢中后，可以促进在钢的表面形成致密、牢固的钝化膜，使钢与周围介质隔绝，提高抗腐蚀能力。常加入的合金元素有铬、钛、铝、硅等。

（2）常用不锈钢

不锈钢按正火状态的组织可分为马氏体不锈钢、铁素体不锈钢、奥氏体不锈钢等几类。常用不锈钢的牌号、化学成分、热处理及用途如表6-16。

① 马氏体不锈钢　常用马氏体不锈钢通常指Cr13型不锈钢，其含碳量为0.1%～0.4%，含铬量为12%～14%。该类钢在氧化性介质中有良好的耐蚀性，一般用来制造既能承受载荷又需要耐蚀性的各种阀、机泵等零件以及一些不锈钢工具等。

② 铁素体不锈钢　常用铁素体不锈钢的含碳量低于0.12%，含铬量为12%～30%，典型牌号有1Cr17等。这类钢耐蚀性、焊接性均优于马氏体不锈钢，但其强度比马氏体不锈钢低。这类钢的主要缺点是韧性低、脆性大，主要用于制造耐蚀而强度要求较低的零件，广泛用于硝酸和氮肥工业中。

表 6-16 常用不锈钢的牌号、化学成分、热处理、力学性能（摘自 GB/T 1220—2007）及用途

类别	牌号	化学成分(质量分数)/%								热处理/℃				力学性能						应用举例
		C	Si	Mn	P	S	Ni	Cr	其他	固溶处理温度	退火温度	淬火温度	回火温度	$\sigma_{0.2}$ /MPa	σ_b /MPa	δ_s /%	ψ /%	HBS 小于	α_k /J	
马氏体型	1Cr13	≤0.15	≤1.00	≤1.00	≤ 0.035	≤ 0.030		11.50～13.50			800～900 缓冷(或约750快冷)	950～1000 油冷	700～750 快冷	≥345	≥540	δ× 100≥ 25	≥55	≥195	≥78	一般用途刃具类
	2Cr13	0.16～0.25	≤1.00	≤1.00	≤ 0.035	≤ 0.030		12.00～14.00			800～900 缓冷(或约750快冷)	920～980 油冷	600～750 快冷	≥440	≥635	δ× 100≥ 20	≥50	≥192	≥63	气轮机叶片
	3Cr13	0.26～0.35	≤1.00	≤1.00	≤ 0.035	≤ 0.030		12.00～14.00			800～900 缓冷(或约750快冷)	920～980 油冷	600～750 快冷	≥540	≥735	δ× 100≥ 12	≥40	≥217	≥24	刃具、喷嘴、阀座、阀门等
	7Cr17	0.60～0.75	≤1.00	≤1.00	≤ 0.035	≤ 0.030		16.00～18.00			800～920 缓冷	1010～1070 油冷	100～180 快冷					HBC ≥54		刃具、量具、轴承等
铁素体型	1Cr17	≤0.12	≤0.75	≤1.00	≤ 0.035	≤ 0.030	8.00～11.00	17.00～19.00		1010～1150 快冷				≥205	≥450	δ× 100≥ 22	≥50	≥183		重油燃烧器部件、家用电器部件
	1Cr17Mo	≤0.12	≤1.00	≤1.00	≤ 0.035	≤ 0.030	8.00～11.00	17.00～19.00		1010～1150 快冷				≥205	≥450	δ× 100≥ 22	≥60	≥183		比1Cr17抗盐溶液性强，作汽外装材料用
奥氏体型	0Cr18Ni19	≤0.07	≤1.00	≤2.00	≤ 0.035	≤ 0.030	8.00～11.00	17.00～19.00		1010～1150 快冷				≥205	≥520	≥40	≥60	≥187	≥	食品用设备，一般化工设备，原子能工业用
	1Cr18Ni9	≤0.15	≤1.00	≤2.00	≤ 0.035	≤ 0.030	8.00～10.00	17.00～19.00		1010～1150 快冷				≥205	≥520	≥40	≥60	≥187		建筑用装饰部件
	00Cr17Ni14Mo2	≤0.03	≤1.00	≤2.00	≤ 0.035	≤ 0.030	12.00～15.00	16.00～18.00	Mo 2.00～	1010～1150 快冷				≥117	≥480	≥40	≥40	≥187		主要作耐点蚀材料

③ 奥氏体不锈钢　奥氏体不锈钢是目前应用最多的不锈钢，18-8 型铬镍钢是典型的奥氏体不锈钢，如 1Cr18Ni9。此类钢的耐腐蚀性很好，焊接性和冷热加工性也很好，有明显的冷作硬化效果，还具有一定的耐热性，广泛用于化工生产中的某些设备及管道等。

此类钢常用的热处理工艺是固溶处理及稳定化处理。固溶处理是把钢加热到 1100℃，使碳化物充分溶解，然后水冷，室温下得到单相奥氏体，减缓或避免晶间腐蚀，从而提其高耐蚀性。

6.5.4.2　耐热钢

耐热钢是指在高温下具有高的耐热性的钢。

(1) 耐热性的一般概念

钢的耐热性包括抗高温氧化性和高温强度两方面的涵义。抗高温氧化性，是指钢在高温下抵抗氧化的能力；而高温强度，是指钢在高温下承载机械负荷的能力。这两种性能是高温环境下工作的零件必备的基本性能。

① 抗氧化性　抗氧化能力的高低主要由材料的成分来决定。钢中加入足够的铬、硅、铝等元素，使钢在高温下与氧接触时，表面能生成致密、稳定的高熔点氧化膜 Cr_2O_3、SiO_2、Al_2O_3等，严密地覆盖住钢的表面，可以保护钢免于高温气体的继续腐蚀。

② 高温强度　钢在高温下的力学性能指标与室温下大不相同，钢在高温下工作时应具有一定的蠕变极限、持久强度、抗热疲劳性能以及松弛极限。

蠕变——金属在恒温、恒应力作用下长时间工作时，即使应力小于屈服强度，也会缓慢地产生塑性变形的现象。蠕变在低温下也会发生，但只有在高温时才较显著。为保证机件在高温长期载荷作用下不致产生过量变形，要求金属材料具有一定的蠕变极限。蠕变极限有两种表示方法：一种是在给定温度下，使试样产生规定蠕变速度的应力值，如 $\sigma_{1\times10^{-5}}^{600℃}$ 表示工作温度为 600℃，蠕变速度为 $1\times10^{-5}h^{-1}$ 的蠕变极限。另一种是在给定温度下和规定的试验时间内，使试样产生一定蠕变变形量的应力值，如 $\sigma_{0.2/100}^{700℃}$，表示工作温度是 700℃，经 100h 试验后，变形量为 0.2%的蠕变极限。

持久强度——是指在给定温度下，恰好使材料经过规定时间发生断裂的应力值。如 $\sigma_{100}^{700℃}$，指在 700℃工作温度下，经过 100h 后产生破断的应力。对于设计某些在高温服役过程中不考虑变形量的大小，而只考虑在承受给定应力下使用寿命的机件来说，金属材料的持久强度是极其重要的性能指标。

热疲劳——是指零件在循环热应力的反复作用下发生的疲劳破坏，这种热应力是由于零件在服役中受到温度的循环变化而引起的。因此，热疲劳现象是比较常见，如汽轮机、燃气轮机中的叶轮、叶片，锅炉中的管道等，在使用中均受到热疲劳的作用。

松弛——是指零件在高温下长时间工作时，零件的总变形量不变化，但零件的预紧力(内应力) 随时间延长而下降的现象。松弛可用 $s_0=\sigma_0'/\sigma_0$ 进行评定，σ_0' 是在给定的温度和时间内，零件的剩余内应力；σ_0 为初始预紧力，σ_0 越大，抗松弛能力越强。

(2) 耐热钢的强化

为了提高钢的高温强度，通常采用以下几种措施。

① 固溶强化　基体的热强性首先取决于固溶体的晶体结构。高温时奥氏体的强度高于铁素体，因为奥氏体结构较紧密，扩散较困难，使蠕变难以发生，因此奥氏体耐热钢的热强性高于以铁素体为基的耐热钢。另外，加入铬、钼、钨等合金元素，因增大了原子间的结合力，提高钢的再结晶温度，使热强性提高。

② 第二相强化　是提高热强性的最有效方法之一。例如加入铌、钒、钛等合金元素形成 NbC、VC、TiC 等特殊碳化物，在晶内弥散析出，提高钢的热强性。

表 6-17 常用耐热钢的牌号、成分、热处理、性能（摘自 GB/T 1221—1992）及用途

类别	牌号	化学成分(质量分数)/%							热处理/℃	力学性能					用途举例
		C	Si	Mn	Mo	Ni	Cr	其他		σ_b/MPa	σ_s/MPa	δ_s/%	ψ/%	HBS	
珠光体耐热钢	15CrMo	0.12～0.18	0.17～0.37	0.40～0.70	0.40～0.55		0.80～1.10		正火:900～950 空冷 高回:630～700 空冷						≤540℃锅炉受热管子、垫圈等
	12CrMoV	0.08～0.15	0.17～0.37	0.40～0.70	0.25～0.35		0.40～0.60	V:0.15～0.30	正火:960～980 空冷 高回:700～760 空冷						≤570℃的过热气管、导管
马氏体耐热钢	1Cr13	≤0.15	≤1.00	≤1.00			11.50～13.50		淬火:950～1000 油冷 回火:700～750 快冷	≥540	≥345	≥25	≥55	≥150	<480℃的汽轮机叶片
	4Cr9Si2	0.35～0.50	2.00～3.00	≤0.70	0.70～0.90	≤0.60	8.00～10.00		淬火:1020～1040 油冷 回火:700～780 空冷	≥885	≥590	≥19	≥50		<700℃的发动机排气阀或<900℃的加热炉件
	4Cr10Si2Mo	0.35～0.45	1.90～2.60	≤0.70		≤0.60	9.00～10.50		淬火:1010～1040 油冷 回火:720～760 空冷	≥885	≥685	≥10	≥35		
奥氏体耐热钢	0Cr18Ni9	≤0.07	≤1.00	≤2.00		8.00～11.00	17.00～18.00		固溶处理:1010～1050 快冷	≥520	≥205	≥40	≥60	≤187	<870℃反复加热通用耐氧化钢
	4Ci14Ni14W2Mo	0.40～0.50	≤0.80	≤0.70	0.25～0.40	13.00～15.00	13.00～15.00	W:2.00～2.75	固溶处理:820～850 快冷	≥705	≥315	≥20	≥35	≤248	500～600℃超高参数锅炉和汽轮机零件、大功率发动机排气阀

③ 晶界强化　钢的晶界强度在高温下低于晶内，晶界为薄弱部位。为了提高热强性，应当减少晶界，采用粗晶金属，晶粒度级别以 2～3 级为宜。但晶粒不宜过分粗化，否则会损害高温塑性及韧性。加入钼、锆、硼等元素以净化晶界和提高晶界强度，从而提高热强性。

（3）常用耐热钢

耐热钢按照正火组织可分为珠光体耐热钢、马氏体耐热钢和奥氏体耐热钢。常用耐热钢的牌号、成分、热处理、性能及用途见表 6-17。

① 珠光体耐热钢　这类钢常用做锅炉构件材料，使用温度为 500℃以下。钢中加入铬是为了提高抗氧化性，加入钼和钒是为了提高高温强度。

② 马氏体耐热钢　这类钢主要用于制造汽轮机叶片和内燃机气阀等，工作温度不超过 700℃。为了提高抗氧化性钢中加入铬、硅，加入钼是为了提高高温强度和避免高温回火脆性。

③ 奥氏体耐热钢　这类钢的耐热性能优于以上两种耐热钢，其冷成形性能和焊接性能均很好，工作温度在 600～700℃之间。钢中加入铬的主要作用是提高抗氧化性和高温强度；加入镍是使钢形成稳定的奥氏体，并与铬相配合提高高温强度；加入钛、钨、钼等是通过形成弥散的碳化物，提高钢的高温强度。

6.5.4.3　耐磨钢

耐磨钢主要用于制造承受严重磨损和强烈冲击的零件，如球磨机的衬板、破碎机的颚板、挖掘机铲斗、拖拉机和坦克的履带板、铁路的道岔等。对耐磨钢的主要性能要求，是有很高的耐磨性和韧性。目前最主要的耐磨钢是高锰钢。

高锰钢的主要成分是含碳量为 0.9%～1.5%，含锰量为 11%～14%。由于机械加工困难，高锰钢基本上限于做铸件使用，因此牌号为 ZGMn13-1 等，“-”后的数字表示序号。常用高锰钢铸件的牌号、化学成分、性能及用途见表 6-18。

表 6-18　高锰钢的牌号、化学成分和力学性能（摘自 GB/T 5680—1998）

<table>
<tr><th rowspan="2">牌号</th><th colspan="5">化学成分(质量分数)/%</th><th colspan="4">水韧处理后的力学性能</th><th rowspan="2">适用范围</th></tr>
<tr><th>C</th><th>Mn</th><th>Si</th><th>S</th><th>P</th><th>σ_b /MPa</th><th>δ_s /% ≥</th><th>A_K /J ≥</th><th>硬度 HBS ≤</th></tr>
<tr><td>ZGMn13-1</td><td>1.00～1.45</td><td rowspan="4">11.0～14.0</td><td rowspan="2">0.30～1.00</td><td>≤0.04</td><td>≤0.090</td><td>≥635</td><td>20</td><td>—</td><td>—</td><td>低冲击件</td></tr>
<tr><td>ZGMn13-2</td><td>1.00～1.40</td><td>≤0.04</td><td rowspan="3">≤0.070</td><td>≥685</td><td>25</td><td rowspan="2">147</td><td rowspan="3">300</td><td>普通件</td></tr>
<tr><td>ZGMn13-3</td><td>0.90～1.30</td><td rowspan="2">0.30～0.80</td><td>≤0.035</td><td rowspan="2">≥735</td><td>30</td><td>复杂件</td></tr>
<tr><td>ZGMn13-4</td><td>0.90～1.20</td><td>≤0.04</td><td>20</td><td>—</td><td>高冲击件</td></tr>
</table>

高锰钢的热处理为“水韧处理”，即把钢加热到 1060～1100℃，使碳化物全部溶解，然后迅速水淬，在室温下获得均匀单一奥氏体组织。此时钢的硬度很低（HBS180～220），而韧性很高。当在工作中受到强烈冲击或强大压力而变形时，表面层产生强烈的加工硬化，并且还发生应力诱发马氏体转变，使硬度显著提高（HBW500～550），获得高的耐磨性，而心部仍为具有高韧性的奥氏体组织，能承受冲击。当表面磨损后，新露出的表面又可在冲击和磨损条件下获得新的硬化层，故高锰钢具有很高的耐磨性和抗冲击能力。应当指出，这种钢只有在强烈的冲击和磨损条件下工作，才显示出高的耐磨性，否则高锰钢的高耐磨性是发挥不出来的。

6.6 铸钢与铸铁

铸造生产效率高，切削加工量少，节约材料，可生产形状复杂，特别是具有复杂内腔的铸件，如箱体、气缸体、机座、机床床身等。因此，铸造是零部件加工成型的主要方法之一，在机械制造、冶金、矿山、石油化工、交通运输等工程领域，有相当一部分零件是直接铸造出来的。据统计，按质量分数计算，农业机械中铸铁件占40%～60%。目前工程上应用的铸造用黑色金属材料有铸钢和铸铁两种。

6.6.1 铸钢

铸钢件广泛应用在重型机械、冶金设备、运输机械、国防工业等工程领域。按化学成分，可将铸钢分为铸造碳钢和铸造合金钢。

铸钢的强度，尤其是塑性及韧性优于灰口铸铁。但铸钢的流动性差，凝固过程中收缩率较大，因而形成缩孔、疏松、热裂的倾向也比较大。因此，铸造零件时必须采取相应的技术措施。

(1) 铸造碳钢

常用铸造碳钢的牌号、化学成分、力学性能和应用示例见表6-19。牌号中“ZG”是“铸钢”二字的汉语拼音字头。ZG后的第一组数字表示最低屈服强度值，第二组数字表示最低抗拉强度值。生产中使用最多的是ZG230-450、ZG270-500、ZG310-570三种。

表6-19 常用铸造碳钢的牌号、化学成分、力学性能（GB/T 11325—1989）**和应用示例**

牌号	元素最高含量(质量分数)/%					力学性能(最小值)					应用示例
	C	Si	Mn	S	P	σ_s或$\sigma_{0.2}$/MPa	σ_b/MPa ≥	δ/%	ψ/%	α_k/J	
ZG200-400	0.20	0.50	0.80	0.04		200	400	25	40	30	机座、变速箱体等
ZG230-450	0.30	0.50	0.90			230	450	22	32	25	轴承座、阀体、箱体等
ZG270-500	0.40					270	500	18	25	22	飞轮、机架、水压机工作缸
ZG310-570	0.50	0.60				310	570	15	21	15	大齿轮、缸体、辊子等
ZG240-640	0.60					340	640	10	18	10	齿轮、联轴器、叉头等

铸钢的铸态组织比较粗大，易形成魏氏组织。此组织的特征是，铸件冷却时铁素体不仅沿奥氏体晶界，而且在奥氏体内一定的晶面上析出，呈粗针状，使钢的塑性及韧性降低，必须采用热处理来消除。通常采用退火或正火处理，以细化晶粒，消除魏氏组织和铸造应力，改善铸件的力学性能。

(2) 铸造合金钢

由于铸造碳钢的淬透性低，某些物理化学性能满足不了工程需要，因而在碳钢中加入适量的合金元素，以提高其力学性能和改善某些物理化学性能。常用的元素有锰、硅、钼、铬、镍等。按加入的合金元素总量的多少，铸造合金钢又分为铸造低合金钢和铸造高合金钢。

铸造生产上常用的单一合金元素的低合金钢主要是锰钢。低锰钢的主要特点是耐磨性高，故用于承受动载荷、需要耐磨的零件。如ZG40Mn用于制造齿轮、链轮等。

铸造高合金钢中加入合金元素的目的，主要是为了获得特殊的物理化学性能。如高锰钢、不锈钢、耐热钢及铸造工具钢等。

常用铸造合金钢的牌号、化学成分、热处理、力学性能和应用见表6-20。

表 6-20 常用铸造合金钢的牌号、化学成分、热处理、力学性能和应用

牌号	化学成分(质量分数)/%					热处理	力学性能≥						应用举例
	C	Si	Mn	S P	其它		σ_s或$\sigma_{0.2}$/MPa	σ_b/MPa	δ/%	ψ/%	α_k/(J/cm²)	硬度(HBS)	
ZG40Mn	0.35~0.45	0.30~0.45	1.20~1.50	≤0.030		正火+回火	295	640	12	30	—	163	齿轮等
ZG20SiMn	≤0.23	≤0.60	1.00~1.50	≤0.025		正火+回火	295	510	14	30	39	156	水压机缸、叶片、阀等
ZG35CrMnSi	0.30~0.40	0.50~0.75	0.90~1.20	≤0.030	Cr:0.50~0.80	正火+回火	345	690	14	30	—	217	齿轮、滚轮等
ZG40Cr	0.35~0.445	0.20~0.40	0.50~0.80	≤0.030	Cr:0.80~1.10	正火+回火	345	630	18	26	—	212	高强度齿轮
ZG50CrMo	0.46~0.54	0.25~0.50	0.50~0.80	≤0.030	Cr:0.90~1.20 Mo:0.15~0.25	调质	520	740~780	11	—	34	220~260	减速器零件、齿轮,小齿轮等

6.6.2 铸铁

铸铁是含碳量大于 2.11%的铁碳合金，此外还含有硅、锰、硫、磷等元素。与钢相比，铸铁中含碳和含硅量较高，含硫、磷量较多。

虽然铸铁的强度、塑性和韧性较差，不能进行锻造，但它却具有一系列优良的性能，如良好的铸造性、减摩性、吸震性和切削加工性等，而且它的生产设备和工艺简单，价格低廉，因此铸铁在机械制造中得到了广泛应用。

铸铁一般按石墨形态分为灰铸铁、可锻铸铁、球墨铸铁、特种铸铁等。

6.6.2.1 灰铸铁

灰口铸铁中碳全部或大部以片状石墨形式存在，断口呈灰色，因此叫灰口铸铁。

(1) 灰铸铁的石墨化过程

铸铁中石墨的形成叫做石墨化过程。石墨的晶体结构为简单六方，它的强度、塑性及韧性均很低，接近于零。

铁碳合金在一般条件下结晶时，从液体和奥氏体析出的是渗碳体而不是石墨，但渗碳体并不是稳定相。在极其缓慢冷却条件下或合金中含有较多促进石墨形成的元素（如硅）时，在结晶过程中便会析出稳定的石墨相。因此对铁碳合金的结晶过程来说，存在两种状态的相图，如图 6-16 所示。图中实线表示 $Fe\text{-}Fe_3C$ 相图，虚线部分则是 Fe-C 相图。如果铸铁全部按着 Fe-C 相图进行结晶，则石墨形成过程应包括：从液体中析出一次石墨；由共晶反应而生成的共晶石墨；由奥氏体中析出的二次石墨；由共析反应而生成的共析石墨。

(2) 影响铸铁石墨化的因素

① 化学成分的影响　碳和硅是强烈促进石墨化的元素，铸铁中碳和硅的含量愈高，愈易得到充分的石墨化。为了使铸件在浇铸后能够得到灰口，且不致含有过多和粗大的石墨，通常把铸铁的成分控制在 2.5%~4.0%C 及 1%~2.5%Si，而硫和锰是阻碍石墨化的元素。

② 冷却速度的影响　冷却速度愈慢，愈有利于碳的扩散和石墨化，而快冷则阻止石墨化。

(3) 常用灰铸铁

常用灰铸铁的牌号、性能、组织及应用见表 6-21。其中“HT”表示“灰铁”，“HT”后的数字表示最低抗拉强度值。

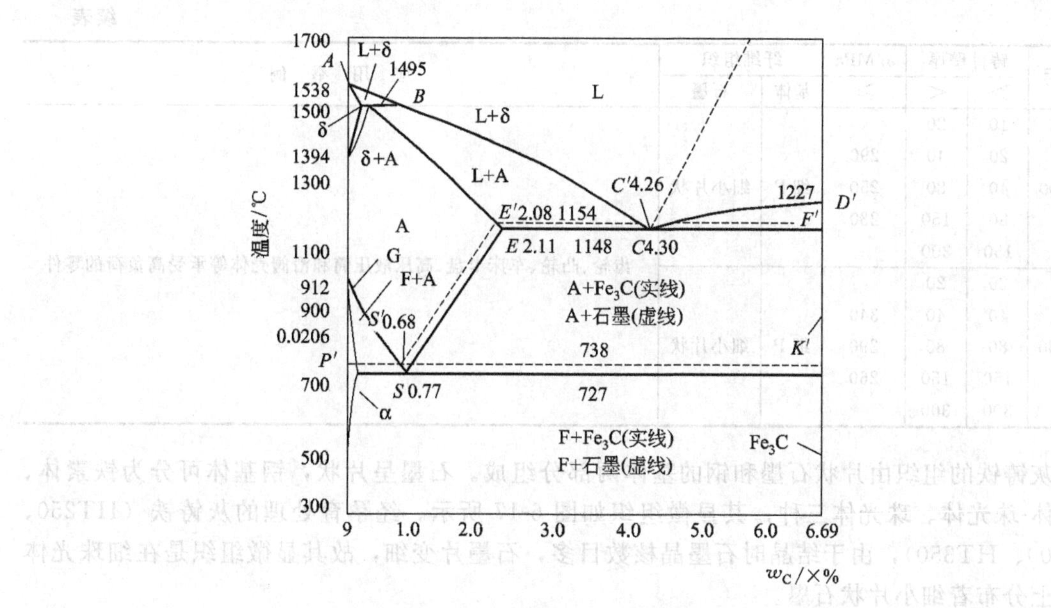

图 6-16　铁碳合金双重相图

表 6-21　灰铸铁的牌号、性能（摘自 GB/T 9439—2010）、组织及应用

牌　号	铸件壁厚		σ/MPa	纤维组织		应　用　举　例
	＞	＜	⩾	基体	石墨	
HT100	5	40	130	F	粗片状	盖、外罩、手轮、支架、重锤等低负荷、不重要的零件
	10	20	100			
	20	30	90			
	30	50	80			
HT150	5	10		F＋P	较粗片状	支柱、底座、齿轮箱工作台等承受中等负荷的零件
	10	20	175			
	20	40	145			
	40	80	130			
	80	150	120			
	150	300				
HT200	5	10		P	中等片状	汽缸、活塞、齿轮、床身、轴承座、联轴器等承受较大负荷和较重要的零件
	10	20	220			
	20	40	195			
	40	80	170			
	80	150	160			
	150	300				
HT250	5	10		细 P	较细片状	
	10	20	270			
	20	40	240			
	40	80	220			
	80	150	200			
	150	300				
HT275	10	20				
	20	40				
	40	80				
	80	150				
	150	300				

续表

牌　号	铸件壁厚		σ/MPa	纤维组织		应　用　举　例
	>	<	⩾	基体	石墨	
HT300	10 20 40 80 150	20 40 80 150 300	290 250 230	细 P	细小片状	齿轮、凸轮、车床卡盘、高压液压筒和滑阀壳体等承受高负荷的零件
HT350	20 40 80 150 300	20 40 80 150 300	340 290 260	细 P	细小片状	

灰铸铁的组织由片状石墨和钢的基体两部分组成。石墨呈片状，钢基体可分为铁素体、铁素体-珠光体、珠光体三种，其显微组织如图 6-17 所示。经孕育处理的灰铸铁（HT250、HT300、HT350），由于结晶时石墨晶核数目多，石墨片变细，故其显微组织是在细珠光体基体上分布着细小片状石墨。

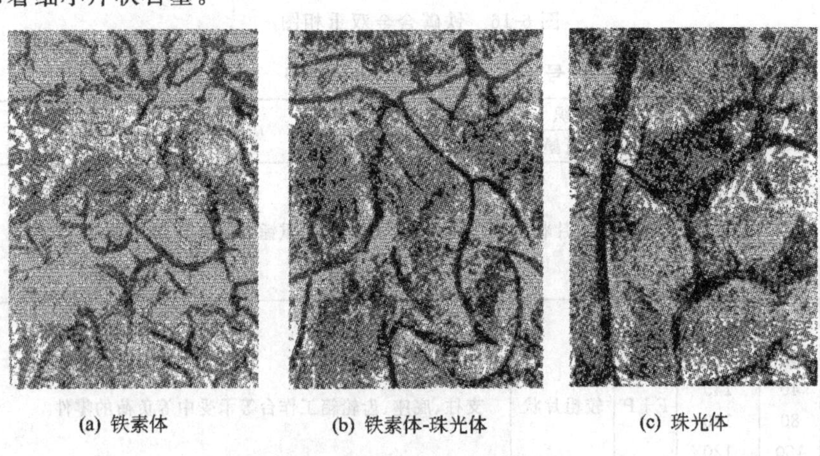

(a) 铁素体　(b) 铁素体-珠光体　(c) 珠光体

图 6-17　不同基体组织的灰铸铁

灰铸铁的抗拉强度很低。因为灰铸铁中的片状石墨在基体中犹如预制裂纹，承受拉伸载荷时，沿着石墨端部易于形成裂纹源。而在压缩应力条件下，铸铁呈现出足够高的抗压强度，接近钢的性能。因此可以认为，压缩时铸铁的抗压强度和硬度，主要取决于金属基体的组织。

此外，由于铸铁中的石墨有利于润滑及贮油，故耐磨性好。又由于石墨组织比较松软，能吸收振动，使灰铸铁具有良好的消震性。由于石墨具有割裂基体连续性的作用，从而使铸铁的切屑易脆断，因此，铸铁还具有良好的切削加工性。

(4) 灰铸铁的热处理

热处理只能改变灰铸铁的基体，而不能改善石墨的形状和分布。因此灰铸铁经热处理后产生的效果并不明显，灰铸铁热处理的目的主要限于消除内应力和改善切削加工性能。

① 消除内应力退火　铸件在铸造冷却过程中容易产生内应力，可能导致铸件翘曲和形成裂纹。为保证尺寸稳定性，防止变形开裂，对一些形状复杂的铸件，如机床床身、柴油机汽缸等，往往进行消除内应力的退火。其工艺一般为：加热温度 500～550℃，加热速度 60～120℃/h，经一定时间保温后，炉冷到 150～220℃出炉空冷。

② 改善切削加工性的退火 灰铸铁件的表层及一些薄截面处，在冷凝后往往产生白口，使硬度增加，切削加工困难，需要进行退火处理。其工艺是：加热到850～900℃保温2～5h，使渗碳体分解，然后随炉冷却至400～500℃，而后出炉空冷。

③ 表面淬火 有些铸件如机床导轨、缸体内壁等，需要有较高的硬度和耐磨性，常需进行表面淬火。最常用的表面淬火方法有高频表面淬火及电接触表面淬火。

6.6.2.2 可锻铸铁

可锻铸铁是先将铁水浇铸成白口铸铁，然后在固态下经长时间石墨化退火后而得到的具有团絮状石墨的一种铸铁。可锻铸铁的化学成分大致为：2.4%～2.8%C、1.4%～1.8%Si、0.5%～0.7%Mn、0.2%S、0.1%P。

(1) 可锻铸铁的分类

常用可锻铸铁的牌号、性能及应用见表6-22。其编号方法为：以“KTH”和“KTZ”作为黑心可锻铸铁和珠光体可锻铸铁的代号，代号后边的第一组数字表示最低抗拉强度值，第二组数字表示最低伸长率。

表6-22 常用可锻铸铁的牌号、性能（摘自GB/T 9440—2010）及应用

种类	牌号	试样直径 /mm	力学性能				用途举例
			σ_b /MPa	$\sigma_{0.2}$ /MPa	δ /%	HBS	
			不小于				
黑心可锻铸铁	KTH300-06	12或15	300		6	不大于150	弯头、三通管件、中低压阀门等
	KTH330-08		330		8		扳手、犁刀、犁柱、车轮壳等
	KTH350-10		350	200	10		汽车、拖拉机前后轮壳、减速器壳、转向节壳、制动器及铁道零件等
	KTH370-12		370		12		
珠光体可锻铸铁	KTZ450-06	12或15	450	270	6	150～200	载荷较高的耐磨零件，如曲轴、凸轮轴、连杆、齿轮、活塞环、轴套、耙片、万向接头、棘轮、扳手、传动链条等
	KTZ550-04		550	340	4	180～230	
	KTZ650-02		650	430	2	210～260	
	KTZ700-02		700	530	2	240～290	

(2) 可锻铸铁的制取方法

按图6-18所示的生产工艺进行完全石墨化退火后而获得的铸铁，其显微组织如图6-19(a)所示，由铁素体和团絮状石墨构成，称为黑心可锻铸铁（也称铁素体可锻铸铁）。

若按图6-18生产工艺，只进行第一阶段石墨化退火，其显微组织如图6-19(b)所示，由珠光体和团絮状石墨构成，称为珠光体可锻铸铁。珠光体可锻铸铁。

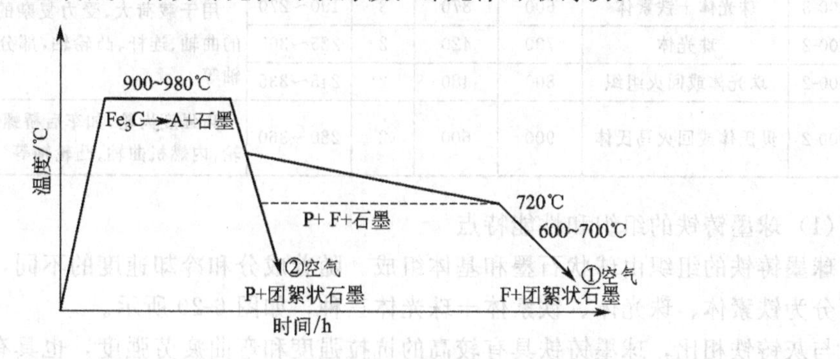

图6-18 可锻铸铁的石墨化退火

(3) 可锻铸铁的性能特点

可锻铸铁中的石墨呈团絮状，大大减轻了石墨对金属基体的割裂作用，亦减轻了石墨片

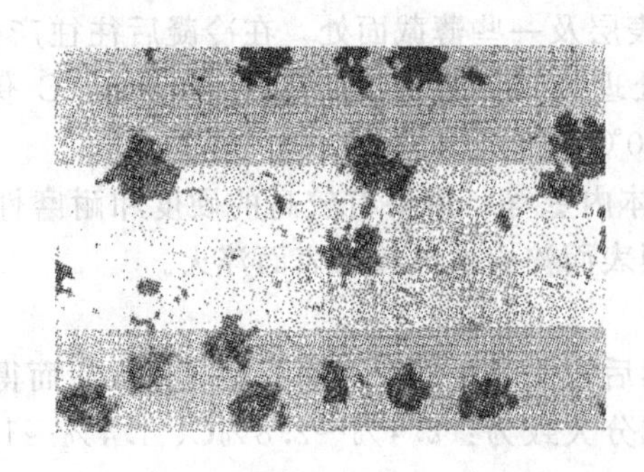

(a) 铁素体可锻铸铁

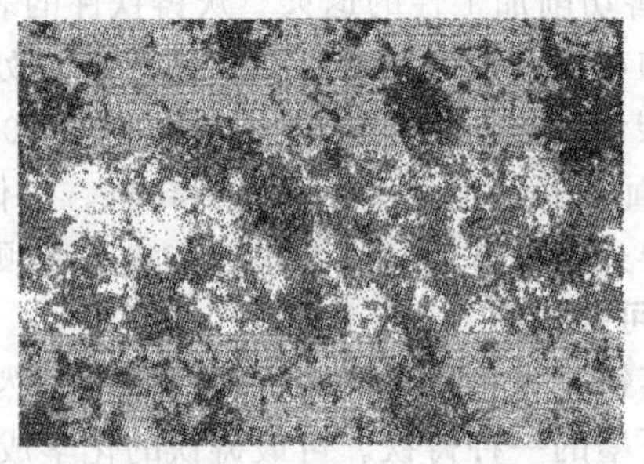

(b) 珠光体可锻铸铁

图 6-19　可锻铸铁的显微组织

尖端引起的应力集中，因此它不但比灰铸铁具有较高的强度，并且还具有较高的塑性和韧性。但可锻铸铁不能锻造加工。可锻铸铁主要用来制造一些形状复杂、减振、耐蚀的薄壁铸件。

6.6.2.3　球墨铸铁

球墨铸铁是铁水经过球化处理及孕育处理后而获得的一种铸铁。球墨铸铁中的石墨呈球状。常用的球化剂是镁和稀土镁，常用的孕育剂是硅铁和硅钙合金。球墨铸铁的成分要求比较严格，一般为：3.6%～3.9%C、2.0%～2.8%Si、0.6%～0.8%Mn、<0.07%S、<0.1%P。

我国球墨铸铁牌号用“QT”标明，其后第一组数字表示最低抗拉强度值，第二组数字表示最低延伸率，见表 6-23。

表 6-23　球墨铸铁的牌号、力学性能（摘自 GB/T 1348—1988）**和用途**

牌号	基本组织	力学性能				用途举例
		σ_b /MPa	$\sigma_{0.2}$ /MPa	δ /%	HBS	
		不小于				
QT400-18	铁素体	400	250	18	130～180	用于承受冲击、震动的零件，如汽车、拖拉机的轮毂、驱动桥，农机具零件，齿轮箱，飞轮壳
QT400-15	铁素体	400	250	15	130～180	
QT400-10	铁素体	450	310	10	160～210	
QT500-7	铁素体＋珠光体	500	320	7	170～230	机器座架、传动轴、飞轮、电动机架、内燃机的机油泵齿轮、铁路机车车辆轴瓦等
QT600-3	珠光体＋铁素体	600	370	3	190～270	用于载荷大、受力复杂的零件，如汽车、拖拉机的曲轴、连杆、凸轮轴，部分磨床、铁床、车床的主轴等
QT700-2	珠光体	700	420	2	225～305	
QT800-2	珠光体或回火组织	800	480	2	245～335	
QT900-2	贝氏体或回火马氏体	900	600	2	280～360	高强度齿轮，如车后桥螺旋锥齿轮、大减速器齿轮，内燃机曲轴、凸轮轴等

（1）球墨铸铁的组织和性能特点

球墨铸铁的组织由球状石墨和基体组成。随着成分和冷却速度的不同，球铁组织中的基体可分为铁素体、珠光体、铁素体＋珠光体三种，如图 6-20 所示。

与灰铸铁相比，球墨铸铁具有较高的抗拉强度和弯曲疲劳强度，也具有良好的塑性及韧性。这是由于球状石墨对金属基体的割裂作用较小，引起应力集中的效应明显减弱，使得基体比较连续，基体的作用得以充分发挥。另外球墨铸铁的屈强比（$\sigma_{0.2}/\sigma_b$）比钢高，因此用球墨铸铁制造承受静载的构件比铸钢还节省材料，重量也更轻。

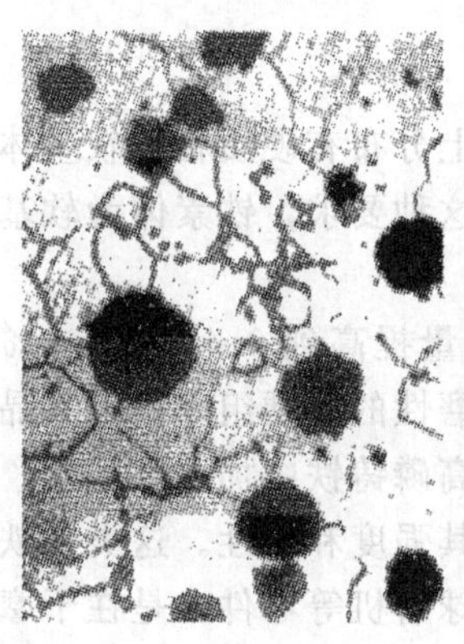
(a) 铁素体基

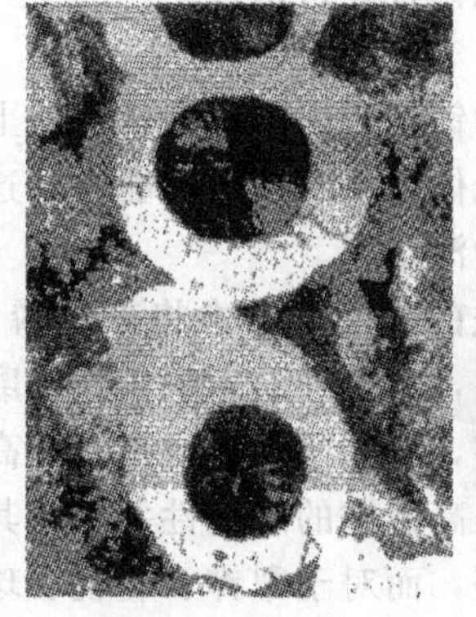
(b) 珠光体基

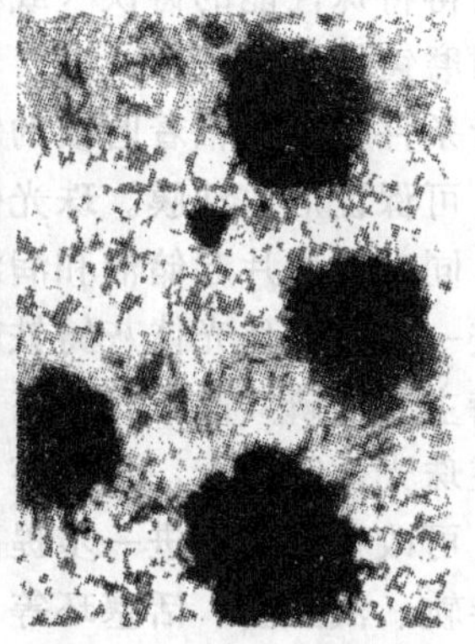
(c) 铁素体+珠光体基

图 6-20 球墨铸铁的显微组织

(2) 球墨铸铁的热处理

由于球铁中球状石墨对基体的削弱作用较小，因而球铁的热处理主要是通过改变它的基体组织，进而改变球铁的性能。常用的热处理工艺有：退火、正火、调质、等温淬火等。

① 退火　球墨铸铁的退火一般可分低温退火和高温退火两种。

低温退火——铸态球铁的基体往往包含铁素体和珠光体，为了获得较高的塑性和韧性，必须使珠光体中的渗碳体分解。其工艺是：将球铁件加热到700～760℃保温2～8h，然后随炉冷至600℃出炉空冷。最终组织为铁素体基体上分布着球状石墨。

高温退火——当铸态球铁组织中不仅有珠光体，且还有自由渗碳体时，为使自由渗碳体分解，需将球铁件加热至900～950℃保温2～5h后，随炉冷至600℃再出炉空冷。最终组织为铁素体基体上分布着球状石墨。

② 正火　球墨铸铁常用的正火方法有高温正火和低温正火两种。

高温正火——一般将球铁件加热到880～920℃保温1～3h，使组织全部奥氏体化后出炉空冷，获得珠光体型的基体组织。

低温正火——一般将球铁件加热到840～880℃保温1～4h，然后出炉空冷，获得珠光体和铁素体的基体组织，强度比高温正火略低，但塑性和韧性较高。低温正火要求原始组织中无自由渗碳体，否则将影响力学性能。

正火后，为了消除正火时铸件产生的内应力，通常还要进行去应力退火。其工艺是：加热到550～600℃保温3～4h，然后出炉空冷，使内应力基本消除。

③ 调质　对于受力复杂、综合力学性能要求较高的重要零件，如柴油机连杆、曲轴等，需进行调质处理。一般将工件加热860～900℃，保温后油淬，然后在550～600℃回火2～4h，最终组织为回火索氏体与球状石墨。

④ 等温淬火　对于一些外形复杂、易变形或开裂的零件，如齿轮、凸轮等，为提高其综合力学性能，可采用等温淬火。它的工艺是：将工件加热至860～900℃，适当保温后，迅速移至250～300℃的盐浴中等温30～90min，然后取出空冷，一般不再回火。等温淬火后的组织是下贝氏体加球状石墨。等温淬火只适用于截面尺寸不大的零件。

6.6.2.4 特种铸铁

除了一般的力学性能外，通常还要求铸铁具有良好的耐磨性、耐热性或耐蚀性等特殊性能。铸铁的特殊性能与添加的合金元素种类及数量有关，因此，向铸铁中加入某些合金元素，即可获得特殊性能的铸铁（或称合金铸铁）。

（1）耐磨铸铁

在润滑条件下经受粘着磨损的铸件，组织应为软基体上分布有硬质相。软基体磨损后产生的沟槽，可保证形成油膜。珠光体组织的灰铸铁能满足这种要求，铁素体为软基体，渗碳体为硬相，同时石墨片起储油和润滑作用。

为了进一步改善珠光体灰铸铁的耐磨性，常将其含磷量提高到0.4%～0.6%，成为高磷铸铁。磷主要以磷共晶形式存在，它是强烈影响铸铁耐磨性的坚硬组织。磷共晶体呈断续网状分布在珠光体基体上，硬度高，有利于减轻磨损。在高磷铸铁中加入铬、钼、钨、铜等合金元素，可改善组织，进一步提高铸铁的耐磨性并改善其强度和韧性。这类铸铁主要用于制造机床导轨、汽缸套、活塞环等，而对于犁铧、轧辊、球磨机等零件，是在干摩擦以及在磨粒磨损条件下工作的，要求铸铁件的表面硬度很高，这类零件常用合金白口铸铁来制造。通常在普通白口铸铁中加入铬、锰、钒、钼等合金元素以提高抗磨性，加入大量铬（15%）得到的高铬白口铸铁还可使韧性有所改善。

（2）耐热铸铁

在高温下工作的铸铁件，如蒸汽锅炉换热器、炉条、热处理炉内运输用链条等，必须使用耐热铸铁。

常用耐热铸铁有高铝耐热铸铁、含铬耐热铸铁、高硅耐热铸铁等。

铝、硅、铬加入铸铁后之所以能提高耐热性，一方面是由于它们在铸铁表面可生成Al_2O_3、SiO_2、Cr_2O_3保护膜，防止铸铁内部继续被氧化；另一方面是由于铬可形成稳定的碳化物。含铬量越高，铸铁热稳定性越好。硅、铝可提高铸铁的临界温度，促使形成单相的铁素体组织，因此在高温使用时，这些铸铁组织稳定。

（3）耐蚀铸铁

耐蚀铸铁主要用于化工部件，如阀门、管道、泵、容器等。由于组织中的石墨和渗碳体促进铁素体腐蚀，普通铸铁的耐蚀性差。加入硅、铝、铬、钼、铜、镍等合金元素，在铸件表面形成保护膜，或使基体电极电位升高，可以提高铸铁的耐蚀性能。常用耐蚀铸铁有高硅、高硅钼、高铝、高铬等耐蚀铸铁。

第7章 有色金属材料

工业上使用的金属材料，习惯上分为黑色金属和有色金属两大类。黑色金属主要是指钢与铸铁，有色金属是指非铁金属及其合金，如铝、铜、镁、钛、锌等金属及其合金。有色金属具有许多特殊性能，是现代工业生产中不可缺少的金属材料。本章仅简单介绍在机器制造业中广泛使用的铝、铜、钛及其合金和轴承合金。

7.1 铝及铝合金

铝及其合金目前已成为仅次于钢铁的一种重要工业金属，主要在航空、航天工业中有广泛的应用，也是电力工业、日常生活用品中不可缺少的材料。

7.1.1 工业纯铝

纯铝的密度小，仅为2.7g/cm^3；熔点为660℃，结晶后具有面心立方晶格，无同素异构转变，纯铝的导电性、导热性好，仅次于银、铜、金且价格较低，资源丰富。铝在大气中具有良好的耐蚀性，这是由于铝与氧的亲和力强，在大气环境中铝的表面可以生成致密的氧化膜，阻止了铝进一步氧化。铝的塑性好，可以进行各种压力加工。但由于纯铝的强度很低，因此纯铝不能作为结构材料使用，只能做导电体和要求耐腐蚀的器皿等。

工业纯铝的牌号有1070，1060，1050，1035，1200等。牌号中第一位数字表示纯铝，最后两位数字表示铝的纯度，如1070表示含铝99.70%的纯铝。

7.1.2 铝合金的分类及热处理

纯铝的强度很低，为了提高其强度，最有效的方法是在纯铝中加入合金元素（如硅、铜、镁、锰等），形成铝合金。

(1) 铝合金的分类

铝合金按其成分和工艺特点，可分为变形铝合金和铸造铝合金两大类。图7-1为铝合金状态图的一般类型，图中最大饱和溶解度D点是变形铝合金和铸造铝合金的理论分界线。合金成分大于D点的合金，由于有共晶组织存在，其流动性较好，且高温强度也比较高，不易热裂，适于铸造，故称为铸造铝合金。

合金成分小于D点的合金，在加热至固溶线以上时可以得到均匀的单相固溶体，其塑性变形能力较好，适于进行压力加工，因而称为变形铝合金。变形铝合金又可以分为两类，凡成分在F点以左的合金，其固溶体的成分不随温度而变化，无法通过时效处理强化，因此称为不可热处理强化的铝合金。凡成分在F、D之间的合金，其固溶体的成分随温度的变化而变化，可以进行时效热处理，称为可热处理强化的铝合金。

（2）铝合金的热处理

强化铝合金的热处理方法主要是固溶处理加时效。固溶处理又称固溶淬火，是将成分位于图 7-1 中 D、F 之间的合金加热到 α 相区保温，获得单相 α 固溶体后迅速水冷，在室温得到过饱和 α 固溶体的操作。这种过饱和组织是不稳定的，具有析出强化相之后过渡到稳定状态的倾向。因此铝合金固溶处理后在室温下放置或低温加热时，强度和硬度会明显升高。这种现象称为时效或时效硬化；室温下进行的称为自然时效，加热条件下进行的称为人工时效。

图 7-2 是铝-铜二元合金相图。可以看出铜在铝中的溶解度随温度而变化。在室温下为 0.5%Cu，而在共晶温度（548℃）时最大溶解度为 5.65%Cu。含铜量在 0.5%～5.65%的铝铜合金，加热到固溶线温度以上可形成单相 α 固溶体，然后快冷使其保留到室温，得到过饱和固溶体。这种过饱和固溶体是不稳定的，在一定条件下会析出强化相 θ″相、θ′相和 θ 相（$CuAl_2$），使合金的强度和硬度提高。图 7-3 为含 4%Cu 的 Al-Cu 合金自然时效曲线。图 7-4 为硬铝合金在不同温度下的时效曲线。

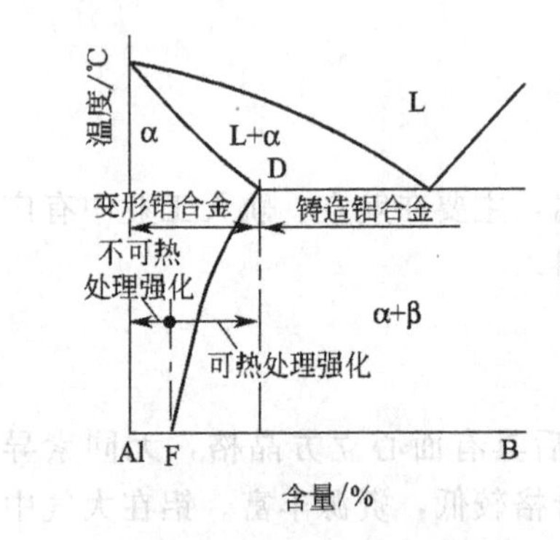

图 7-1 铝合金分类示意图

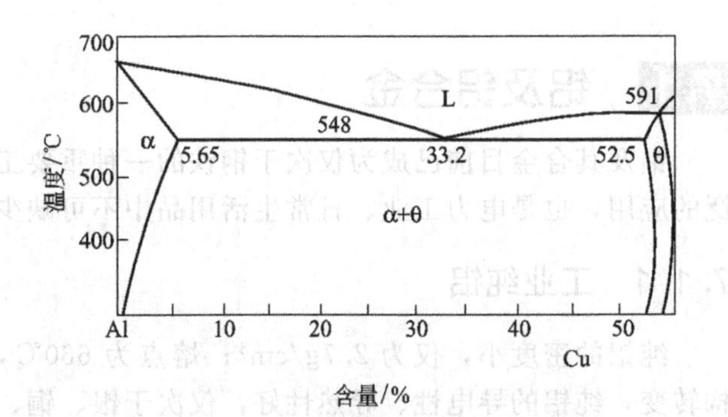

图 7-2 铝-铜二元相图

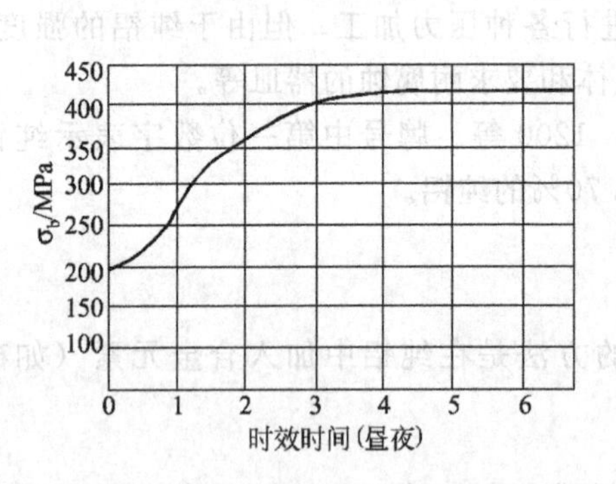

图 7-3 Al-4%Cu 合金自然时效时的硬化曲线

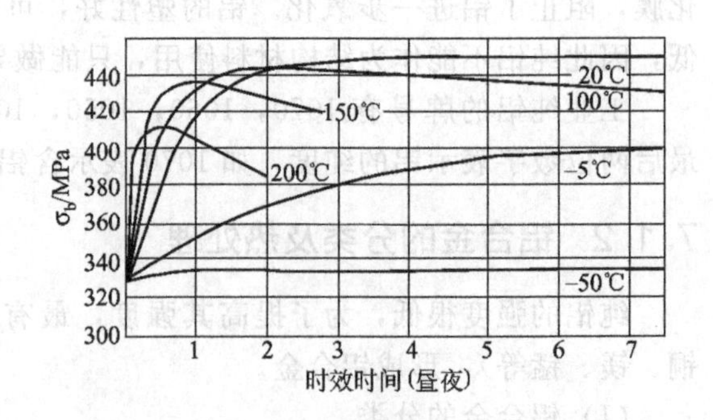

图 7-4 硬铝合金在不同温度下的时效曲线

7.1.3 变形铝合金

根据主要性能特点和用途，变形铝合金可分为防锈铝合金、硬铝合金、超硬铝合金和锻造铝合金，其中后三类铝合金可以进行热处理强化。它们的牌号、化学成分、热处理状态、力学性能及用途见表 7-1。变形铝合金牌号表示方法是：第一位数字表示铝合金的组别，“2”、“3”、“5”、“7”分别表示以铜、锰、镁、锌为主要合金元素的铝合金；第二位字母“A”表示是原始合金，以区别于已改型的铝合金；最后两位数字用以标识同一组中不同的铝合金。

表 7-1 几种变形铝合金的牌号、化学成分、热处理状态、力学性能（摘自 GB/T 3190—2008）**及用途**

类别	牌号	化学成分(质量分数)/%						热处理状态	力学性能			用途举例
		Cu	Mg	Mn	Zn	其它	Al		σ_b/MPa	δ/%	HBS	
防锈铝合金	5A05(LF5)		4.8～5.5	0.3～0.6			余量	退火	260	22	65	焊接油箱、油管、焊条、铆钉及重载零件
防锈铝合金	3A21(LF21)			1.0～1.6			余量	退火	130	23	30	焊接油箱、油管、铆钉及轻载零件
硬铝合金	2A01(LY1)	2.2～3.0	0.2～0.5				余量	淬火+自然时效	300	24	70	工作温度不超过100℃，常温作铆钉
硬铝合金	2A11(LY11)	3.8～4.8	0.4～0.8	0.4～0.8			余量	淬火+自然时效	420	15	100	中等强度结构件，如骨架、螺旋桨、叶片、铆钉等
硬铝合金	2A12(LY12)	3.8～4.9	1.2～1.8	0.3～0.9			余量	淬火+自然时效	460	17	105	中等强度结构件、航空模锻件及150℃以下工作零件
超硬铝合金	7A04(LC4)	1.4～2.0	1.8～2.8	0.2～0.6	5.0～7.0	Cr:0.4～2.5	余量	淬火+人工时效	600	12	150	主要受力构件，如飞机大梁、桁架等
超硬铝合金	7A03(LC3)	1.8～2.4	1.2～1.6	0.1	6.0～6.7	Ti:0.02～0.08	余量	淬火+人工时效	520	15	150	用作受力结构的铆钉
锻造铝合金	2A50(LD5)	1.8～2.6	0.4～0.8			Si:0.7～1.2	余量	淬火+人工时效	420	12	105	形状复杂、中等强度的锻件
锻造铝合金	2A70(LD7)	1.9～2.5	1.4～1.8			Ti:0.02～0.1 Ni:0.9～1.5 Fe:0.9～105	余量	淬火+人工时效	440	12	120	高温下工作的复杂锻件及结构件
锻造铝合金	2A14(LD10)	3.9～4.8	0.4～0.8				余量	淬火+人工时效	490	12	135	承受重载荷的锻件

(1) 防锈铝合金

防锈铝合金中主要合金元素是锰和镁，属 Al-Mn 系及 Al-Mg 系合金。锰和镁的主要作用是产生固溶强化和提高耐蚀性，镁还能降低合金相对密度。这类合金不能进行时效硬化，属于不可热处理强化的铝合金，常采用冷变形法使其强化。

(2) 硬铝合金

硬铝合金为 Al-Cu-Mg 系合金，还含有少量锰。加入铜和镁的目的是为了能够在时效过程中形成强化相 $\theta(CuAl_2)$ 及 $S(Al_2CuMg)$ 相，以发挥时效硬化作用。

硬铝合金在工业中应用广泛，但有以下不足之处，在使用和加工时必须予以注意。

① 耐蚀性差，特别是在海水中更为明显。若在海水中使用，外部需包上一层纯铝来防护。

② 固溶处理的加热温度范围很窄。例如 2A12 的固溶处理温度为 495～505℃。低于此温度范围，固溶体过饱和度不足，不能获得最大的时效强化效果；超过此温度范围，则容易产生过烧现象，所以硬铝合金必须严格控制固溶淬火加热温度。

(3) 超硬铝合金

超硬铝合金属于 Al-Zn-Mg-Cu 系合金，并含有少量铬和锰。锌、铜、镁与铝形成固溶体和多种复杂的第二相，例如 θ 相、S 相、η 相（Mg_2Zn）和 T 相（$Al_2Mg_3Zn_3$）等，因而经固溶处理和人工时效后，可获得很高的强度和硬度，所以它是目前室温强度最高的一类铝合金。但这类合金的耐蚀性较差，耐热性较低。一般常用包铝法提高其耐蚀性。超硬铝合金多用于制造受力大的重要结构件和承受高载荷的零件，如飞机大梁、起落架等。

表 7-2 常用铸造铝合金的牌号、成分、热处理、性能（摘自 GB/T 1173—2013）及用途

类别	牌号	代号	化学成分(质量分数)/%							铸造方法	热处理	力学性能			用途举例
			Si	Cu	Mg	Mn	Ti	Al	其他			σ_b /MPa	δ /%	HBS	
铝硅合金	ZAlSi7Mg	ZL101	6.50～7.50		0.25～0.45			余量		金属型 砂型变质	固溶＋不完全时效 固溶＋不完全时效	205 195	2 2	60 60	水泵及传动装置壳体、抽水机壳体
铝硅合金	ZAlSi12	ZL102	10.00～13.00					余量		砂型变质 金属型	退火 退火	135 145	4 3	50 50	仪表壳体、机器罩等外形复杂件
铝硅合金	ZAlSi9Mg	ZL104	8.00～10.50		0.17～0.35	0.20～0.50		余量		金属型	人工时效	200	1.5	65	气缸体、水冷发动机的曲轴箱等
铝硅合金	ZAlSi5Cu1Mg	ZL105	4.50～5.50	1.00～1.50	0.40～0.60			余量		金属型	人工时效	155	0.5	60	水冷发动机气缸头、油泵壳体
铝硅合金	ZAlSi12Cu1Mg1Ni1	ZL109	11.00～13.00	0.50～1.50	0.80～1.30			余量	Ni，0.8～1.5	金属型 金属型	人工时效 固溶＋完全时效	195 245	0.5 —	90 100	活塞及高温下工作零件
铝铜合金	ZAlCu5Mn	ZL201		4.50～5.30		0.60～1.00	0.15～0.35	余量		砂型 砂型	固溶＋自然时效 固溶＋不完全时效	295 335	8 4	70 90	内燃机汽缸头、活塞等
铝铜合金	ZAlCu4	ZL203		4.00～5.00				余量		砂型 金属型	固溶＋不完全时效 固溶＋不完全时效	215 225	3 3	70 70	曲轴箱、支架、飞轮盖等
铝镁合金	ZAlMg10	ZL301			9.50～11.00			余量		砂型	固溶＋自然时效	280	9	60	舰船配件
铝镁合金	ZAlMg5Si1	ZL303	0.80～1.30		4.5～5.5	0.1～0.4		余量		砂型 金属型	铸态	143	1	55	海轮配件、气冷发动机、汽缸头
铝锌合金	ZAlZn11Si7	ZL401	6.00～8.00		0.10～0.30			余量	Zn：9.00～13.00	金属型	人工时效	245	1.5	90	结构及形状复杂的汽车、飞机仪器零件
铝锌合金	ZAlZn6Mg	ZL402			0.50～0.65	0.2～0.5	0.15～0.25	余量	Zn：5.0～6.5 Cr：0.40～0.60	金属型	人工时效	235	4	70	

(4) 锻造铝合金

锻造铝合金为Al-Cu-Mg-Si系或Al-Cu-Mg-Ni-Fe系合金。锻造铝合金的元素种类很多，但含量少，因而具有良好的热塑性，适于锻造。锻造铝合金也有良好的铸造性能和较高的力学性能。这类合金主要用于承受重载荷的锻件或模锻件，通常采用固溶处理和人工时效。

7.1.4 铸造铝合金

用来制作铸件的铝合金称为铸造铝合金。为了使合金具有良好的铸造性能和足够的强度，铸造铝合金中合金元素的含量一般比变形铝合金要多一些，总量为8%～25%。常用的合金元素有硅、铜、镁、锌、镍、稀土等。以合金中所含主要合金元素的不同，铸造铝合金可分为Al-Si系、Al-Cu系、Al-Mg系、Al-Zn系等，其中Al-Si系应用最广泛。常用铸造铝合金的牌号、成分、热处理、性能及用途见表7-2。

铸造铝合金牌号中“Z”表示“铸造”，“Al”表示基本元素为铝，其余字母表示合金元素符号，其后数字表示元素的平均百分含量。如ZAlSi12表示含硅12%的铝硅铸造铝合金。而铸造铝合金代号中“ZL”是“铸铝”两字汉语拼音第一个字母，其后第一个数字表示合金系别，其中1、2、3、4分别表示铝硅、铝铜、铝镁、铝锌系列合金，第二、第三两个数字表示顺序号。如ZL102表示2号铝-硅系列铸造铝合金。

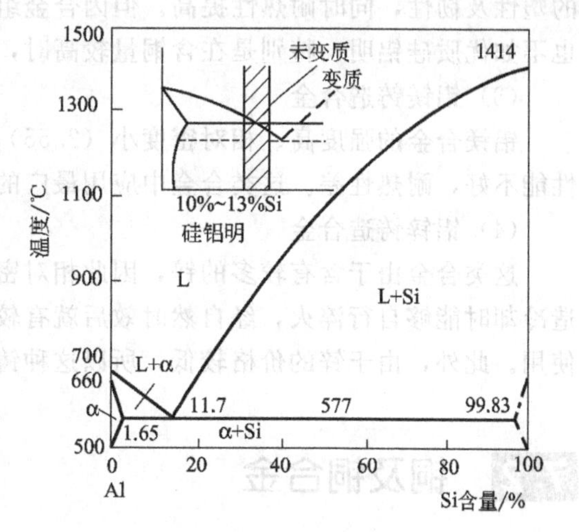

图7-5 Al-Si合金相图

(1) 硅铝铸造合金

铝硅铸造铝合金又称为硅铝明(Silumin)，其中不含其它合金元素的称为简单硅铝明，除硅外还含有其它元素的称为特殊硅铝明。Al-Si合金相图如图7-5所示。

① 简单硅铝明　简单硅铝明中含有11%～13%Si(ZAlSi12)，铸造后几乎都是由粗大针状硅晶体和α固溶体组成的共晶体(α+Si)，如图7-6(a)所示。这种合金流动性好、熔点低、热裂倾向小，但共晶体中粗针状的硅晶体显著降低了合金的力学性能。为了改善其性

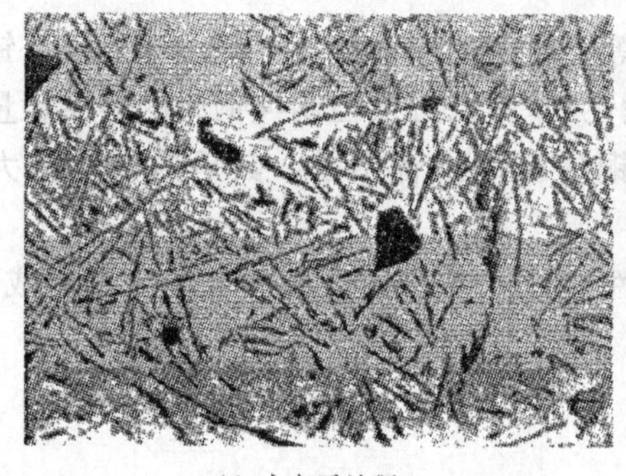

(a) 未变质处理

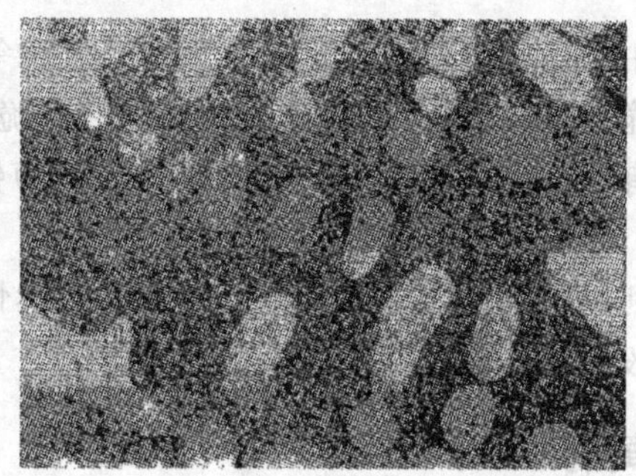

(b) 变质处理

图7-6 ZL102合金的铸态组织

能，生产上常采用变质处理，即在浇注前向合金溶液中加入占合金重量2%～3%的变质剂（$\frac{2}{3}$NaF+$\frac{1}{3}$NaCl），使共晶硅由粗针状变成细小点状，如图7-6(b)所示，从而使合金的力学性能得到显著的提高。

② 特殊硅铝明　简单硅铝明经变质处理后，强度提高不多，且不能时效强化。为进一步提高其强度，常加入铜、镁、锌等元素，得到特殊硅铝明。这类合金除了变质处理外，还可进行固溶时效强化，利用形成的强化相θ相、β(Al_5SiFe)相和S相来进一步提高合金的强度。例如ZL104，其中含有少量镁，时效强化后的σ_b可达200～230MPa。

(2) 铝铜铸造铝合金

铝铜铸造铝合金中含铜量低于4%，由于铜在铝中有较大的固溶度，且随温度改变而变化，因而这类合金可进行固溶强化及热处理强化。经热处理后，合金具有很高的强度和良好的塑性及韧性，同时耐热性提高。但因合金组织中含共晶体较少，故铸造性能较差，耐蚀性也不如优质硅铝明，特别是在含铜量较高时，耐蚀性显著下降。

(3) 铝镁铸造合金

铝镁合金的强度高、相对密度小（2.55），有良好的耐蚀性，可进行时效处理，但铸造性能不好，耐热性差。这类合金中应用最广的是ZL301。

(4) 铝锌铸造合金

这类合金由于含有较多的锌，因此相对密度较大，耐蚀性差。但其工艺性能很好，在铸造冷却时能够自行淬火，经自然时效后就有较高的强度，可以不经过热处理而在铸态下直接使用。此外，由于锌的价格较低，所以这种铸造铝价格最便宜。常用牌号为ZL401。

7.2 铜及铜合金

7.2.1 纯铜

纯铜呈紫红色，又称紫铜，它的密度为8.9g/cm³，熔点为1083℃。纯铜具有极好的导电性、导热性及良好的耐蚀性（抗大气及淡水腐蚀），还具有抗磁性，广泛用作电工导体、传热体及防磁器械等。

纯铜具有面心立方晶格，无同素异构转变。强度低，塑性好，可进行冷、热压力加工。纯铜只能以冷变形的方式达到强化，但塑性下降显著。因此纯铜不宜直接用于制造结构零件。

纯铜中的杂质主要有铅、铋、氧、硫、磷等，使铜的导电能力下降。此外铅、铋可引起铜的“热脆性”，而硫、氧却能导致铜的“冷脆性”，所以必须控制纯铜中的杂质含量。

纯铜有T1、T2、T3几个牌号，“T”为铜的汉语拼音字首，其后的数字越大，纯度越低。

为了利用纯铜性能上的优点并改善其力学性能，可在纯铜中加入合金元素制成铜合金。铜合金一般分为黄铜、青铜和白铜三大类。

7.2.2 黄铜

黄铜是以锌为主要合金元素的铜合金。按照化学成分，黄铜分为普通黄铜和特殊黄铜，通常把铜锌二元合金称为普通黄铜。其牌号用“黄”字汉语拼音字首“H”来表示，其后附以数字表示平均含铜量。如H70表示平均含铜量为70%的普通黄铜。在普通黄铜的基础上，加入其它元素的铜合金称为特殊黄铜。其牌号为“H”后接所添加元素的化学符号，后面数字为含铜量和所添加元素的含量。如HPb59-1，表示平均成分为59%Cu、1%Pb，其余为锌的特殊黄铜（又称铅黄铜）。铸造黄铜的牌号用“ZCu”后接锌及其它元素的符号和含量来表示。如ZCuZn38，表示平均成分为38%Zn的铸造普通黄铜。

(1) 普通黄铜

在室温平衡状态下，普通黄铜有α及β′两个基本相。α相是锌溶于铜中的固溶体，塑性好，适宜冷、热压力加工。β′相是以电子化合物CuZn为基的固溶体，在室温下较硬脆，但加热到456℃以上转变为β相时，却有良好的塑性，因此含有β′相的黄铜适宜热压力加工。

普通黄铜的组织和性能受其含锌量的影响，如图7-7所示。当含锌量小于32%时，合金的组织由单相α固溶体构成，具有良好的塑性，而且随含锌量的增加，强度和塑性均增加。当含锌量大于32%后，合金组织中开始出现β′相，此时合金的塑性随含锌量的增加开始下降，但强度仍然在上升，因为存在少量β′相对强度并无不利的影响。当含锌量超过45%之后，β′相已占合金组织的大部分直至全部，其强度和塑性急剧下降，所以工业黄铜中的锌含量一般不超过47%。

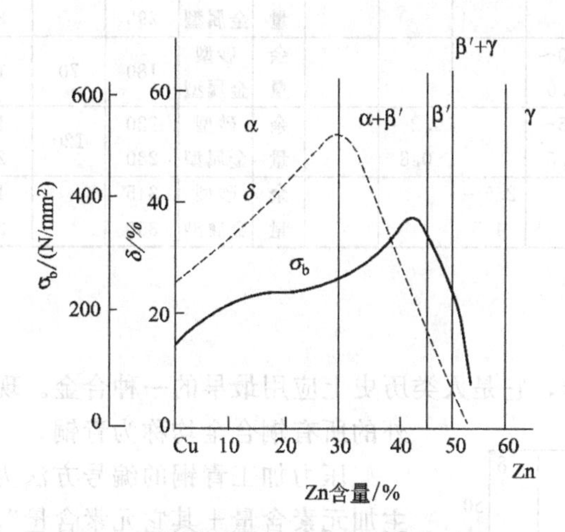

图7-7　黄铜锌含量与力学性能的关系

根据普通黄铜的退火组织，可将其分为单相黄铜（或α黄铜）和双相黄铜（或α+β′黄铜）。常用的单相黄铜有H80、H70等，其塑性好，可进行冷、热加工；双相黄铜有H62、H59等，其室温组织为α+β′，由于β′相很脆，所以不适于冷变形加工。但当加热使β′转变为β后，便可进行热变形加工。

普通黄铜的耐蚀性良好，超过铁、碳钢和许多合金钢，并与纯铜相近。但含锌量大于7%（尤其是大于20%）并经冷加工的黄铜，在潮湿的大气中，特别是在含有氨的介质中，易发生应力腐蚀开裂，这种现象称为黄铜的“自裂”或“季裂”。因此，冷加工后的黄铜制品，需要进行去应力退火。

(2) 特殊黄铜

在普通黄铜中再加入锡、铝、锰、硅、铅等合金元素的黄铜，称为特殊黄铜。加入这些合金元素的目的，是为了改善普通黄铜的某些性能，如锡、铝、锰、硅等可提高铜合金的强度和耐蚀性，硅还可以降低季裂敏感性并能改善铸造性能，铅可以改善切削加工性能。

常用黄铜的牌号、成分、性能及用途见表7-3。

表 7-3 几种黄铜的牌号、成分、性能及用途

类别		牌号	化学成分(质量分数)/%						铸造方法	力学性能				用途举例
			Cu	Pb	Si	Al	其它	Zn		σ_b/MPa	$\sigma_{0.2}$/MPa	δ/%	HBS	
压力加工黄铜	普通黄铜	H70	68.5～71.5					余量		660		3	150	制造弹壳、冷凝器管等
		H62	60.5～63.5					余量		600		3	164	垫圈、弹簧、螺钉、螺母等
		H59	57.0～60.0					余量		500		10	163	热轧、热冲零件
	特殊黄铜	HPb59-1	57.0～60.0	0.80～1.9				余量		550		5	149	销子、螺钉等冲压或加工件
		HAl59-3-2	57.0～60.0			2.5～3.5	Ni：2.00～3.00	余量		650		15	150	高强度及化学性能稳定的零件
		HMn58-2	57.0～60.0				Mn：1.00～2.00	余量		700		10	178	船舶和弱电流用零件
铸造黄铜		ZCuZn38	60.0～63.0					余量	砂型 金属型	295 295		30 30	590 685	机械、热压轧制零件
		ZCuZn33Pb2	63.0～67.0	1.0～3.0				余量	砂型 金属型	180	70	12	490	
		ZCuZn40Pb2	58.0～63.0	0.5～2.5		0.2～0.8		余量	砂型 金属型	220 280	120	15 20	785 885	制作化学性能稳定的零件
		ZCuZn16Si4	79.0～81.0		2.5～4.5			余量	砂型 金属型	345 390		15 20	885 980	轴承、轴套

7.2.3 青铜

青铜最早指铜锡合金，它是人类历史上应用最早的一种合金。现在是将除黄铜、白铜以外的所有铜合金均称为青铜。

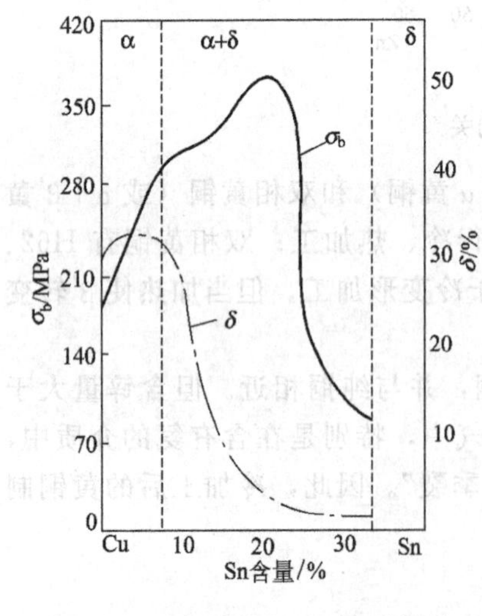

图 7-8 铸造铜锡合金的含锡量与力学性能的关系

压力加工青铜的编号方法为“Q＋主加元素符号＋主加元素含量＋其它元素含量”。例如，QSn4-3 表示含 4%Sn、3%Zn 其余为铜的锡青铜。铸造青铜的编号方法为“ZCu＋主要合金元素符号＋主要元素含量”。例如 ZCuSn10Pb5，表示含 10%Sn、5%Pb 其余为铜的铸造锡青铜。

（1）锡青铜

锡青铜是以锡为主加元素的铜合金。锡青铜含锡量与力学性能的关系如图 7-8 所示。

当含锡量小于 5%时，合金的铸态或退火态组织为单相 α 固溶体。α 固溶体是锡在铜中的固溶体，具有良好的塑性。随着含锡量的增加，合金的强度和塑性增加。但当含锡量超过 6%时，合金组织中出现硬而脆的 δ 相（$Cu_{31}Sn_8$ 为基的固溶体），合金的塑性急剧下降。当含锡量达 20%以上时，由于出现过多的 δ 相，合金的塑性和强度均显著下降。所以，工业用锡青铜一般的含锡量为 3%～14%。

含锡量低于8%的锡青铜塑性好，适于压力加工，也称为压力加工锡青铜。而含锡量大于10%的锡青铜，由于塑性差只适于铸造，称为铸造锡青铜。

锡青铜的铸造流动性较差，铸件的分散缩孔和疏松多，不致密。但它在凝固时尺寸收缩小，特别适于铸造对外形尺寸要求较严格的铸件。

锡青铜的耐蚀性比纯铜和黄铜都高，不论在湿气中、蒸汽中或海水、淡水中都具有优良的耐蚀性。此外，锡青铜的耐磨性好，多用于制造轴瓦、轴套等耐磨零件。

为了改善锡青铜的某些性能，常加入磷、锌、铅等元素。磷可提高锡青铜的流动性和耐磨性，锌可改善合金强度和铸造性能，铅主要为改善切削加工性能。

(2) 铝青铜

铝青铜是以铝为主加元素的铜合金。铝青铜的力学性能比黄铜和锡青铜高。铝含量对铝青铜力学性能的影响，如图7-9所示。当含铝量小于5%时，强度很低；当含铝量大于12%时，塑性很差，加工困难，因此实际应用的铝青铜含铝量一般在5%～12%范围内。含铝量在5%～7%时，塑性最好，适于冷加工。含铝10%左右时强度最高，常以热加工和铸态使用。

铝青铜的流动性好，缩孔集中，易获得致密的铸件，并且不形成枝晶偏析。

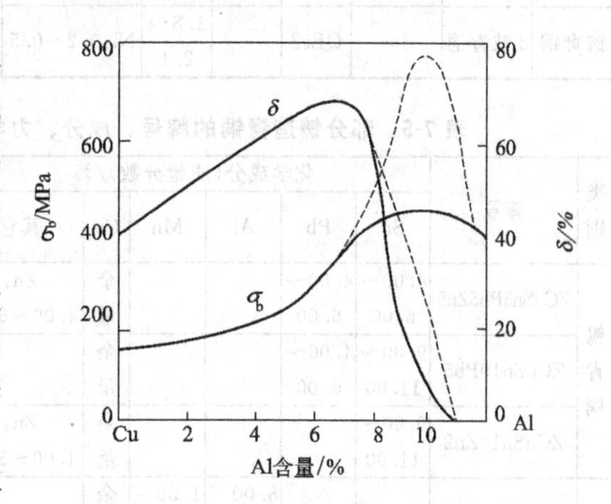

图7-9 铝含量对铝青铜力学性能的影响

铝青铜在大气、海水、碳酸及大多数有机酸中的耐蚀性，均比黄铜和锡青铜高。铝青铜的耐磨性也比黄铜和锡青铜好。

(3) 铍青铜

铍青铜是以铍为主加元素的铜合金，含铍量为1.7%～2.5%。由于铍在铜中的溶解度随温度变化很大，所以铍青铜可以通过热处理进行强化。经时效处理后，可获得很高的强度和硬度，σ_b 最大可达1250MPa，硬度最大可达HV380，超过其它铜合金。

铍青铜不仅强度、硬度高，而且弹性极限、疲劳极限也很高。它还有优良的导电性和导热性，而且其耐磨性、耐蚀性、耐热性也优于其它铜合金，并具有耐磁性、受冲击时不产生火花等一系列优点，但价格较贵。

常用青铜的牌号、成分、力学性能及用途见表7-4和表7-5。

表7-4 部分加工青铜的牌号、成分、力学性能（摘自GB/T 5233—2001）及用途

类别	牌号	代号	化学成分（质量分数）/%					力学性能				用途举例
			Sn	Al	Be	其它	Cu	状态	σ_b /MPa	δ /%	HBS	
锡青铜	4-3 锡青铜	QSn 4-3	3.5～4.5			Zn:2.7～3.3	余量	软 硬	350 550	40 4	60 160	弹簧、化工机械耐磨零件、抗磁零件
	4-4-2.5 锡青铜	QSn 4-4-2.5	3.0～5.0			Zn:3.0～5.0 Pb:1.5～3.5	余量	软 硬	320 600	40 3	60 170	摩擦条件下工作的轴承
	6.5-0.1 锡青铜	QSn 6.5-0.1	6.0～7.0			P:0.01～0.25	余量	软 硬	400 750	65 10	80 180	弹簧、精密仪器中的耐磨零件和抗磁零件

续表

类别	牌号	代号	化学成分(质量分数)/%					力学性能				用途举例
			Sn	Al	Be	其它	Cu	状态	σ_b/MPa	δ/%	HBS	
铝青铜	7 铝青铜	QAl7		6.0~8.5			余量	软 硬	420 1000	70 6	70 154	弹簧和其它要求抗蚀的弹性元件
	9-4 铝青铜	QA19-4		8.0~10.0		Fe:2.0~4.0	余量	软 硬	550 900	40 5	110 180	高负荷下工作的抗磨、耐蚀零件，如轴承、齿轮
铍青铜	2 铍青铜		QBe2		1.8~2.1	Ni:0.2~0.5	余量	淬火 时效	500 1250	40 2.5	HV90 HV375	重要弹簧及弹性元件、耐磨零件

表 7-5　部分铸造青铜的牌号、成分、力学性能（摘自 GB/T1176—2013）及用途

类别	牌号	化学成分(质量分数)/%						铸造方法	力学性能				用途举例
		Sn	Pb	Al	Mn	Cu	其它		σ_b/MPa	$\sigma_{0.2}$/MPa	δ/%	HBW	
锡青铜	ZCuSn5Pb5Zn5	4.00~6.00	4.00~6.00			余量	Zn:4.00~6.00	砂型 金属型	200	90	13	60	耐磨零件、耐磨轴承
	ZCuSn10Pb5	9.00~11.00	4.00~6.00			余量		砂型 金属型	195 245		10 10	70 70	结构材料，耐蚀、耐酸的配件
	ZCuSn10Zn2	9.00~11.00				余量	Zn:1.00~3.00	砂型 金属型	240 245	120 140	12 6	70 80	阀、泵壳、齿轮、蜗轮等
铝青铜	ZCuAl9Mn2			8.00~10.00	1.50~2.50	余量		砂型 金属型	390 440	150 160	20 20	85 95	衬套、齿轮、蜗轮等耐磨耐蚀件
	ZCuAl10Fe3Mn2			9.00~11.00	1.00~2.00		Fe:2.00~4.00	砂型 金属型	490 540		15 20	110 120	高强度和耐磨耐蚀件

7.2.4 白铜

白铜是以镍为主加元素的铜合金。铜镍合金无限互溶，强化方式为固溶强化和形变强化，不能通过热处理强化。

(1) 普通白铜

Cu-Ni 二元系白铜称为普通白铜，在海水、有机酸和各种盐溶液中有较高的化学稳定性，有较高的抗腐蚀疲劳性和优良的冷、热加工性能。常用牌号有 B3、B19 和 B30，B 表示白铜，其后的数字表示镍含量。

(2) 特殊白铜

Cu-Ni 二元系白铜中加入第三组元，例如加入 Mn、Zn、Fe、Al 等，可形成特殊白铜。

① Mn 白铜　加入 Mn 元素的白铜，称为锰白铜，例如 BMn3-12、BMn40-1.5、BMn15-20，第一组数字代表 Ni 含量，第二组数字代表 Mn 含量。

② Zn 白铜　以 Zn 为第三主加元素的白铜，称为锌白铜，例如 BZn15-20、BZn15-21-1.8 等。第一组数字代表 Ni 含量，第二组数字代表 Zn 含量，第三组数字代表第四组元含量，如 BZn15-21-1.8 中含 Pb 量为 1.8%。

7.3 钛及钛合金

钛的资源丰富，而且重量轻、比强度高、耐热性好、耐蚀性优异，所以钛及其合金在航空、造船、机械制造、石油化工等工程领域，有着广阔的应用前景。但目前钛及钛合金的加工条件件复杂，成本较高，使它的应用受到限制。

7.3.1 纯钛

钛是银白色金属，相对密度小（4.5），熔点高（1668℃）。钛具有同素异构转变，在882.5℃以下为密排六方的α-Ti，高于882.5℃为体心立方的β-Ti。钛的热膨胀系数小，导热性差。

钛在大气及海水中有极为突出的耐蚀性，在硫酸、盐酸、硝酸、氢氧化钠等介质中都很稳定，但在氢氟酸中耐蚀性极差。

纯钛的强度不高，但塑性很好。纯钛的力学性能还与其纯度有关。工业纯钛中常含有氢、氧、氮、铁、碳等杂质，使钛的强度明显提高、塑性明显降低。工业纯钛按杂质含量不同分为TA1、TA2、TA3和TA4。牌号顺序数字越大，杂质含量越多。

常用的工业纯钛是TA2，主要用于制造350℃以下工作的、受力小的零件及冲压件，如飞机的蒙皮、发动机附件等。

7.3.2 钛合金

为了提高钛的性能，常常加入合金元素进行强化。铝、碳等元素合金元素溶入α-Ti中，形成α固溶体，使钛的同素异构转变温度升高，称为α相稳定化元素。铬、钼、锰、铁、钒等溶入β-Ti中形成β固溶体，使钛的同素异构转变温度下降，称为β相稳定化元素。锡、锆等对转变温度的影响不明显，称为中性元素。

根据使用状态的组织，钛合金可分为α钛合金、β钛合金和（α+β）钛合金。牌号分别以TA、TB、TC加上顺序数字来表示。例如TA5～TA7表示α钛合金，TB2～TB9表示β钛合金，TC1～TC12表示（α+β）钛合金。

（1）α钛合金

α钛合金中主要合金元素有铝、锡、锆等，组织为单相α固溶体。α钛合金的室温强度低于β钛合金和（α+β）钛合金，但高温（500～600℃）强度比它们的高，并且组织稳定，抗氧化性好，焊接性能也很好。

α钛合金不能进行热处理强化，主要依靠固溶强化。这类合金使用最广泛的是TA7，可用来制造500℃以下长期工作的结构件和模锻件，也可以用于制造超低温用的容器。

（2）β钛合金

β钛合金中主要合金元素有钼、铬、钒等，组织为β固溶体。β钛合金具有很高的强度，此外，由于β相的晶格为体心立方，因而具有良好的塑性，易于进行冲压成形。

β钛合金可通过淬火和时效进行强化。常用牌号有TB2，用于制造350℃以下工作的零件，如压气机叶片、轮盘、轴类等重载荷旋转件，以及飞机构件等。

（3）（α+β）钛合金

这类合金中的主要合金元素有钼、钒、锰、铬、铁、铝等，组织由α固溶体和β固溶体两相构成。它兼有α钛合金和β钛合金的优点，即良好的高温强度和塑性，并可以进行热处理强化。这类钛合金生产工艺较简单，可以通过改变成分和选择热处理工艺参数，在很宽的范围内改变合金的性能，所以得到广泛应用。常用牌号有TC1、TC2、TC4等，其中尤以TC4应用最广。TC4主要用于400℃以下长期工作的零件，结构用的锻件，各种容器、船舰耐压壳体等。常用钛合金的力学性能见表7-6。

表 7-6 常用钛合金的力学性能

类型	合金牌号	力学性能			
		σ /MPa	δ /%	ψ /%	α_k /(J/cm²)
α 钛合金	TA5	700	15	40	60
	TA6	700	10	27	30
	TA7	800	10	27	30
β 钛合金	TB2	1400 (固溶＋时效)	7	10	15
(α＋β) 钛合金	TC1	600		30	45
	TC2	700	15	30	40
	TC3	950	12	30	40
	TC4	950	10	30	40
	TC6	950	10	23	30
	TC9	1140	9	25	30
	TC10	1050	12	30	40

7.4 轴承合金

7.4.1 轴承合金的工作条件及性能要求

轴承合金是用来制造滑动轴承中的轴瓦及内衬的合金。轴承支撑着轴，当轴旋转时，轴瓦和轴发生剧烈的摩擦，并承受轴颈传递给的交变载荷。因此，轴承合金必须具有的主要性能是：在工作温度下具有足够的抗压强度和疲劳强度，足够的塑性和韧性，以承受较高的交变载荷，并抵抗冲击和振动；高的耐磨性。与轴的摩擦系数小，能够储油以减轻磨损；良好的磨合能力，以使载荷均匀分布；良好的耐蚀性、导热性和较小的膨胀系数，防止摩擦升温而发生咬合。

为了满足上述性能要求，轴承合金应该既软又硬，组织特点是在软基体上分布着硬质点或是在硬基体上分布着软质点。这样在轴承工作时，软的组成部分被磨损而凹陷，可以贮存润滑油，保证了轴承有良好的润滑条件和低的摩擦系数，减轻轴的磨损。而凸起的硬质点则支撑轴所施加的力，减小了轴与轴瓦的接触面积，因而减少了摩擦。

工业上应用的轴承合金，按其主要化学成分分为锡基、铅基、铜基、铝基等轴承合金。其中应用最广泛的是锡基和铅基轴承合金，又称为巴氏合金。其编号方法为“Z＋基本元素符号＋合金化元素符号＋合金化元素含量”，其中“Z”表示“铸造”。当合金元素种类为两种及两种以上时，按其含量从高到低顺序排列。例如 ZSnSb11Cu6，表示含 11%Sb 和 6%Cu 的锡基铸造轴承合金。

7.4.2 锡基轴承合金

锡基轴承合金是在锡锑合金的基础上添加铜的合金，又称锡基巴氏合金，是一种软基体上分布硬质点的轴承合金。最常用的牌号是 ZSnSb11Cu6，其组织可用锡锑合金相图来分析，如图 7-10 所示。α 相是锑溶解于锡中的固溶体，为软基体。β 相是以化合物 SnSb 为基的固溶体，为硬质点。由于 β 相密度较液相小，故结晶时易上浮聚集在液体上方，随后结晶的 α 相将沉在下面，从而导致密度偏析。为此，在合金中加入一定量的铜，铜和锡形成的高熔点化合物 Cu_3Sn 或 Cu_6Sn_5，在结晶时最先析出，阻止β相上浮，可有效地减轻密度偏析。同时，Cu_3Sn 或 Cu_6Sn_5 也起到硬质点作用，进一步提高合金的强度和耐磨性。

锡基轴承合金的摩擦系数小、线膨胀系数小，并具有良好的导热性、耐蚀性和工艺性，适于制造最重要的轴承，如汽轮机、涡轮机、内燃机等高速轴瓦。但锡基轴承合金的疲劳强度较差，工作温度低于100℃。

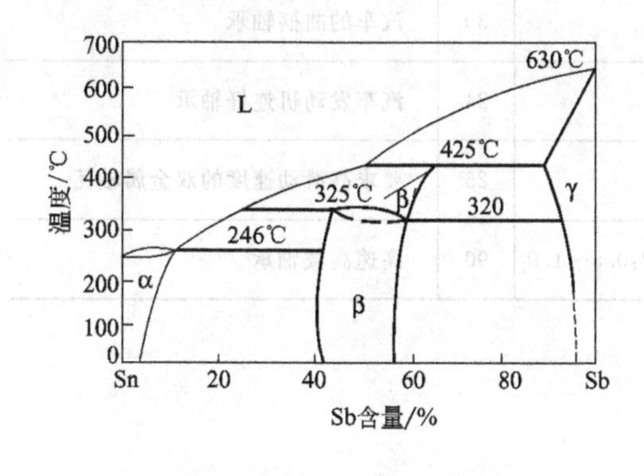

图 7-10 Sn-Sb 合金相图

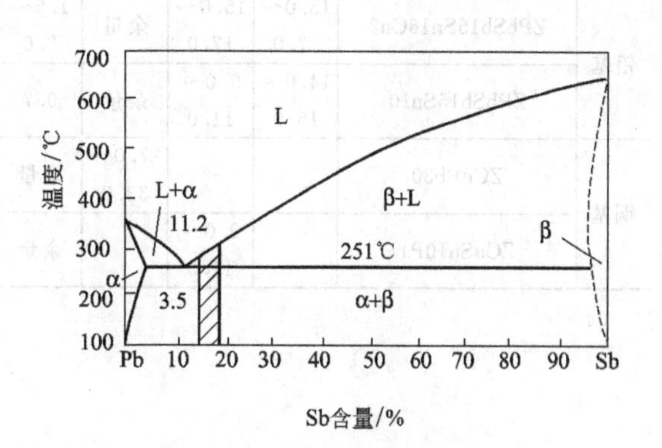

图 7-11 Pb-Sb 合金相图

7.4.3 铅基轴承合金

铅基轴承合金是在铅锑合金的基础上加入锡和铜的合金，又称铅基巴氏合金，也是一种软基体硬质点类型的轴承合金。典型牌号有 ZPbSb16Sn16Cu2。铅锑合金相图如图 7-11 所示。

α相为锑在铅中的固溶体。含15%～17%Sb的铅锑合金的组织为(α+β)+β。(α+β)共晶体为软基体，β相为硬质点。但由于基体太软，β相太脆且易破碎，同时有严重的密度偏析，所以性能较差，为了改善组织、提高性能，还应加入锡和铜。加入锡的目的是为了生成 SnSb 化合物，提高其耐磨性。加入铜是为了阻止密度偏析，同时也起硬质点的作用。

铅基轴承合金的强度、硬度和耐磨性虽低于锡基轴承合金，但其价格便宜，常用于制造中、低载荷的轴瓦。

7.4.4 铜基轴承合金

铜基轴承合金有铅青铜、锡青铜等，常用的有 ZCuPb30、ZCuSn10P1 等合金。

ZCuPb30 是一种硬基体、软质点类型的轴承合金。铜和铅在固态时互不相溶，室温显微组织为 Cu+Pb。Cu 为硬基体，粒状 Pb 为软质点。该合金与巴氏合金相比，具有高的疲劳强度和承载能力，优良的导热性和低的摩擦系数，因此可制造承受高载荷、高速度的重要轴承。

7.4.5 铝基轴承合金

铝基轴承合金相对密度小，导热性好，疲劳强度高，耐蚀性好，价格低廉，广泛用于高速、重载荷下工作的轴承，如汽车、拖拉机的内燃机轴承。

一些常用轴承合金的牌号、成分、性能及用途见表 7-7。

表 7-7 常用轴承合金的牌号、成分、性能及用途

类别	牌号	化学成分(质量分数)/%					硬度 HBS	应用举例
		Sb	Sn	Pb	Cu	其它		
锡基	ZSnSb11Cu6	10.0～12.0	余量		5.0～6.5		27	高速机床主轴的轴承和轴瓦
锡基	ZSnPb8Cu4	7.0～8.0	余量		3.0～4.0		24	大型机器轴承及轴衬
铅基	ZPbSb16Sn16Cu2	15.0～17.0	15.0～17.0	余量	1.5～2.0		30	汽车的曲柄轴承
铅基	ZPbSb15Sn10	14.0～16.0	9.0～11.0	余量	0.7		24	汽车发动机连杆轴承
铜基	ZCuPb30			27.0～33.0	余量		25	要求高滑动速度的双金属轴瓦
铜基	ZCuSn10P1		9.0～11.5		余量	P:0.5～1.0	90	高速高载轴承

第8章 陶瓷材料

8.1 概述

陶瓷是一种无机非金属材料，在传统上包括陶器与瓷器，但也包括玻璃、搪瓷、耐火材料、砖瓦、水泥、石灰、石膏等人造无机非金属材料。近年来，为适应航天、能源、电子等新技术的要求，在传统硅酸盐材料的基础上，用无机非金属物质为原料，经粉碎、精选配料、成型、高温烧结后制成各种新型无机材料，从而使陶瓷的性能取得重大突破。陶瓷材料的应用已渗透到各类工业及各个技术领域。陶瓷材料实际上是各种无机非金属材料的统称，它同金属材料、高分子材料构成了现代工程材料的三大支柱。

8.1.1 陶瓷材料的分类

陶瓷材料的种类很多，按照习惯可分为普通陶瓷（又称为传统陶瓷）、特种陶瓷和金属陶瓷三类。

(1) 普通陶瓷

普通陶瓷以黏土、长石、石英等天然矿物原料为主要成分制成，杂质较多。常用来制作日用陶瓷、建筑陶瓷、电绝缘陶瓷、化工陶瓷、多孔陶瓷等。

(2) 特种陶瓷

特种陶瓷是以人工提炼、纯度较高的化合物为原料制成的陶瓷。如高纯度的氧化物、氮化物、碳化物、碱土金属碳酸盐。特种陶瓷具有独特的力学、物理和化学性能，可满足工程上的特殊需要。常见的有高温陶瓷、高强度陶瓷、精密陶瓷、磁性陶瓷、压电陶瓷和电容器陶瓷。

(3) 金属陶瓷

金属陶瓷是由金属和陶瓷组成的非均质复合材料。它本应归属于复合材料，但习惯上被看作陶瓷材料的一部分。由于粉末冶金的生产工艺与陶瓷类似，因此粉末冶金生产的金属材料也统称为金属陶瓷。采用不同组成的金属和陶瓷，并改变它们的相对数量，可以制成各种结构材料、工具材料、耐热材料和电工材料。

8.1.2 陶瓷材料的制作过程

陶瓷材料制造过程各不相同，但一般都要经历以下三个阶段：原料制备、成型和烧结。

(1) 原料制备

采用天然的岩石、矿物、黏土作为原材料，经过粉碎→精选→磨细→配料→脱水→练坯、陈腐（去除空气）等过程制备成陶瓷原料。根据制备原理，可将原料制备分为两大类：物理制备和化学制备。物理制备方法包括机械粉碎法、气流粉碎法、气相沉积法（构筑法）等，制备机制主要依据物理的原理。化学制备方法包括沉淀及共沉淀方法、水解法、氧化还原法、冷冻干燥法、激光合成法、火花放电法等。

(2) 成型

由陶瓷粉体、坯料（泥料）进一步加工成坯体的工序，称为成型。陶瓷成型方法很多，按坯料的性能大致可分为三类：模压成型法、注浆法、塑性成型法。

① 模压成型法　也叫干压成型法，将粉料加入少量的黏结剂进行造粒，然后将造粒后的粒料置于钢模中，在压力机上压成一定形状的坯体。

② 注浆法　这是一种主要以水为溶剂、黏土为黏结剂的流态成型方法，广泛用于日用瓷、建筑瓷和美术瓷等工业。

③ 塑性成型法　包括挤压成型与轧膜成型。其中轧膜成型是新发展起来的一种塑性成型法，在特种陶瓷生产中较为普遍，适宜生产1mm以下的薄片制品。塑性成型法的共同特点，是要求泥料必须具有充分的可塑性，因此有机黏合剂或水分的含量比干压成型法多。

(3) 陶瓷的烧结

① 烧结的定义　烧结通常是指在高温作用下粉粒集合体（坯体）表面积减少，气孔率降低，致密度提高，颗粒间接触面积加大以及机械强度提高的过程。烧结温度通常为原料熔点温度（热力学温度，K）的1/2～3/4。高温持续时间通常为1～2h。经过高温烧结的坯体，一般为脆而致密的多晶体。从烧结过程看，烧结是生坯在高温下的致密化过程及其现象的总称。

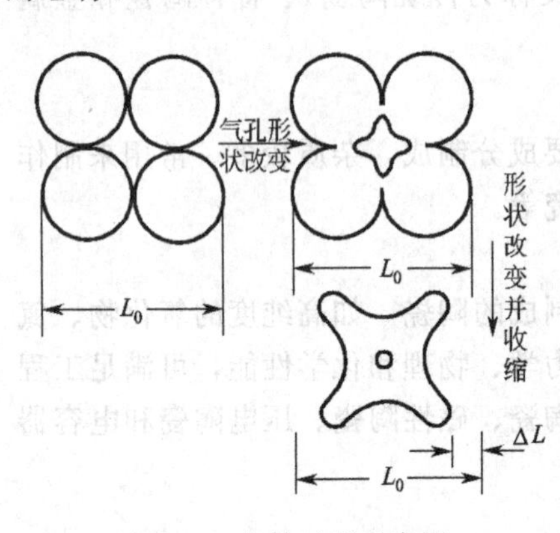

图8-1　烧结过程示意图

② 烧结过程　在烧结过程中，主要发生晶粒和气孔的尺寸与形状的变化以及气孔含量的变化，如图8-1所示。在温度升高时，系统在表面能减小的驱动力作用下，物质通过不同的扩散途径向颗粒间的颈部和气孔部位填充，使颈部渐渐长大并逐步减少气孔所占体积，细小的颗粒之间开始逐渐形成晶界，并不断扩大晶界面积，使坯体变得致密化。在这个过程中，连通的气孔不断缩小，晶界移动，晶粒长大。其结果是气孔减少，致密化程度提高，直至气孔之间不再连通，形成孤立的气孔分布于晶粒相交的位置，此时坯体的密度已达理论密度的90%以上，烧结前期结束。

进入烧结中后期阶段，孤立的气孔扩散到晶界上消除，或者说晶界上的物质不断扩散到气孔处，使致密化继续进行，同时晶粒继续均匀长大。一般气孔随着晶界一起运动，直到得到致密的陶瓷材料。此后如果在高温下继续烧结，就是单纯的晶界移动和晶粒长大的过程了。陶瓷坯体在烧结后的宏观变化是：体积收缩、致密度提高、强度增加。因此，烧结过程可以用坯体的收缩率、气孔率、相对密度等指标来衡量。

③ 烧结的分类　按环境压力，陶瓷的烧结分为常压烧结、热压烧结及热等静压烧结；按烧结时的物相变化，陶瓷的烧结可以分为气相烧结、固相烧结、液相烧结。高纯物质在烧结过程中一般没有液相出现。

8.2 陶瓷的组织与结构

8.2.1 陶瓷的组织

陶瓷的组织比较复杂，一般来说，在烧结或烧成温度下，陶瓷内部各种物理化学转变和扩散过程不能充分进行，所以陶瓷和金属不同，总是得到未达到平衡的组织，组织很不均匀并且很复杂，很难从相图上进行分析。

（1）普通陶瓷的组织

普通陶瓷又称传统陶瓷，是黏土-石英-长石组成的体系。黏土含量大约为40%～60%，石英为20%～30%，长石为20%～30%。黏土的成分为多种含水的铝硅酸盐矿物混合体，如高岭土的成分为$Al_2O_3 \cdot 2SiO_2 \cdot H_2O$，石英为$SiO_2$，正长石为$K_2O \cdot Al_2O_3 \cdot 6SiO_2$，钠长石为$NaAlSi_3O_8$。在加热烧结和冷却过程中，坯体中相继发生以下四个阶段的变化。

① 低温阶段（室温～300℃）　这一阶段主要是排除残余水分。

② 分解及氧化阶段（300～950℃）　这一阶段包括黏土等矿物中结构水的排除，有机物、碳素和无机物等的氧化，碳酸盐、硫化物等的分解，石英由低温晶型转变为高温晶型、发生同素异构转变。

③ 高温阶段（950℃～烧成温度）　上述氧化分解反应继续进行。相继出现长石-石英-高岭石（高岭土）三元共熔体，长石-石英、长石-高岭石共熔体，石英熔体（石英周边的熔蚀液）以及杂质形成的碱和碱土金属的低铁硅酸盐共熔体等液相，同时各组成逐渐溶解；在原黏土区域反应生成粒状或片状一次莫来石（$3Al_2O_3 \cdot 2SiO_2$）晶体；在原长石区域结晶出针状二次莫来石晶体并显著长大；原石英块被溶解成残留小块。晶体被液相所黏结，发生烧结过程，体积收缩，致密度提高，产生机械强度，因而成瓷。

④ 冷却阶段（烧成温度～室温）　主要是原长石区域析出或长大成粗大针状二次莫来石晶体，但数量不多。液相因黏度大不发生结晶，而在750～550℃之间转变为固态玻璃。残留石英发生由高温向低温晶型的转变。

经过上述转变，陶瓷在室温下的组织包括粒状或片状一次莫来石、针状二次莫来石、块状残留石英和气孔。一次莫来石所在的基体为长石-高岭石玻璃，二次莫来石的基体为长石玻璃，石英周边为高硅氧玻璃，石英-长石-高岭石的交接处为三元共熔体玻璃。所以陶瓷的典型组织由晶体相（莫来石和石英）、玻璃相、气相组成。

（2）特种陶瓷和金属陶瓷的组织

特种陶瓷和金属陶瓷的组织一般比较单一、原料都很纯。例如刚玉陶瓷含Al_2O_3在95%以上，杂质极少，烧结时没有液相参加，所以在室温下的组织由一种晶体相和晶粒内的气相所组成。

8.2.2 晶体相

陶瓷的晶体结构比较复杂，它们主要是以离子键为主的晶体（例如MgO，Al_2O_3）和以共价键为主的共价晶体（BN，SiC，Si_3N_4）。氧化物结构和硅酸盐结构，是陶瓷晶体中最重要的两类结构。

8.2.2.1 氧化物结构

氧化物结构的结合键，以离子键型为主。例如岩盐（NaCl）型结构（称AX型），阴离子与阳离子位于各个六面体的角上和面中心位置，形成面心立方晶体结构（参见图2-6）。

碱土金属氧化物，如 MgO、CaO、SrO、FeO 等也形成这种晶体结构。

表 8-1 为陶瓷材料中常见的各种氧化物的晶体结构。

表 8-1 陶瓷材料中常见的各种氧化物的晶体结构

结构类型	晶体结构	陶瓷中主要化合物
AX	面心立方	碱土金属氧化物 MgO、BaO，碱金属卤化物、碱土金属硫化物
AX_2	面心立方	CaF_2（萤石）、ThO_2、VO_2
AX_2	简单四方	TiO_2（红金石）、SiO_2（高温方石英）等
A_2X_3	菱形晶体	α-Al_2O_3（刚玉）
ABX_3	简单四方	$CaTiO_3$（钙钛矿）、$BaTiO_3$ 等
	菱形晶系	$FeTiO_3$（钛铁矿）、$LiNbO_3$ 等
AB_2X_4	面心立方	$MgAl_2O_4$（尖晶石）等 100 多种

8.2.2.2 硅酸盐结构

许多陶瓷是用硅酸盐矿物原料制作的，应用最多的是高岭土、长石、滑石等。硅和氧的结合很简单，由它们组成硅酸盐骨架，构成硅酸盐的复合结合体。SiO_2 和硅酸盐是陶瓷结晶的主体成分。

（1）硅酸盐结构特点

硅酸盐结构可归纳为以下一些基本特点。

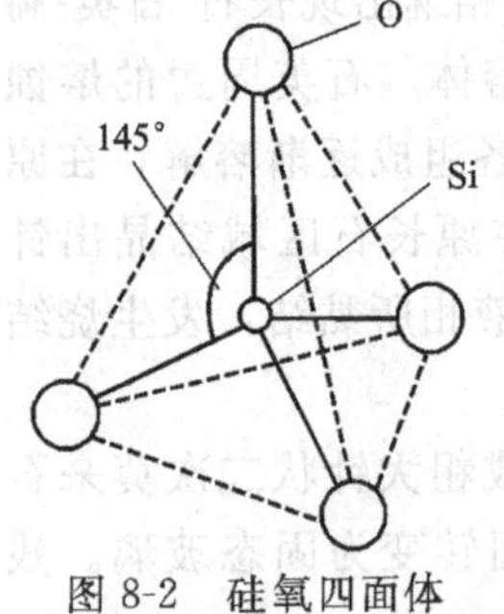

图 8-2 硅氧四面体

① 构成硅酸盐的基本单元是 $[SiO_4]^{4-}$ 四面体，如图 8-2 所示。其结合键为离子键与共价键的混合。

② 硅氧四面体只能通过共用顶角相互连接，否则结构不稳定。

③ Si^{4+} 间不直接成键，它们之间的结合通过 O^{2-} 来实现，Si—O—Si 的结合键其键角接近于 145°。

④ 按照一定的硅氧比数，稳定的硅酸盐结构中，硅氧四面体采取最高空间维数互相结合。单个四面体的维数为 0，连成链状、层状和立体的维数相应为 1、2 和 3。

⑤ 硅氧四面体相互连结时优先采取比较紧密的结构。

⑥ 同一结构中的硅氧四面体最多只相差 1 个氧原子，保证各四面体尽可能处于相近的能量状态。

（2）硅酸盐的分类

按照硅氧四面体在空间的不同组合，可把硅酸盐分为下述四类。

① 岛状硅酸盐 这是含有有限个硅氧四面体的硅酸盐，当有足够的其它阳离子 R 存在时，将使带有四个负电荷硅氧四面体的化合价达到饱和，就会出现这种孤立的、不互相连接的硅氧四面体。在这种硅酸盐中，硅氧比为 4，阳离子 R 可以是 Mg^{2+}、Ca^{2+}、Fe^{2+}、Mn^{2+}、Er^{4+} 等。镁橄榄石 $[Mg_2(SiO_4)]$ 就是这种结构的代表，它是电学性能很好的镁橄榄石瓷的主要晶相。

② 链状硅酸盐 在这类硅酸盐中，硅氧四面体以无限的单链 $[SiO_3]^{2-}$ 或双链 $[Si_4O_{11}]^{6-}$ 的形式存在，如图 8-3 所示。而足够的金属离子与链结合，使化合价达到饱和，成为无机大分子链。石棉类矿物、角闪石英顽辉石（$Mg_2Si_2O_6$）即是这样的结构。

③ 层状硅酸盐 常用的滑石、黏土均属层状硅酸盐，这种结构的特点及由此决定的性能十分重要。由硅氧四面体的某一个面（三个氧原子组成）在平面上以共点连接成六角对称的无限二维结构是层状硅酸盐的基本结构特点，见图 8-4。这种单层结构有一个氧原子处于自由端，价态未饱和，因而是不稳定的。通常它要与金属离子结合而成稳定的结构，像高岭土、白云母

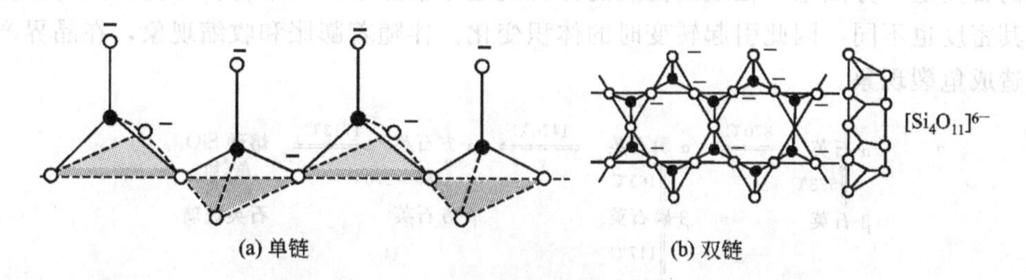

图 8-3　链式结构

$[KAl_2(AlSi_3O_{10})(OH)_2]$、蒙脱石（$Al_2O_3 \cdot 4SiO_2 \cdot nH_2O$）、滑石（$3MgO \cdot 4SiO_2 \cdot H_2O$），这些物质有很好的可塑性，就是由于水分进入层间以后起到润滑作用而引起的。

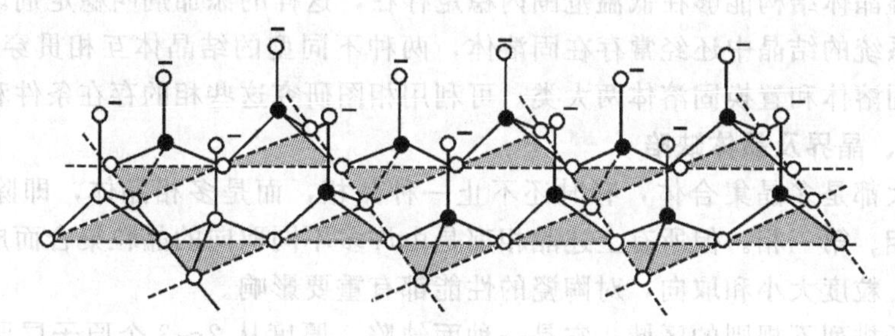

图 8-4　层状结构

④ 骨架状硅酸盐　这种硅酸盐是由硅氧四面体在空间组成三维网络结构的硅酸盐，硅石（SiO_2）就是最典型的骨架状硅酸盐（图 8-5）。由于硅氧四面体连接方式不同，硅石有三种不同的结构形式，分别称为石英、鳞石英、方石英。

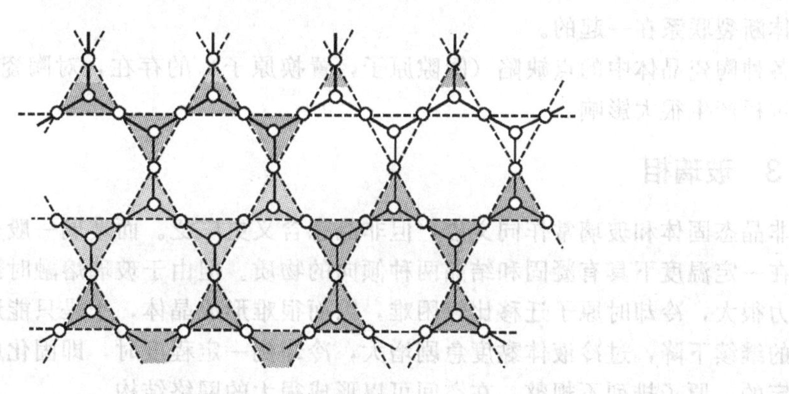

图 8-5　骨架状结构

8.2.2.3　同素异构转变

在晶体中常常存在化学成分相同，但晶体结构不同的物质。如碳的金刚石和石墨结构，二氧化硅的石英、鳞石英、方石英结构等，都叫同素异构。虽然是同一化学成分，但根据形成晶体时的温度、压力等条件的不同，生成了不同稳定性的晶体，因此在一次结晶生成以后，由于温度、压力发生变化而变成另外的形态，这就是我们所说的转变。

图 8-6 为 SiO_2 的同素异构转变，转变有“横向”和“纵向”之分。实现横向转变，Si—O—Si 键要断开，Si—O 四面体要重新组合，叫重建转变。不破坏骨架扭转即可实现的纵向转变叫位移转变。成分相同的物质，高温转变比低温转变时的晶体结构对称性高。例如在低

温稳定的石英是六方晶系，在最高温度的方石英是等轴晶系。由于各种转变形成的晶体结构不同，其密度也不同，因此引起转变时的体积变化。伴随着膨胀和收缩现象，在晶界产生内应力，造成龟裂现象。

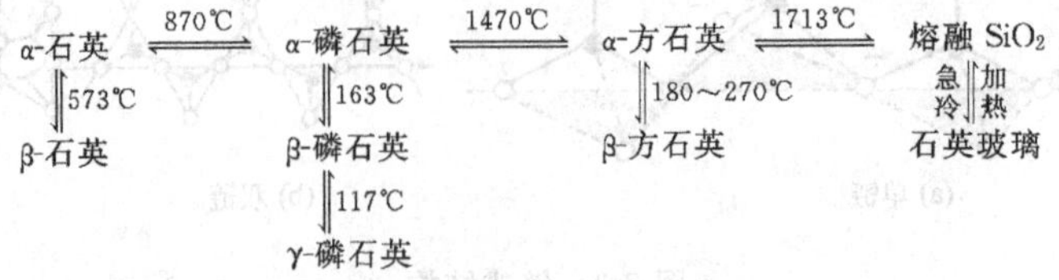

α-石英 ⇌(870℃) α-磷石英 ⇌(1470℃) α-方石英 ⇌(1713℃) 熔融 SiO_2

α-石英 ⇅(573℃) β-石英

α-磷石英 ⇅(163℃) β-磷石英 ⇅(117℃) γ-磷石英

α-方石英 ⇅(180～270℃) β-方石英

熔融 SiO_2 ⇅(急冷/加热) 石英玻璃

图 8-6 SiO_2的同素异构转变

结构的转变在生产应用中十分重要，可利用这种体积变化来粉碎石英岩石。使用适当的添加剂，使高温晶体结构能够在低温范围内稳定存在，这样的添加剂叫稳定剂。

在硅酸盐系统的结晶中还经常存在固溶体，两种不同型的结晶体互相贯穿而稳定存在，常见的是间隙固溶体和置换固溶体两大类。可利用相图研究这些相的存在条件和变化规律。

8.2.2.4 晶粒、晶界及晶体缺陷

陶瓷材料大都是多晶集合体，有时还不止一种晶相，而是多相晶体，即除了主晶相之外，还有第二相、第三相。但所有上述晶相都是由许多不同取向的晶粒集合而成的，这些晶粒的几何形状、粒度大小和取向，对陶瓷的性能都有重要影响。

晶界是原子排列不规则的区域，它是一种面缺陷，厚度从 2～3 个原子层厚到几百个原子层厚不等。当晶粒细小时，晶界所占的体积比增大，例如晶粒直径为 2μm 的晶体中，晶界的体积几乎占总体积的 1/3，显然这样多的晶界会对强度及其它性能产生很大影响。

陶瓷晶体中也有各种位错存在，与金属相比，陶瓷晶体中的位错密度低，位错运动所需的能量大。离子键晶体可通过位错运动产生一定的塑性变形，共价键晶体中的位错运动总是和晶体断裂联系在一起的。

各种陶瓷晶体中的点缺陷（间隙原子，置换原子）的存在，对陶瓷的电性能以及烧结、扩散过程产生很大影响。

8.2.3 玻璃相

非晶态固体和玻璃常作同义语，但非晶态含义更广泛。而玻璃一般是指熔融液态逐渐冷却，在一定温度下具有凝固和结晶两种倾向的物质。但由于玻璃熔融时黏度很大，即层间黏滞阻力很大，冷却时原子迁移比较困难，因而很难形成晶体，于是只能形成过冷液体。随着温度的继续下降，过冷液体黏度急剧增大，冷却到一定程度时，即固化成玻璃。这种玻璃态是固定的，原子排列不规整，在空间可以形成很大的网络结构。

（1）玻璃相的作用

陶瓷中玻璃相的作用是：

① 将晶体粘连起来，填充晶体相之间的空隙，提高材料的致密度；

② 降低烧成温度，加快烧结过程；

③ 阻止晶体转变，抑制晶体长大；

④ 获得一定程度的玻璃特性，如透光性等。但玻璃相对陶瓷的机械强度、介电性能、耐热、耐火等性能是不利的，所以不能成为陶瓷的主导组成，一般含量为 20%～40%。

（2）玻璃相的状态变化温度

陶瓷坯体在烧成过程中，由于复杂的物理化学反应，产生不均匀（不平衡）的酸性和碱

性氧化物的熔融液相。这些液相的黏度较大，并且在冷却过程中很快地增大。一般当黏度增大到一定程度（约 10^{13}P）时，熔体硬化，转变为玻璃，呈现固体性质。此时所对应的温度称为玻璃转变温度 T_g，低于此温度时，物质表现出明显的脆性。这个温度是区别于其它非晶态固体（如硅胶、树脂等）的重要标志。

加热时玻璃熔体的黏度降低，在大约某个黏度（例如 10^9P）所对应的温度时显著软化。此温度称为软化温度 T_f。玻璃转变和软化是可逆的和渐变的过程，所以 T_g 和 T_f 都是一个温度区间。T_g 和 T_f 的高低主要决定于玻璃的成分，它们的区间大小则与冷却和加热速度有关。对于工业硅酸盐玻璃，T_g=425～600℃，T_f=600～800℃。在 T_g 到 T_f 的温度范围内，玻璃物质处于高黏度的可塑状态，各种物理和化学性能变化急剧。生产上则在 T_f 以上（1000～1100℃时）进行成型加工。

（3）玻璃相的结构

玻璃结构的特点是，硅氧四面体组成不规则的空间网，形成玻璃的骨架。图 8-7（a）示出石英玻璃的这种网络；作为对比，图 8-7（b）给出了石英的晶体结构。若玻璃中含有氧化铝或氧化硼，则四面体中的硅被铝或硼部分取代，形成铝硅酸盐 $[Si_xAlO_4]^{2-}$ 或硼硅酸盐 $[Si_xBO_4]^{2-}$ 的结构网络。

玻璃中存在有碱金属（Na、K）和碱土金属（Ca、Mg、Ba）的离子时，它们在结构中分布在四面体群的网格里，如图 8-8 所示。NaO 或类似氧化物的存在，会使很强的 Si—O—Si 键破坏，因而降低玻璃的强度、热稳定性和化学稳定性，但有利于生产工艺。大部分纳硅酸盐玻璃的结构比较松散，不均匀，有缺陷。

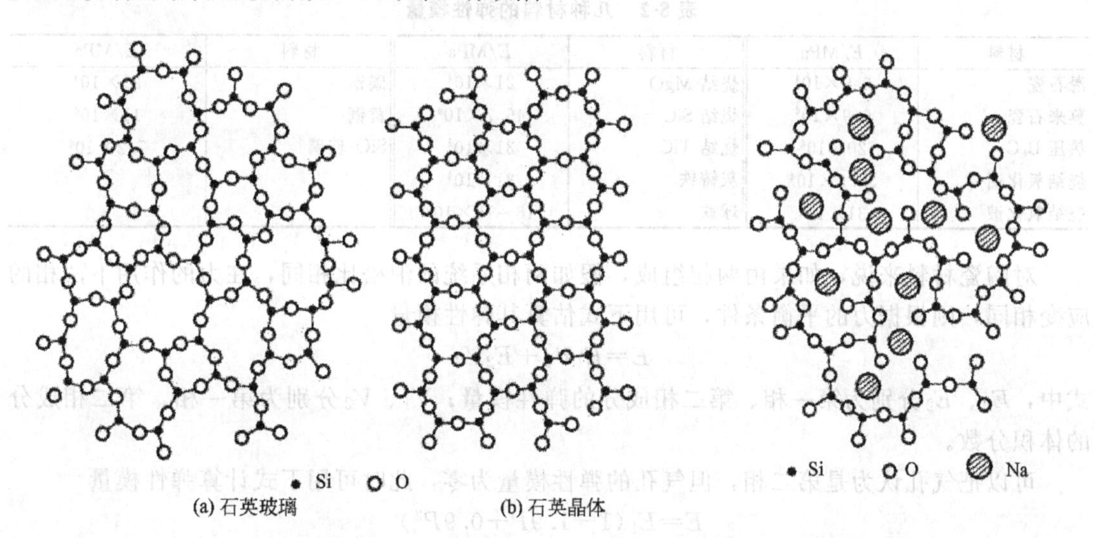

图 8-7 石英玻璃和石英晶体结构示意图　　图 8-8 钠硅酸盐玻璃的结构示意图

（4）玻璃相的成分与分类

玻璃的成分为氧化硅和其它氧化物。氧化物按其作用可分为三类。第一类是玻璃形成物，有硅、硼、磷、锗、砷的氧化物等，它们构成玻璃的结构网络，决定玻璃的基本性能。第二类是调节剂，有钠、钾、钙、镁、钡的氧化物等，它们的阳离子填入结构网络的空隙，使玻璃的软化点下降，改变了其物理、化学性能。第三类是中间体，主要有铝、铁、铅、钛、铍的氧化物等，它们不能独立地形成结构网络，但能部分取代玻璃形成物，或部分充当调节剂，并由此使玻璃具有所要求的技术特性。

8.2.4 气相

气相是指陶瓷组织内部残留下来的孔洞。它的形成原因比较复杂，几乎与原料和生产工艺的各个过程都有密切的联系，影响的因素也比较多。根据气孔情况，陶瓷分致密陶瓷、无开孔陶瓷和多孔陶瓷。除了多孔陶瓷以外，气孔的存在对陶瓷的性能都是不利的，它降低了陶瓷的强度，常常是造成裂纹的根源，所以应尽量使其含量降低。一般普通陶瓷的气孔率为5%～10%，特种陶瓷的气孔率在5%以下，金属陶瓷则要求低于0.5%。

8.3 陶瓷的性能

陶瓷的性能受许多因素影响，波动范围较大，但仍然具有一些共同的特性。

8.3.1 陶瓷的力学性能

(1) 刚度

材料的刚度指标主要由弹性模量来衡量，弹性模量 E 是重要的材料常数，它反映结合键的强度。E 值越大，表明原子间结合力越强。共价键、离子键、金属键结合的晶体结合力强，E 值就大。而分子键结合力弱，E 值就低。陶瓷材料具有共价键和离子键两种性质，结合力较大，所以有较高的弹性模量。表 8-2 列出了几种常用材料的弹性模量值。

表 8-2 几种材料的弹性模量

材料	E/MPa	材料	E/MPa	材料	E/MPa
滑石瓷	6.9×10^4	烧结 MgO	21×10^4	碳钢	21×10^4
莫来石瓷	6.9×10^4	烧结 SiC	46.7×10^4	黄铜	11×10^4
热压 B_4C	20×10^4	烧结 TiC	31×10^4	SiO_2玻璃	7.2×10^4
烧结氧化铝	36.6×10^4	灰铸铁	31×10^4		
烧结氧化铍	31×10^4	球铁	$16\sim18\times10^4$		

对陶瓷材料来说，如果由两相组成，假如两相系统的泊松比相同，在力的作用下两相的应变相同，则根据力的平衡条件，可用下式估算其弹性模量

$$E=E_1V_1+E_2V_2$$

式中，E_1、E_2分别为第一相、第二相成分的弹性模量；V_1、V_2分别为第一相、第二相成分的体积分数。

可以把气孔认为是第二相，但气孔的弹性模量为零，此时可用下式计算弹性模量

$$E=E_1(1-1.9P+0.9P^2)$$

式中，E_1为第一相材料无气孔时的弹性模量；P 为气孔率，只要气孔不形成连续相，上述公式均可以使用。

(2) 硬度

硬度也是材料的一种重要力学性能，但在实际应用中，由于对不同材料采用不同的测定方法，因此测得的硬度各异。例如金属材料在静压载荷下用压痕法测得的硬度，主要反映材料抵抗局部塑性变形的能力，而陶瓷、矿物材料使用的划痕硬度却反映材料抵抗破坏的能力。所以硬度没有统一的定义，各种硬度单位也不相同，彼此间没有固定的换算关系。陶瓷及矿物材料常用的划痕硬度叫莫氏硬度。它只表示硬度由小到大的顺序，不表示硬度的程度，后面的矿物可划破前面矿物的表面。一般莫氏硬度分为十级，后来因为出现一些人工合

成的硬度大的材料，又将莫氏硬度分为十五级，以便比较。表8-3为莫氏硬度的两种分级顺序。

表8-3 莫氏硬度顺序

材料	莫氏硬度		材料	莫氏硬度	
	十级分	十五级分		十级分	十五级分
滑石	1	1	黄玉	8	9
石膏	2	2	石榴石		10
方解石	3	3	熔融氧化锆	9	11
萤石	4	4	刚玉		12
磷灰石	5	5	碳化硅		13
正长石	6	6	碳化硼		14
SiO_2	7	7	金刚石	10	15
石英	8	8			

陶瓷材料也可以用显微硬度法来测量，表8-4列出了常用工程材料的显微硬度值。

表8-4 常用工程材料的显微硬度值

材 料	条 件	硬 度
纯铝	(99.5%Al)冷轧	40
铝合金	Al-Zn-Mg-Cu合金沉淀硬化处理	170
低碳钢	0.2%C碳钢正火	120
轴承钢	淬火低温回火	750
石英玻璃		700～750
钠钙玻璃		540～580
硬质合金	20℃	1500～2400
	850℃	1000
Al_2O_3陶瓷	20℃	1500
B_4C陶瓷	20℃	2500～3700
BN陶瓷	20℃	750
金刚石	20℃	6000～10000
聚苯乙烯	20℃	17
有机玻璃		16
光学玻璃		550～600

陶瓷材料的硬度取决于键的结合方式，离子半径越小，离子电价越高，配位数越大，结合能就越大，抵抗外力摩擦、刻划和压入的能力就越强，所以硬度就越大。同理，其弹性模量和熔点也越高。陶瓷材料的硬度随温度的升高而逐渐下降，但通常在较高的温度下仍能保持较高的硬度。

(3) 强度

按照理论计算，陶瓷的强度应该很高，为$E/10$～$E/5$。但实际上一般只为$E/1000$～$E/100$，甚至更低。例如窗玻璃的强度约为70MPa，高铝瓷约为350MPa，均比其弹性模量约低3个数量级。陶瓷实际强度比理论值低得多的原因，是组织中存在晶界。与金属材料不同，陶瓷材料的晶界对强度有不利影响。陶瓷的晶界结构如图8-9所示。第一，晶界上存在着晶粒间的局部分离或空隙；第二，晶界上原子之间的键被拉长，键强

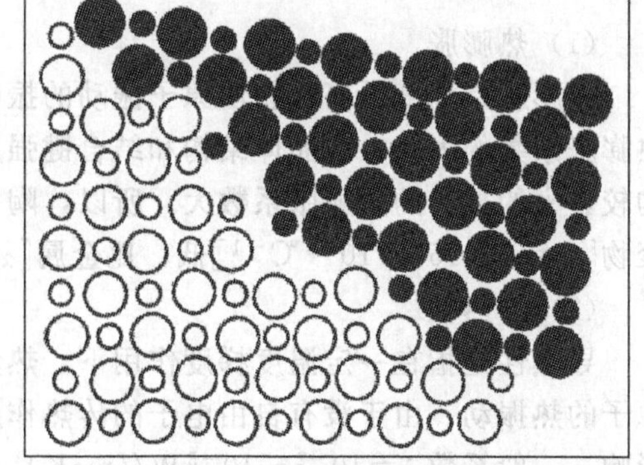

图8-9 陶瓷晶界结构示意图

度被削弱；第三，相同电荷离子的靠近产生斥力，可能造成裂缝。所以消除晶界的不良作用，是提高陶瓷强度的基本途径。

（4）塑性

陶瓷在室温下几乎没有塑性，高温下许多陶瓷材料都表现出不同程度的延展性。

材料塑性变形主要由一部分原子或分子相对另一部分发生平移滑动而完成的。滑移系越多，在外力作用下产生滑移的机会就越多，越易于滑移而产生塑性变形。所有的金属都是以金属键结合的，金属键没有方向性，它的滑移系统很多，所以金属在外力作用下具有高的塑性。而陶瓷材料是以离子键和共价键结合起来的，具有明显的方向性，同号离子相遇，斥力极大。在外力作用下，当异号离子产生微小的移动时，均会造成结构上的改变，只有极个别滑移系才能满足几何条件与静力作用条件。结构越复杂，满足这种条件就越困难。因此，只有为数不多的陶瓷在室温下具有一定的延展性，而具有一定延展性的陶瓷材料均属于比较简单的晶体结构，如 AgCl、KCl、MgO、LiF 等；晶体结构比较复杂的 SiO_2、Al_2O_3等晶体，均表现较高的脆性。

多晶陶瓷的晶粒在空间混乱分布，不同晶粒滑移面上的剪应力差别很大，即使个别晶粒已达到临界剪应力而发生滑移，也会受到周围晶粒的制约，使滑移受阻而终止。所以，多晶材料更不容易产生滑移。

（5）脆性断裂和蠕变断裂

根据材料的成分、结构、应力、温度、应变速度、环境等条件的不同，材料的断裂形式分为脆性断裂、延性断裂和蠕变断裂。陶瓷材料通常只有脆性断裂和蠕变断裂。

常温状态下，陶瓷材料发生脆性断裂。脆性断裂是指在断裂前没有显著的塑性变形，破坏是突然的，断裂前没有形成局部断面的缩小，表面特征平直，具有明显的方向性条纹。

多晶陶瓷材料在高温及恒定应力作用下，由于形变不断增加而导致的断裂称为蠕变断裂。这是由于大多数多晶陶瓷都含有玻璃相并且分布在晶界上，高温下晶界的玻璃相要发生黏性流动，在晶界交界处产生应力集中。如果应力集中使得相邻晶粒变形，则将使该处应力松弛；如果不能使临近晶粒塑性变形，则应力集中将使晶界交界处产生裂纹，这种裂纹逐步扩展导致断裂。蠕变断裂主要产生了晶界滑动，因此蠕变断裂的主要形式是沿晶界断裂。蠕变断裂不仅明显地取决于材料本身的成分、玻璃相的数量、形状和性质，还取决于温度和外加应力。当材料一定时，温度愈低，应力愈小，则蠕变断裂所需时间愈长。

8.3.2 陶瓷的热性能

（1）热膨胀

热膨胀是温度升高时物质原子振动的振幅增大，原子间距增大所导致的体积长大现象。热膨胀系数的大小，与晶体结构和结合键强度密切相关。键强度高的材料热膨胀系数低，结构较紧密的材料的热膨胀系数大。所以，陶瓷的线膨胀系数[$\alpha=(7\sim300)\times10^{-7}$℃$^{-1}$]比高聚物[$\alpha=(5\sim15)\times10^{-5}$℃$^{-1}$]低，比金属[$\alpha=(15\sim150)\times10^{-5}$℃$^{-1}$]低得多。

（2）导热性

导热性是指在一定温度梯度作用下，热量在固体中的传导速度。陶瓷的热传导主要依靠原子的热振动。由于没有自由电子的传热作用，陶瓷的导热性比金属小。受其组成和结构的影响，一般系数 $\lambda=10^{-2}\sim10^{-5}$ W/(m·K)。陶瓷中的气孔对传热不利，陶瓷多为较好的绝热材料。

（3）抗热振性

抗热振性是指陶瓷材料承受温度的急剧变化而不被破坏的能力。一般是用急冷到水中不破裂所能承受的最高温度来表示，例如日用陶瓷的抗热振性为220℃。抗热振性与材料的线膨胀系数和导热性等有关。线膨胀系数大、导热性低的材料，其抗热振性不高；低韧性材料的抗热振性也不高。所以陶瓷的抗热振性比金属低得多，这是陶瓷的另一个主要缺点。

目前比较直观的抗热振性的评定方法，是将一定规格的试样加热到一定温度后，立即置于室温的流动水中急冷，然后逐渐提高温度并重复进行水中急冷，直至观察到试样发生龟裂。以开始产生龟裂的前一次加热温度来表征陶瓷的抗热振性。若制品具有较复杂的形状，则在可能的情况下，直接用制品来进行测定，从而避免了形状和尺寸因素带来的影响。

8.3.3　陶瓷的化学性能

陶瓷制品在许多工业领域应用时，需抵抗气体、酸、碱、盐以及熔渣等介质的腐蚀。陶瓷的结构非常稳定，在以离子晶体为主的陶瓷中，金属原子为氧原子所包围，被屏蔽在紧密排列的间隙中，很难再同介质中的氧发生作用，甚至在上千摄氏度的高温下也是如此，所以具有很高的耐火性或不可燃性，是很好的耐火材料。另外，陶瓷对酸、碱、盐等腐蚀性很强的介质均有较强的抗蚀能力，与许多金属的熔体也不发生作用，所以也是很好的坩埚材料。

8.3.4　陶瓷材料的电学性能

材料的导电能力，按电阻率 ρ 的不同分为以下几类：

超导体　$\rho \to 0$　　　半导体　$\rho = 10^{-3} \sim 10^{9}\,\Omega \cdot cm$

导体　$\rho = 10^{-6} \sim 10^{-3}\,\Omega \cdot cm$　　　绝缘体　$\rho = 10^{9} \sim 10^{22}\,\Omega \cdot cm$

大多数陶瓷是良好的绝缘体，少数的陶瓷具有半导体性质。例如氧化锡、$BaTiO_3$、$SrTiO_3$ 等，是近年来发展起来的应用较多的半导体陶瓷，电阻率为 $10^3 \sim 10^5\,\Omega \cdot cm$。有些陶瓷能在一定的温度和电场下，仍对某些阳离子或阴离子有良好的导电性，如氧化铝陶瓷在300～350℃对碱金属离子（Li^+、Na^+、K^+ 等）有良好的导电性。以金属氧化物作稳定剂的 ZrO 陶瓷，在850～1000℃时对氧离子有良好的导电性。

压电陶瓷现已成为近代无线电技术和尖端科学领域中不可缺少的材料，常用的有 $BaTiO_3$-$CaTiO_3$ 系和钛锆酸盐系。

8.4　典型陶瓷及其应用

8.4.1　结构陶瓷

随着科学技术的日益发展，特别是能源、空间技术的发展，需要材料在比较苛刻的条件下使用。例如磁流体发电的通道材料，既要能耐高温，又要能经受住高温高速气流的冲刷和腐蚀等。高温结构陶瓷显得越来越重要，其品种的需求量也与日俱增。高温结构陶瓷具有金属等其它材料所不具备的优点，即具有耐高温、高硬度、耐磨损、耐腐蚀、低膨胀系数、高导热性和密度小等特点。

高温结构陶瓷最初主要指氧化物系，现已发展到非氧化物系统以及氧化物与非氧化物的复合系统。

（1）氧化物陶瓷

氧化物陶瓷包括 Al_2O_3、MgO、BeO、ZrO_2 等。

Al_2O_3 陶瓷的硬度为 9（莫氏），密度为 3.9g/cm^3 左右，机械强度约 350MPa，膨胀系数与金属差不多，具有良好的化学稳定性。其用途主要用作真空器件，可控硅和固体电路外壳，火花塞绝缘体，磨料磨具，纺织瓷件，刀具等。

MgO 陶瓷的熔点达 2800℃，密度为 3.58g/cm^3，具有良好的电绝缘性，属于弱碱性物质，抗碱性物侵蚀能力强。可用作熔炼金属的坩埚、浇注金属的模具、高温热电偶的保护管以及高温炉的炉衬材料等。MgO 制品的使用温度一般限制在 2200℃ 以下，避免在潮湿空气中使用。

BeO 陶瓷莫氏硬度为 9，密度为 3.03g/cm^3。具有接近金属的良好的导热性，热导率约为 209.34W/(m·K)，热膨胀系数不大，20～1000℃ 的平均膨胀系数为 (5.1～8.9)×10^{-6}℃$^{-1}$。机械强度较低，高温绝缘性能良好，耐碱性强。可用作散热元件，高温绝缘材料等。

ZrO_2 陶瓷耐火度高，比热容和热导率小，化学稳定性好，抗酸性和中性物质侵蚀能力强，是良好的绝缘体材料，在高温下是离子导电陶瓷。

(2) 非氧化物陶瓷

非氧化物陶瓷的特性及用途见表 8-5。其中如 Si_3N_4、SiC 等已用于转子发动机叶片、汽车摇臂镶块摩擦副、汽车热交换器、炼钢炉衬、切削刀具、机械密封。

表 8-5 非氧化物陶瓷的特性及用途

名称	化学式	特性	用途
碳化硅	SiC	高硬度、良好导热性、高强度、高韧性	耐磨材料、热交换器、耐火材料、发热体、高温机械部件
碳化钛	TiC	高硬度	切削刀具
碳化硼	B_4C	高硬度	耐磨材料
氮化硅	Si_3N_4	高强度、高韧性	发动机部件、切削刀具
氮化铝	AlN	高强度、高韧性	高温机械部件
二硅化钼	$MoSi_2$	抗氧化性导体	高温发热体
氮化硼	BN(六方晶)	与金属不亲和	坩埚、耐火材料
	BN(立方晶)	高硬度	耐磨材料
硫化镉	CdS	光传导性	光敏、太阳能电池

8.4.2 利用电、磁性能的陶瓷

利用电、磁性能的陶瓷，包括电绝缘、导电、导磁性质陶瓷。

(1) 电绝缘陶瓷

电子工业是精细陶瓷的世袭领域，应用量最大。1980 年世界精细陶瓷的一半用于电器电子方面，其种类包括绝缘材料、半导体压电材料及离子传导材料，其中主要是作为电绝缘材料，如集成电路管基片材料。除前面提到的 Al_2O_3、MgO 等氧化物电绝缘陶瓷外，还主要有以下几个多元系陶瓷：

$BaO-Al_2O_3-SiO_2$ 系统　　$CaO-Al_2O_3-SiO_2$ 系统

$Al_2O_3-SiO_2$ 系统　　$ZrO_2-Al_2O_3-SiO_2$ 系统

$MgO-Al_2O_3-SiO_2$ 系统

陶瓷电容器分为温度补偿（Ⅰ型）、温度稳定型（Ⅱ型）、高介电常数（Ⅲ型）和半导体系（Ⅳ型）。

(2) 热敏陶瓷

铁酸钴、铁酸镍以及铁酸锰、铁酸镁等是负温效应的热敏电阻材料，而钛酸钡、铝酸镁及钛酸锌等可做正温效应热敏电阻。采用正、负温度系数的陶瓷材料制成的混合物，可使温度系数的绝对值很小，有的甚至接近于零，主要用于微波通信、汽车电话、卫星通信等领域。

(3) 压电陶瓷

压电陶瓷包括钛酸钡、钛酸铅、锆钛酸铅、铌酸钠锂等。这些材料具有一种特殊的压电效应，可以探测粮仓内虫子爬动的声音，可发现遥远海域的敌方军舰，还可预测火山爆发、地震等自然现象。

(4) 磁性陶瓷

铁氧体是重要的磁性陶瓷，电阻率比金属大1000亿倍，而且涡流损耗和集肤效应都比较小，主要用于微波元件。钡铁氧体和锶铁氧体等磁性陶瓷，可制作恒磁的扬声器、电表、电机等。

8.4.3 化学化工用陶瓷

硅酸盐陶瓷有超强的化学稳定性，可以在空气中一万年不变质。而现代陶瓷对酸、碱、盐有很好的抵抗能力。氮化硅、碳化硅等除氢氟酸外，几乎可耐一切无机酸的腐蚀。氧化钙陶瓷可用作熔炼高纯度铀、铂等金属的坩埚。化学化工上用的坩埚，蒸发皿，杯，绝缘管，研钵，输送液体、气体的管道，泵，阀等，为了防腐，陶瓷材料是最好的选择。

8.4.4 光学、生物用陶瓷

硅酸盐陶瓷一般是不透明的，或者只能透过少量的光线。现代陶瓷却可做得完全跟玻璃一样，可以透过可见光和10μm以上的红外线。这种透明陶瓷透光性能随温度升高而产生的变化很小，在1000℃高温下也不会变形和析晶。这一类陶瓷主要用于各种透镜、棱镜以及高压钠灯。

现代陶瓷在医学上具有广阔的发展前景，它可以植入人体，替换某些组织和器官，如牙齿、颌部、骨骼、关节及心脏瓣膜等。

8.4.5 尖端工业用陶瓷

在原子能工业中，受强烈放射线照射时，氮化硅、碳化硅、氧化铍、氧化铝等都有很好的抗辐射性，因而可用来做原子反应堆的中子吸收棒。氧化铝是受控热核反应炉内壁很有发展潜力的材料。

洲际导弹的端头、人造卫星的鼻锥和宇宙飞船的腹部，都装有特别的防热烧蚀材料。其中重要的种类有碳纤维、硼纤维、碳化硅纤维等。

太阳能、磁流体发电、高温燃气轮机等许多重要的能源技术，都要用到现代陶瓷。在军事技术领域中，“水中雷达”、复合装甲、雷达天线罩，红外整流罩往往采用氧化铝、氮化硅以及氟化镁、硫化锌、硒化锌等陶瓷。

第9章 高分子材料

9.1 高分子材料概述

高分子材料是由相对分子质量较高的化合物构成的材料，包括橡胶、塑料、纤维、涂料、胶黏剂和高分子基复合材料等。高分子材料按来源分为天然、半合成（改性天然高分子材料）和合成高分子材料。

天然高分子是生命起源和进化的基础。人类社会一开始就利用天然高分子材料作为生活资料和生产资料，并掌握了其加工技术。如利用蚕丝、棉、毛织成织物，用木材、棉、麻造纸等。19 世纪 30 年代末期，进入天然高分子化学改性阶段，出现半合成高分子材料。

1907 年出现合成高分子酚醛树脂，标志着人类应用合成高分子材料的开始。目前高分子材料已与金属材料、无机非金属材料和复合材料一样，成为材料科学与工程中的重要组成部分。高分子材料的结构决定其性能，对结构的控制和改性，可获得不同特性的高分子材料。高分子材料独特的结构和易改性、易加工特点，使其具有其它材料不可比拟、不可取代的优异性能，从而广泛用于科学技术、国防建设和国民经济各个领域。

9.1.1 高分子材料的基本概念

高分子材料是以高分子化合物为基材的一大类材料的总称。高分子材料可分为有机高分子材料和无机高分子材料，有机高分子材料是由相对分子质量大于 10^4，且以碳、氢元素为主的有机化合物如塑料、橡胶、合成纤维等，它们又被称为聚合物或者高聚物。无机高分子材料为松香、纤维素等。严格地讲，高分子化合物与聚合物并不完全相同。因为有些高分子化合物并非由简单的单元重复连接而成，仅是相对分子质量很高的物质。

高分子化合物最大特点是分子量巨大，常简称高分子或大分子。大分子由一种或者多种小分子通过共价键相互连接而成，其形状主要为链状大分子或者网状（体型）大分子。构成大分子的最小重复单元，简称结构单元或者链节。构成结构单元的小分子称为单体。例如我们常见的工程塑料聚乙烯分子，是由乙烯单体通过聚合反应首位重复连接形成的大分子链，可用下式表示

$$\sim\!-CH_2-CH_2-CH_2-CH_2-CH_2-CH_2-CH_2-\!\sim$$

可缩写为 $(CH_2-CH_2)_n$，其中$-CH_2-CH_2-$为结构单元（链节）。式中 n 代表重复结构单元数，又称聚合度，是衡量相对分子质量大小的一个指标。但原则上来讲，聚合物的相对分子质量或者聚合度只有统计平均的意义。

聚合物按重复结构单元的多少，或者按照聚合度的大小又分为低聚物和高聚物。由一种单体聚合而成的聚合物称为均聚物，如聚乙烯、聚丙烯等；由两种或者两种以上单体共聚合

而成的聚合物称为共聚物，如乙烯与辛烯等共聚合形成聚烯烃热塑性弹性体等。此外，还有一类常见的聚合物，是由两种单体通过缩聚反应连接而成的，其重复单元由两种结构单元合并组成。这类聚合物称为缩聚物，如聚酰胺、环氧树脂等。

相对分子质量是表征高分子材料物性的最重要的物理量。聚合物的相对分子质量有两大特点，一是相对分子质量高，可达几百万；二是具有多分散性，也就是说，一种聚合物的大分子虽然化学结构相同，但是分子链长度不等，聚合度大小各异，因此聚合物可以看成是由相对分子质量不等的同系列物质组成的混合物。

9.1.2 高分子材料的命名

高分子种类繁杂，且数量巨大，因此其命名方法比较复杂。

最简单的化学结构名称由构成高分子材料的单体名称，再冠以“聚”字组成，如聚乙烯、聚丁二烯等。

有些高分子材料，是以这类材料所有品种均共有的特征化学单元名称来命名的，如环氧树脂是以具有特征化学单元——环氧基的一大类材料的总称。与此类似的还有聚酰胺、聚氨酯等。

还有些高分子材料利用生产该聚合物的原料名称来命名，如酚醛树脂的生产原料为苯酚和甲醛。此外有些共聚物的名称是从共聚物单体的名称中各取一个字来构成的，如我们常见的ABS树脂，A、B、S分别取自其共聚单体丙烯腈、丁二烯、苯乙烯的英文首字母。

虽然实际聚合物命名中存在各种各样的方法，但只有国际理论与应用化学联合会于1973年提出的IUPAC命名法，是正规的命名系统，它符合有机化学命名的规则。但实际现有的资料及工业上最常采用的是工业命名法和习惯命名法，这两种命名法的主要差别在于是否有括号。表9-1给出了一些常见聚合物用不同命名法给出的名称。

表9-1 常见聚合物名称对照表

习惯命名	工业命名	IUPAC命名
聚(氧化乙烯)	聚氧化乙烯	聚(氧亚乙基)
聚(四氟乙烯)	聚四氟乙烯	聚(二氟亚甲基)
聚丙烯	聚丙烯	聚亚丙基
聚(氯乙烯)	聚氯乙烯	聚(1-氯亚乙基)
聚异丁烯	聚异丁烯	聚(1,1-二甲基亚乙基)
聚乙烯醇	聚乙烯醇	聚(1-羟基亚乙基)

高分子材料化学名称的标准英文名称缩写，在国内外被广泛使用，表9-2列举了一些常见的高分子材料的缩写名称。

表9-2 常见高分子材料缩写名称

高分子材料	缩写	高分子材料	缩写	高分子材料	缩写
聚乙烯	PE	聚甲醛	POM	天然橡胶	NR
聚丙烯	PP	聚碳酸酯	PC	顺丁橡胶	BR
聚苯乙烯	PS	聚酰胺	PA	丁苯橡胶	SBR
聚氯乙烯	PVC	ABS树脂	ABS	氯丁橡胶	CR
聚丙烯腈	PAN	聚氨酯	PU	丁基橡胶	HR
聚丙烯酸甲酯	PMA	乙酸纤维素	CA	乙丙橡胶	EPR

除了以上名称外，许多高分子材料还有商品名称、专利名称及习惯名称等，常用的是商品名称见表9-3。

表 9-3 一些合成高分子的商品名称

聚合物	商品名称	聚合物	商品名称
聚氯乙烯	氯纶	聚甲基丙烯酸甲酯	有机玻璃
聚乙酸乙烯酯	维尼纶	聚对苯二甲酸乙二酯	的确良,涤纶
聚丙烯	丙纶	聚乙烯	乙纶
聚丙烯腈	腈纶	聚四氟乙烯	氟纶
聚己内酰胺	尼龙-6	酚醛树脂	电木
聚酰胺	尼龙-66	脲醛树脂	电玉

9.1.3 高分子材料的分类

高分子材料通常可按特性、聚合物的反应类型、聚合物的热性能和结构等进行分类。

(1) 按材料特性分类

高分子材料按特性一般分为橡胶、纤维、塑料、高分子胶黏剂、高分子涂料和高分子基复合材料等。

① 橡胶　是一类线型柔性高分子聚合物。其分子链间次价力小，分子链柔性好，在外力作用下可产生较大形变，除去外力后能迅速恢复原状。有天然橡胶和合成橡胶两种。

② 高分子纤维　高分子纤维分为天然纤维和化学纤维。前者指蚕丝、棉、麻、毛等。后者是以天然高分子或合成高分子为原料，经过纺丝和后处理制得。纤维的次价力大、形变能力小、模量高，一般为结晶聚合物。

③ 塑料　塑料是以合成树脂或化学改性的天然高分子为主要成分，再加入填料、增塑剂和其它添加剂制得。其分子间次价力、模量和形变量等介于橡胶和纤维之间。通常按合成树脂的特性分为热固性塑料和热塑性塑料；按用途又分为通用塑料和工程塑料。

④ 黏结剂　高分子胶黏剂是以合成天然高分子化合物为主体制成的胶黏材料。分为天然和合成胶黏剂两种。应用较多的是合成胶黏剂。

⑤ 涂料　高分子涂料是以聚合物为主要成膜物质，添加溶剂和各种添加剂制得。根据成膜物质不同，分为油脂涂料、天然树脂涂料和合成树脂涂料。

⑥ 高分子基复合材料　高分子基复合材料是以高分子化合物为基体，添加各种增强材料制得的一种复合材料。它综合了原有材料的性能特点，并可根据需要进行材料设计。

(2) 按聚合物反应类型分类

高分子按照聚合物反应的类型可分为加聚物和缩聚物两大类。经加聚反应后生成的聚合物，链节的化学式与单体的分子式相同。常见的加聚物如聚乙烯、聚氯乙烯等。经缩聚反应后生成的聚合物，链节的化学结构与单体的化学结构不完全相同，反应后有小分子产物析出，如酚醛树脂由苯酚和甲醛缩合反应后有水分子产生。

(3) 按聚合物热性能分类

按照聚合物的热性能可分为热塑性和热固性两大类。热塑性聚合物加热后可软化或者变形，能多次反复加热模压，如聚氯乙烯、聚酰胺等，属于线型高分子物。热固性聚合物模压成型后，再受热不能软化，不能多次加热模压，如酚醛树脂、脲醛树脂，属于体型高分子物。

(4) 按大分子主链结构分类

按大分子主链结构，可分为碳链高分子、杂链高分子、元素有机高分子、元素无机高分子等。

碳链高分子，指主链完全由碳原子构成的大分子。这是最重要的一类高分子化合物，绝大多数烯烃类和二烯烃类高分子材料都属于碳链高分子。

杂链高分子是指大分子主链中既有碳原子，又有氧、氮、硫等其它原子。常见的这类高分子材料有聚酯、聚酰胺、聚硫橡胶等。

元素有机高分子指的是大分子主链中没有碳原子，而是由硅、硼、铝、氧、氮、硫、磷等原子组成，但是侧基却是由有机基团如甲基、乙基、芳基等组成。典型的例子就是有机硅橡胶。若主链和侧基上均无碳原子，这类高分子称为无机高分子。

(5) 按高分子材料用途分类

此外，高分子材料按用途又分为普通高分子材料和功能高分子材料。

功能高分子材料除具有聚合物的一般力学性能、绝缘性能和热性能外，还具有物质、能量和信息的转换、传递和储存等特殊功能。已实用化的功能高分子材料，包括高分子信息转换材料、高分子透明材料、高分子模拟酶、生物降解高分子材料、高分子形状记忆材料和医用、药用高分子材料等。

9.2 高分子材料的结构与合成

高分子的结构包括两个微观层次。一个是大分子链的结构，分为近程结构和远程结构两种。近程结构是指单个高分子结构单元的化学组成、连接方式和立体构型等；远程结构是指分子的大小和构象等。另一个是高分子的聚集态结构，指的是高分子的分子间结构形式，如晶态、非晶态、取向结构和织态结构等。

9.2.1 大分子内和大分子间相互作用

大分子链中原子之间、链节之间的相互作用是强大的共价键结合。这种结合力为大分子的主价力，其大小与链的化学组成有关。

大分子之间的相互作用则为范德瓦尔斯力和氢键。这类结合力为次价力，它的大小比主价力小得多，只有其1%～10%。但由于分子链特别长，所以总的次价力常常超过主价力，以致高聚物受拉时不是分子链间先滑动，而是分子链先断裂。因此，分子间力对高聚物的强度起很大作用。例如乙烯在分子量小时是气态，聚合度大时变为固态，而当分子量超过百万时可得到很高的强度（达40MPa）。

同样，分子间作用力对高聚物的熔点、黏度、溶解度、弹性等物理、力学性能也有很大的影响，并且常由此决定了高聚物的性质和状态。例如分子间力较小的高聚物，由于分子链运动自由，是弹性较好的橡胶材料；分子间力较大时，链的运动受阻，高聚物为较强较硬的塑料；当分子间力很大时，如果分子排列比较规整，则高聚物具有很高的强度，是很好的纤维材料。

9.2.2 大分子链的结构

大分子链的结构，是指组成大分子结构单元的化学组成、连接方式、空间构型、支化、交联等。

(1) 高分子化合物的结构特点

高分子通常是由10^3～10^5个结构单元组成，因而高分子材料除具有低分子化合物所具有的结构特征外，还具有一些特殊的结构特点。

① 相对分子质量大，相对分子质量往往只有统计平均的意义；

② 分子间相互作用力大，分子链有柔顺性；

③ 晶态有序性较差，但非晶态却具有一定的有序性。

（2）化学组成

高聚物分子链的结构首先决定于其结构单元的化学组成。化学组成不同，则主价力不同，所以，化学组成是高聚物结构的基础。表 9-4 给出了几种高聚物的化学结构式。

表 9-4 几种高聚物的化学结构式

高聚物名称	化学结构式
聚乙烯	$—\cdots—CH_2—CH_2—CH_2—CH_2—CH_2—CH_2—\cdots—$
聚氯乙烯	$—\cdots—CH_2—CH(Cl)—CH_2—CH(Cl)—CH_2—CH(Cl)—\cdots$
聚四氟乙烯	$—\cdots—CF_2—CF_2—CF_2—CF_2—CF_2—CF_2—CF_2—CF_2—\cdots—$
氯化聚醚	$—\cdots—CH_2—C(CH_2Cl)_2—CH_2—O—CH_2—C(CH_2Cl)_2—CH_2—O—\cdots—$
聚酰亚胺	$—\cdots—N(CO)_2C_6H_2(CO)_2N—C_6H_4—O—C_6H_4—N(CO)_2C_6H_2(CO)_2N—\cdots—$
聚二甲基硅氧烷	$—\cdots—Si(CH_3)_2—O—Si(CH_3)_2—O—\cdots—$

（3）结构单元的连接方式

结构单元在链中的连接方式和顺序决定于单体和合成反应性质。缩聚反应的产物通常变化较少，受反应性质的限制，结构比较单一；加聚反应则不然，当链节中有不对称原子或原子团时，例如在乙烯类单体的聚合中，单体的加成可有以下几种形式。

① 头-尾连接

$$—CH_2—CH(X)—CH(X)—CH_2—CH_2—CH(X)—CH_2—CH(X)$$

② 头-头连接

$$—CH_2—CH(X)—CH(X)—CH_2—CH(X)—CH_2—$$

③ 尾-尾连接

$$—CH_2—CH(X)—CH_2—CH(X)—CH_2—CH_2—CH(X)—CH_2—$$

在各种连接形式中，头-尾连接的结构最规整，强度较高。

在两种以上单体的共聚物中，连接的方式更为多样，可以是

无规共聚 …AABABBABABBAABABB…

交替共聚 …ABABABABABABABAB…

嵌段共聚 …AAAABBBBBAAAAABBBB…

BBBB…

接枝共聚 …AAAAAAAAAAAAAAAA…

…BBBB BBBB…

具体采取何种连接方式，以所形成的高聚物体系能量最低为原则。工业生产中普遍存在的是无规共聚结构，这种结构往往使高分子材料的性能得到重要改进。

(4) 分子链的构型

大分子中结构单元由化学键所构成的空间排布，称分子链的构型，如图9-1所示。大分子往往含有不同的取代基，取代基全部分布在主链的一侧所形成的结构称为全同立构；取代基相间地分布在主链两侧所形成的结构，称为间同立构；取代基无规则地分布在主链两侧所形成的结构，称为无规立构。各种不同立构的材料，其性能往往也有很大差异。

(5) 分子链的构象

大分子链的主链共价键有一定的键长和键角，保持键长和键角不变时单键可任意旋转，称单键的内旋转。C—C键的键长为0.154nm，键角为109°28′，在保持键长和键角不变的情况下它们可以任意旋转，这就是单键的内旋转，如图9-2所示。这种由单键内旋引起的原子在空间占据不同位置所构成的分子键的各种形象，称为大分子链的构象。

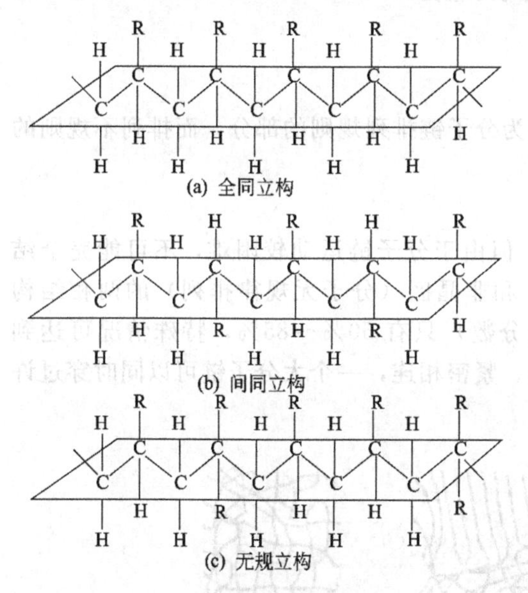

图9-1 乙烯类高聚物的构型

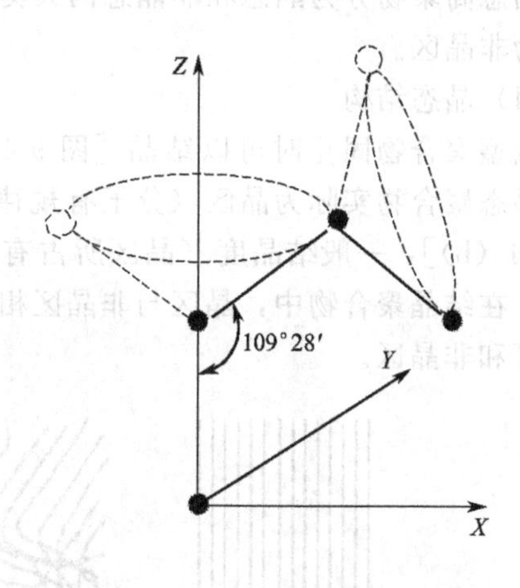

图9-2 C—C键的内旋示意图

内旋转使大分子链卷曲成各种不同形状，对外力有很大的适应性，这种特性称为大分子链的柔顺性。柔顺性与单键内旋转的难易程度有关。

(6) 分子链的形态

① 线型结构　线型结构如图9-3（a）所示，这种结构的特征是整个分子呈细长线条状，通常卷曲成不规则的线团，但受拉时可以伸展为直线。一般乙烯类高聚物如高密度乙烯、聚氯乙烯、聚苯乙烯等热塑性塑料，未硫化的橡胶及合成纤维等具有线型结构。其特点为分子链间无化学键，能相对移动，可在一定溶剂中溶解，加热时经软化而熔化，因此易于加工，

可反复使用并具有良好的弹性和塑性。

② 支化型结构　支化型结构如图 9-3（b）所示，这种结构在大分子主链上有一些或长或短的小支链，整个分子形如叶枝状。主要有高压聚乙烯、接枝型 ABS 树脂和耐冲击型聚苯乙烯等。它们一般也能溶解在适当的溶剂中，加热时也能熔融，但由于分子不易规则排列，分子间作用力较弱而对溶液的性质有一定影响。一般来讲，支化对高聚物性能的影响是不利的，支链越复杂、支化程度越高则影响越大。

③ 体型高分子　如图 9-3（c）所示，这种结构是大分子链之间通过支链或化学键连接成一体，因此又称交联结构或网状结构。热固性塑料、硫化橡胶是这种典型的交联结构。由于整个高聚物就是一个由化学键固结起来的不规则网状大分子，所以非常稳定。它不能在溶剂中溶解，也不能加热熔融，具有较好的耐热性。但塑性低、脆性大，因而不能塑性加工，只能在网状结构形成之前进行成型加工，材料不能反复使用。

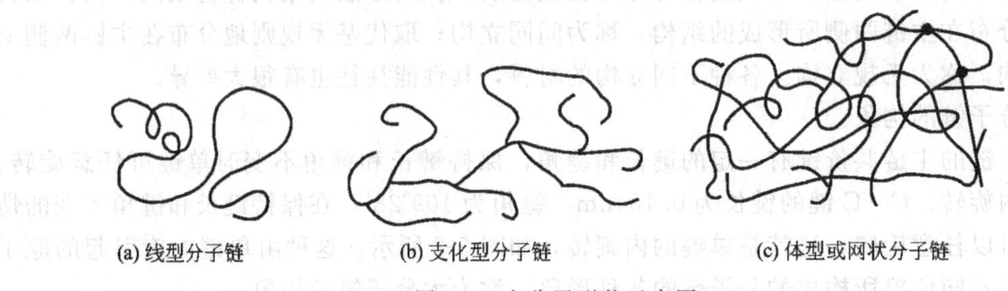

(a) 线型分子链　(b) 支化型分子链　(c) 体型或网状分子链

图 9-3　大分子形状示意图

9.2.3　高分子的聚集态结构

固态高聚物分为晶态和非晶态两大类，晶态为分子链排列规则的部分，而排列不规则的部分为非晶区。

(1) 晶态结构

线型聚合物固化时可以结晶 [图 9-4（a）]，但由于分子链运动较困难，不可能完全结晶。晶态聚合物实际为晶区（分子有规律排列）和非晶区（分子无规律排列）的两相结构 [图 9-4（b）]，一般结晶度（晶区所占有的质量分数）只有 50%～85%，特殊情况可达到 98%。在结晶聚合物中，晶区与非晶区相互穿插、紧密相连，一个大分子链可以同时穿过许多晶区和非晶区。

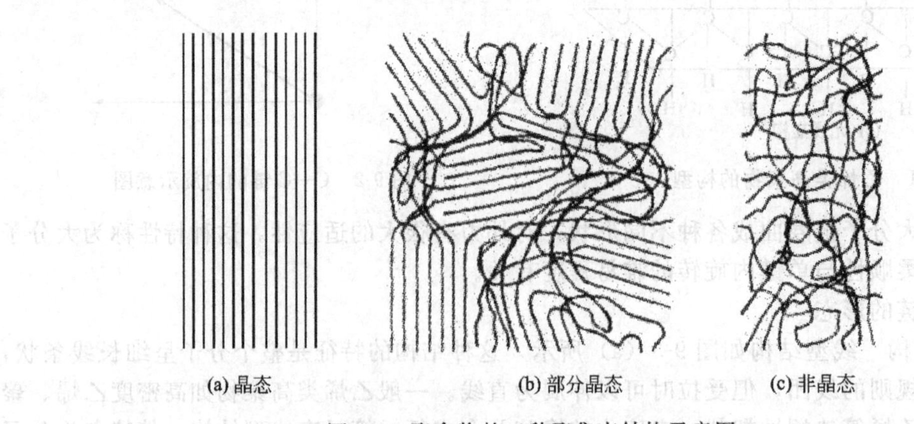

(a) 晶态　(b) 部分晶态　(c) 非晶态

图 9-4　聚合物的三种聚集态结构示意图

晶区熔点、密度、强度、硬度、刚性、耐热性、化学稳定性高，而弹性、塑性、冲击强度下降。

(2) 非晶态结构

聚合物凝固时，分子不能规则排列，呈长程无序、短程有序状态［图9-4 (c)］。非晶态聚合物分子链的活动能力大，弹性和塑性较好，材料的性能呈各向同性。

9.2.4 高分子材料的合成

高分子材料的合成，就是把低分子化合物单体聚合起来形成高分子化合物的过程，其反应过程称为聚合反应，通常包括加成聚合反应（简称加聚反应）和缩合聚合反应（简称缩聚反应）。因此高分子化合物也称高聚物，又称聚合物。

(1) 加聚反应

加聚反应是指一种或多种单体相互加成而连接成聚合物的反应。其生成物称为加聚物，由于没有副产品，因此加聚物具有和单体相同的成分。

加聚反应的单体必须具有不饱和键，并能形成两个或两个以上的新键，因而可在一定条件下使不饱和键打开并相互连接起来形成一条很长的大分子链。

不饱和的烯烃类单体，例如乙烯单体，在一定条件下（100MPa，200℃）它们的双键打开，单键逐一串连成长长的大分子进行加聚反应形成聚乙烯：

$$n\underset{\text{乙烯}}{CH_2{=}CH_2} \xrightarrow{\text{加聚}} \underset{\text{聚乙烯}}{\left[CH_2-CH_2\right]_n}$$

其它烯烃类单体也可发生与上式类似的加聚反应。加聚反应是目前高分子合成工业的基础，大约有80%的高分子材料是利用加聚反应生产的。

加聚反应的单体可以是一种，这时的反应称为均加聚反应，简称均聚，所得的产品叫均聚物。如丁二烯单体，在催化剂作用下可以加聚成均聚物顺丁橡胶，其反应为

$$n\underset{\text{丁二烯}}{CH_2{=}CH-CH{=}CH_2} \xrightarrow{\text{加聚}} \underset{\text{顺丁橡胶}}{\left[CH_2-CH{=}CH-CH_2\right]_n}$$

加聚反应的单体是两种或多种时，则称为共加聚反应，简称共聚，所得的产品称为共聚物。例如丁二烯单体与其它单体，如苯乙烯，通过加聚可以合成共聚物丁苯橡胶

$$n\underset{\text{丁二烯}}{CH_2{=}CH-CH{=}CH_2} + n\underset{\text{苯乙烯}}{CH(C_6H_5){=}CH_2} \xrightarrow{\text{共聚}} \underset{\text{丁苯橡胶}}{\left[CH_2-CH{=}CH-CH_2-CH(C_6H_5)-CH_2\right]_n}$$

均聚物应用很广，产量也很大，但由于受结构限制，性能的开发也受到影响。共聚物则通过单体的改变，可以改进聚合物的性能，从而保持各单体的优越性能，创造新品种。同时，共聚反应扩大了使用单体的范围。有些单体本身不能均聚，但可共聚，因而扩大了制造聚合物的原料来源。

(2) 缩聚反应

缩聚反应是指一种或多种单体相互混合而连接成聚合物，同时析出某种低分子物质（如水、氨、醇等）的反应。所生成的聚合物叫缩聚物，其成分与单体不同。缩聚反应比加聚反应复杂得多。

缩聚反应的单体应该是有两个或两个以上反应基团的低分子化合物。反应基团一般为官能团（如—COOH、—CHO等），也可以是离子或自由基及络合基团等。反应基团或官能团是进行反应并发生变化的部分。在加热或催化剂的作用下，它们相互作用，在分子间形成新

的化学键，使低分子化合物逐步结合成聚合物并生成具有简单分子的副产品。按参加反应的单体情况，缩聚反应可分为均缩聚和共缩聚两种。

含有两种或两种以上相同或不同的反应基团的同一种单体所进行的缩聚称为均缩聚，其产物为均缩聚物。例如，由氨基己酸或己内酰胺进行缩聚反应生成聚酰胺 6（即尼龙-6）

$$\underset{\text{氨基己酸}}{nNH_2(CH_2)_5COOH} \xrightarrow{\text{均缩聚}} \underset{\text{尼龙-6}}{H\text{-}[NH(CH_2)_5CO]_n\text{-}OH} + (n-1)H_2O$$

含有不同反应基团的两种或两种以上的单体所进行的缩聚称为共缩聚，其产物为共缩聚物。例如，尼龙-66 就是由己二胺和己二酸缩聚合成的

$$\underset{\text{己二酸}}{nHOOC(CH_2)_4COOH} + \underset{\text{己二胺}}{nNH_2(CH_2)_6NH_2} \xrightarrow{\text{共缩聚}}$$

$$\underset{\text{尼龙-66}}{H\text{-}[NH(CH_2)_6NHCO(CH_2)_4CO]_n\text{-}OH} + (2n-1)H_2O$$

缩聚反应是制取聚合物的主要方法之一。原则上已知的聚合物都可由缩聚来合成。它是目前涤纶、尼龙、聚碳酸酯、环氧树脂、酚醛树脂、有机硅树脂等高聚物的合成方法。在近代技术的发展中，对性能要求严格和特殊的新型耐热高聚物，如聚酰亚胺、聚苯并咪唑等，都是由缩聚来合成的。大分子主链上引进的 O、N、S、Si 等原子，主要是通过缩聚反应来实现，因此它对改善聚合物性能和发展新品种具有十分重要的意义。

9.3 高分子材料的力学状态转变及性能

一种结构已定的材料，当分子运动形式确定时，其性能也随之确定。当改变外部环境使分子的运动状态发生变化，其性能也将改变。高分子材料与小分子物质相比，有很多独特的性能，性能的复杂性源自于结构的特殊性和复杂性。一般认为高分子材料的性能主要取决于两方面，一是聚合物的结构，二是聚合物所处的外部条件，如温度、时间、压力等。

本节主要介绍高分子材料的力学性能、热性能、高弹性和黏弹性、电学性能。

9.3.1 高分子材料的分子运动与力学三态

与低分子材料相比，高分子材料的分子热运动主要有以下特点。

(1) 运动单元和模式的多重性

高分子材料的结构是多层次、多类型的复杂结构，从而决定了高分子材料的分子运动单元和运动模式也是多层次、多类型的，相应的转变和松弛也具有多重性。从运动单元来说，可以分为链节运动、链段运动、侧基运动、支链运动、晶区运动以及整个分子链运动等。从运动方式来说，有键长、键角的变化，有侧基、支链、链节的旋转和摇摆运动，有链段的跃迁和大分子的蠕动等。

在各种运动单元和模式中，链段的运动最为重要，高分子材料的许多特性均与链段的运动有直接关系。链段运动状态，是判断材料处于玻璃态或高弹态的关键结构因素；链段运动既可以引起大分子构象变化，也可以引起分子整链中心位移，使材料发生塑性形变和流动。

(2) 分子运动的时间依赖性

在外场作用下，高分子材料从一种平衡状态通过分子运动而转变到另一种平衡状态是需要时间的，这种时间演变过程称作松弛过程，所需时间称作松弛时间。低分子物质对外场的响应往往是瞬时完成的，因此松弛时间很短，而高分子材料的松弛时间可能很长。高分子的这种松弛特性取决于其结构特性，由于分子链的相对分子质量巨大，几何构型具有明显不对

称性，分子间相互作用很强，本体黏度很大，因此，其松弛过程进行得较慢。

(3) 分子运动的温度依赖性

温度是分子运动激烈程度的描述，高分子材料的分子运动也强烈地依赖于温度的高低。一般规律是温度升高，各运动单元的热运动能力增强，同时由于热膨胀，分子间距增加，材料内部自由体积增加，有利于分子运动，使松弛时间缩短。松弛时间与温度的关系可以用Eying公式表示

$$\tau=\tau_0\exp(\Delta E/RT)$$

式中，τ是松弛时间；τ_0是常数；ΔE是运动激活能；R是气体常数；T是热力学温度。温度升高，松弛时间变小，松弛过程加快。

由于高分子材料的分子运动既与温度有关，也与时间有关，因此，观察同一个松弛现象，升高温度和延长外场作用时间得到的效果是等同的。

9.3.2 高分子材料的形变与温度的关系

高分子材料的性能，与服役环境密切相关，温度对高分子材料的力学性能有明显影响。

(1) 线型非晶态高聚物的力学三态

对尺寸确定的非晶态线型高分子材料试样施加一定的外力，并以一定的速度升温，测定试样形变随温度的变化，得到材料的温度-形变曲线，如图9-5所示。在不同的温度条件下，非晶态线型高分子材料存在玻璃态、高弹态和黏流态三种不同的力学状态，三态之间有玻璃化转变和黏流转变过程。与转变过程对应的玻璃化温度T_g和黏流温度T_f，是两个十分重要的物理量。图中的T_b为脆化温度，T_d为分解温度。

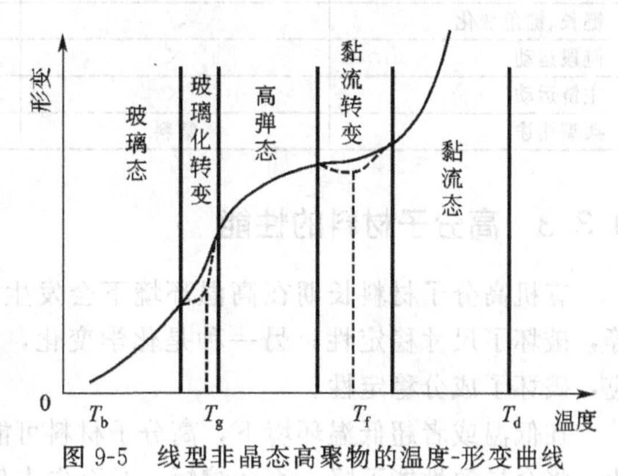

图9-5　线型非晶态高聚物的温度-形变曲线

① 玻璃态　这一区间由于温度较低，分子热运动能力较小，链段运动被冻结，材料变形小，弹性模量G高。在这一温度区域，非晶态线型高分子材料无论在内部结构还是力学性能方面都类似于低分子材料玻璃，因而这种状态称为玻璃态。

高聚物呈玻璃态的最高温度即为玻璃化温度T_g。处于玻璃态的高聚物具有较好的力学性能。在这种状态下使用的材料是塑料和纤维。

② 高弹态　温度大于T_g时，由于温度较高，链段具有充分的运动能力。在外力作用下，一方面通过链段运动时分子链呈现局部伸展的构象，材料可以发生大变形。另一方面，此时的热能还不足以使分子整链运动，分子链相互缠结形成网络，链段又有恢复卷曲的趋势。这两种作用相互平衡，使温度-形变曲线出现一个平台。处于该区域的高分子材料，模量低、形变大，外力去除后，形变可以恢复。这种力学状态称为高弹态。在这种状态下使用的高分子材料柔软，富有弹性。常见的材料如橡胶等。

③ 黏流态　温度高于黏流温度后，由于温度高，分子活动能力大，不但链段可以不断地运动，而且在外力作用下大分子链键也可产生相对滑动，从而使高聚物处于黏滞流动状态，产生黏流态的最低温度，称为黏流温度。高分子制品的加工成型多在该区域。常见的黏流态高分子材料，如胶黏剂等。

线型非晶态高聚物的三种力学状态的主要特点可归纳为表 9-5。

(2) 结晶型聚合物的温度-形变关系

结晶高分子材料的力学状态，与结晶度和高分子材料的分子量大小有关。

低结晶度高分子材料中结晶区小，非晶区大，非晶部分由玻璃化转变温度 T_g 决定其力学状态，结晶部分则由熔点 T_m 决定其力学状态。当温度高于 T_g 低于 T_m 时，虽然非晶区的链段开始运动，但由于晶区尚未熔融，微晶限制了整链的运动，材料仍处于高弹态。只有当温度高于 T_m，晶区熔融，且分子整链相对移动，材料才进入黏流态。

高结晶度高分子材料中（结晶度大于40%）的结晶相形成连续相，低温时处于类玻璃态，材料可作为塑料、纤维使用。温度升高，玻璃化转变温度不明显，而晶区熔融为主要的状态转变。晶区熔融后，或者直接进入黏流态（材料相对分子量较低，$T_f<T_m$），或者先变为高弹态，继续升温超过黏流温度时再变为黏流态（材料相对分子量较高，$T_f>T_m$）。

表 9-5　线型非晶态高聚物三种力学状态的主要特点

项目	玻璃态	高弹态	黏流态
温度区间	$T<T_g$	$T_g<T<T_f$	$T_f<T<T_d$
分子热运动	低	较高	高
键长、键角变化	√	√	√
链段运动	×	√	√
主链运动	×	×	√
典型用途	塑料	橡胶	加工成型区

9.3.3 高分子材料的性能

有机高分子材料长期在高温环境下会发生两种变化，一种是物理变化，如软化、熔融等，破坏了尺寸稳定性；另一种是化学变化，如发生分解、氧化、环化、交联、降解等反应，破坏了成分稳定性。

在低温或者超低温环境下，高分子材料可能会出现硬化、脆化等现象。材料发生此类变化，将会导致性能下降，寿命缩短，乃至失去使用价值。结晶度高的材料，其使用温度主要由熔点决定；无定型高分子材料，使用温度主要由玻璃化转变温度决定。

高弹性和黏弹性，是高分子材料最具特色的性质。迄今为止，所有材料中只有高分子材料具有高弹性。高弹性源自于柔性大分子链由于单键内旋引起的构象熵的改变，又称为熵弹性。黏弹性是指高分子材料同时既具有弹性固体特性，又具有黏性流体特性。黏弹性产生了许多独特的力学松弛现象，如应力松弛、蠕变、滞后损耗等行为。与金属和无机非金属相比，高分子的高弹性形变具有以下四个特点：

① 小应力作用下弹性形变很大，弹性模量低；

② 升温时，高弹性形变的弹性模量与温度成正比，即温度升高，弹性应力也随之升高，而普通弹性体的弹性模量随温度升高而下降；

③ 绝热拉伸时，材料会放热而使自身温度升高，金属材料则相反；

④ 高弹性形变有力学松弛现象，而金属弹性体几乎无松弛现象。

9.4 常用高分子材料

常用高分子材料是指目前能够大规模工业化生产，已普遍应用于各行各业的高分子材料。常用高分子材料通常包括塑料、橡胶、纤维、黏合剂和涂料。

9.4.1 塑料

9.4.1.1 概述

塑料是以树脂为主要组分，加入各种添加剂，能在一定温度和压力下加工成形的各种高分子材料的总称。塑料通常在玻璃态下使用，具有可塑性。

塑料高分子的结构基本有两种类型，第一种是线型结构，具有这种结构的高分子化合物称为线型高分子化合物；第二种是体型结构，具有这种结构的高分子化合物称为体型高分子化合物。有些高分子带有支链，称为支链高分子，属于线型结构。有些高分子虽然分子间有交联，但交联较少，称为网状结构，属于体型结构。

9.4.1.2 塑料的特性

线型结构（包括支链结构）高聚物由于有独立的分子存在，故有弹性、可塑性，在溶剂中能溶解，加热能熔融，硬度和脆性较小的特点。

体型结构高聚物由于没有独立的大分子存在，故没有弹性和可塑性，不能溶解和熔融，只能溶胀，硬度和脆性较大。

由线型高分子制成的是热塑性塑料，由体型高分子制成的是热固性塑料。塑料的基本性能主要取决于树脂的本性，但添加剂也起着重要作用。有些塑料基本上是由合成树脂所组成，不含或少含添加剂，如有机玻璃、聚苯乙烯等。

与其它材料比较，塑料有如下的特性：

① 耐化学侵蚀；

② 具光泽，部分透明或半透明；

③ 大部分为良好绝缘体；

④ 重量轻且坚固；

⑤ 加工容易可大量生产，价格便宜；

⑥ 用途广泛、效用多，容易着色，部分耐高温。

9.4.1.3 塑料的组成

① 树脂　塑料的主要组分，它把塑料中的其它一切组成部分粘接在一起，并使其具有成型性能。绝大多数塑料就是以所用树脂命名的。

② 填充剂（填料）　提高塑料的力学、电学性能，或降低成本，它在塑料占有相当大的比例。如加入铝粉可提高光反射能力和防老化性，加入二硫化钼可提高润滑性。常用填充剂有云母粉、石墨粉、炭粉、氧化铝粉、木屑、玻璃纤维、碳纤维等。

③ 增塑剂　提高塑料的可塑性和柔软性。常用熔点低的低分子化合物来增加大分子链之间的距离，从而达到增加大分子链的柔顺性的目的。常用增塑剂有甲酸酯类、磷酸酯类、氯化石蜡等。

④ 稳定剂　提高塑料对热、光、氧等的稳定性，延长使用寿命。常用热稳定剂有硬脂酸盐、环氧化合物和铅的化合物等；光稳定剂有炭黑、氧化锌等。

⑤ 增色剂　赋予塑料制品各种色彩。常用的着色剂是一些有机染料和无机颜料，有时也采用能产生荧光或磷光的颜料。

⑥ 润滑剂　提高塑料在加工成形过程中的流动性和脱模能力，同时可使制品光亮美观。常用润滑剂有硬脂酸、盐类等。

⑦ 固化剂　与树脂发生交联反应，使受热可塑的线型结构变成热稳定性好的体型结构。常用的固化剂有六亚甲基四胺、过氧化二苯甲酰等。

⑧ 其它　包括发泡剂、催化剂、阻燃剂等。

9.4.1.4　塑料的分类

(1) 按塑料热性质分类

塑料可区分为热固性与热塑性两类，前者无法重新塑造使用，后者可重复生产。

① 热塑性塑料　受热时软化或熔融，冷却后硬化，韧性好，可反复加工的塑料称为热塑性塑料，包括聚乙烯、聚氯乙烯、聚丙烯、聚酰胺、聚苯醚、聚四氟乙烯等。

② 热固性塑料　加热、加压并经过一定时间后，即固化为不溶、不熔的坚硬制品，不可再生的塑料，称为热固性塑料。热固性塑料具有更好的耐热性和抗蠕变能力，常用的有酚醛树脂、环氧树脂、氨基树脂、有机硅树脂等。

(2) 按塑料的功能和用途分类

① 通用塑料　是指产量大、用途广、价格低的塑料。主要包括聚乙烯、聚氯乙烯、聚苯乙烯、聚丙烯、酚醛塑料、氨基树脂等，产量占塑料总产量的75%以上。

② 工程塑料　是指具有较高性能，能替代金属制造机械零件和工程构件的塑料。主要有聚酰胺、ABS、聚甲醛、聚碳酸酯、聚砜、聚四氟乙烯、聚甲基丙烯酸甲酯、环氧树脂等。

③ 功能塑料　导电塑料、导磁塑料、感光塑料等。

9.4.1.5　塑料制品的成型工艺

塑料的成型加工，是指将合成树脂的聚合物制成最终塑料制品的过程。加工方法（通常称为塑料的一次加工）包括压塑（模压成型）、挤塑（挤出成型）、注塑（注射成型）、吹塑（中空成型）、压延等。

(1) 压塑

压塑也称模压成型或压制成型，将塑料原料放入成型模内加热熔融，加压，使塑料充满整个型腔，同时发生交联反应而固化。模压成型主要适用于形状复杂或带有复杂嵌件的制品，但生产率低、模具成本较高。压塑主要用于酚醛树脂、脲醛树脂、不饱和聚酯树脂等热固性塑料的成型。

(2) 挤塑

挤塑又称挤出成型，是将原料在料筒中加热至流动状态，同时通过挤塑机（挤出机）螺杆向前推压至机头，通过不同形状和结构的口模连续挤出，获得不同形状的型材，如管、棒、带、丝、板等。挤塑主要用于热塑性材料，有时也用于热固性塑料的成型，并可用于泡沫塑料的成型。

挤塑的优点是可挤出各种形状的制品，生产效率高，可自动化、连续化生产；缺点是热固性塑料不能广泛采用此法加工，制品尺寸容易产生偏差。

(3) 注塑

注塑又称注射成型。注塑是使用注塑机（或称注射机）将热塑性塑料熔体在高压下注入到模具内，经冷却、固化获得产品的方法。注塑也能用于热固性塑料及泡沫塑料的成型。

注塑的优点是生产速度快、效率高，操作可自动化，能生产形状复杂、薄壁、嵌有金属或非金属的塑料制品，特别适合大量生产。缺点是设备及模具成本高，注塑机清理较困难等。

(4) 吹塑

吹塑又称中空吹塑或中空成型。吹塑是借助压缩空气的压力，将闭合在模具中的热树脂的型坯吹胀为空心制品的工艺方法。吹塑包括吹塑薄膜和吹塑中空制品两种方法。用吹塑法可生产薄膜制品，如各种瓶、桶、壶类容器及儿童玩具等。

(5) 压延

压延是将树脂和各种添加剂预处理（捏合、过滤等），之后通过压延机加工成薄膜或片材，再经冷却定型的一种加工方法。压延主要用于聚氯乙烯树脂的成型，能制造薄膜、片材、板材、人造革、地板砖等制品。

(6) 发泡成型

发泡成型是在发泡材料（PVC，PE和PS等）中加入适当的发泡剂，使塑料产生微孔结构的过程。几乎所有的热固性和热塑性塑料都能制成泡沫塑料。按泡孔结构分为开孔泡沫塑料（绝大多数气孔互相连通）和闭孔泡沫塑料（绝大多数气孔是互相分隔的）。

(7) 真空成型（吸塑成型）

将热塑性塑料板、片材置于模具上，四周夹紧并加热，待塑料进入高弹态后，对模腔抽真空，使板材在大气压作用下紧贴模腔内壁，冷却后硬化成型。

(8) 浇注成型

浇注成型又称浇塑法，根据浇注方式可分为静态铸型、嵌铸型和离心铸型等。在液态树脂中加入适量固化剂，然后浇入模具型腔中，在常压或低压以及常温或适当加热条件下固化成型。此法主要用于生产大型制品，设备简单，但生产率低。

9.4.1.6 常见工程塑料简介

(1) 热塑性塑料

① 聚乙烯（polyethylene，PE） 由单体乙烯聚合而成，一般可分为低密度聚乙烯和高密度聚乙烯。低密度聚乙烯的分子量、密度及结晶度较低，质地柔软，耐冲击性好，常用于制造塑料薄膜、软管、电线及中空容器等。高密度聚乙烯比较硬，耐磨、耐蚀及绝缘性能好，常用作结构材料，如耐蚀管道、低载荷的齿轮、轴承等。

② 聚氯乙烯（polyvinyl chloride，PVC） 具有较高的强度、刚性，良好的电绝缘性和抗化学腐蚀性；能溶于四氢呋喃和环己酮等有机溶剂；具有阻燃性，但热稳定性较差，使用温度较低，介电常数、介电损耗较高。

纯聚氯乙烯属无规立构，无色透明，硬而脆，很少应用。常利用橡胶和增塑剂对其改性处理。硬聚氯乙烯用于工业管道、给排水系统、板件、管件、建筑及家用防火材料，化工防腐设备及各种机械零件。增塑（软）聚氯乙烯用于窗帘、桌布、雨衣、手提箱、人造革、墙纸、农用薄膜、耐酸碱软管及电线电缆包覆层等。

③ 聚丙烯（polypropylene，PP） 聚丙烯属全同立构、结晶性塑料，外观乳白半透明，无毒、无味、无臭，密度小，力学性能高于聚乙烯；耐热性、耐水性良好，化学稳定性好；但不耐芳香族和氯化烃溶剂，耐寒性差，易老化。主要用于家庭厨房用具、包装薄膜、医疗器械、高频绝缘材料；化工管道、家用电器部件；汽车及机械零部件，如车门、方向盘、齿轮、接头等。

④ 聚苯乙烯（polystyrene，PS） 聚苯乙烯属无规立构、非晶性塑料，高度透明（透光率为88%～92%），无毒、无味、无色。电绝缘性优良，介电损耗极小；耐化学腐蚀性优良，但不耐苯、汽油等有机溶剂；强度较低，硬度高，脆性大，不耐冲击；耐热性差，易燃。

聚苯乙烯主要用于日用、装潢、包装及工业制品；仪器仪表外壳、灯罩、光学零件、装饰件、透明模型、玩具、化工储酸槽，以及包装及管道的保温层，冷冻绝缘层等。

⑤ 聚甲基丙烯酸甲酯（polymethyl methacrylate，PMMA） 聚甲基丙烯酸甲酯又称有机玻璃，属无规立构、非晶性塑料，具有较高的强度、韧性和优良的光学性能，透光率比普通硅玻璃好（透光率为91%～93%）；电绝缘性能优良，耐化学腐蚀性好，热导率低；但硬

度低，表面易擦伤，耐磨性差，耐热性不高。主要用于飞机、汽车的窗玻璃和罩盖，光学镜片，仪表外壳，装饰品，广告牌，灯罩，光学纤维，透明模型，标本及医疗器械等。

⑥ 聚四氟乙烯（PTFE） 聚四氟乙烯属结晶性塑料，外观呈瓷白色，一般在360～380℃烧结成型，具有出色的耐热、耐寒能力（－180～＋260℃长期使用）；摩擦系数极低，有自润滑效果；化学稳定性极佳，俗称“塑料王”；极好的电绝缘性和介电性；但强度低，抗蠕变性较差，不易加工成型。主要用于轴承、垫圈等自润滑材料；高温电缆绝缘材料、电器元件；化工管道及零件；不粘锅涂层等。

⑦ 聚酰胺（尼龙或锦纶）(polyamides，PA） 尼龙的品种很多，如尼龙-6、尼龙-66、尼龙-610等。数字表示基本单元中的碳原子数目。所有尼龙分子结构单元中都有一个相同的特征基团——酰胺基。聚酰胺属结晶性塑料，半透明，乳白，略带黄色。由于酰胺基的存在，分子之间有很强的氢键作用，因此聚酰胺的强度高，韧性好；另外耐磨性和自润滑性好，摩擦系数低；具有良好的耐油性、耐溶剂性、阻燃性；但吸水性大，热膨胀系数大，耐热性不高。

纤维增强尼龙主要用于轴承、齿轮、高压密封圈、阀门、包装材料、输油管、汽车保险杠及丝织品等。

⑧ 聚甲醛（polyformaldehyde，POM） 聚甲醛属结晶性塑料，乳白色。具有较高的强度、硬度、刚性、韧性、耐磨性和自润滑性，耐疲劳性能高，吸水性小，摩擦系数小，耐化学品腐蚀性好，电绝缘性能良好，但热稳定性差，易燃。

工业上利用共聚反应来制造共聚甲醛，以改善热稳定性。共聚甲醛有较高的综合性能，可替代一些尼龙；也可部分取代有色金属和合金，用于制造低载齿轮、轴承，塑料弹簧等。

⑨ 聚碳酸酯（polycarbonate，PC） 聚碳酸酯电绝缘性好、高度透明，且具有高模量、高强度、抗蠕变、尺寸稳定性好等优异的力学性能，故俗称“透明金属”。

纤维增强聚碳酸酯可部分取代钢、有色金属，制造仪器仪表的机械传动部件。未增强聚碳酸酯用于制作车灯罩、护目镜、安全帽、门窗玻璃甚至防弹玻璃等。

⑩ ABS塑料 由丙烯腈（A)、丁二烯（B）和苯乙烯（S）三种单体共聚生成。丙烯腈能提高强度、硬度、耐热性和耐腐蚀性，丁二烯能提高韧性，苯乙烯能提高电性能和成型加工性能。ABS塑料具有较好的抗冲击性能、尺寸稳定性和耐磨性，成型性好，不易燃，耐腐蚀性好，但不耐酮、醛、酯、氯代烃类溶剂。ABS作为“坚韧、质硬且刚性”的材料，是最早被开发和使用的“高分子合金”。常用于轻载齿轮、轴承，电器外壳，汽车部件，各类容器、管道等。

（2）热固性塑料

热固性塑料是树脂经固化处理后获得的。所谓固化处理就是树脂中加入固化剂并压制成型，使其由线型聚合物变为体型聚合物的过程。热固性塑料具有耐热性高，刚度大，抗蠕变性能好，尺寸稳定性高；但脆性大，不易成型。常见的有以下几种。

① 酚醛塑料（bakelite，PF） 酚醛塑料是以酚醛树脂为主要成分，加入添加剂制成的。其中酚醛树脂是酚类和醛类的缩聚产物。根据酚类和醛类的反应摩尔比及反应介质pH值的差异，可以分别得到热固性和热塑性两类材料，如表9-6所示。

表9-6 热固性和热塑性酚醛塑料的工艺条件

pH值	甲醛与苯酚摩尔比	链结构	产物
<7	0.8～0.9	线型	热塑性
>7	1.1～1.5	交联	热固性

酚醛塑料具有一定的强度、硬度和良好的耐热性、耐磨性、耐腐蚀性及电绝缘性，热导率低，成本低廉。酚醛塑料所用的填料分为粉状、纤维状和层状。以木粉为原料的酚醛塑料

粉又称胶木粉或电木粉，它价格低廉，但性脆大、耐光性差，用于制造手柄、瓶盖、电话及收音机外壳、灯头、开关、插座等。以云母粉、石英粉、玻璃纤维为填料的塑料粉，可用来制造电闸刀、电子管插座、汽车点火器等。以石棉为填料的塑料粉，可用于制造电炉、电熨斗等设备上的耐热绝缘部件。以玻璃布、石棉布等为填料的层状塑料，可用于制造轴承、齿轮、带轮、各种壳体等。

② 环氧塑料（epoxy plastics，EP）　环氧塑料是以环氧树脂为基，加入填料及其它添加剂制成的。树脂中每个分子含有两个或两个以上环氧基团。环氧树脂中最常用的是双酚 A 型环氧树脂。

环氧树脂有“万能胶”之称，其黏性好，强度高，具有良好的耐热性、耐腐蚀性和尺寸稳定性，以及优良的电绝缘性能。主要用于仪表构件、塑料模具、精密量具、电子元件的密封和固定，还可制作黏合剂、复合材料等。

常用塑料的力学性能及主要用途，见表 9-7。

表 9-7　常用塑料的力学性能及主要用途

塑料名称	拉伸强度/MPa	压缩强度/MPa	弯曲强度/MPa	冲击韧性/(kJ/m²)	使用温度/℃	主要用途
聚乙烯	8～36	20～25	20～45	>2	−70～100	一般机械构件，电缆包覆，耐蚀、耐磨涂层等
聚丙烯	40～49	40～60	30～50	5～10	−35～121	一般机械零件，高频绝缘，薄膜、电缆包覆等
聚氯乙烯	30～60	60～90	70～110	4～11	−15～55	化工耐蚀构件，一般绝缘，薄膜、电缆套管等
聚苯乙烯	≥60	—	70～80	12～16	−30～75	高频绝缘，耐蚀及装饰，也可作一般构件
ABS	21～63	18～70	25～97	6～53	−40～90	一般构件，减摩、耐磨、传动件，一般化工装置、管道、容器等
聚酰胺	45～90	70～120	50～110	4～15	<100	一般构件，减摩、耐磨、传动件，高压油润滑密封圈，金属防蚀、耐磨涂层等
聚甲醛	60～75	～125	～100	～6	−40～100	一般构件，减摩、耐磨、传动件，绝缘、耐蚀件及化工容器等
聚碳酸酯	55～70	～85	～100	65～75	−100～130	耐磨、受力、受冲击的机械和仪表零件，透明、绝缘件等
聚四氟乙烯	21～28	～7	11～14	～98	−180～260	耐蚀件，耐磨件，密封件，高温绝缘件等
聚砜	～70	～100	～105	～5	−100～150	高强度耐热件，绝缘件，高频印刷电路板等
有机玻璃	42～50	80～126	75～135	1～6	−60～100	透明件，装饰件，绝缘件等
酚醛塑料	21～56	105～245	56～84	0.05～0.82	～110	一般构件，水润滑轴承，绝缘件，耐蚀衬里等；作复合材料
环氧塑料	56～70	84～140	105～126	～5	−80～155	塑料模，精密模，仪表构件，电气元件的灌注，金属涂覆，包封，修补；作复合材料

9.4.2　橡胶材料

9.4.2.1　概述

常温下处于高弹态的高分子材料，称为橡胶。橡胶属于完全无定型聚合物，玻璃化转变温度 T_g 低，分子量往往大于几十万。橡胶材料在很宽的温度范围（−50～150℃）内具有很高的弹性，同时具有良好的疲劳强度、电绝缘性、耐化学腐蚀性以及耐磨性。

橡胶按其来源可分为天然橡胶和合成橡胶两大类。合成橡胶由人工合成的方法制备，采用不同的原料（单体）可以合成不同种类的橡胶。

9.4.2.2　橡胶的分类

橡胶按形态分为块状生胶、乳胶、液体橡胶和粉末橡胶。乳胶为橡胶的胶体状水分散体；液体橡胶为橡胶的低聚物，未硫化前一般为黏稠的液体；粉末橡胶是将乳胶加工成粉末状，以利于配料和加工制作。20世纪60年代开发的热塑性橡胶，无需化学硫化，而采用热塑性塑料的加工方法成型。橡胶按使用又分为通用型和特种型两类。表9-8为常用橡胶的性能和主要用途。

表 9-8 常用橡胶性能和主要用途

项目	通用橡胶				特种橡胶						
名称	天然橡胶	丁苯橡胶	顺丁橡胶	丁醛橡胶	氯丁橡胶	丁腈橡胶	聚氨酯	乙丙橡胶	氟橡胶	硅橡胶	聚硫橡胶
代号	NR	SBR	BR	IIR	CR	NBR	PU	EPR	FPM		
抗拉强度/MPa	25～30	15～20	18～25	17～21	25～27	15～30	20～35	10～25	20～22	4～10	9～15
伸长率/%	650～900	500～800	450～800	650～800	800～1000	300～800	300～800	400～800	100～500	50～500	100～700
抗撕性	好	中	中	中	好	中	中	好	中	差	差
使用温度/℃	−50～120	−50～140	120	120～170	−35～130	−35～185	80	150	−50～300	−70～275	80～130
耐磨性	中	好	好	中	中	中	好	中	中	差	差
回弹性	好	中	好	中	中	中	中	中	中	差	差
耐油性	差			中	好	好	好		好		好
耐碱性				好	好		差		好		好
抗老化				好				好	好		好
成本		高			高				高	高	
特殊性能	高强绝缘防震	耐磨耐寒	耐酸碱气密绝缘防震	耐酸耐碱耐燃	耐油耐水气密	高强耐磨	耐水绝缘	耐油耐碱真空耐热	耐热绝缘	耐油耐碱	
制品举例	通用制品、轮胎	通用制品、胶板胶布、轮胎	轮胎、耐寒运输带	内胎、水胎、化工设备衬里、防震器	管道、胶带	耐油垫圈、油管	实心胎、胶辊、耐磨件	汽车配件、散热管、绝缘件	化工设备衬里、高级密封件、高真空件	耐高低温零件、绝缘件	丁腈改性用

（1）通用型橡胶

通用型橡胶的综合性能较好，应用广泛。

① 天然橡胶　由三叶橡胶树的乳胶制得，主要化学成分为聚异戊二烯。弹性好，强度高，综合性能好。

② 异戊橡胶　全名为顺-1,4-聚异戊二烯橡胶，由异戊二烯制得的高顺式合成橡胶，因其结构和性能与天然橡胶近似，故又称合成天然橡胶。

③ 丁苯橡胶　简称SBR，由丁二烯和苯乙烯共聚制得。按生产方法分为乳液聚合丁苯橡胶和溶液聚合丁苯橡胶。其综合性能和化学稳定性好。

④ 顺丁橡胶　全名为顺式-1,4-聚丁二烯橡胶，简称BR，由丁二烯聚合制得。与其它通用型橡胶比，硫化后的顺丁橡胶的耐寒性、耐磨性和弹性特别优异，动载荷下发热少，耐老化性能好，易与天然橡胶、氯丁橡胶、丁腈橡胶等并用。

（2）特种橡胶

特种橡胶指具有某些特殊性能的橡胶。

① 氯丁橡胶　简称CR，由氯丁二烯聚合制得。具有良好的综合性能，耐油、耐燃、耐氧化和耐臭氧。但其密度较大，常温下易结晶变硬，贮存性不好，耐寒性差。

② 丁腈橡胶　简称NBR，由丁二烯和丙烯腈共聚制得。耐油、耐老化性能好，可在120℃的空气中或在150℃的油中长期使用。此外，还具有耐水性、气密性及优良的黏结性能。

③ 硅橡胶　主链由硅氧原子交替组成，在硅原子上带有有机基团。耐高低温，耐臭氧，电绝缘性好。

④ 氟橡胶　分子结构中含有氟原子的合成橡胶。通常以共聚物中含氟单元的氟原子数目来表示，如氟橡胶23，是偏二氟乙烯同三氟氯乙烯的共聚物。氟橡胶耐高温、耐油、耐化学腐蚀。

⑤ 聚硫橡胶　由二卤代烷与碱金属或碱土金属的多硫化物缩聚而成。有优异的耐油和耐溶剂性，但强度不高，耐老化性、加工性不好，有臭味，多与丁腈橡胶并用。

此外，特种橡胶还有聚氨酯橡胶、氯醇橡胶、丙烯酸酯橡胶等。

9.4.2.3 橡胶的结构

橡胶主要具有三种结构。

① 线型结构　未硫化橡胶的普遍结构。由于分子量很大，无外力作用下，呈细团状。当外力作用，撤除外力，细团的纠缠度发生变化，分子链发生反弹，产生强烈的复原倾向，这便是橡胶高弹性的由来。

② 支链结构　橡胶大分子链的支链的聚集，形成凝胶。凝胶对橡胶的性能和加工都不利。在炼胶时，各种配合剂往往进入凝胶区，形成局部空白，形成不了补强和交联，成为产品的薄弱部位。

③ 交联结构　线型分子通过一些原子或原子团的架桥而彼此连接起来，形成三维网状结构。随着硫化历程的进行，这种结构不断加强。这样，链段的自由活动能力下降，可塑性和伸长率下降，强度、弹性和硬度上升，压缩永久变形和溶胀度下降。

9.4.2.4 橡胶的配合剂及其特性

橡胶是以生胶为主要成分，添加各种配合剂和增强材料制成的。生胶是指无配合剂、未经硫化的橡胶。配合剂用来改善橡胶的某些性能。常用配合剂有硫化剂、硫化促进剂、活化剂、填充剂、增塑剂、防老化剂、着色剂等。

① 硫化剂　使生胶的结构由线型转变为交联体型结构，从而使生胶变成具有一定强度、韧性和高弹性的硫化胶。常用硫化剂有硫黄和含硫化合物，有机过氧化物，胺类化合物，树脂类化合物，金属氧化物等。

② 硫化促进剂　缩短硫化时间，降低硫化温度，改善橡胶性能。常用促进剂有二硫化氨基甲酸盐、黄原酸盐类、噻唑类、硫脲类和部分醛类及醛胺类等有机物。

③ 活化剂　用来提高促进剂的作用。常用活化剂有氧化锌、氧化镁、硬脂酸等。

④ 填充剂　用来提高橡胶的强度、改善工艺性能和降低成本。用于提高性能的填充剂称为补强剂，如炭黑、二氧化硅、氧化锌、氧化镁等；另外还有用于降低成本的填充剂，如滑石粉、硫酸钡等。

⑤ 增塑剂　用来增加橡胶的塑性和柔韧性。常用增塑剂有石油系列、煤油系列和松焦油系列增塑剂。

⑥ 防老化剂　用来防止或延缓橡胶老化。主要有石蜡、胺类和酚类防老剂。

9.4.2.5 橡胶的制备

橡胶的加工过程包括塑炼、混炼、压延或挤出、成型和硫化等基本工序，每个工序针对制品的不同要求，分别配合以若干辅助操作。

为了能将各种所需的配合剂加入橡胶中，生胶首先需经过塑炼提高其塑性，然后通过混炼将炭黑及各种橡胶助剂与橡胶均匀混合成胶料。胶料经过压出制成一定形状的坯料，再使其与经过压延挂胶或涂胶的纺织材料（或与金属材料）组合在一起，成型为半成品。最后经过硫化，进一步将具有塑性的半成品制成高弹性的最终产品。

9.4.3 天然纤维和合成纤维

(1) 概述

纤维是指长径比非常大，具有一维各向异性和一定柔韧性的纤细材料。常用的纺织纤维，长径比一般大于1000∶1，其直径为几微米至几十微米，长度可超过25 mm。纤维具有弹性模量大、受力形变小、强度高等特点，有很高的结晶能力。分子量小，一般为几万。

(2) 纤维的分类

纤维大体分天然纤维、人造纤维和合成纤维。

① 天然纤维 天然纤维指自然界生长或形成的纤维，包括植物纤维（天然纤维素纤维）、动物纤维（天然蛋白质纤维）和矿物纤维。

② 人造纤维 人造纤维是利用自然界的天然高分子化合物——纤维素或蛋白质作原料（如木材、棉籽绒、稻草、甘蔗渣等纤维或牛奶、大豆、花生等蛋白质），经过一系列的化学处理与机械加工，制成类似棉花、羊毛、蚕丝一样能够用来纺织的纤维。如人造棉、人造丝等。

③ 合成纤维 合成纤维的化学组成和天然纤维完全不同，是从一些本身并不含有纤维素或蛋白质的物质如石油、煤、天然气、石灰石或农副产品，加工提炼出来的有机物质，再用化学合成与机械加工的方法制成纤维。如涤纶、锦纶、腈纶、丙纶、氯纶等。合成纤维纺丝过程包括纺丝液的制备、纺丝、初生纤维后加工等过程。通常，首先将成纤高分子材料溶解或者熔融成黏稠性液体，称为纺丝液；然后将这种液体用纺丝泵连续、定量而均匀地从喷丝头小孔压出，形成黏液细流，再经凝固或者冷凝而形成纤维；最后，根据不同的要求进行后续加工。

合成纤维的发展速度很快，品种也越来越多。合成纤维具有强度高、耐磨性好、保暖、不霉烂的优点，大量用于汽车、飞机轮胎帘子，渔网、索桥、船缆、降落伞布、绝缘布及各种服装等，在复合材料领域也得到广泛应用。表9-9给出了六种主要合成纤维的性能及用途。

表9-9 六种主要合成纤维的性能及用途

化学名称		聚酯纤维	聚酰胺纤维	聚丙烯腈	聚乙烯醇缩醛	聚烯烃	含氯纤维	其它
商品名称		涤纶（的确良）	锦纶（尼龙）	腈纶（人造毛）	维纶	丙纶	氯纶	氟纶、芳纶等
产量/%（占合成纤维百分数）		>40	30	20	1	5	1	
强度	干态	优	优	中	优	优	中	
	湿态	优	中	中	中	优	中	
相对密度		1.38	1.14	1.14～1.17	1.26～1.3	0.91	1.39	
吸湿率/%		0.4～0.5	3.5～5	1.2～2.0	4.5～5	0	0	
软化温度/℃		238～240	180	190～230	220～230	140～150	60～90	
耐磨性		优	最优	差	优	优	中	
耐日光性		优	差	最优	优	差	中	
耐酸性		优	中	优	中	中	优	
耐碱性		中	优	优	优	优	优	
特点		挺括不皱耐冲击、耐疲劳	结实耐磨	蓬松耐晒	成本低	轻、坚固	耐磨不易燃	强度极高
工业应用举例		高级帘子布、渔网、缆绳、帆布	2/3用于工业帘子布、渔网、降落伞、运输带	制作碳纤维及石墨纤维原料	2/3用于工业帆布、过滤布、渔具、缆绳	军用被服绳索、渔网、水龙带、合成纸	导火索皮、口罩、帐幕、劳保用品	树脂基复合材料增强体

9.4.4　黏合剂

在工程中，工程材料的连接方法除焊接、铆接、螺纹连接之外，还有一种连接工艺称为粘接剂粘接，又称胶接。粘接的特点是接头处应力分布均匀，应力集中小、接头密封性好，而且工艺制作简单，成本低。

黏合剂又称胶接剂，是把两个固体表面黏合在一起，并且在胶接面处具有足够强度的物质。黏合剂由各种树脂、橡胶、淀粉等为基体材料，添加各种辅料制成。

9.4.4.1　黏合剂的分类

(1) 按主要的化学组成分类

按主要的化学组成，黏合剂可分为有机黏合剂和无机黏合剂两大类。有机黏合剂按基体材料的分类见表 9-10。

表 9-10　按基体材料分类的有机黏合剂

天然黏合剂	动物胶	皮胶、骨胶
	植物胶	淀粉、松香、酪素胶等
	矿物胶	沥青、地蜡、硫黄等
合成黏合剂	热固性树脂	酚醛、环氧、聚氨酯、丙烯酸酯等
	热塑性树脂	聚乙烯醇缩醛、聚醋酸乙烯酯、聚丙烯、聚酰胺、过氯乙烯等
	橡胶类	丁腈、氯丁、聚硫等
	混合类	环氧-酚醛、环氧-丁腈、酚醛-缩醛、酚醛-丁腈、丙烯酸酯-聚氨酯

无机黏合剂主要有，硅酸盐型、磷酸盐性、硼酸盐型、玻璃陶瓷及其它低熔点物等。

(2) 按照固化类型分类

按照固化类型，合成黏合剂可分为以下三种。

① 化学反应型黏合剂　其主要成分是含活性基团的线型高分子材料，加入固化剂后，由于化学反应而生成交联的体型结构，产生黏合作用。此类黏合剂主要包括热固性树脂黏合剂、聚氨酯黏合剂、橡胶类黏合剂及混合型黏合剂。

② 热塑性树脂溶液黏合剂　它由热塑性高分子材料加溶剂配制而成，如聚醋酸乙烯酯黏合剂、聚异氰酸酯黏合剂等。

③ 热熔黏合剂　是以热塑性高分子材料为基本组分的无溶剂型固态黏合剂，通过加热熔融黏合，然后冷却固化。如乙烯-醋酸乙烯共聚物热熔胶、低分子聚酰胺热熔胶等。

9.4.4.2　合成黏合剂的主要组成

胶黏剂的组成，根据使用性能要求而采用不同的配方。但其中黏性基料是主要的组成成分，它对黏合剂的性能起主要作用，因此必须具有优异的黏附力及良好的耐热性、抗老化性。

常用黏性基料有环氧树脂、酚醛树脂、聚氨酯树脂、氯丁橡胶、丁腈橡胶等。胶黏剂中除了黏性基料，通常还有各种添加剂，如填料、固化剂、增塑剂等。这些添加剂是根据胶黏剂的性质及使用要求选择的。

增塑剂及增韧剂主要是用来提高韧性的。固化剂又称硬化剂，它的主要作用是使液态黏合剂交联、固化。填料主要是用以降低固化时的断面收缩率，降低成本，提高冲击强度、胶接强度及耐热性等，有时也是为了使黏合剂具有某种指定性能，如导电性、耐湿性等。

9.4.4.3　常用黏合剂

表 9-11 是适用于一些材料的部分胶黏剂。

表 9-11 适用于一些材料的部分胶黏剂

材料胶黏剂	钢、铁、铝	热固性塑料	硬聚氯乙烯	聚乙烯、聚丙烯	聚碳酸酯	ABS	橡胶	玻璃、陶瓷	混凝土	木材
无机酸	可							优		
聚氨酯	良	良	良	可	良	良	良	可	—	优
环氧树脂										
胺类固化	优	优	—	可	—	良	可	优	良	良
酸酐固化	优	优	—	—	良	—	—	优	良	良
环氧-丁腈	优	良	—	—	—	可	良	良	—	—
酚醛-缩醛	优	优	—	—	—	—	可	良	—	—
酚醛-氯丁	可	可	—	—	—	—	优	—	可	可
氯丁橡胶	可	可	良	—	—	可	优	可	—	良
聚酰亚胺	良	良	—	—	—	—	—	良	—	—

① 聚氨酯树脂胶黏剂　初黏结力大，常温触压即可固化，有利于粘接大面积柔软材料及难以加压的工件。在－250℃以下仍能保持较高的剥离强度，而且其抗剪强度随着温度下降而显著提高。

聚氨酯树脂胶毒性大，固化时间长，耐热性不高，易与水反应。可对金属、玻璃、陶瓷、橡胶、木材、皮革和极性塑料有很强的黏结力，特别是超低温工件的粘接。

② 环氧树脂胶黏剂　具有很高的粘接力，操作简便，不需外力即可粘接；有良好的耐酸、碱、油及有机溶剂的性能。但环氧胶的胶层较脆。

环氧树脂胶黏剂对金属、玻璃、陶瓷、塑料、橡胶、混凝土等均具有较好的黏合能力，常用于以上物品之间的粘接和修补，也可用于竹木和皮革、织物、纤维之间的粘接。

③ 酚醛树脂胶黏剂　具有较强的粘接力，耐高温，但韧性低，剥离强度差。主要用于木材、胶合板、泡沫塑料等，也可用于胶接金属、陶瓷。

改性的酚醛-丁腈胶可在－60～150℃使用，广泛用于机器、汽车、飞机结构部件的胶接，也可用于胶接金属、玻璃、陶瓷、塑料等材料。

改性的酚醛-缩醛胶具有较好的胶接强度和耐热性，主要用于金属、玻璃、陶瓷、塑料的胶接，也可用于玻璃纤维层压板的胶接。

④ 氯丁橡胶胶黏剂　具有良好的弹性和柔韧性，初黏力强，但强度较低，耐热性不高，贮存稳定性较差，耐寒性不佳，溶剂有毒。氯丁橡胶胶黏剂使用方便，价格低廉，广泛用于橡胶与橡胶、金属、纤维、木材、塑料之间的粘接。

⑤ α-氰基丙烯酸酯胶黏剂　具有透明性好、黏度低、黏结速度极快等特点，使用很方便。但它不耐水，性脆，耐温性和耐久性较差，有一定气味。广泛用于金属、陶瓷、玻璃及大多数塑料和橡胶制品的粘接及日常修理。市场销售的“501”胶和“502”胶就属于这类胶黏剂。

⑥ 聚醋酸乙烯乳液胶黏剂　即乳白胶。无毒、黏度小、价格低、不燃。但耐水性和耐热性较差。主要用于胶接木材、纤维、纸张、皮革、混凝土、瓷砖等。

9.4.5 涂料

涂料是指可以通过某种特定的施工工艺涂覆在物体的表面，经干燥固化后形成连续牢固附着层的液态或固态材料。涂料固化后，具有一定的强度，对被涂覆物具有保护、装饰或其它特殊功能。

9.4.5.1 涂料的组成

涂料一般由成膜物质、填料（颜色填料）、溶剂、助剂四部分组成。根据性能要求有时成分会略有变化，如亮光清漆中没有颜色填料、粉末涂料中可以没有溶剂。

（1）成膜物质

成膜物质是一些涂覆于物体表面能干结成膜的材料。涂料用成膜物质主要有油脂类成膜物质和树脂类成膜物质两类材料。油脂类成膜物质包括植物油和动物脂肪，其中主要使用植物油。如桐油、梓油、亚麻油、亚油、葵花子油、蓖麻油、椰子油等。树脂类成膜物质是许多高分子有机化合物互相融合而成的混合物，呈透明或不透明的无定形黏稠液体或固体状态，可溶于有机溶剂，有些经改性后可溶于水中。随着石油化工工业的发展，性能优良的合成树脂已基本取代了涂料中常用的动植物油而成为主要的涂料成膜材料。

（2）颜料

颜料主要起装饰作用，同时对有些物体表面起到抗腐蚀保护作用。常用颜料可分为无机颜料、有机颜料和体质颜料。

① 无机颜料　即矿物颜料，大部分品种化学性质稳定、耐光、耐高温，不易变色、褪色和渗色，遮盖力强、填充性好，但色调少、色彩不鲜艳，用于制造调合漆、磁漆等实色漆。

② 有机颜料　是一类有机色素，一般不溶解于水中，但可以一定状态分散于水或其它介质中。一般涂料用有机颜料色彩鲜艳、色调丰富、着色力强，多用于透明色漆和对木质纤维进行着色，也可和无机颜料配合用于实色漆中。

③ 体质颜料　又叫填充料，指那些不具有着色力和遮盖的白色或无色颜料，如滑石粉、轻钙粉、硫酸钡等。主要是增加漆膜的厚度，起到填充作用，降低涂装成本。

（3）溶剂

溶剂是指能将其它物质溶解而形成均一相溶液体的物质。溶剂在液态涂料中起着很重要的作用，对涂料的黏度、光泽、流平性、湿润性、附着力等性能有很大影响，用错溶剂或使用跟涂料不配套的溶剂会造成涂料混浊、沉淀、析出、失光、泛白甚至报废。常用的溶剂有：甲苯、二甲苯、丁醇、丙酮、醋酸乙烯等均为易挥发、易燃、有毒性液体。为减少公害、防治污染，目前涂料正朝着粉末化、水性化、无溶剂化发展。

（4）助剂

涂料助剂又称添加剂，它不是成膜物质，在涂料中用量很少（一般在千分之几）然而却能显著地改善涂料的性能，涂料助剂的作用概括起来可分以下几方面。

① 改善涂料制造工艺　如引发剂、乳化剂、催化剂、分散剂、阻聚剂等。

② 改善涂料贮存性能　如防结皮剂、防沉剂、防胶冻剂。

③ 改善涂料施工性能　如流平剂、消泡剂、增稠剂、防流挂剂、抗潮剂等。

④ 改善涂膜使用性能　如紫外光吸收剂、抗氧化剂，可以提高涂层耐光、耐候性，防霉剂可提高涂层抗霉性能。

此外还有热稳定剂、耐磨剂、阻燃剂、防划剂等。

9.4.5.2　常用涂料

常用涂料的品种及应用范围见表 9-12。

表 9-12　常用涂料的品种及应用范围

品　种	主　要　用　途
醇酸漆	一般金属、木器、家庭装修、农机、汽车、建筑等的涂装
丙烯酸乳胶漆	内外墙涂装、皮革涂装、木器家具涂装、地坪涂装
丙烯酸漆	汽车、家具、电器、塑料、电子、建筑、地坪涂装 金属防腐、汽车底漆、化学防腐

续表

品种	主要用途
聚氨酯漆	汽车、木器家具、装修、金属防腐、化学防腐、绝缘涂料、仪器仪表涂装
硝基漆	木器家具、装修、金属装饰
氨基漆	汽车、电器、仪器仪表、木器家具、金属防护
不饱和聚酯漆	木器家具、化学防腐、金属防护、地坪涂装、一般装饰
乙烯基漆	化学防腐、金属防护、绝缘、金属底漆、外用涂料

9.5 高分子材料的发展趋势

高分子材料是一门多学科性的综合性应用基础科学，它的发展和进步要求科学研究和工程技术的密切配合。为了满足航空、航天、电子信息、汽车等各行各业的多领域的技术要求，目前高分子材料主要有以下几个发展趋势。

(1) 通用高分子材料向高性能、多功能方向发展

通用高分子材料主要是指塑料、橡胶、纤维三大类合成高分子材料及涂料、黏合剂等精细高分子材料。高性能、多功能、低成本、低污染（环境友好）是通用合成高分子材料显著的发展趋势。在聚烯烃树脂研究方面，如通过新型聚合催化剂的研究开发、反应器内聚烯烃共聚合金技术的研究等，来实现聚烯烃树脂的高性能、低成本化。

高性能工程塑料的研究方向，主要集中在研究开发高性能与加工性兼备的材料。通过分子设计和材料设计，深入、系统地研究芳杂环聚合物材料制备中的基本化学和物理问题，研究其多层次结构及控制技术，认识结构与性能之间的本质联系，寻求在加工性能和高性能两方面都适合的材料。

合成橡胶方面，如通过研究合成方法、化学改性技术、共混改性技术、动态硫化技术与增容技术、互穿网络技术、链端改性技术等来实现橡胶的高性能化。在合成纤维方面，特种高性能纤维和功能性、差别化、感性化纤维的研究开发仍然是重要的方向。

生物纤维、纳米纤维、新聚合物纤维的研究和开发也是纤维研究的重要领域。在涂料和黏合剂方面，环境友好及特殊条件下使用的高性能涂料和黏合剂是发展的两个主要方向。

(2) 功能高分子材料发展迅速，应用领域不断扩大

在有机/高分子光电信息功能材料领域，光、电、磁等功能高分子材料作为新一代信息技术的重要载体，在21世纪整个信息技术的发展中将占有极其重要的地位。非常值得关注并可能取得突破的重要方向，是有机/高分子显示材料特别是电致发光材料、超高密度高分子存储材料、高分子生物传感材料等。此外，还有新型功能高分子材料的设计、模拟与计算、合成与组装以及分子纳米结构的构筑。高分子的组装、自组装以及在分子电子器件上的应用研究等。

在生物医用材料领域，总的发展趋势，是从简单的植入发展到再生和重建有生命的组织和器官；从大面积的手术损伤发展到微创伤手术治疗；从暂时性的组织和器官修复发展到永久性的修复和替换；从药物缓释发展到控释、靶向释放。生物医用材料研究的重点，是基于生物学原理，赋予材料和植入体生物结构和生物功能的设计；可靠地试验材料生物安全性和预测材料长期寿命的科学基础；先进的工艺制造方法学。

在吸附分离材料领域，分离膜的发展重点，是在研究聚合物分离膜制备、成膜机理及其与聚合物结构关系的基础上，实现膜结构与膜分离性能的预测、调控与优化；通过分离膜与生化技术的集成，实现合成高分子膜材料的强度与可加工性能以及天然生物膜的特殊选择性

与生物活性的有机组合。对于吸附分离树脂，不直接利用生物配体，而是通过模拟亲和作用及超分子化学的多重作用（分子识别），来设计合成具有分子识别特征的高选择性吸附树脂材料，具有重要的理论意义和实用价值。

新型印迹聚合物材料的设计与制备，以及选择性分离功能的研究也是重要的发展方向。

(3) 高分子材料科学与资源、环境的协调发展

基于石油资源的合成高分子材料已得到了大规模的应用，在给我们带来方便的同时也带来了环境污染的问题，而且将来面临石油资源逐渐枯竭的威胁。因此，基于可再生的动物、植物和微生物资源的天然高分子，将有可能成为未来高分子材料的主要化工原料。其中最丰富的资源有纤维素、木质素、甲壳素、淀粉、各种动植物蛋白质以及多糖等。它们具有多种功能基团，可通过化学、物理方法改性成为新材料，也可通过化学、物理及生物技术降解成单体或低聚物用作化工原料。

为解决环境污染问题，一方面生物降解高分子材料的研究已成为研究热点，另一方面废弃高分子材料的回收利用也成为重要研究方向。生物降解高分子材料在20世纪末和21世纪初得到迅速的发展，特别是一些发达国家的政府和企业投入巨资开展生物可降解高分子材料的研究与开发，已取得可喜的进展。生物降解高分子材料要求具有好的成型加工性及使用性能，在完成其使用功能后容易降解，同时还应具有可接受的成本。而实现废弃高分子材料的回收利用，建设高分子材料绿色工程，是保护人类生态环境、实现资源充分利用、保证经济和社会可持续发展必须确实解决的全球性战略问题。

(4) 高分子材料加工领域的研究不断拓展并深化

高分子材料的最终使用性能在很大程度上依赖于经过加工成型后所形成的材料的形态。聚合物形态主要包括结晶、取向等，多相聚合物还包括相形态（如球、片、棒、纤维等）。聚合物制品形态主要是在加工过程中复杂的温度场与外力场作用下形成的。因此，研究高分子材料在加工过程中外场作用下形态形成、演化、调控及最终“定构”，发展高分子材料加工与成型的新方法，对高分子材料的基础理论研究和开发高性能化、复合化、多功能化、低成本化及清洁化高分子材料有重要意义。目前这一学科前沿研究领域的主攻方向是：研究在加工成型过程中材料结构的形成与演变规律，实现对材料形态的调控；探索新型加工原理和开发新加工方法。

另外，对于功能高分子材料和自组装超分子结构材料的加工正成为新兴的研究领域。例如通过新型的加工方法得到不同微纳尺寸的结构应用于光电器件等领域。

(5) 高分子材料科学与其它学科的交叉不断加强

高分子材料科学与生物科学、生物工程、化学、物理、信息科学、环境科学等学科的交叉，既促进了高分子材料科学本身的发展，同时又使高分子材料扩大了其应用范围。例如，仿效生物体的结构或者仿效其特定功能的仿生高分子材料，是发展生物材料的重要途径。

对有机/高分子材料电子过程的研究，是使有机高分子材料科学与信息科学紧密结合，使有机塑料电子学成为一个重要研究方向。扫描探针显微镜和超高分辨率等现代检测技术的发展使有机/高分子纳米材料的研究得以深入。

第10章 复合材料

10.1 概述

金属材料、陶瓷材料和高分子材料在性能上均有其优点和不足，也有各自的使用范围。随着高新技术的不断发展，对材料提出了越来越苛刻的要求，使传统的单一材料已无法全面满足强度、韧性和密度等多方面的综合要求。因此产生了把几种不同性质的单种材料复合在一起，使其不但发挥单种材料的各自优越性，而且具有新性能的复合材料。

所谓复合材料，是将两种或两种以上的物理和化学性质不同的物质，通过物理或化学方法形成一种新的具有特殊性能的材料。虽然复合材料的组分材料仍保持其相对的独立性，但复合材料的性能却不是组分材料性能的简单相加，而是赋予材料新的加工性能和使用性能。

复合材料的最大优越性，在于其性能比任一组成材料好得多。由于复合材料各组分之间取长补短、协同作用，因而极大地弥补了单一材料的缺点，获得单一材料所不具备的新性能。

复合材料的出现和发展，是现代科学技术不断进步的结果，也是材料设计方面的一个突破。它综合了各种材料如金属、陶瓷、高分子等材料的优点，按不同需要设计、复合而成的综合性能优良的新型材料。

目前在某些工程领域，复合材料已开始发挥其独有的优越性能，成为不可取代的工程材料之一。

10.2 复合材料的分类及性能

10.2.1 复合材料的分类

复合材料作为多相体系，一般可将其组成相分为基体和增强体，基体主要起黏结剂的作用，而增强体则是载荷的主要承受者。复合材料既可以按基体进行分类，也可以按增强体进行分类。此外，还可以按功能特性进行分类。

（1）按基体分类

按基体分类，复合材料可分为树脂基复合材料、金属基复合材料和陶瓷基复合材料等。树脂基复合材料简称 RMC（resin matrix composites），金属基复合材料简称 MMC（metallic matrix composites），陶瓷基复合材料简称 CMC（ceramic matrix composites）。由于各种基体性能上的差异，上述各种复合材料的性能也有很大差异。

（2）按增强体分类

按增强体分类，复合材料可分为长纤维增强复合材料（long fiber reinforced composites）、短纤维增强复合材料（short fiber reinforced composites）、晶须增强复合材料（whisker reinforced composites）及颗粒增强复合材料（particulate reinforced composites）等。

此外，还可按增强体的排列方向分为一维、二维、三维增强复合材料。

表10-1给出了一些常用的按基体和增强体分类的复合材料。

（3）按功能特性分类

功能复合材料是指除力学性能外具有声、光、电、磁、热等功能的材料。按功能特性分类，复合材料可分为压电、导电、导磁、超导、半导、阻尼、屏蔽、吸波、透波、阻燃、防热、吸声、热敏复合材料等。

（4）按增强体分布形态分类

按增强体分布，复合材料可分为连续纤维复合材料、短纤维复合材料、编织复合材料、颗粒充填复合材料。

表10-1　常用复合材料分类

基体增强体	金　属	陶　瓷	高　聚　物	
金　属	纤维增强金属 包层金属	纤维增强陶瓷 夹网玻璃 金属陶瓷 钢筋混凝土	纤维增强塑料 夹网玻板 铝聚乙烯复合薄膜 填充塑料	轮胎 橡胶弹簧
陶　瓷	纤维增强金属 粒子增强金属 碳纤维增强金属	纤维增强陶瓷 压电陶瓷 陶瓷磨具 玻璃纤维增强水泥 石棉水泥板	纤维增强塑料 砂轮 填充塑料 树脂混凝土 树脂石膏摩擦材料 碳纤维增强塑料	轮胎多层玻璃 乳胶水泥 炭黑增强橡胶 玻璃纤维增强碳 碳/碳复合材料 不透性石墨
高聚物	铝聚乙烯复合薄膜	—	复合薄膜	合成皮革

10.2.2　复合材料的性能

由于复合材料中各组成相之间的优势互补，以及可对材料的结构进行最佳设计，因而使复合材料具有许多优异性能。

（1）比强度和比刚度高

在复合材料中，基体和增强体的密度一般较低，从而使材料的整体密度较低。材料单位密度具有的强度，称为比强度；单位密度具有的弹性模量，称为比弹性模量或比刚度。比强度越大，表明材料在满足强度需求的同时，构件自身的质量就越小，因此比强度是航空、航天、舰船结构设计对材料性能要求的重要指标。

由于复合材料增强体多为强度很高的纤维，这就使复合材料的比强度和比弹性模量都很高，在各类材料中居于首位。表10-2给出了一些复合材料及对比材料的比强度和比模量。

表10-2　一些复合材料性能的比较

材　料	密度 $\rho/(10^3\,kg/m^3)$	抗拉强度 σ_b/MPa	弹性模量 E/MPa	比强度 σ_b/ρ	比弹性模量 E/ρ
钢	7.8	1010	206×10^3	129	26×10^3
铝	2.8	461	74×10^3	165	26×10^3
钛	4.5	942	112×10^3	209	25×10^3
玻璃钢	2.0	1040	39×10^3	520	20×10^3

续表

材 料	密度 $\rho/(10^3 kg/m^3)$	抗拉强度 σ_b/MPa	弹性模量 E/MPa	比强度 σ_b/ρ	比弹性模量 E/ρ
碳纤维Ⅱ/环氧树脂	1.45	1472	137×10^3	1015	95×10^3
碳纤维Ⅰ/环氧树脂	1.6	1050	235×10^3	656	147×10^3
有机纤维 PRD/环氧树脂	1.4	1373	78×10^3	981	56×10^3
硼纤维/环氧树脂	2.1	1344	206×10^3	640	98×10^3
硼纤维/铝	2.65	981	196×10^3	370	74×10^3

(2) 抗疲劳性能好

一般金属材料的疲劳强度仅为拉伸强度的 30%～50%，而碳纤维增强树脂基复合材料的抗疲劳性强，则可达拉伸强度的 70%～80%。

图 10-1 给出了几种材料的抗疲劳性能曲线，可以看出，复合材料的抗疲劳性能好，尤其是碳纤维增强复合材料的抗疲劳性能最好。复合材料抗疲劳性能好的原因，首先是缺陷少的纤维具有很高的疲劳抗力；其次，基体的塑性好，能消除或减小应力集中区的大小和数量，使疲劳裂纹源难以萌生。

纤维增强复合材料中裂纹形成及扩展，如图 10-2 所示。复合材料中即使微裂纹形成，塑性变形也能使裂纹尖端钝化并减缓其扩展。在裂纹缓慢扩展的过程中，基体的纵向拉压会引起其横向的缩胀，从而在裂纹尖端的前缘造成基体与纤维的分离［图 10-2 (b)］，经一定的应力循环后，裂纹由横向改沿纤维-基体界面扩展［图 10-2 (c)］。由于基体中密布着大量纤维，疲劳断裂时，裂纹的扩展常要经历非常曲折和复杂的路径，因此复合材料具有很高的抗疲劳强度。

此外，纤维复合材料还有较好的抗声振疲劳性能。用复合材料制成的直升机旋翼，使用寿命比金属制成的长数倍。

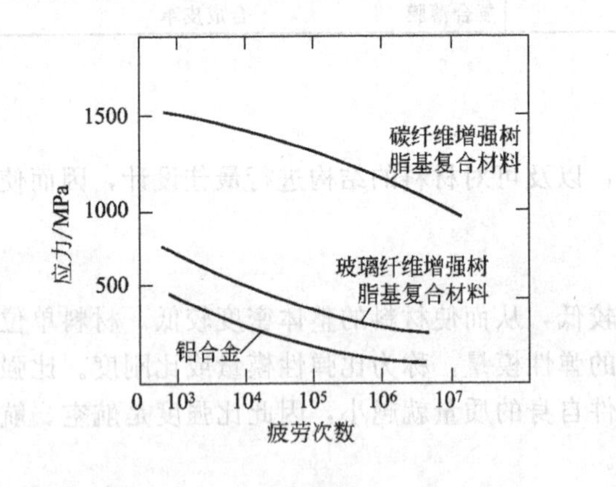

图 10-1 几种材料的抗疲劳性能曲线

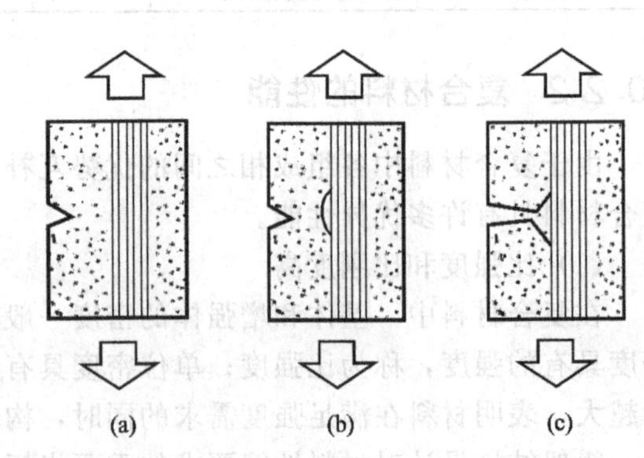

图 10-2 复合材料中疲劳裂纹扩展示意图

(3) 减振能力强

构件的自振频率与结构有关，并且和材料的比模量的平方根成正比。复合材料的比模量大，所以它的自振频率很高，在一般加载速度或频率的情况下不容易发生共振而快速脆断。又由于复合材料是一种非均质多相体系，其中有大量的界面，界面对振动有反射和吸收作用；同时，一般基体材料的阻尼也较大。基于上述原因，复合材料中振动的衰减都很快。图 10-3 给出了钢和碳纤维复合材料的阻尼特性，可以看出，复合材料的减振能力比钢强得多。

(4) 高温性能好

增强体纤维多有较高的弹性模量，因此复合材料常有较高的熔点和较高的高温强度。常用纤维的强度随温度的变化如图10-4所示。玻璃纤维增强树脂可以在200～300℃工作，如图10-5所示。铝在400～500℃以后完全丧失强度，但用连续硼纤维或氧化硅纤维增强的铝基复合材料，在同样温度下仍有较高的强度，如图10-6所示。而用钨纤维增强钴，可把这些金属的使用温度提高到1000℃以上。

此外，由于复合材料有良好的高温强度、耐疲劳性以及纤维与基体之间有良好的相容性，因此热稳定性也很好。

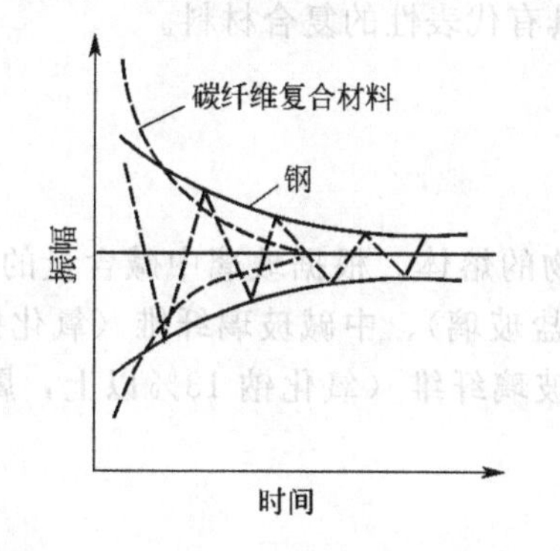

图10-3 两种材料的阻尼特性比较

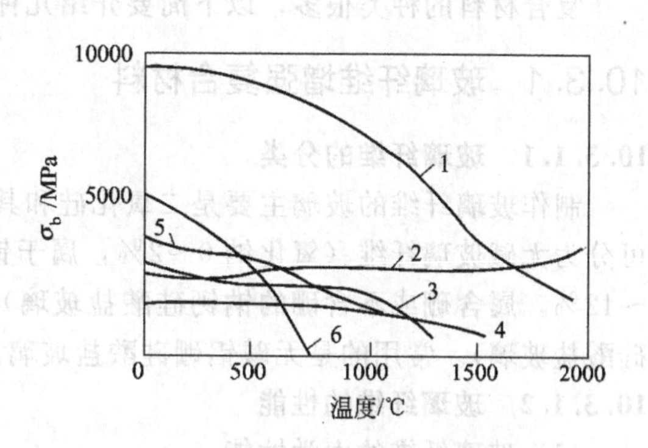

图10-4 几种增强纤维的强度随温度的变化

1—氧化铝晶须；2—碳纤维；3—钨纤维；
4—碳化硅纤维；5—硼纤维；6—钠玻璃纤维

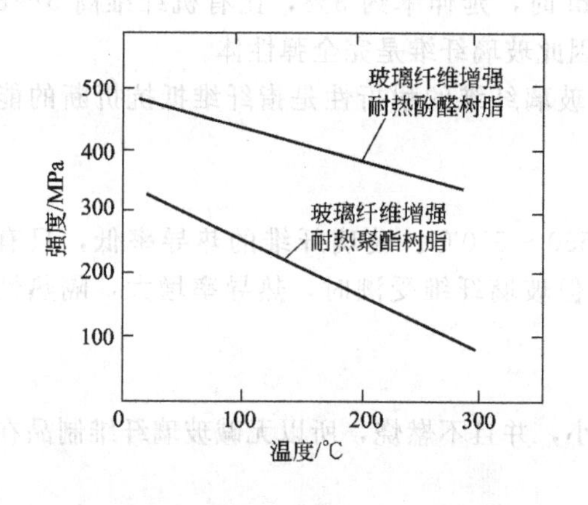

图10-5 玻璃纤维增强树脂的高温强度

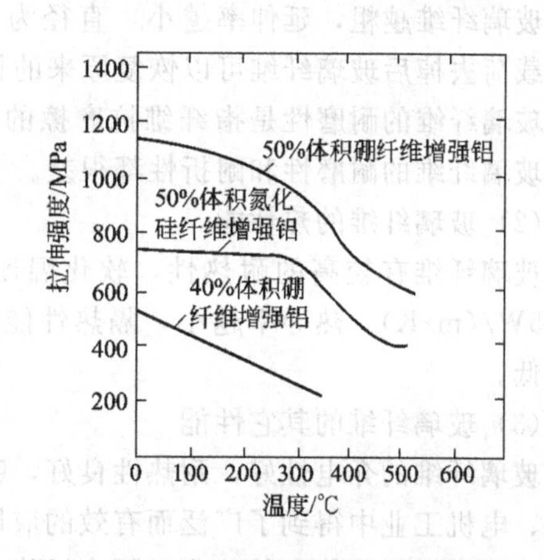

图10-6 连续硼纤维增强铝的高温强度

(5) 断裂安全性高

由于纤维增强复合材料每平方厘米截面上就有成千上万根隔离的细纤维，当其受力时，将处于力学上的平衡状态。过载会使其中部分纤维断裂，但随即迅速进行应力的重新分配而由未断纤维将载荷承担起来，因而不至于造成构件在瞬间完全丧失承载能力而断裂，工作的安全性得到明显提高。

(6) 可设计性好

复合材料能够在一定的范围内进行性能设计，以满足不同的使用要求。可以根据产品的服役条件、性能要求和功能特性，合理地选择基体材料和增强体材料，科学地进行结构设计和组织控制，灵活地采用不同的加工制备方法，在最大限度地发挥组分材料性能的同时，充分利用各组分材料之间的性能协调达到优势互补。

除上述几种优良性能外，复合材料的减摩性、耐蚀性以及工艺性能也都较好。但是应该指出，由于复合材料为各向异性材料（叠层复合除外），横向拉伸强度和层间剪切强度并不高，而且延伸率也较低，冲击韧性有时也不是很好，加之成本很高，因此目前不如金属材料、高分子材料那样应用广泛，只在有限的范围内使用。

10.3 常用复合材料

复合材料的种类很多，以下简要介绍几种常用的具有代表性的复合材料。

10.3.1 玻璃纤维增强复合材料

10.3.1.1 玻璃纤维的分类

制作玻璃纤维的玻璃主要是二氧化硅和其它氧化物的熔体。根据玻璃中碱含量的多少，可分为无碱玻璃纤维（氧化钠0～2%，属于铝硼硅酸盐玻璃）、中碱玻璃纤维（氧化钠8%～12%，属含硼或不含硼的钠钙硅酸盐玻璃）和高碱玻璃纤维（氧化钠13%以上，属钠钙硅酸盐玻璃）。常用的是无碱铝硼硅酸盐玻璃。

10.3.1.2 玻璃纤维的性能

(1) 玻璃纤维的力学性能

玻璃纤维的密度一般为2.5～2.7g/cm^3，比其它有机纤维大，但比一般金属密度要低，几乎和铝相同。直径3～9μm玻璃纤维的抗拉强度为1470～4800MPa。

玻璃纤维越粗，延伸率越小，直径为5～8μm时，延伸率约3%，比有机纤维高5～8倍。载荷去掉后玻璃纤维可以恢复原来的长度，因此玻璃纤维是完全弹性体。

玻璃纤维的耐磨性是指纤维抗摩擦的能力，玻璃纤维的耐折性是指纤维抵抗折断的能力。玻璃纤维的耐磨性和耐折性都很差。

(2) 玻璃纤维的热性能

玻璃纤维有较高的耐热性，软化温度约为550～570℃。玻璃纤维的热导率低，只有0.035W/(m·K)。热导率越小，隔热性能越好。但玻璃纤维受潮时，热导率增大，隔热性能降低。

(3) 玻璃纤维的其它性能

玻璃纤维的介电性好，耐热性良好，吸湿性小，并且不燃烧，所以无碱玻璃纤维制品在电气、电机工业中得到了广泛而有效的应用。

玻璃纤维还有优良的吸声、隔声性能，在建筑、机械和交通运输方面得到广泛的应用。

10.3.1.3 玻璃纤维增强复合材料

玻璃纤维总是与各种树脂组成复合材料，常见的是玻璃纤维与工程塑料复合而成的材料，通常称为玻璃钢。玻璃钢的比强度高于钛合金和铝合金，比模量接近钛合金和铝合金。玻璃钢化学稳定性好，且具有较好的电绝缘性。高温树脂基玻璃钢，有良好的耐高温性。

玻璃钢的强度高，可在一些场合替代金属材料，因而这种材料一出现就得到了迅速发展。目前玻璃钢已成为一种重要的工程结构材料。按其加工性能，玻璃钢可分为热塑性和热固性两种。

(1) 热塑性玻璃钢

以玻璃纤维为增强体、热塑性塑料为黏结剂制成的复合材料，称为热塑性玻璃钢。

应用较多的热塑性树脂是尼龙、聚烯烃类、聚苯乙烯类、热塑性聚酯及聚碳酸酯等，其中尤以前三种用得较多。它们都具有高的力学性能、介电性能、耐热性和抗老化性能，工艺性也很好。

与热塑性塑料相比，在基体相同的前提下，热塑性玻璃钢的强度和疲劳性能可提高2～3倍以上，冲击韧性可提高2～4倍，蠕变抗力提高2～5倍，其强度可达到或超过一些金属及合金。因而，这种材料在一些场合取代一些金属或合金而充当结构材料。

玻璃纤维增强尼龙的刚度、强度和减摩性好，可替代有色金属制造轴承、轴承架、齿轮等精密机械零件，还可制造电工部件及汽车上的仪表盘、前后灯等。玻璃纤维增强聚苯乙烯类树脂，广泛应用于汽车内制品、收音机壳体、磁带录音机底盘、照相机壳、空调机叶片等。玻璃纤维增强聚丙烯的强度、耐热性和抗蠕变性能好，耐水性优良，可用作转矩变换器、干燥器壳体等。

(2) 热固性玻璃钢

以玻璃纤维为增强体、以热固性塑料为基体的复合材料，称为热固性玻璃钢。常用的热固性塑料有酚醛树脂、环氧树脂、不饱和聚酯树脂及有机硅树脂等。酚醛树脂出现得最早，环氧树脂由于性能较好，因而应用较广。

热固性玻璃钢集中了其组成材料的优点，具有质量轻、比强度高、耐腐蚀性能好、介电性能优越，成形性能良好等优点。其比强度比铜合金和合金钢高，甚至超过了铝合金；但刚度较差，只有钢的1/10～1/5，耐热性也较差（低于200℃），且容易老化及蠕变。

玻璃钢的性能主要取决于基体树脂的类型，它具有极广的应用领域，从各种机械的护罩到形状复杂的构件；从各种车辆的车身到不同用途的配件；从电机电器上的绝缘抗磁仪表、器件到石油化工中的耐蚀压力容器、管道等。

应用玻璃钢可以节约大量的金属，同时也提高了耐腐蚀水平，延长了使用寿命，因此还将在更广阔的领域内得到应用。表10-3给出了各种玻璃钢的性能特点。

表10-3 常用玻璃钢的性能特点

玻璃钢的类型	性能的主要特点
酚醛树脂玻璃钢	耐热性较高，在150～200℃温度下可长期工作，耐瞬时超高温；价格低廉；工艺性较差，需要在高温高压下成型；收缩率大；吸水性大；固化后较脆
环氧树脂玻璃钢	机械强度高；收缩率小（<2%），尺寸稳定性和耐久性好；可在常温（或加温）、常压（或加压）下固化；成本高；某些固化剂毒性大
不饱和聚酯树脂玻璃钢	工艺性好，可在室温下固化，常压下成型，对于各种成型方法具有较广的适应性，能制造大型异形构件，可机械化连续生产；但耐热性较差（<90℃），机械强度不如环氧树脂玻璃钢，固化时体积收缩较大；成型时气味和毒性较大
有机硅树脂玻璃钢	耐热性较高，长期使用温度可达200～250℃；具有优异的憎水性（不被水润湿，吸水性极低）；耐电弧性能好；防潮，绝缘；与玻璃纤维的黏结力差，固化后机械强度不太高

10.3.2 碳纤维增强复合材料

碳纤维是含碳量高于90%的无机高分子纤维，其中含碳量高于99%的称石墨纤维。碳纤维由有机纤维经碳化及石墨化处理而制成。

10.3.2.1 碳纤维的分类

(1) 按原丝类型分类

碳纤维的原丝，是指获得碳纤维之前的有机纤维丝。目前各国工业用的碳纤维原丝主要有黏胶丝（Rayon）、聚丙烯腈纤维（PAN）和沥青纤维（Pitch），其中聚丙烯腈基碳纤维用途最广、用量最大、发展最为迅速，在碳纤维生产中占有绝对优势。这些原丝在适宜的工艺条件下，经过热解、催化热解和碳化，形成相应的碳纤维。

① 黏胶基碳纤维　是由黏胶原丝经过化学处理、碳化处理和高温处理制成的碳纤维。从结构上看，黏胶基碳纤维通常为各向同性的碳纤维。这类碳纤维的原丝（即黏胶纤维）中，通常碱金属含量比较低，如钠含量一般小于 25×10^{-6}，全灰分含量也不大于 200×10^{-6}，所以，特别适用于制作那些要求焰流中碱金属离子含量低的烧蚀防热型复合材料

② 聚丙烯腈基碳纤维　聚丙烯腈基碳纤维，是聚丙烯腈原丝经过预氧化处理、碳化和在尽可能高的温度下热处理制成的碳纤维。

聚丙烯腈基碳纤维的生产工艺，主要包括原丝生产和原丝碳化两个过程。首先通过丙烯腈聚合和纺纱等一系列工艺，加工成聚丙烯腈纤维或原丝，将这些原丝放入氧化炉中在200～300℃进行氧化，之后在温度为1000～1500℃的氮气保护炉中碳化处理，制成碳纤维；如果进一步在温度为1800℃的氩气保护中石墨化处理，即可制成石墨纤维。

③ 沥青基碳纤维　沥青基碳纤维，可分为各向同性沥青基碳纤维和各向异性沥青基碳纤维。由各向同性的沥青纤维经过稳定化、碳化而制成的碳纤维，称为各向同性沥青基碳纤维，即力学性能较低的通用级沥青基碳纤维。

由中间相沥青经过纺丝工序转变为沥青纤维，再进行稳定化、碳化和适当的高温处理而制成的纤维，称为各向异性的沥青基碳纤维，即力学性能较高的高性能沥青基碳纤维。

④ 其它类型碳纤维　除上述三种常见的碳纤维原丝外，还有酚醛基碳纤维和气相生长碳纤维。

酚醛基碳纤维是将甲醛和苯酚在酸催化下缩聚成平均分子量500～1000的树脂，然后熔纺或熔喷成纤维，再于盐酸-甲醛液中交联而制成。酚醛基碳纤维是最廉价的阻燃纤维。酚醛基碳纤维的出现，打破了热固性树脂不能生产纤维的观念。

气相生长碳纤维是以碳氢气体为原材料，借助固体催化剂（铁或其它过渡金属）的帮助生长而成的碳纤维。气相碳纤维由可石墨化碳组成，经过2800℃的高温可以转变为石墨纤维。

（2）按力学性能分类

① 高模量型碳纤维（HM）　高模量型碳纤维，是一种沿纤维轴向的弹性模量相当于石墨单晶弹性模量（碳纤维模量的理论值）的30%以上、且拉伸强度与弹性模量之比小于1%的碳纤维。

② 高强型碳纤维（HT）　通常这类碳纤维的拉伸强度超过3000MPa，其强度与刚度之比值为1.5%～2.0%。

③ 中模量型碳纤维（IM）　中模量型碳纤维基本上属于高模型一类的碳纤维，又称为高强中模型碳纤维。其拉伸强度与高强型碳纤维相当，只是模量值稍高，可以达到碳纤维理论值的30%，强度与模量之比值仍然高于1%。这类纤维的应用最为普遍，常用来制作各类结构复合材料。

10.3.2.2 碳纤维的性能

（1）碳纤维的力学性能

碳纤维的密度在1.5～2.0g/cm³之间，密度小；强度高，弹性模量大。纤维细而柔软，耐折性（抗折断能力）好；耐磨、耐疲劳、减振吸能等物理、力学性能优异；具有润滑性，在熔融金属中不沾熔，可使复合材料磨损率降低。

不同种类碳纤维的力学性能如表10-4所示。

（2）碳纤维的热性能

碳纤维除能被强氧化剂氧化外，对一般碱性是惰性的。在空气中，温度高于400℃时出现明显的氧化，生成CO与CO_2。在不接触空气和氧化剂时，碳纤维有突出的耐热性能，与其它材料相比，碳纤维在温度高于1500℃以上时强度才开始下降，即便是其它材料的晶须在相同温度区间其性能也早已明显下降。碳纤维还具有良好的耐低温性能，在液氮温度下也不脆化。

碳纤维热膨胀系数小，热导率高，不出现蓄能和过热；高温下尺寸稳定性好，不燃。

导热碳纤维在纤维方向上的热导率可以超过铜，最高可以达到700W/(m·K)，同时具有良好的力学性能、导电性能和优异的导热及辐射散热能力。

(3) 碳纤维的其它性能

碳纤维有优良的X射线透过性及电磁波遮蔽性；耐酸碱和盐腐蚀。

碳纤维生物相容性好。生态碳纤维材料是一种比表面积大、吸附和脱附性能强、与生物有良好兼容性的新型填料。

表10-4 碳纤维的规格与性能

规格/性能	通用型(GP)	高强型(HT)	高模型(HM)	高强高模型(HP)
直径/μm	10～15	7	5～8	9～18
拉伸强度/MPa	420～1000	2500～4500	2000～2800	3000～3500
弹性模量/GPa	>100	200～240	350～700	400～800
断裂伸长/%	2.1～2.5	1.3～1.8	0.4～0.8	0.4～0.5
密度/(g/cm³)	1.76～1.82	1.78～1.96	1.40～2.0	1.9～2.1

10.3.2.3 碳纤维增强复合材料

碳纤维增强复合材料是20世纪60年代后期迅速发展起来的。碳纤维的强度及弹性模量比玻璃纤维高得多，而且在1500℃以下的温度区间其强度和弹性模量基本保持不变，在−180℃的低温下也不变脆。这些优点使碳纤维成为比较理想的增强材料，不仅可用来增强树脂，还可用来增强金属、陶瓷等。

(1) 碳纤维增强树脂基复合材料

这种材料中的基体以环氧树脂、酚醛树脂和聚四氟乙烯为主。制成的复合材料密度比铝小，而强度则比钢高，弹性模量比铝合金和钢大，疲劳强度高，耐冲击性能好；耐水和湿气，化学稳定性好，摩擦系数小，导热性好，受X射线辐射时强度和模量不变化等。

碳纤维增强树脂基复合材料比玻璃钢的性能更为优越，可用作宇宙飞行器的外层材料，人造卫星和火箭的机架、壳体、天线构架等。还可用作各种机器的齿轮、轴承等受载磨损零件，活塞、密封圈等受摩擦件，也可用作化工零件及容器等。

这种复合材料的缺点主要是碳纤维与树脂的黏结力不够大，各向异性程度较高，耐高温性能差。

(2) 碳纤维增强碳基复合材料

碳纤维增强碳基复合材料，是碳纤维及其织物增强的碳基体复合材料，称为碳-碳（C-C）复合材料。碳-碳复合材料的制备方法，包括液相浸渍工艺，化学气相沉积（CVD）工艺，化学气相渗透（CVI）工艺和化学反应（CVR）工艺。液相浸渍法，是用有机基体浸渍纤维坯型，固化后再进行裂解碳化。

碳-碳复合材料具有低密度（$<2.0g/cm^3$）、高强度、高比模量、高导热性、低膨胀系数、耐磨性能好，以及抗热冲击能力强、尺寸稳定性高等优点，是目前在1650℃以上应用的少数备选材料，最高理论温度更高达2600℃，因此被认为是最有发展前途的高温材料

之一。

但是碳-碳复合材料在温度高于400℃的有氧环境中工作时，发生氧化反应，导致材料的性能急剧下降。因此，在高温有氧环境下使用的碳-碳复合材料，必须有氧化防护措施。目前使用最多且较为有效的方法，是表面涂层防护法。

碳-碳复合材料由于其独特的性能，已广泛应用于航空航天、汽车工业、医学方面等领域，如火箭发动机喷管及其喉衬、航天飞机的端头帽和机翼前缘的热防护系统、飞机刹车盘等。

(3) 碳纤维增强金属基复合材料

用碳纤维增强金属基体比较困难，一是碳纤维不易被金属润湿，在高温下容易生成金属碳化物；二是碳纤维与绝大多数金属及合金的密度相差较大，不易搅拌均匀导致产生密度偏析。因此，目前碳纤维主要用来增强一些熔点较低或密度差较小的金属或合金，例如铝合金。

在碳纤维表面镀铝制成的碳纤维铝基复合材料，直到接近金属熔点时仍有很好的强度和弹性模量。而用碳纤维和铝锡合金制成的复合材料，则是一种减摩性比铝锡合金更优越、强度很高的轴承材料。

(4) 碳纤维增强陶瓷基复合材料

① 碳纤维增强碳化硅陶瓷基复合材料（Cf/SiC）碳纤维增强碳化硅陶瓷基复合材料，具有密度低、高强度、高韧性和耐高温等综合性能，已得到高度重视和深入研究。目前，Cf/SiC复合材料的主要制备方法有热压烧结法、先驱体转化法、化学气相渗透法、反应熔体浸渗法和一些改进的综合工艺。

碳纤维增强陶瓷基复合材料在高推重比航空发动机内，主要用于喷管和燃烧室，可将工作温度提高300～500℃，推力提高30%～100%，结构减重50%～70%，是发展高推重比(12～15，15～20）航空发动机的关键热结构材料之一。

在高比冲液体火箭发动机内，主要用于推力室和喷管，可显著减重，提高推力室压力和寿命，同时减少冷却剂量，实现轨道动能拦截系统的小型化和轻量化。

在高超音速飞行器上，主要用于大面积热防护系统，比金属热防护系统（TPS）减重50%，可减少发射准备程序，减少维护，提高使用寿命和降低成本。

② 碳纤维增强石英玻璃碳纤维增强石英玻璃可以制成碳纤维/陶瓷复合材料。这种材料与石英相比，抗弯强度提高了约12倍，冲击韧性提高了约40倍，热稳定性也很好，是一种很有发展前途的复合材料。

10.3.3 硼纤维增强复合材料

硼的熔点高（2050℃）、脆性大，不能用熔融拉丝法制造纤维，一般通过气相沉积法将还原的硼蒸气沉积在W、C、Al等材料的纤维状芯材上，制成B-W、B-C、B-Al纤维。以W丝为芯材时，由于高温下硼和钨相互扩散，所以纤维的外层为金属硼，芯部则为硼化钨晶体。制成的硼纤维的直径$d=9\sim15\mu m$，$\sigma_b=2700\sim3100MPa$，$E=380\sim390GPa$，$\epsilon=0.7\%\sim0.8\%$。

(1) 硼纤维增强树脂复合材料

硼纤维增强树脂复合材料的特点是，抗压强度和剪切强度很高，一般可达碳纤维增强树脂复合材料的2～2.5倍，蠕变小，硬度和弹性模量高。图10-7给出了这种复合材料力学性能与纤维含量的关系，图10-8则是强度随温度的变化。此外，硼纤维增强树脂复合材料还具有很高的抗疲劳强度（可达 340～390MPa），耐辐射，对水、有机溶剂和燃料、润滑剂都很稳定，导电性和导热性也很好。

硼纤维增强树脂复合材料主要应用于航空航天工业，可用来制翼面、仪表盘、转子、燃气轮机叶片、直升机螺旋桨叶的传动轴等。

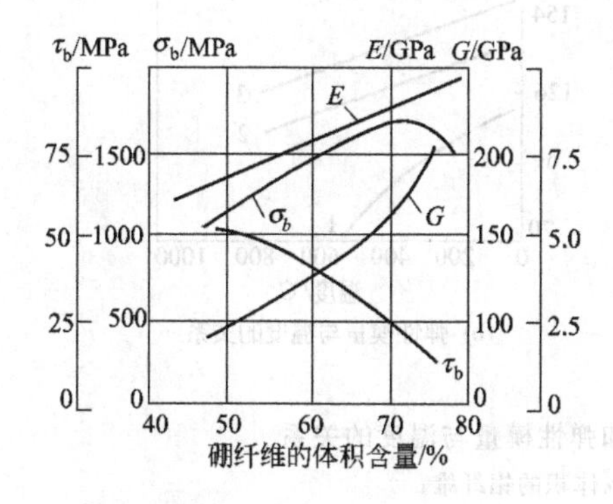

图 10-7 硼纤维/环氧树脂复合材料的力学性能与纤维含量的关系

E—拉伸弹性模量；σ_b—弯曲强度；

G—切变弹性模量；τ_b—剪切强度

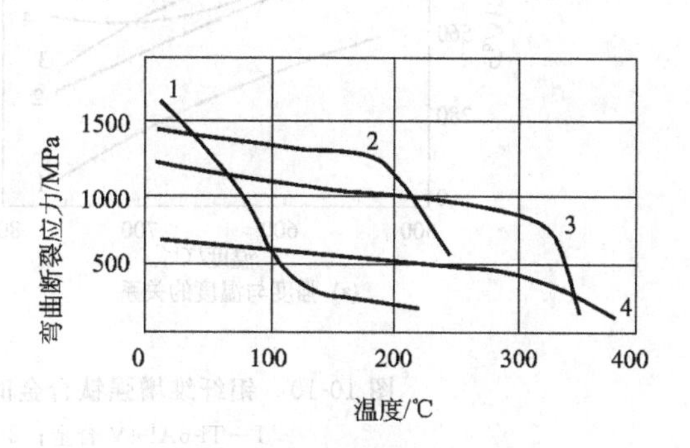

图 10-8 不同基体硼纤维复合材料的弯曲断裂应力与温度的关系

1，2—环氧树脂基体；

3—聚酰亚胺基体；4—有机硅基体

(2) 硼纤维增强金属复合材料

用于制造硼纤维复合材料的常用金属基体为铝、镁及其合金，有时也用钛及其合金。硼纤维的体积含量约为 30%～50%。高模量连续硼纤维增强铝基复合材料的强度、弹性模量和疲劳极限，直到 500℃都比高强铝合金及耐热铝合金高。如图 10-9 所示，它在 400℃时的持久强度为烧结铝的 5 倍，其比强度比钢和钛合金还高，在航空和火箭技术中有很好的发展前景。

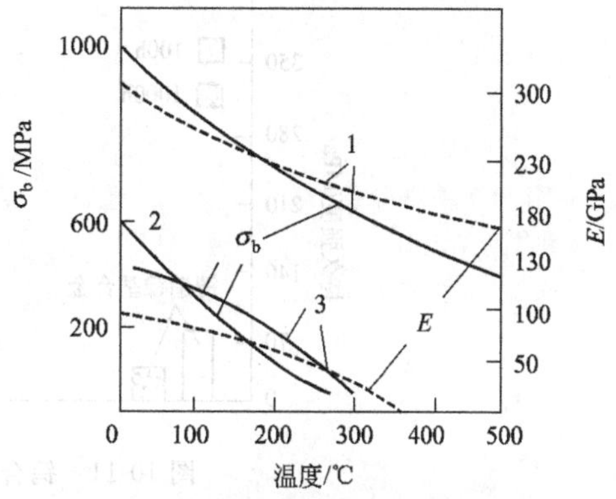

图 10-9 几种材料的强度和弹性模量与温度的关系

1—硼纤维增强铝基复合材料；

2—高强铝合金；3—耐热铝合金

10.3.4 金属纤维增强复合材料

用于制造增强纤维的金属，主要是强度较高的高熔点金属钨、钼、钛、铍及钢丝等，它们既可用来增强金属，同时也可用于增强一些陶瓷材料。

(1) 金属纤维增强金属复合材料

目前研究较多的金属纤维增强金属基复合材料的增强体为钨、钼丝，基体则为镍合金和钛合金。这类材料除了强度和高温强度较高外，塑性和韧性也较好且较容易制造。

由于金属和金属间的润湿性好，在制造及使用过程中，应避免或控制增强纤维与基体之间的相互扩散、沉淀析出以及再结晶等过程的发展，防止材料强度和韧性的下降。

用钼纤维增强钛合金复合材料的高温强度和弹性模量，比未增强时高得多，如图 10-10 所示，因而有望用于飞机的一些构件。

用钨纤维作增强体，可大大提高镍基合金的高温强度，图 10-11 给出了钨合金纤维增强镍基合金复合材料的高温性能比较。例如 W-ThO_2 合金纤维增强的镍基合金复合材料，在

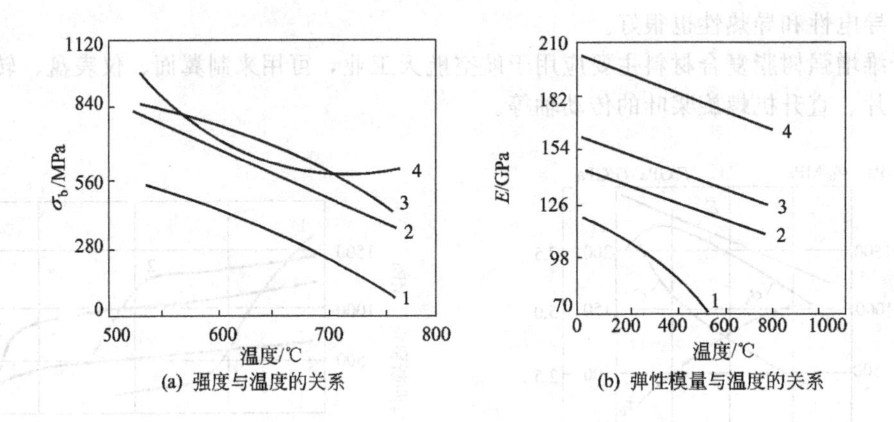

(a) 强度与温度的关系

(b) 弹性模量与温度的关系

图 10-10 钼纤维增强钛合金的强度和弹性模量与温度的关系

1—Ti-6Al-4V 合金；2—含 20%体积的钼纤维；

3—含 30%体积的钼纤维；4—含 40%体积的钼纤维

1093℃下 100h 和 1000h 的持久强度，分别为最好的铸造镍基合金的 4 倍和 6 倍。用这种材料制造涡轮叶片，在提高工作温度的同时，还可大大提高工作应力。

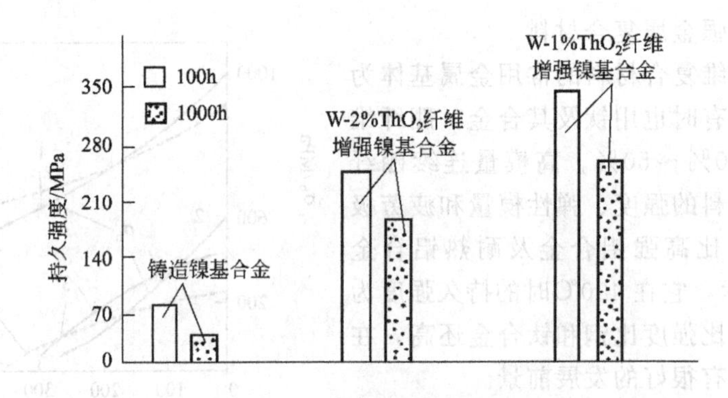

图 10-11 钨合金纤维增强镍基合金在

1093℃时的持久强度（纤维体积占 70%）

(2) 金属纤维增强陶瓷复合材料

陶瓷材料具有抗压强度大、弹性模量高、耐氧化性能强的优点，是一种很好的耐热材料。但由于其脆性太大和抗热震性太差，极大地限制了它的应用范围，因此脆性就成了制约陶瓷作为高温结构材料的一个最突出的问题。陶瓷增韧的重要途径之一，是采用金属纤维作为增强体，在保留陶瓷材料抗压强度大、弹性模量高、耐氧化性强等优点的同时，充分利用金属纤维的韧性和抗拉能力，制备性能优良的金属纤维增强陶瓷复合材料。

目前已生产出一些钨、钼纤维和氧化铝、氧化铁的复合材料。结果表明，纤维和基体结合得比较紧密，其界面上无化学反应、断口则有纤维拔出现象，这些材料均有良好的韧性和热稳定性。

10.3.5 晶须及颗粒增强复合材料

复合材料的增强体，除可选择各种长纤维外，还可采用短纤维、晶须及颗粒。作为增强体用的晶须、颗粒，主要是碳化硅、氮化硅、氧化铝、碳化硼、碳化钛等晶须和颗粒。特别是陶瓷颗粒，性能稳定、成本低，与金属复合而成的颗粒增强金属基复合材料，可通过铸造、锻造、挤压、轧制等常规的冶金加工方法制造成铸件、型材、零件毛坯等，适合于工业化批量生产。

用于金属基复合材料的晶须，有碳化硅、氧化铝、硼酸铝晶须等。晶须直径一般在 0.2～1μm，长度 10～50μm，在人工控制的条件下生长为细小单晶。它的缺陷少、强度高，生长良好的晶须其强度可接近理论值。用晶须增强的金属、聚合物和陶瓷基体，均可明显提高材料的强度、模量及高温性能。

由晶须和颗粒增强的铝基复合材料具有优异的性能，可用常规方法制造和加工，韧性虽然低于基体，但高于长纤维增强的金属基复合材料。

图 10-12 是 SiC 晶须增强 2124-T4 铝合金复合材料的拉伸强度和弹性模量与温度的关系，表 10-5 是力学性能与晶须含量及温度的关系。表 10-6 则是 SiC 颗粒增强铝合金复合材料的力学性能。

从上述图表中可以看出，晶须与颗粒增强金属基复合材料具有较高的比强度和一定的延伸率，因此和金属基体以及长纤维增强金属基复合材料相比，具有较好的综合性能。

碳化硅颗粒及晶须增强铝基复合材料可用来制造卫星及航天用结构材料，如卫星支架、结构连接件、管材、各种型材、导弹翼、遥控飞机翼、制导元件；飞机零部件和起落架支柱龙骨、纵梁管、液压歧管、直升机阀零件；金属镜光学系统，如红外探测器、空间激光镜、高速旋转扫描镜等；汽车零部件，如驱动轴、刹车盘、发动机缸套、衬套和活塞、连杆、活塞镶圈等。

金属基复合材料由于具有优良的综合性能，可用于多种部门，只要价格适宜，将具有广阔的应用前景。

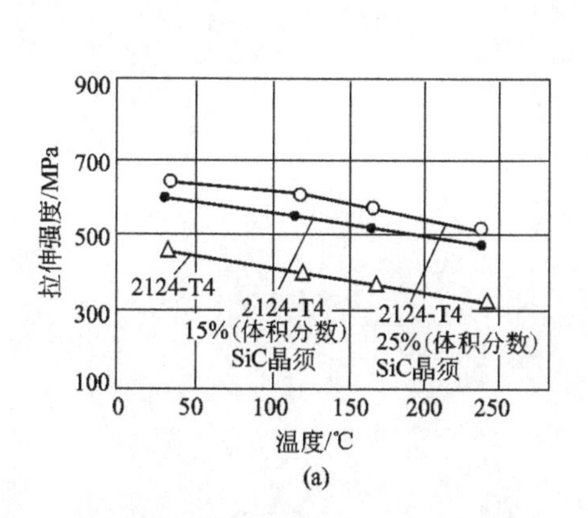

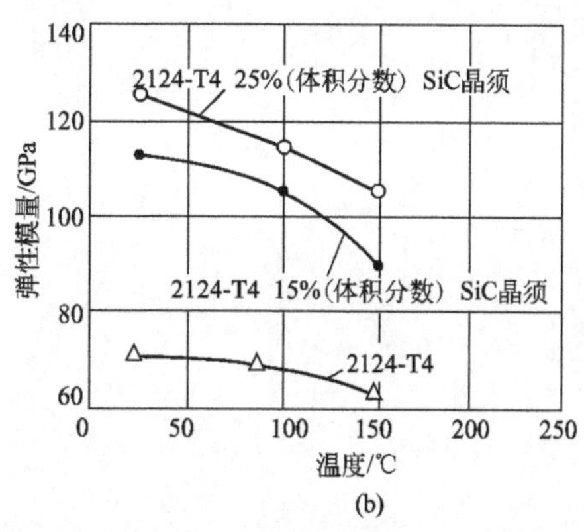

图 10-12 SiC 晶须增强 2124-T4 铝合金的拉伸强度（a）及弹性模量（b）与温度的关系

表 10-5 晶须增强铝基复合材料力学性能与晶须含量及温度的关系

φ/%	室温			250℃		300℃		350℃	
	拉伸强度/MPa	屈服强度/MPa	弹性模量/GPa	拉伸强度/MPa	屈服强度/MPa	拉伸强度/MPa	屈服强度/MPa	拉伸强度/MPa	屈服强度/MPa
0	297	210	71.9	115	70	70	—	55	35
12	359	266.5	95.3	226	197	180	153	124	94
16	374	264.5	90.0	—	—	—	—	147	120
30	383.6	298	111.0	284	268	235	207	184	163

表 10-6 SiC 颗粒增强铝合金复合材料的力学性能

合金和颗粒含量/%		弹性模量/GPa	屈服强度/MPa	拉伸强度/MPa	断裂伸长率/%
6061	锻压	68.9	275.8	310.3	12
	15	96.5	400.0	455.1	7.5
	20	103.4	413.7	496.4	5.5
	25	113.8	427.5	517.1	4.5
	30	120.7	434.3	551.6	3.0
	35	134.5	455.1	551.6	2.7
	40	144.8	448.2	586.1	2.0
2124	锻压	71.0	420.6	455.1	9
	20	103.4	400.0	551.6	7.0
	25	113.8	413.7	565.4	5.6
	30	120.7	441.3	593.0	4.5
	40	151.7	517.1	689.5	1.1
7090	锻压	72.4	586.1	634.3	8
	20	103.4	655.0	724.0	2.5
	25	115.1	675.7	792.9	2.0
	30	127.6	703.3	772.2	1.2
	35	131.0	710.2	724.0	0.90
	40	144.8	689.5	710.2	0.90
7091	锻压	72.4	537.8	586.1	10
	15	96.5	579.2	689.5	5.0
	20	103.4	620.6	724.0	4.5
	25	113.8	620.6	724.0	3.0
	30	127.6	675.7	765.3	2.0
	40	139.3	620.6	655.0	1.2

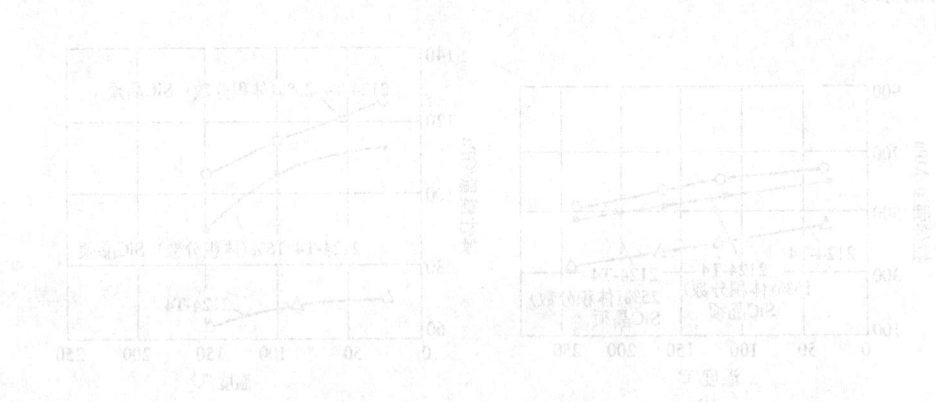

第 11 章 功能材料

11.1 概述

11.1.1 结构材料与功能材料

材料的发展与人类社会的进步密切相关。随着社会的不断进步，材料也由简单的石料、青铜和铁，发展到结构完整的四大材料体系：金属材料、高分子材料、陶瓷材料和复合材料。进入 20 世纪后，科学技术迅猛发展，使用的材料种类也快速增加，各种新型材料不断出现。社会发展和科技进步对材料提出了更高的要求，不只是需求具有高强度、高硬度、高韧性、耐蚀性好、热强度高等优良力学性能的材料，而且期望材料具有声、光、电、磁、热、信息传递、能量转换等功能特性。具有这些功能特性的材料，通常称为功能材料。

目前关于结构材料和功能材料的严格定义尚不统一。一般来讲，在使用过程中主要注重强度、刚度、韧性、硬度、抗疲劳性等力学性能的材料，称为结构材料；而使用过程中主要发挥声、光、电、磁、热等物理性能的材料称为功能材料。这种分类使得现代功能材料所包括的范围极为广阔，并且这类材料的发展也极为迅速。

随着科学技术的发展，各种材料的潜在性能正在被开发，这必将在 21 世纪的科技进步中发挥重要作用。

11.1.2 功能材料的分类

功能材料按其显示功能的过程，又可分为一次功能材料和二次功能材料。

(1) 一次功能材料

当向材料输入的能量和从材料输出的能量属于同种形式，材料起到能量传送作用时，称为一次功能材料。材料的一次功能主要有：

① 力学功能，如惯性、流动性、成型性、超塑性、高弹性等；

② 声功能，如吸声性、隔声性；

③ 热功能，如隔热性、传热性和蓄热性；

④ 电功能，如导电性、绝缘性和超导性；

⑤ 光功能，如透光性、遮光性、反射光性、折射光性、偏振性、聚光性；

⑥ 磁功能，如抗磁性、顺磁性、铁磁性；

⑦ 化学功能，如催化性、吸附性等。

(2) 二次功能材料

当向材料输入的能量和输出的能量属于不同形式，材料起能量转换部件作用时，这种功能称为二次功能或高次功能。按能量的转换系统可将二次功能分为：

① 光能与其它形式能量的转换，如光化反应、光致抗蚀、光合成反应、光分解反应、化学发光、感光反应、光电效应等；

② 电能与其它形式能量的转换，如电磁效应、热电效应、电光效应、电化学效应等；

③ 磁能与其它形式能量的转换，如热磁效应、磁冷冻效应、光磁效应和磁性转变等；

④ 机械能与其它形式能量的转换，如压电效应、磁致伸缩、电致伸缩、光压效应、机械化学效应、形状记忆效应及热弹性效应等。

功能材料种类繁多，涉及的基础学科领域也很广。本章简单介绍几种发展较为迅速、应用面较广的功能材料。

11.2 磁、电功能材料

11.2.1 电导体材料

广义地讲，电导体是指能作为电荷载体的材料，包括各种金属及合金、离子导体及超导材料。

(1) 金属及其合金

由于金属原子结构中最外层电子数较少，形成金属键后具有自由电子，因此是典型的导电材料。然而，由于各种不同金属中电子结构的差异，它们的导电能力也不尽相同。作为导电材料，要求在传输电能时能量的损失尽可能地小，因此只有少数几种金属符合这种要求。

导电材料的基本性质以电阻率来表征，电阻率是材料固有的特征值，其单位为Ω·m。电导率σ则是电阻率ρ的倒数。材料的电导率，是以国际标准软铜的电导率为100%，其它导电材料的电导率以标准软铜电导率的百分数来表示。国际标准软铜的均匀横截面积为1mm^2，长为1m，20℃时的电阻为1/58Ω，电阻率为1.7241×10^{-6}Ω·cm。其它导电材料的导电特性列于表11-1中。

表 11-1 各种金属的导电特性

金属名称	电阻率(20℃)/μΩ·cm	电导率(20℃)/%	20℃电阻温度系数/℃$^{-1}$	相对密度(20℃)	比热容/[J/(kg·℃)]	线胀系数(20℃)/10^{-6}℃$^{-1}$	熔点/℃	弹性系数/(kgf/mm^2)	拉伸强度/(kgf/mm^2)	布氏硬度
银	1.62	106	0.0038	10.5	0.056	18.9	960.5	8000	15	30
铜	1.72	100	0.00939	8.9	0.092	16.6	1083	12000	20	30
金	2.40	71.6	0.0034	19.3	0.032	14.2	1063	8000	10	25
铝	2.82	61.0	0.0039	2.7	0.212	23.0	660	6300	8	15～26
镁	4.34	39.6	0.0044	1.74	0.243	24.3	650	4520	12	30
钼	4.76	36.1	0.0047	10.2	—	5.1	2600	—	—	—
钠	4.88	33.0	—	0.972	0.29	220	97.8	—	—	—
钨	5.48	31.4	0.0045	19.3	0.0321	4.44	3370	—	110	—
锌	6.10	28.2	0.0037	7.14	0.095	33	419.4	8000	15	20～60
钴	6.86	25.0	0.0066	8.8	—	11	1490	—	—	—
镍	6.90	24.9	0.006	8.9	0.109	12.8	1452	20000	40	80
镉	7.50	22.9	0.0038	8.65	0.0552	29.8	321	4990	6	—
铁	10.00	17.2	0.0050	7.86	0.114	11.7	153.5	20000	25	60
铂	10.50	16.4	0.003	21.45	0.032	8.9	1755	15000	15	50
锡	11.40	15.1	0.0042	7.35	0.056	20	232	5500	2.5	12

续表

金属名称	电阻率(20℃)/μΩ·cm	电导率(20℃)/%	20℃电阻温度系数/℃$^{-1}$	相对密度(20℃)	比热容/[J/(kg·℃)]	线胀系数(20℃)/10^{-6}℃$^{-1}$	熔点/℃	弹性系数/(kgf/mm^2)	拉伸强度/(kgf/mm^2)	布氏硬度
钢	20.60	8.4	0.005	7.86	0.116	11.0	1360	21100	125～140	121～285
铅	21.90	7.9	0.0039	11.37	0.031	29.1	327.5	1620	1.14～1.32	5～10
水银	95.80	1.8	0.00089	13.55	0.2	—	−38.9	—	—	—

注：1kgf/mm^2＝9.8MPa。

可作为导电材料的主要有电解铜，其电导率为96%～98%；铝系材料电导率为61%，虽然电导率位于第四位，但密度只有铜的1/3且价格低廉。此外还有其它一些导电性涂料、黏结剂、透明导电薄膜等。

在电子工业中，除了传导电流时要求其电阻尽可能小以外，还需要有些材料能提供一定大小的电阻，这种材料称为电阻材料。

电阻材料主要有精密电阻合金和电热合金。精密电阻合金包括锰铜合金、铜镍合金等。当工作温度较高时，则需使用电热合金，主要包括镍铬合金及铁铬铝合金。常见的精密电阻合金及电热合金的成分及性能见表11-2和表11-3。

表11-2 精密电阻合金成分及性能

合金名称	成 分/%	ρ_{20}/(Ω·mm^2/m)	α_t/10^{-6}℃$^{-1}$ β_t/10^{-6}℃$^{-1}$	E_{Cu}/(μV/℃)	允许工作温度 t/℃
锰铜 BMn3-12	86Cu-12Mn-2Ni	0.42～0.48	$\alpha=-3\sim+5$ $\beta<0.6$	1.0	0～60
新锰铜	67Mn-33Cu	1.88	0	−1.0	—
康铜 BMn40-1.5	Cu-40Ni-1.5Mn	0.49	$\alpha=20$ $\beta=0.1$	43	45～500
新康铜	82.5Cu-12Mn-1.5Fe	0.54	$\alpha=-2\sim+3.1$	0.9	—
银锰	Ag-7Mn-1.5Sn	0.47	$\alpha=15$	—	—
德银 BZn15-20	65Cu-1.5Ni-20Zn	0.55	$\alpha=-3$	1.44	150
6J22(伊文)	Ni-20Cr-3Al-2Mn-2Cu-0.3Zr	1.33	$\alpha=2.7$ $\beta=-0.05$	0.25	150
6J23(卡玛)	Ni-20Cr-3Al-2Mn-0.5稀土	1.37	$\alpha=3.5$ $\beta=-0.06$	0.26	150

注：$\rho_t=\rho_{20}[1+\alpha(t-20)+\beta(t-20)^2]$。

表11-3 电热合金成分及性能

合金名称	成 分/%	ρ/(Ω·mm^2/m)	α_t/10^{-5}℃$^{-1}$	允许工作温度 t/℃
镍铬铁 6J15	58Ni-16.5Cr-1.5Mn-Fe	1.10	14	1000
镍铬 6J20	76.5Ni-21.5Cr-1.5Mn	1.11	8.5	1100
铁铬铝 Cr13Al4	Fe-13.5Cr-4.5Al-1Si	1.26	15	850
铁铬铝 Cr25Al5	Fe-25Cr-5.5Al	1.40	5	1250
康太尔 Kanthal	Fe-23Cr-6.2Al-2Co	1.45	3.2	1350

(2) 离子导体

金属的电导由电子运动引起，半导体的电导与电子或空穴的运动有关。离子导体则有别于导体和半导体，它的电荷载流子既不是电子，也不是空穴，而是可运动的离子。离子导电性，可以认为是离子电荷载流子在电场作用下通过材料的长距离迁移。

电荷载流子，是材料中最易移动的离子。离子有带正电荷的阳离子和带负电荷的阴离子之分，相应地也就有阳离子导体和阴离子导体之别。例如在硅化物玻璃中，可移动的载流子一般是SiO_2基体中的一价阳离子。

多数离子导体中可运动的离子很少，因而离子电导率都不高。例如，食盐（NaCl），室温下离子电导率仅有10Ω·cm。

在一定的温度范围内，具有能与液体电解质相比拟的离子电导率（0.01Ω·cm)和低的离子电导激活能（≤0.40eV）的离子导体，称为快离子导体。快离子导体也称超离子导体，有时又叫做固体电解质。一些典型的快离子导体见表11-4。

快离子导体的导电机制，分为热缺陷离子导电和杂质离子导电。热缺陷离子导电，源于离子晶体点阵的离子运动，称为固有离子电导或本征电导。如第2章所述，热振动使晶体中的离子脱离了阵点，形成热缺陷（肖脱基空位或弗伦克尔空位）。热缺陷中脱离结点的离子或空位都带电，可作为离子导电的载流子。由于热缺陷的浓度与温度和热激活能有关，温度越高，热缺陷浓度越大，因此本征电导越大。

杂质离子是晶格中结合力较弱的离子，由杂质离子运动引起的导电，称为杂质导电。由于杂质离子结合力较弱，在较低温度下即可运动，因此杂质导电在低温下比较明显。

许多晶体化合物具有极高的离子导电性，它们可以分为三组：

① 银和铜的卤族和硫族化合物；

② 具有β-氧化铝结构的高迁移率的单价阳离子氧化物；

③ 具有氟化钙结构的高浓度缺陷的氧化物，例如$CaO·ZrO_2$或$Y_2O_3·ZrO_2$等。

由于固体电解质的电导率比正常离子化合物的电导率高出几个数量级，因此有较广泛的应用。例如β-氧化铝可作为在300℃高温下工作的电池；而同样具有β-氧化铝结构的亚铁磁性材料$KFe_{11}O_7$，具有离子和电子的混合导电特性，因为有Fe^{2+}和Fe^{3+}混合离子，可以用来做电池的电极。

表11-4 一些典型的快离子导体

种类	化合物	运动离子	离子电导率/$Ω^{-1}·cm^{-1}$	激活能/eV
阳离子导体	$RbAg_4I_5$	Ag^+	0.27(25℃)	0.07
	$Rb_4Cu_{14}I_7Cl_{13}$	Cu^+	0.34(25℃)	0.07
	Na-β-Al_2O_3	Na^+	0.014～0.033(27℃)	0.16
	$Li_{14}Zn(GeO_4)_4$	Li^+	0.125(300℃)	0.64
	$HUO_2PO_4·4H_2O$	H^+	$4×10^{-3}$(25℃)	0.30
阴离子导体	β-PbF_3	F^-	$1×10^{-4}$(100℃)	0.45
	$ZrO_2(Y_2O_3)$	O^{2-}	0.12(1000℃)	0.80

11.2.2 磁功能材料

按磁化后去掉外磁场时剩磁的多少，可将磁性材料分为软磁材料和硬磁材料。

11.2.2.1 软磁材料

软磁材料的特点，是高的磁导率、低的矫顽力和低的铁芯损耗。软磁材料主要有铁和低碳钢、铁-硅合金、铁-铝和铁-铝-硅合金、镍-铁合金，铁-钴合金和软磁铁氧体等。

(1) 纯铁和碳钢

通常纯铁的纯度要求在99.9%以上，主要应用于电磁铁极头。其性能是饱和磁化强度高、矫顽力低、电阻率低。低碳钢则具有较高的电阻率，适用于小的交流电动机。

电工用纯铁只能在直流磁场下工作，在交变磁场下工作时，涡流损耗大。因此加入少量硅（0.38%～4%）形成固溶体，从而提高合金电阻率。目前我国生产的电工用硅钢片有热轧、冷轧无取向和冷轧取向三种，也生产特殊用途硅钢片，如非晶态硅钢片。

(2) 镍-铁合金

与电工钢相比，镍-铁合金有高的磁导率和低的饱和磁感应强度、低的损耗等优点，但价格贵。这些材料用于质量要求高的电子变压器、电感器及磁屏蔽等。它们的延展性好，轧制厚度可达0.003mm，常用于高达500kHz的高频磁芯。

Ni-Fe合金还具有不随温度变化、几乎恒定的磁导率，应用于不同的电流变压器、失误阻断器；作为低温下具有高磁导率的材料，可直接用于液氮、液氦的气氛中。

(3) 磁性陶瓷材料

磁性陶瓷材料有强的磁性耦合、高的电阻率和低损耗特点且种类繁多，已成为重要的磁性材料领域，因而应用也十分广泛。具有代表性的是铁氧体磁性材料。

铁氧体磁性材料主要有两类，一类是具有尖晶石结构、化学结构式为xFe_2O_4的铁氧体材料。结构式中的x，在锰锌铁氧体中代表锰、锌和铁的结合。这类铁氧体材料主要用于通信变压器和电感器，偏置磁轭和阴极射线管用变压器，最近也用于制作开关电源中的变压器。铁氧体的另一个用途是制作微波器件，如隔离器、环行器，在大约1～100GHz范围内工作。

另一类铁氧体磁性材料为石榴石磁性结构，其化学式为$R_3Fe_5O_{12}$，其中R代表稀土元素。这类材料也用于微波器件，它们比尖晶石结构铁氧体的饱和磁化强度低，用于1～5GHz频率范围。如果在非磁性基片上外延生长薄膜石榴石铁氧体，可作为磁泡记忆材料。

(4) 非晶态合金

成分接近 $(Fe、Co、Ni)_{80}(B、C、Si)_{20}$的过渡族金属和类金属的合金，具有非晶态结构。当把液态金属快速冷凝时，就可得到非晶态材料，主要有以下几类。

① 铁基合金　饱和磁化强度为1.6～1.8T，代替取向硅钢，用于配电变压器的低损耗软磁材料，有良好频率特性（到50Hz）。

② 铁镍基合金　饱和磁化强度为0.75～0.9T，某种意义上可以认为是4%Mo-79%Ni-Fe基合金的仿制品。

③ 钴基合金　具有接近零的磁致伸缩。具有最高的磁导率、低损耗且对应力不敏感。

非晶态合金在配电变压器中的应用具有潜力。例如非晶态$Fe_{81}B_{13.5}Si_{3.5}C_2$损耗只有常见取向硅钢的1/5～1/3。非晶态薄带在电子工业中的应用占有绝对优势，因为金属铁芯部都要用薄带缠绕。但它也有一些缺点，主要是温度对磁的不稳定性影响较大；非晶态软磁合金的高磁导率，还停留在铁镍合金的水平上；不能制出很宽的薄板，批量生产成本高，饱和磁感应强度比硅钢低等，因此其应用还受到一定的限制。

11.2.2.2 硬磁材料

硬磁材料又称永磁材料，是指材料被外磁场磁化后，去掉外磁场后也仍然保持着较强剩磁的磁性材料。

硬磁材料有铁氧体、铝镍钴、稀土钴以及稀土-铁类合金。

(1) 铝镍钴合金

具有高剩余磁感强度（B_r=0.7～1.35T），适中的矫顽力（H_c=40～160kA/m），是含有Al、Ni、Co加上3%Cu的铁基系合金。由于适中的价格和实用的最大磁能积[$(BH)_{max}$]，使$AlNiCo_5$型成为该合金系中使用最广泛的合金。铝镍钴脆性较大，可以用粉末冶金方法生产。

铝镍钴合金广泛用于电机器件上，如发电机、电动机、继电器和磁电机；电子行业中则用于扬声器、行波管、电话耳机和受话器。由于与铁氧体相比其价格较高，因此有被铁氧体取代的趋势。

(2) 硬磁铁氧体

一般式为 $MO \cdot 6Fe_2O_3$，M 代表 Ba 或 Sr，钡铁氧体已批量生产，而锶铁氧体则具有优良的性质并且已获得了市场。由于铁氧体磁性材料是以陶瓷技术生产的，所以常称为陶瓷磁体。

在硬磁材料中增长最快的，是可塑的黏结铁氧体。虽然磁性能低于烧结磁材料，但其价格低廉、易加工并可弯曲，大量用于做门扣、墙壁磁体、冰箱门密封条等。

(3) 稀土永磁材料

稀土永磁材料是 20 世纪 60 年代出现的金属永磁材料，分为钴基稀土（RE-Co）永磁体和铁基稀土（Nd-Fe-B）永磁体，磁性能见表 11-5。稀土永磁材料已发展了很多种类，它往往具有一些优良的综合性能而在一些特殊领域内应用。

表 11-5　不同稀土永磁材料的磁性能

材料种类	最大磁能积 /(kJ/m^3)	剩余磁通 /T	磁感矫顽力 /(kA/m)	内禀矫顽力 /(kA/m)	居里温度 /℃
$SmCo_5$ 系	100	0.76	550	680	740
$SmCo_5$ 系(高 Hc)	160	0.90	700	1120	740
Sm_2Co_{17} 系	240	1.10	510	530	920
Sm_2Co_{17} 系(高 Hc)	280	0.95	640	800	920
烧结 Nd-Fe-B 系	240～400	1.1～1.4	800～2400	—	310～510
黏结 Nd-Fe-B 系	56～160	0.6～1.1	800～2100	—	310
Sm-Fe-N 系	56～160	0.6～1.1	600～2000	—	310～600

11.2.2.3　磁记录材料

磁带和磁盘已成为巨大的磁性材料市场之一，它们是作为硬磁材料来应用的，但与传统的硬磁材料不同，它们不是以块材形式应用，而是作为介质弥散在有机介质中或沉积成薄膜状态使用。

(1) 颗粒涂覆型磁记录介质

这种材料是将磁粉与非磁性黏合剂形成的磁浆，涂覆于聚酯薄膜上制成的。决定其磁记录性能优劣的主要因素，包括矫顽力（Hc）、剩余磁感应强度、磁层厚度、表面光洁度、磁层特性的均匀性。

磁记录材料的性能取决于磁粉，几种常见的磁粉包括以下类别。

① γ-Fe_2O_3磁粉　这是最早用于磁带、磁盘的磁粉。它具有良好的记录表面，在音频、射频、数字记录以及仪器记录中，都能得到良好的效果且价格便宜、性能稳定。

② Co-γ-Fe_2O_3磁粉　Fe_2O_3磁粉的主要缺点是矫顽力较低，难以满足高记录密度和视频及数字记录对矫顽力的要求，故从 20 世纪 70 年代开始，发展了含 Co 的磁粉，把矫顽力从 31.8kA/m 提高到 79.6kA/m，是目前录像带中采用的主要磁粉之一。

③ CrO_2磁粉　这种磁粉除具有很高的矫顽力外，主要特点在于其居里温度低，只有 125℃，这一特点使它成为目前唯一可用于热磁复制的材料。热磁复制是一种比磁记录速度快得多的高密度复制方法。

④ 金属磁粉　是 20 世纪 80 年代成为商品的磁记录材料，特点是比氧化物具有高磁感应强度和矫顽力。金属磁粉的缺点是稳定性差，趋于氧化或发生其它反应。通常采用合金化或用有机膜保护的办法，控制它们的表面氧化。

⑤ 钡铁氧体磁粉　这种材料来源广、成本低，制成的磁粉有较高的矫顽力和磁能积，且抗氧化能力强。其矫顽力虽高于 398kA/m，但经过改进已适用于作为高密度磁记录的材料。

（2）高记录密度连续膜介质

低成本和高密度的磁信息存贮系统的发展，要求加速研制连续薄膜磁记录介质，它无需采用黏合剂等非磁物质，所以剩磁感应强度比涂覆型高得多，但它同时也有化学稳定性和磁稳定性较差的缺点。

（3）磁头材料

从录音机到计算机都要用磁头。磁头的基本功能是与磁记录介质构成磁性回路，对信息进行加工，包括记录、重放、消磁三种功能。

最早应用的磁头是用磁性合金片叠成的。最重要的三种合金是钼坡莫合金、铝铁合金、铝硅铁合金。在低频时这些材料起始磁导率都比较高，矫顽力都比较低。

坡莫合金（perm alloy）指铁镍合金，含镍量在 35%～90%之间。坡莫合金的最大特点是具有很高的弱磁场导磁率。它们的饱和磁感应强度一般在 0.6～1.0T 之间，在弱磁场下具有极高磁导率的铁镍系软磁合金。为提高电阻率、改善工艺性能，在 Fe-Ni 二元合金中常加入 Mo、Cr、Cu 等元素。钼坡莫合金的磨损率相对高，对腐蚀敏感，它的导磁率随工作频率的提高而迅速下降。

铝硅铁的主要优点是硬度高，但机械加工难度大。铝铁合金的性能介于钼坡莫合金和铝硅铁之间，它的硬度比钼坡莫合金高，加工性比铝硅铁合金好，因而在许多情况下被广泛使用。

随着磁记录向高频、高密度方向发展，要求介质的矫顽力高，磁头的磁感应强度高，磁导率高。当介质的矫顽力从原来的 24kA/m 提高到 80kA/m 时，原有的磁头材料如铁硅铝等就难以满足要求而必须开发新材料。非晶态磁性材料是其中一种，它包括铁基非晶态材料如 $Fe_{72}Cr_8P_{13}C_7$ 和钴基非晶态材料。这类材料磁导率高，B_s 相当高，居里温度也高，很适宜做磁头材料，但价格贵。在加工和其后处理过程中易产生各向异性，在磁头加工过程中，要严格控制温度以防发生结晶，音频磁头应控制在 200℃以下，视频磁头控制在 240℃以下。

除此以外，还有铁氧体和薄膜磁头材料，铁氧体在几十赫时有较高的磁导率、较低的矫顽力，以及较高的饱和磁感应强度，所以应用广泛。

薄膜磁头属于微电子器件，几乎都是由铁镍合金组成的，其性能更多地依赖于制膜工艺和热处理工艺，若不计涡流损耗，工作频率可以超过 16MHz。

11.2.3　电介质材料

介电材料及绝缘材料，在电子和电气工程中起重要作用。二者均为高电阻材料，但又有所区别。介电材料又可分为线性介电材料和非线性介电材料。比较常见的线性介电材料是电容器材料和压电材料，非线性介电材料主要指铁电材料。常见的电介质材料主要有如下几类。

11.2.3.1　介电材料

（1）陶瓷介电材料

电子元件发展的趋势为轻薄而尺寸小，对电容元件的要求则是增加电容器单位体积的电容量。其中多层型电容的工艺特点，是把涂有金属电极浆料的陶瓷坯片以多层交替堆叠的方式叠合起来，使陶瓷材料与电极同时烧结成一个整体，从而提高比电容。所使用的电介质材料主要为中、低等介电常数的电介质，中等介电常数是指 ε_r 从15～2000；有时也使用以铁电材料为基的高介电常数电介质，ε_r 可达 2000～20000，但随温度、场强、频率的变化其性能的变化也比较激烈。

陶瓷电介质的应用不限于用作电容器，通常按介电常数的大小可分为三类。

① 介电常数小于 15 的材料称为低介电常数陶瓷介电材料，这类材料力学性能要求较高且价格低廉，广泛应用于绝缘体，也可在高频电路中用作小电容量电介质。主要包括含硅的黏土基陶瓷材料、滑石基材料，刚玉瓷、氧化铍、氮化铝和玻璃等。

② 介电常数为 15～2000 的材料称为中等介电常数材料。主要应用于频率在 0.5～50MHz 的高频率发射机，一般电路用稳定电容器、微波谐振腔等。这种材料中的重要一员是 TiO_2 及其含 Ti 的化合物。

③ 介电常数为 2000～20000 的材料，称为高介电常数或超高介电常数材料。钛酸铜钙（$CaCu_3Ti_4O_{12}$，CCTO）具备优异的电学性能，具有很高的介电常数，与复合含 Pb 钙钛矿系陶瓷相近，且在很大温度范围（100～600 K）保持不变。钛酸铜钙可用于电子储能，是制作超级电容的最好材料。

（2）复合介电材料

陶瓷电介质虽然有很高的介电常数，但存在成型温度高、易脆等缺点，使其应用受到限制。聚合物具有良好的力学性能、优良的冲击性能、良好的电绝缘性、低介电损耗、优越的加工性能以及低成本等优势，但介电常数低。将陶瓷介电体或导电微粒同聚合物复合，制备的聚合物基介电材料，具有高介电常数、低介电损耗、力学性能好、成型加工容易等特点，在很多应用领域有逐步取代陶瓷介电材料的趋势。这类高介电常数高分子电介质已成为当今高新技术的支撑材料，具有非常广阔的发展前景。

① 陶瓷-聚合物复合介电材料　氧化镉和氧化钨具有很高的介电常数。三羟甲基丙烷三丙烯酸酯-氧化镉复合材料的介电性能，当填料含量为 20 %（质量分数）时，材料的介电常数达 2200，是相同用量 $BaTiO_3$ 体系的 100 倍以上。此外，三羟甲基丙烷三丙烯酸酯-氧化钨复合材料也呈现出高介电常数。

② 金属粒子-聚合物复合介电材料　用导电金属粒子作填料填充聚合物，通过控制导电颗粒的添加量，使导电颗粒之间极为接近但却依然保持分离，是制备这类材料的关键。金属粒子中研究较多的是 Ag、Al、Cu、Ni、Zn、Fe 等。环氧树脂-微米级片状 Ag 粒子复合材料，在片状 Ag 粒子临界用量为 11.24% 时，介电常数达到 2000。

③ 碳纳米管-聚合物复合介电材料　将多壁碳纳米管表面进行酯化处理，或引入羧基基团后与聚偏氟乙烯（PVDF）复合，化学改性极大地提高了体系的介电常数，多壁碳纳米管（MWNT）含量为 8 % 时，在 1Hz 条件下材料的介电常数高达 3600。

将多壁碳纳米管经过混酸（硝酸/硫酸）处理以及金属有机反应，在 MWNT 表面引入三氟苯基团，制备成改性多壁碳纳米管。改性多壁碳纳米管填充的 PVDF 复合材料，在 10^3 Hz 时复合材料的最高介电常数约为 4500，远高于纯 PVDF 聚合物的介电常数（约 10）。

11.2.3.2 压电陶瓷

压电材料种类很多（图 11-1），单晶体类主要是石英；陶瓷类应用最广的 PZT（锆钛酸铅），是 $PbZrO_3$ 和 $PbTiO_3$ 的固溶体，属于钙钛矿型结构，其晶胞结构与 $BaTiO_3$ 相似。压电陶瓷的应用十分广泛，包括高压点火装置、位移传感器和加速度测定器、延迟线、压电变压器、声呐装置的振子等。

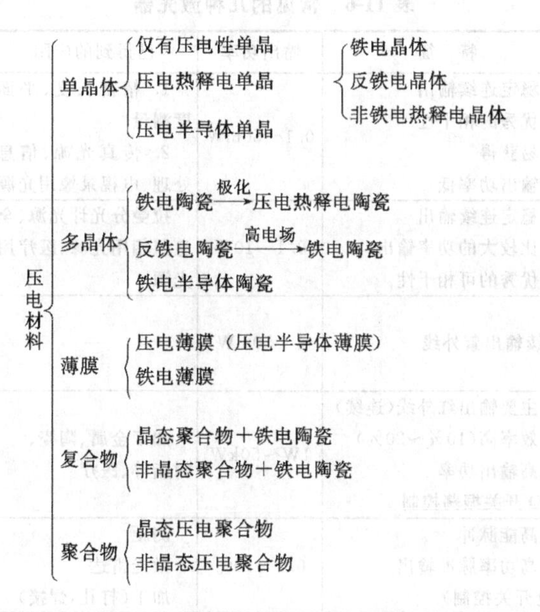

图 11-1 各种压电材料的种类和形态

11.3 光功能材料

现代社会中光所占据的地位正不断提高，激光的出现及其应用领域的不断拓展，为人类的文明进步做出了重要贡献。光功能材料也随着光学技术的不断进步，越来越受到人们的广泛关注。

11.3.1 激光工作物质

产生激光的介质，称为激光工作物质。激光工作物质分为固体、液体和气体三种，由各种激光工作物质构成的激光器见表 11-6。

气体激光器以气体作为激光工作物质，热处理、焊接等工程应用中最重要的是 CO_2 激光器。输出波长为 10.6μm，输出功率为 1W～50kW。

固体激光器以固体作为激光工作物质，它不但激活离子密度大，振荡频带宽并能产生谱线窄的光脉冲，而且具有良好的力学性能和稳定的化学性质。

固体激光工作物质可分为晶体和玻璃两种，它们都需要在基质中掺入适量的激活离子，激活离子的作用是在固体中提供亚稳态能级。

晶体基质须有良好的机械强度，良好的导热性和较小的光弹性。为降低热损耗和输入，基质对产生激光的吸收应接近于零。用作基质的晶体，应能制成较大尺寸且光学性能均匀。常见的晶体基质有 AlO_3、Y_2O_3、La_2O_3、$Y_3Al_5O_{12}$、$Y_3Fe_5O_{12}$、CaF_2、SrF_2、BaF_2、CaF_2-YF_3、$NaCaYF_6$、$CaWO_4$ 等。

玻璃基质主要包括硅酸盐系基质玻璃、磷酸盐系基质玻璃，硼酸盐与硼硅酸盐基质玻璃、氟磷酸盐与氟化物基质玻璃。玻璃基质的掺杂激活离子，多为稀土元素如钕、钇、铒、钬等元素的离子。

目前应用最广泛的固体激光器是红宝石激光器，它由 Al_2O_3 单晶体和 0.05% Cr^{3+} 构成，其激光波长 694.3nm，并随温度稍有变化。

表 11-6 常见的几种激光器

种类		主要波长/μm	特征	输出功率	已得到的应用	正在开发的应用
气体激光器	He-Ne激光器	0.63(红)	1. 稳定连续输出 2. 优秀的相干性 3. 易获得 4. 输出功率低	0.1～50mW	1. 精密长度、平面度测量 2. 传真光源、信息处理、电视录像用光源	各种测量 全息照相光源 物性研究 分光分析用光源
	氩离子激光器	0.51(绿) 0.40(蓝)	1. 稳定连续输出 2. 比较大的功率输出 3. 优秀的可相干性	0.1～10W	拉曼分光计光源、全息照相用光源、医疗用光源	物性研究 合成树脂、纸的加工 信息处理
	He-Cd激光器	0.44(紫) 0.33(紫外)	连续输出紫外线	1～50mW	—	全息照相用光源，拉曼分光计光源，感光材料的研究，物性研究
	CO_2激光器	10.6(红外)	1. 主要输出红外线(连续) 2. 效率高(10%～20%) 3. 高输出功率 4. Q开关振荡控制	1W～50kW	加工金属、陶瓷、树脂等、医疗	通信 引发核聚变等离子体 物性研究
固体激光器	红宝石激光器	0.69(红)	1. 高能脉冲 2. 高功率脉冲输出 (Q开关控制)	0.1～100J	测距 激光雷达 加工(打孔，焊接)	等离子测定 高速全息照相
	玻璃激光器	1.06 (红外)	1. 高能脉冲 2. 大功率脉冲 (Q开关控制)	约1000J	加工	物性研究 引发等离子体
	钇铝石榴石激光器	1.06 (红外)	1. 连续高功率输出 2. 高速反复操作的Q开关 3. 第2调制波输出功率高	连续1W～1kW 交变5kHz～10kW	加工(集成电路的划线、修整，红宝石打孔)，激光雷达	染料激光器光源 拉曼分光计光源
半导体激光器		0.9 (红外)	效率高，小型	脉冲约10W 连续约几毫瓦	游戏用光源	通信，信息处理 测距
染料激光器			波长可变	—	—	分光分析，物质分析

11.3.2 红外光学材料

红外光学材料，主要指用于制造红外光学系统中的窗口、整流罩、透镜、滤光片、调制盘等零部件的材料。任何光学材料，只能在某一波段内具有高的透过率。对红外透过材料来说，首先要求红外光谱的透过率要高，透射的短波限要低，透过的频带要宽。一般将红外波段定义为0.7～20μm，如果材料对某波长的透过率低于50%，则可将此波长定义为截止限。

不同用途的材料对折射率要求也不同，例如制造窗口和整流罩的光学材料，为减少反射损失、要求折射率低一些，而用于制造高效大功率、宽场视角光学系统的棱镜、透镜及其它光学件的材料，则要求折射率高一些。

此外，任何光学材料都要考核其力学、物理和化学性质，要求温度稳定性要好，对水、气体稳定。表11-7是几种红外透波材料的物理性能比较。

目前实用的红外光学材料只有二三十种，可分为玻璃、晶体、透明陶瓷、塑料四类，较为典型的有光学玻璃 SiO_2-B_2O_3-P_2O_5-PbO，单晶锗、硅；Al_2O_3透明陶瓷，Y_2O_3透明陶瓷；有机玻璃，聚四氟乙烯等。

表 11-7 几种红外透波材料的物理性能比较

性能	Ge	金刚石	ZnSe	ZnS	GaAs	MgF_2	GASIR1
折射率(10μm)	4.00	2.38	2.41	2.20	3.28	1.34	2.6
硬度/(kg/mm)	850	10000	120	250	750	576	170
弯曲强度/MPa	93	2940	55	103	72	150	19
杨氏模量/GPa	103	1050	67	75	85	115	18
热膨胀系数/10^{-6}℃$^{-1}$	6.1	0.8	7.6	7.8	5.7	11.5	17
热传导率/[W/(cm·℃)]	0.60	20	0.18	0.17	0.81	0.15	0.25
光谱波长/μm	1.8～12	7～25	0.5～22	0.6～14	0.9～12	—	0.8～14

11.3.3 光电材料

光电材料可根据结构分为五类，如表 11-8 所示。光电材料在使用波长范围内对光的吸收和散射要小，而折射率随温度的变化不能太大。工程上对线型材料常用的电参数是半波电压，它表示施加电压时使诱发的寻常光和非寻常光的相位差达 180°的电压值。

表 11-8 主要光电晶体及其性质

晶体种类		居里点/K	折射率 n_0	介电常数	半波电压/V
KDP 型晶体	KH_2PO_4	123	1.51	21	7650
	$NH_4H_2PO_4$	148	1.53	15	9600
	$NH_4H_2AsO_4$	216	—	14	13000
立方钙钛矿型晶体	$BaTiO_3$	393	2.40	—	310
	$Pb_3MgNb_2O_9$	265	2.56	约 10^4	约 1250
	$SrTiO_3$	33	2.38	—	—
铁电性钙钛矿型晶体	$KTa_xNb_{1-x}O_3$	约 283	2.318	—	约 90
	$LiTaO_3$	933	2.176	—	2840
	$LiNbO_3$	1483	2.286	$\varepsilon_a=98$ $\varepsilon_c=51.5$	2940
闪锌矿型晶体	ZnS	—	2.36	8.3	10400
	GaAs	—	3.60	11.2	约 5600
	CuCl	—	2.00	7.5	6200
钨青铜型晶体	$Sr_{0.75}Ba_{0.25}Nb_2O_5$	333	2.31	6500	37
	$K_3Li_2Nb_6O_{15}$	693	2.28	100	330
	$Ba_2NaNb_5O_{15}$	833	2.37	51	1720

常用的材料有透明的单晶铁电材料，如磷酸氢二钾（KDP）、磷酸氢二铵（ADP）、$BaTiO_3$ 和 $Cd(MoO_4)_3$ 等。但由于单晶体难于长成大尺寸且成本较高，因此限制了它们的应用。20 世纪 60 年代出现了透明陶瓷，成功地制造了各种光电材料。用光电陶瓷制造的光快门其开启时间在 1～100μs，开关比可高达 5000∶1。光电材料还可用于制造眼睛防护器，避免焊接等强光的辐射；制造颜色过滤器、显示器以及信息存贮等。

11.3.4 光导纤维

激光是人们期待已久的信号载体，然而，要实现光通信，必须有一系列相关的技术和设备，其中较为重要的是光的传输介质。光纤的出现，使光纤通信成为现实。图 11-2 为光纤通信的示意图，图 11-3 为光纤的结构。

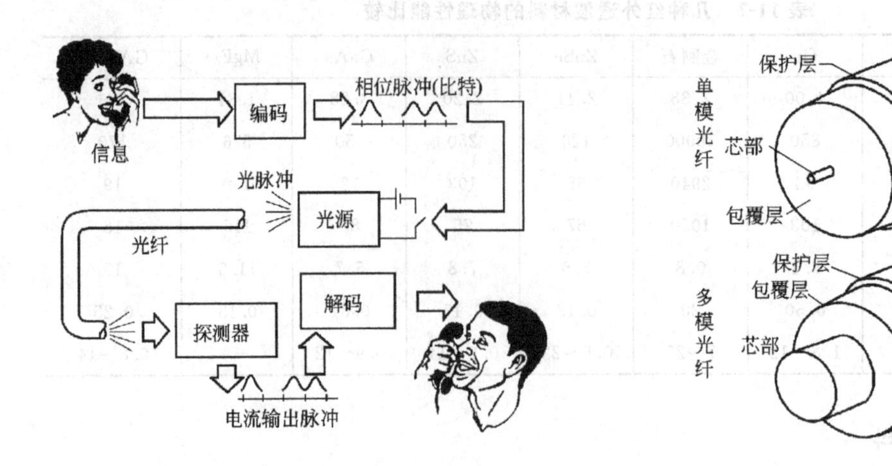

图 11-2 光纤通信示意图　　　　图 11-3 光纤的结构

光纤一般分为三部分：芯部、包覆层和保护套。芯部材料为非晶态 SiO_2、掺杂 GeO_2、P_2O_5 等。根据设计要求，通过改变成分取得必要的折射率。包覆层一般由高硅玻璃构成，其折射率要与芯部材料匹配。保护套基本上由尼龙材料做成，其折射率高于包覆层。

按材料种类，光导纤维可分为玻璃光纤、塑料光纤和红外光纤。塑料光纤一般直径较大（1mm），传输距离较近（在几十米以内），大孔径，光耦合效率高。玻璃纤维较细（光芯几十微米，包覆层 150μm），可实现远距离的信号传输。光纤参数直接影响到光纤成本、损耗、脉冲宽度、光缆结构以及对接的难易程度和损耗。表 11-9 给出了各种通信光纤的应用和特点。

表 11-9 各种通信光纤的应用和特点

光纤类型特长	单模光纤	梯度型多模光纤	阶跃型多模光纤
光纤结构	包覆层 纤芯 塑料保护层		
光源	激光器	激光器或发光二极管	激光器或发光二极管
频带宽	>3GHz/km	200MHz～3GHz/km	<200MHz/km
对接	由于芯径很细，对接很难但可行	难但可行	难但可行
应用实例	海底光缆系统	中心办公室之间的电话线	数据传输
成本	较　贵	最　贵	三者中最便宜

11.4 能源转换材料

能源问题已成为当今世界最突出的问题之一。传统能源正面临着日益枯竭的危，因而新型能源的研究越来越多地受到人们的重视。在新能源的开发与利用过程中，能够实现各种能量之间相互转化的材料，占有举足轻重的地位。

11.4.1 热电材料

(1) 热电材料的分类

热电材料是指可将热能转换成电能的材料，热电偶是最普通的热电材料。热电材料，按使用温度可分为三类。

① 低温区材料（300～400℃） 包括Bi_2Te_3，Sb_2Te_3，HgTe，Bi_2Se_3，Sb_2Se_3及它们的复合体。其中Sb_2Te_3，Bi_2Te_3最为典型，其固溶体具有比较宽的组分范围，在573K热端温度下的热电转换率为4%～5%，并且寿命较长。

② 中温区材料（700℃） 包括PbTe，SbTe，$Bi(SiSb_2)$，$Bi_2(GeSe)_3$等。其中PbTe系化合物是研究较多的材料，既可用作合金，也可当作半导体，最高使用温度为900K，利用形式多为烧结体，晶体结构为NaCl型离子型键合。

③ 高温区材料（≥700℃） 包括$CrSi_2$，$MnSi_{1.73}$，$FeSi_2$，CoSi，$Ge_{0.3}Si_{0.7}$，α-$AlBi_2$等。20世纪60年代中期，将B和P掺入SiGe合金中形成p型和n型半导体，在使用温度高达1273K时仍有良好的热电特性。而一种利用晶界散射降低晶格导热的材料$Si_{63.5}Ge_{36.5}$，在晶粒直径为5μm时，其热电转变效率可达到18%。

(2) 热电材料的应用

各种热电材料的应用领域主要包括以下几方面。

① 热电发电，包括高温废气利用、民用燃烧发电、原子反应堆燃料冷却热的利用、海洋开发、宇宙开发、温差发电等。

② 热电致冷和加热，包括民用空调、冷暖房、制冷等。

③ 恒温控制，主要在光通信、半导体制造业、电子计算机方面的恒温控制。

温差发电在医学和军事上有重要意义，但与其它发电方式相比，缺点是成本高、效率低。然而在有些情况下无其它电源可用时，便成为独一无二的电源。

11.4.2 太阳能电池

太阳能电池可把光能直接转换成电能，这种光电能量转换不必将光能变为热能再转化为动能，并且本身重量轻、使用安全、无热、无污染，因此是新能源开发的一个方向。

最为常见的太阳能电池，是单晶硅电池。这主要是由于它的生产工艺成熟，不但可以生产不同电阻率的晶体，还可以掺入不同的杂质。单晶硅电池的效率可达9%～12%。

在单晶硅太阳能电池的基础上，进一步研究了非晶硅和多晶硅太阳能电池。非晶硅由于制造成本低于单晶硅，因而受到重视。和晶体硅太阳能电池比，非晶硅电池有以下特点。

① 制作工艺简单，在制作α-Si∶H薄膜的同时可制作电池结构。辉光放电沉积α-Si∶H膜，原材料便宜。

② 由于α-Si∶H可由气相反应获得，易于实现产品制作的大面积化而不受单晶直径的限制。

③ α-Si∶H的光吸收系数大，所以制作电池只需1μm左右的厚度，仅为单晶硅的1/500，节约了大量原材料。

④ 在荧光照射下，这种电池仍具有很好的电性能。

⑤ 可在任何基片材料上大面积外延生长，从而更易于制成太阳能电池阵列系统。

我国太阳能资源丰富，全国大多数地区太阳能年辐照超过585kJ/cm^2，大部分地区的日照时数超过2200h/a，对于缺乏常规能源、交通不便的缺电地区，太阳能电池有较高的开发使用价值。

11.5 智能材料简介

11.5.1 智能材料

智能材料目前尚无统一的定义，概括地讲，智能材料是指具有自我感知、自我判断、自我执行等多种功能的材料。

智能材料可分为两大类型。第一类是材料本身具有智能功能，能够随着环境和时间改变自己的形状和性能，例如形状记忆合金、自滤波玻璃，以及受辐射时性能可自行衰减的 InP 半导体等。

第二类是智能材料结构。由于单种功能材料很难同时满足自我感知、自我判断和自我执行三个功能，因此真正符合智能材料定义的是智能材料及结构（Smart/Intelligent Materials and Structures），简称智能材料结构。

智能材料结构泛指将传感元件、驱动原件以及有关的信号处理和控制电路集成在材料结构中，在机、热、光、声、化、电、磁等外部环境因素激励和控制下，不仅具有良好的力学性能，而且具有自我感知、自我判断、自我执行等多种功能的材料结构。

智能材料结构是一门交叉的前沿学科，涉及力学、材料学、物理学、生物学、仿生学、微电子学、控制科学、计算机科学与技术等多个专业领域，因此具有广阔的发展前景和巨大的潜在社会效益。图 11-4 给出了智能材料结构设计的详细运行路线图。

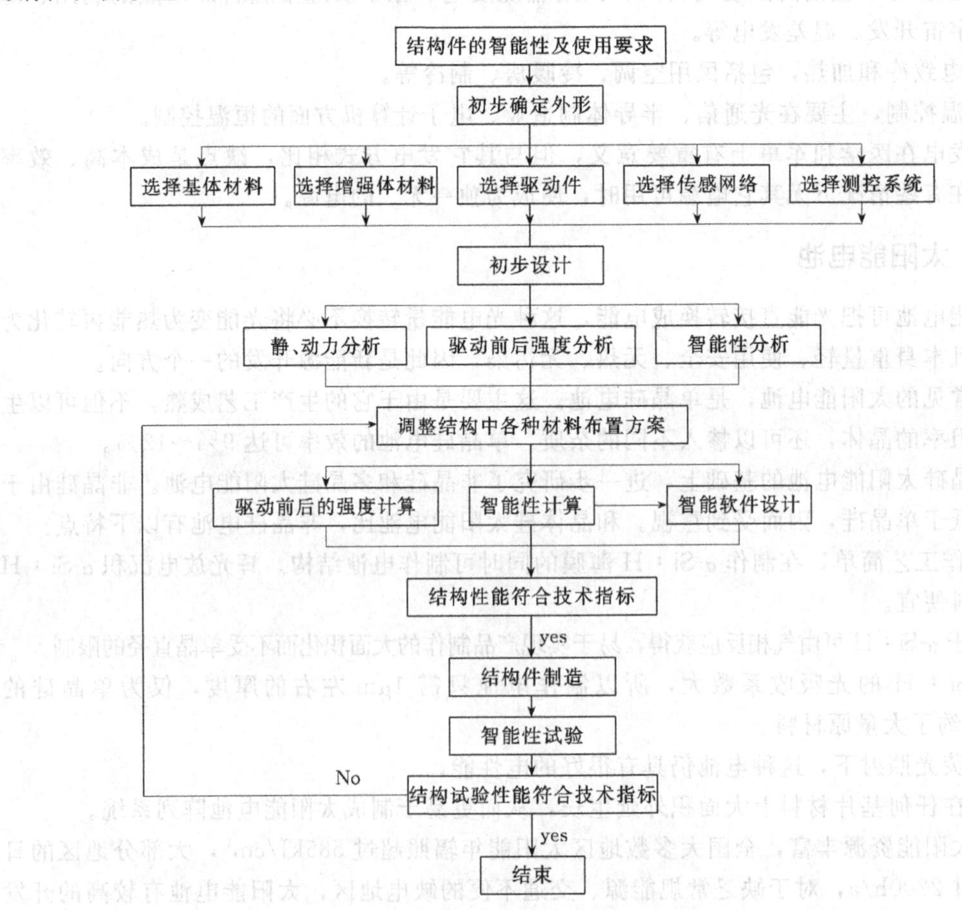

图 11-4 智能材料结构设计运行路线图

11.5.2　智能材料的应用前景

首先开展智能材料研究的是美国军方，约在 1984 年美国开始对减小直升机旋翼桨叶的振幅和扭曲进行研究。美国空军着重于航空和航天飞行器智能表层的研究，并规划了智能表层的发展路线图。1988 年后，美国各大学和航空航天机构的公司、研究所都参与研究并取得重大进展，包括材料科学、结构方程、单一和复合智能结构的数学模型、驱动器、传感器、控制系统以及处理方法、多体结构动力学、结构识别以及气动弹性修整等。

智能材料结构技术很快引起土木工程、船舶、汽车、医学等领域的重视，认为智能材料的发展与应用会给这些行业带来新的技术革命，因此投入了大量的人力物力进行研究。

继美国之后，日本在日本科技厅主持下开展了智能材料结构的研究。在自适应结构方面已取得很大进展。随后欧洲、澳洲、亚洲等地区和国家，也积极开展智能材料结构的研究工作。目前智能材料结构的研究范围和涉及行业还在不断扩大。

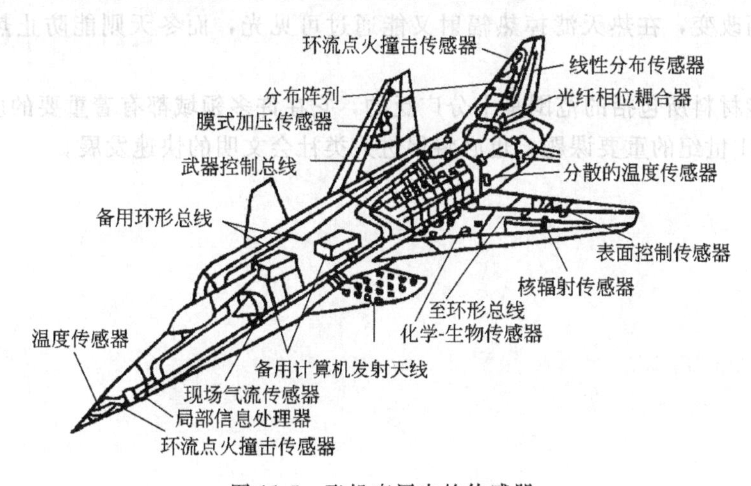

图 11-5　飞机表层中的传感器

航空和航天飞行器方面的重要研究内容之一，是智能表层。智能表层功能之一，是能够自动地检测出周围环境的变化并自动适应环境。一般飞机上检测环境的传感器如图 11-5 所示，它们应和结构材料融为一体；另一功能是适合于当前电子战，即具有识别人为干扰、隐蔽通信、威胁警告和电子保障系统，如图 11-6 所示。对于材料的内部损伤和缺陷，智能表层能够进行自诊断、自修复、自适应；还能抑制噪声和振动；对于航空和航天飞行器座舱能够自动通风、保暖和冷却。

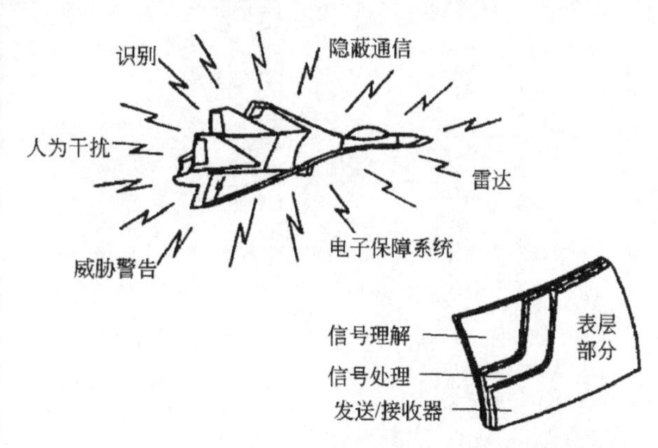

图 11-6　飞机智能表层的电子对抗功能

在军舰方面也需要智能表层，它应能调整军舰的外壳特性；减少和改变舰上发出的声音，使敌方声呐检测不到舰上的声信号；同时可将军舰表皮模仿成海豚的皮肤，减小阻力；也要求表层材料本身能够做到自诊断、自修复。

在土木建筑方面，目前已在钢筋混凝土中采用光导纤维技术，钢筋混凝土中埋入的光导体纤维可用作通信、强度监测，并实现整个建筑物的办公自动化。目前正在研究的是在结构中埋入压电加速度计，利用驱动件制成可改变结构层面刚度的主动抗震剪切板，以及具有控制系统的抗地震智能建筑物。

智能材料在体育及医疗用具方面也有很多应用，例如可将部分网球拍的网丝换成形状记忆合金丝，用开关控制激励形状记忆合金丝，这样的网球拍具有不同的柔性，击出的球具有不同的力度，使对方无法估计球的落点和力度。

在医学上，可利用形状记忆合金丝来治疗肺血栓和连接断骨，矫正骨骼畸形等；智能医用胶带不仅能加快伤口愈合，防止感染，还能在伤口愈合后自动脱落，使病人无痛苦。而用智能材料来制造人工胰脏、肝、胃等器官的研究也在进行中，这方面的成功将给医学带来革命性的飞越。

此外，在日常生活中用智能材料制成的衣服将可随周围温度、湿度的变化而改变其尺寸、导热性及孔隙度等，以保证使用者的美观和舒适。智能玻璃的光学特性，可根据入射光的波长和强度而改变，在热天滤掉热辐射又能通过可见光，而冬天则能防止热损耗使室内保温。

总之，智能材料所包括的范围是十分广泛的，它在许多领域都有着重要的应用。智能材料的研究将是 21 世纪的重要课题，也必将促进人类社会文明的快速发展。

第 12 章
生态环境材料

12.1 生态环境材料与环境负荷评价 LCA

12.1.1 生态环境材料

人口膨胀、资源短缺和环境恶化，是当今社会持续发展所面临的三大问题。由于技术水平的局限性，人们在创造社会文明的同时，也在不断破坏人类赖以生存的环境空间，使有害废弃物造成的环境污染和二氧化碳排放造成的温室效应等公害问题日趋严重。此外，人口增加和扩大再生产导致的自然资源过度开发与浪费，加剧了自然资源的贫化乃至枯竭，从而制约了国民经济持续、稳定地发展。

面对资源短缺、能源匮乏和环境污染等全球性问题的严重挑战，材料科学家在 20 世纪 90 年代初期提出了有关"环境材料"研究的新领域。环境材料的英文名称为 Ecomaterials，是由日本学者山本良一根据 Environment Conscious Materials（环境意识材料）或 Ecological Materials（生态学材料）缩写而成。所谓环境材料，是指具有良好的加工性能和使用性能、生产环节中资源和能源消耗少、工艺流程中产生公害小、废弃后易于循环再生利用的材料。环境材料应具备以下三个特点。

（1）先进性

具有良好的加工性能和使用性能，能为人类开拓更广阔的活动空间，为可持续发展创造良好的生存环境。

（2）环境协调性

具有较长的使用寿命，能够减轻环境负担，可对枯竭性资源完成再生循环利用，以使人类活动与地球环境和自然资源状况相协调。

（3）舒适性

人们乐于接受和使用，能够提高人类的生活质量，使人类生活更舒适。

环境材料的内涵及工艺流程，如图 12-1 所示。

迄今为止的传统材料，主要追求的是材料的先进性，即良好的加工性和优异的使用性能，而忽略了环境协调性和舒适性。环境材料不仅注重先进性，而且兼顾了材料在整个寿命周期（制造、流通、使用、废弃）中与生态环境的协调性以及使用的舒适性。生态环境材料的先进性、环境协调性和舒适性三者之间的关系可用图 12-2 表示。由图可以看出，生态环境材料实质上是将传统结构材料的性能、功能材料乃至智能材料的功能集于一身的高技术新材料。因此，生态环境材料可以说是具有系统功能的知识集约型材料。

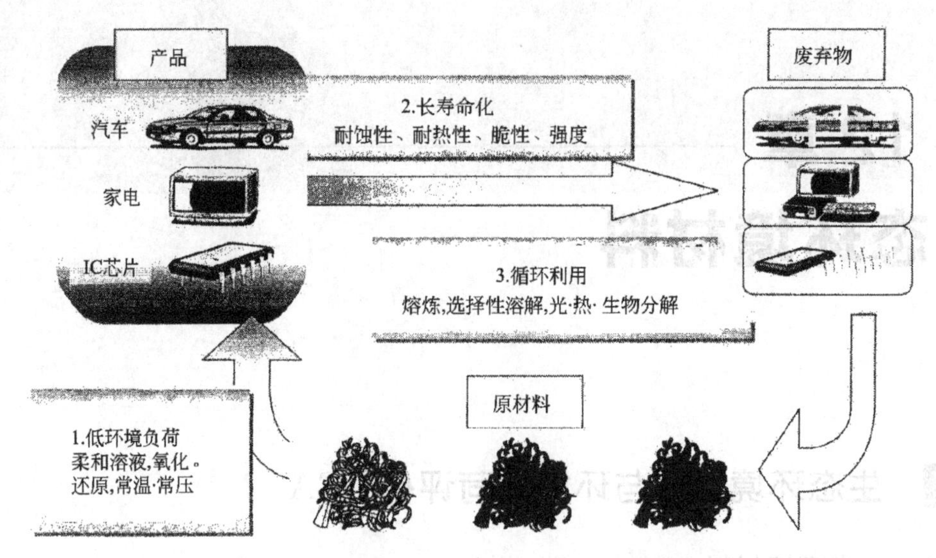

图 12-1　环境材料的内涵及工艺流程示意图

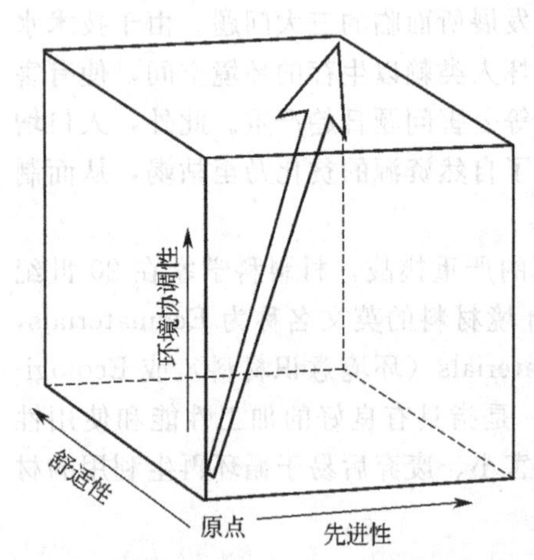

图 12-2　生态环境材料三种性能之间的关系

环境问题和资源短缺已引起人们的高度重视。生态环境材料的研究目的，正是从人类生存与社会进步的长远利益出发，探讨如何解决材料制造与生态环境劣化及自然资源短缺之间的矛盾，研制、开发具有先进性、生态环境协调性和舒适性的新材料，以保障社会经济的可持续发展。

12.1.2　生态环境负荷评价 LCA

一个产品的加工、制造，不仅消耗能源和物质，而且直接或间接地向周围环境排放各种有害物质。不同材料及不同工序对生态环境造成的负担，可用环境负荷值 ELU（Enviroment Load Unit）来定量表征，如表 12-1 所示。制造汽车时，材料要经过多种工序、不同工艺的加工与组装，将材料和工艺的使用量及使用频度与 ELU 值相乘然后累加，即可得到整个产品的环境负荷值。

表 12-1　环境负荷值 ELU 举例

原　材　料	向大气的排放	向水中排放	能　源	工　程
Co　12300	CO_2　0.04	悬浊物质　1×10^{-7}	石油　0.33	压力加工　0.042
Cr　22.1	CO　0.04	BOD　0.0001	电力　0.014	点焊　0.028
Fe　0.38	NO_x　245	COD　0.00001		喷漆($1m^2$)　0.082
石油　0.168		Al　1		
		As　0.01		
		Cd　10		
		Cr　0.5		

产品种类不同，在加工制造过程中产生的 CO_2 量也不同（图 12-3）。即使同一种产品（例如汽车），当选材和制造工艺不同时，对环境造成的危害也有较大差异。

环境负荷值一旦能定量表示，就可以对不同的材料进行选择，或者通过改变材料种类和材料成分来降低生态环境负荷。这种方法可作为减少生态环境负荷的重要设计依据。

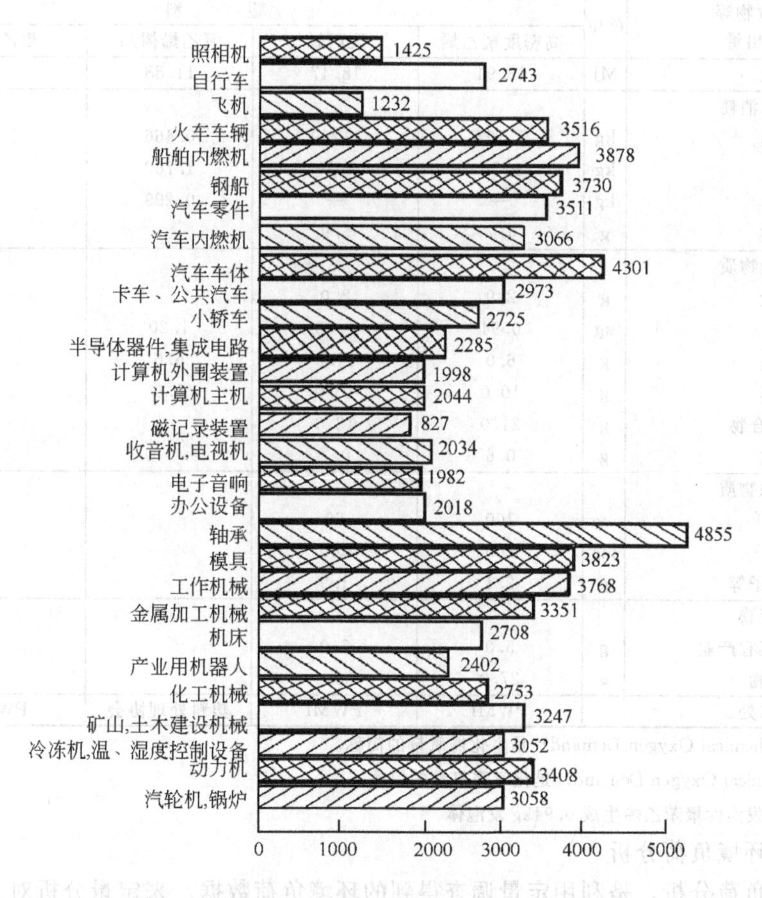

图 12-3 制造各种机械时排放的 CO_2（单位：kg）

汽车、机床、船舶等产品从原材料投入，到产品的制造、加工、组装、搬运、使用、维护、废弃，以致再生循环利用的寿命周期内，各个环节都会造成环境负荷。定量评价整个寿命周期内环境负荷（或称环境负担）程度的方法，叫做环境负荷评价/分析（LCA：Life Cycle Assessment/Analysis）或环境平衡（Ecobalance）。

LCA分三个阶段进行。

（1）定量调查

定量调查又称编目分析或数据收集，是指对产品在整个寿命周期内消耗的原材料（天然资源）、能源以及产生的固态废弃物、水质污染和大气污染等，根据物质平衡和能量平衡进行计算以获取数据的过程。通常，计算是在某种工艺的开始到终了的范围内进行，所以定量调查的结果只与工艺过程有关。石脑油裂解装置（制造乙烯的装置）的定量调查如图 12-4 所示，1kg 塑料的定量调查数据见表 12-2。

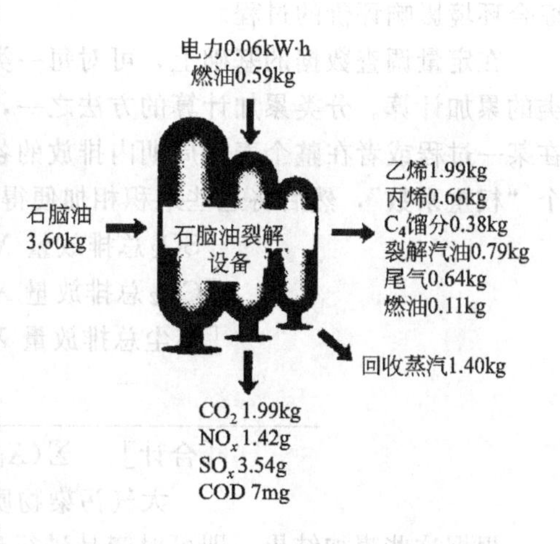

图 12-4 石脑油裂解装置的定量调查

表 12-2 1kg 塑料的定量调查数据

能耗、排放物等投放、产出量	单位	塑料			
		高密度聚乙烯	聚丙烯	氯乙烯树脂	聚乙苯烯发泡体
能耗	MJ	16.94	18.47	11.88	32.68
自然资源消耗					
原油	kg	1.162	1.269	0.466	1.265
水	kg	9.50	3.10	1.763	10.43
盐	kg	—	—	0.299	—
其它	g	4.7	5.9		15.1
大气污染物质					
煤尘	g	2.0	2.0		5.4
CO_2	kg	0.94	1.10	1.20	1.91
SO_x	g	6.0	11.0	6.6	148.9
NO_x	g	10.0	10.0	1.0	45.7
碳氢化合物	g	21.0	13.0		23.4
其它	g	0.6	0.7		2.5
水质污浊物质					
BOD①	mg	100	60		128
COD②	mg	200	400		2873
悬浮粒子等	g	2.1	1.9		4.1
固态废物					
淤渣、灰，其它产业	g	5.0	5.0		4.3
废弃物	g	27.0	26.0		21.9
数据出处		PWMI	PWMI	塑料处理协会	PWMI、换算③

① BOD（Biochemical Oxygen Demand）是生化需氧量的简称。

② COD（Chemical Oxygen Demand）是化学需氧量的简称。

③ 换算：1kg 发泡性聚苯乙烯生成 0.94kg 发泡体。

（2）生态环境负荷分析

生态环境负荷分析，是利用定量调查得到的环境负荷数据，来定量分析对人体健康、生态环境、自然环境的影响及其相互关系，然后根据这种分析结果并借助于其它评价方法进行综合环境影响评价的过程。

在定量调查数据的基础上，可对每一类的评价项目进行累加计算，例如对大气污染物质类的累加计算。分类累加计算的方法之一，是权重系数法。该方法是将作为评价对象的产品在某一过程或者在整个寿命周期内排放的各种污染物质的总排放量（比如单位取 g）乘上一个“权重系数”，然后将这些乘积相加便得到一个无量纲的累加值，即

［SO_2 总排放量 X_1g］×［权重系数 Y_1］

［CO_2 总排放量 X_2g］×［权重系数 Y_2］

［煤尘总排放量 X_3g］×［权重系数 Y_3］

＋　　　⋮　　　⋮

［合计］　$\Sigma(X_i \times Y_i)$ ＝评价对象产品大气污染物质大类的累加值（Z）

根据这些累加结果，即可对产品进行环境负荷中的综合评价。图 12-5 是对汽车进行环境负荷综合评价的示意图。

（3）生态环境负荷改善

环境负荷改善，是以环境负荷分析和综合评价结果为依据，找出具有最大环境负荷的工艺环节，然后针对这一环节通过优选材料、改变材料成分或者变更工艺方法等措施，来达到

减轻环境负荷的目的。环境负荷改善，是LCA中最重要的部分。

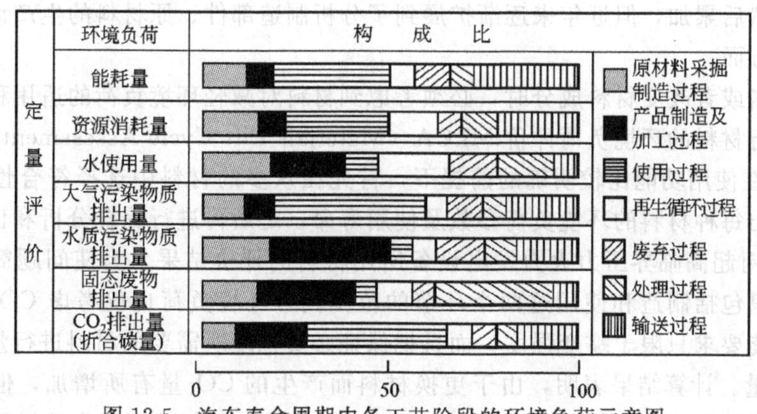

图12-5 汽车寿命周期内各工艺阶段的环境负荷示意图

12.1.3 LCA的应用

(1) 汽车的生态环境负荷评价

汽车是当代技术高度集成的典型产品之一。汽车的出现，使人们的生活质量有了明显改善，但也带来不容忽视的生态环境污染问题。

由图12-5可以看出，汽车在使用过程中的能耗和大气污染排放量，在整个寿命周期内的环境负荷中占主导地位。因此，改善使用过程中的能耗以及降低大气污染物排放量，能够有效地减轻汽车造成的生态环境负荷。

改善汽车油耗的技术有多种多样，基本分为减少行驶阻力和提高机械效率两大类，如图12-6所示。可以看出，改善油耗的最有效方法是降低车体重量和提高发动机的效率。车体重量每降低10%，则可降低10%左右的油耗。车体轻量化主要包括：采用高强度钢，采用轻型材料（铝合金、高分子材料等），改变形状（减小厚度、小型化、集成化等）。实际上，这三种措施均与材料的性能（比强度、比模量、刚性、冷加工成型性等）有关。

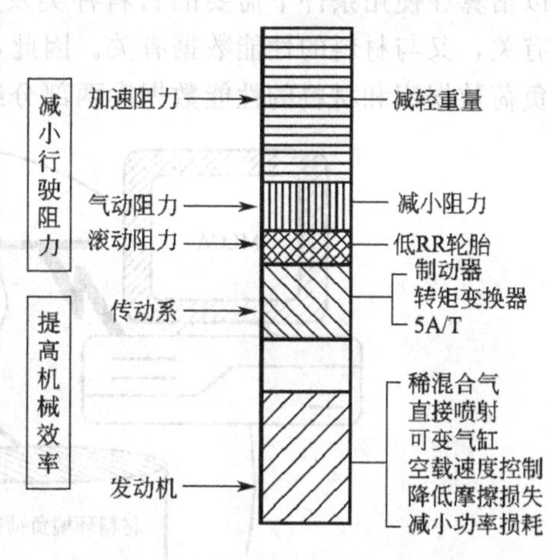

图12-6 改善汽车油耗的各种技术

提高铝合金和高强度钢的应用比例，能有效地降低车体重量。1991年日本汽车厂开始销售全铝材车身的汽车，这种汽车的铝材使用率为31%，车体重量减轻13%。铝合金价格比钢材高数倍，因此铝合金目前优先用于高档车的车体。而采用高强度钢，不仅可有效地降低车身和底盘的重量，并且造价也低廉。近年来，高强度钢的使用比率有上升的趋势。

除了降低车体重量和提高发动机效率之外，通过控制最佳燃烧条件、采用高效催化剂的尾气净化装置，以及采用酒精、天然气、液氢等燃料也能有效地降低汽车废气排放量。但从减轻环境负荷的长远观点看，以太阳能和电能为动力的“零排放机动车”（Zero Emission Vehicle）更具发展前景。

(2) 材料的环境负荷评价MLCA

某种产品从天然资源的开采到生产出产品的环境负荷评价，称为该产品的环境负荷评价

(PLCA，Products Life Cycle Assessment)。PLCA 通常将产品分解成部件和原材料两大部分进行分析，然后累加，但近年来逐渐扩展到了分析制造部件、原材料的生产设备以及供给设备的能源等方面。

在选择材料或者改变材料成分时，必须考虑到材料对减轻环境负荷的适用程度和使用效果，即必须进行材料的环境负荷评价 MLCA（Materials Life Cycle Assessment)。

MLCA 是在使用功能比较明确的前提下，首先在众多的材料中选择符合性能标准的材料，然后计算出每种材料的环境负荷参数及使用寿命，之后再进行综合分析和比较。

表 12-3 是对超高临界压力火力发电设备所用材料的评价结果。为使问题简单化，将寿命周期限定在只包括制造和使用这两个环节的范围内，环境负荷也仅考虑 CO_2 的排放；同时对材料的性能要求只限于蠕变强度，而且把保证必要强度所需要的材料进行量化处理并换算为 CO_2 产生量。计算结果表明，由于更换材料而产生的 CO_2 量有所增加，但在一年高效率的运转中得到了补偿，CO_2 总量却有所下降，总的效果是在制造过程中减轻了环境负荷。

表 12-3 对超高临界压力火力发电设备所用材料的评价

项目	蒸气温度/℃	发电效率/%	矿物燃料消耗量/(kt/a)	锅炉、汽轮机材料	需要量/t	材料制造耗能/(cal/t)	由材料换算的 CO_2/(kt/a)	CO_2 总量/(kt/a)
传统发电	538	38	1749	Cr-Mo 钢 Cr-Mo-V 钢	3270 38300	20 235	92	5352
超高临界压力发电	650	41	1621	SUS304 A286	5559 91920	68 1125	430	4960
差值	+112	+3	−128			+938	+338	−392

在计算中不仅使用了制造原材料所需的能耗和 CO_2 产生量，而且使用了材料的强度数据以估算在使用条件下需要的材料种类及数量。显而易见，MLCA 既与材料的环境负荷系数有关，又与材料的性能数据有关。因此，当建立环境材料数据库时，数据库应由材料的环境负荷数据库和材料的性能数据库两部分组成，如图 12-7 所示。

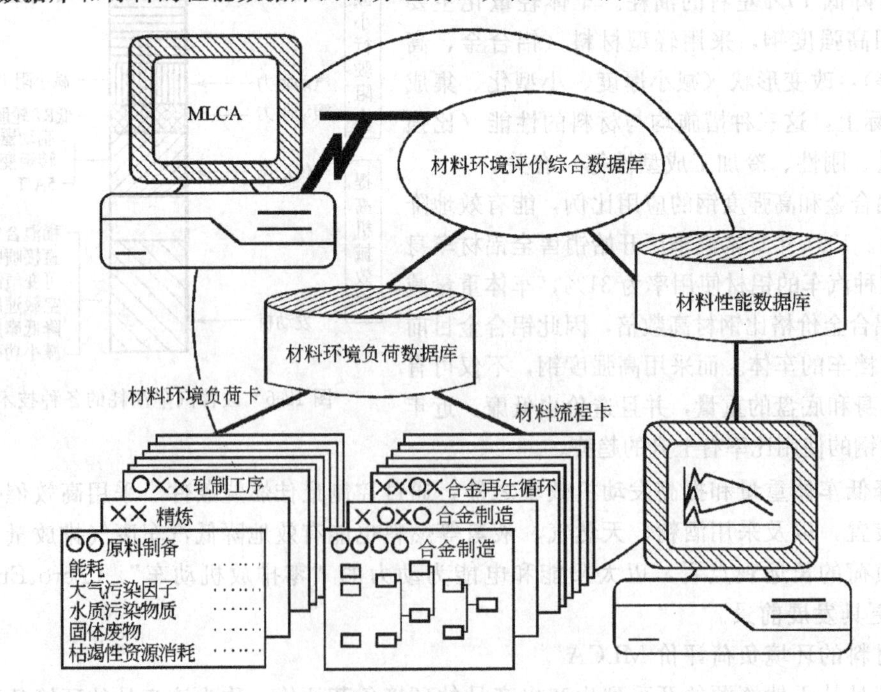

图 12-7 环境材料数据库的构成

12.2 材料的再生循环利用

12.2.1 再生循环利用

再生循环利用，是材料环境协调性的重要组成部分。所谓再生循环利用，是指以废弃物为资源（原料），通过一系列的工艺方法使其重新发挥使用功能的过程。物质在再生循环过程中由于杂质的混入以及加工过程引起的变质等原因，难免引起某些特性的劣化，并且再生循环次数越多，劣化越严重。因此，再生材料一般用于性能要求不严格的制品，或者按一定的配比当作原料使用。

再生循环利用主要包括如下几个方面。

(1) 单纯再利用

将一方不用的物品、设备以其原状提供给它方使用。例如将具有可用价值的旧车、旧机床等转让或提供给需求方，以利用产品的剩余功能。

(2) 部件的回收利用

将废弃物中的可用部件取出，安装在其它系统上。例如将废旧汽车的零部件拆下来，安装到同型号汽车上继续使用。

(3) 作为原材料再利用

将一定成分的物质直接加工利用，或者通过分解、分离以及冶炼、重熔等方法再生成与原材料成分接近的物质。例如废旧塑料可直接加工成容器，也可以分解成单体；金属可直接回炉熔炼，也可将合金分离成各组成元素的单体。

(4) 能源回收

有机物质燃烧放出的热量，可作为热源加以利用。例如废旧塑料，可以分解成燃油，也可以直接焚烧，以热能的形式回收利用。

废旧汽车的再生循环流程见图 12-8。

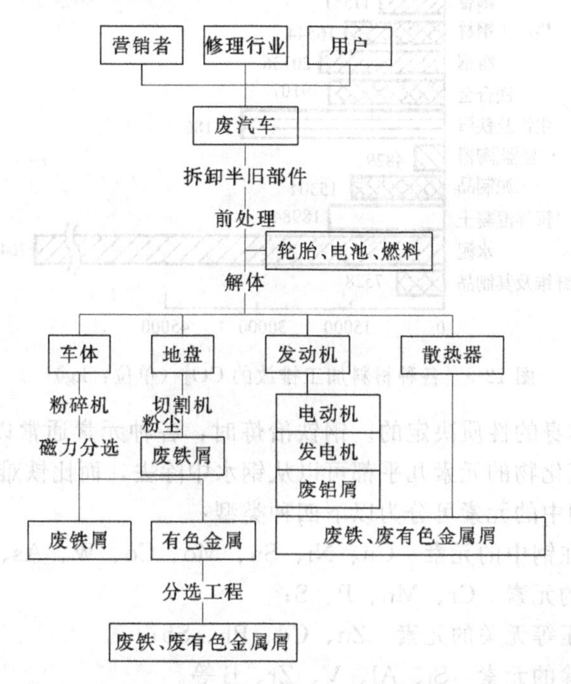

图 12-8 废旧汽车的再生循环流程

12.2.2 钢铁材料的再生循环

废旧钢铁的来源包括两部分，一类是加工制造过程中产生的铁屑，另一类是分散在废旧的机器、结构件和日用品中的钢铁。

废旧钢铁的再生循环方式，主要是作为钢铁生产的原料。在钢铁生产过程中，从生铁、粗钢的冶炼到钢材的冷、热轧制，CO_2的排放量逐渐减少（图 12-9）。因此，废旧钢铁的再生循环利用，不仅可以减少固体废物对环境造成的影响，而且通过再生利用的方式生产钢铁，还可以减少CO_2的排放量。

在废旧钢铁的回收过程中，首先要对废钢铁进行严格筛选和分离，目的在于避免其它材料和杂质混入其中，以保证冶炼出高质量的钢铁。但即使废弃物中百分之百都是钢铁，仍然难以避免再生钢铁的质量劣化问题。

原因之一是筛选、分离的局限性。在碳钢、不锈钢、工具钢、高温合金等钢铁材料中，Si、Mn、Cr、Mo、Ni、Cu、W、V、Ti、Zr、Co、Al 等合金元素的含量相差较大；即使是同一类钢，其合金含量也有明显差异。筛选、分离通常只能对废旧钢铁进行比较粗略的分类，很难按化学成分进行精确区分。

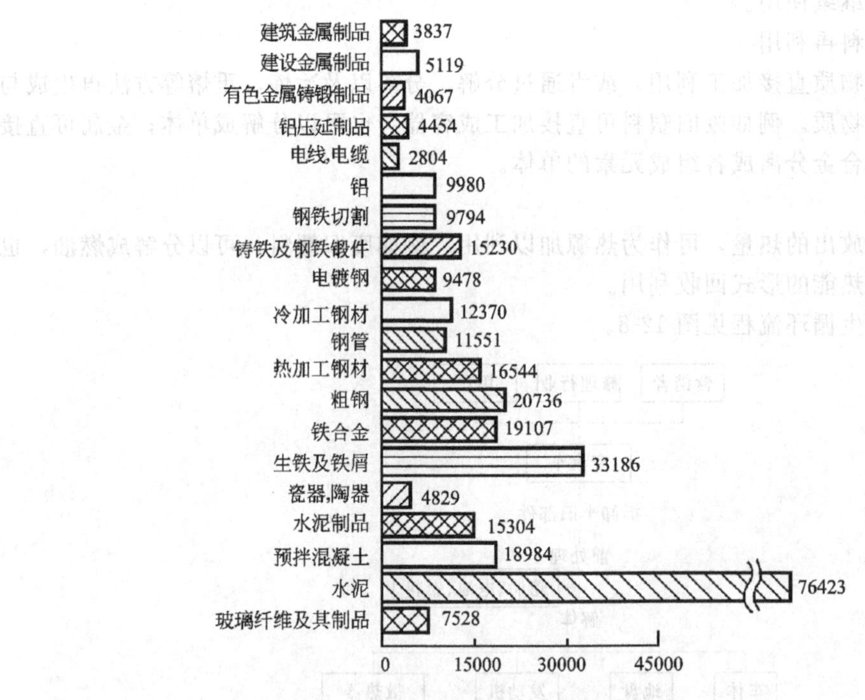

图 12-9 各种材料加工排放的 CO_2（单位：kg）

其次是冶炼工艺本身的性质决定的。钢铁冶炼时，各种元素通常以氧化物的形式去除。因此，比铁易于形成氧化物的元素几乎都可以从钢水中除去，而比铁难于氧化的元素则几乎全部残留在钢水中。钢中的元素可分为以下四种类型：

① 几乎全部残留在钢中的元素 Cu、Ni、Sn、Mo、Co、W、As、Sb；

② 不能完全除去的元素 Cr、Mn、P、S；

③ 与沸点、蒸气压等无关的元素 Zn、Cd、Pb、Sb；

④ 几乎可全部去除的元素 Si、Al、V、Zr、B 等。

合金钢经过几次废钢铁再生循环，并且在分选过程中发生废料混合的情况下，Cu、Ni、Sn、Mo 等元素的浓度将不断提高，从而对钢的性能产生不良影响。为了妥善处理这一问题，可以采取如下措施：

① 开发能够去除残留元素的废钢冶炼技术；

② 开发杂质无害化处理技术；

③ 建立新的材料体系，通过材料设计即可使再生循环简便易行，例如超级通用合金和简单合金。

12.2.3 有色金属的再生循环

12.2.3.1 铝的再生循环

铝在工业中是仅次于钢的一种重要工业金属，主要在航空、航天和汽车工业中有广泛应用，也是电力工业、建材工业和日常用品中不可缺少的材料。

铝通过电解氧化铝和添加物（氟石）的熔融盐来制取，因而在电解铝生产过程中消耗大量的电力。铝和氧有较强的亲合力，但如果采用适当的技术措施与氧隔绝，则铝的再生只需适当加热（通常消耗的能量为电解制铝法的 1/20）即可完成。所以铝的再生循环比钢铁有明显的优势。表 12-4 是电解法制铝和再生铝的能量消耗比较。

表 12-4 1988 年度炼铝所耗能量情况（1kcal＝4.1868kJ）

能源形式	电解法制造原铝/(kcal/t)	再生铝/(kcal/t)
电力	41650000	303800
重油，柴油，煤油	6644000	1107000
液化天然气等	48500	39900
碳氢化合物	1875300	0
石油等	1480900	0
合计	51698700	1450700

注：节能效果，再生铝能耗总量/电解法制造铝能耗总量＝1450700/51698700＝0.028（3%），即节能 97%。

再生铝熔炼和电解法制铝不同，它是利用熔渣或通过脱气法将可能除去的合金元素除掉，然后对溶渣及异物进行过滤处理而制成高纯度铝。因此，再生铝生产工艺不可能或难以去除全部杂质，特别是铁的混入对再生铝的质量有明显影响。

（1）电涡流分选装置

电涡流分选装置如图 12-10 所示。将物体放在变化的磁场中，则导体中产生感应电流。感应电流产生的磁场与外部磁场相互作用，又会在物体中产生电涡流，由于它们之间的相互作用使物体沿前进方向弹射出去。弹射距离随物体的电导率大小而变化，从而将不同物体分离开。

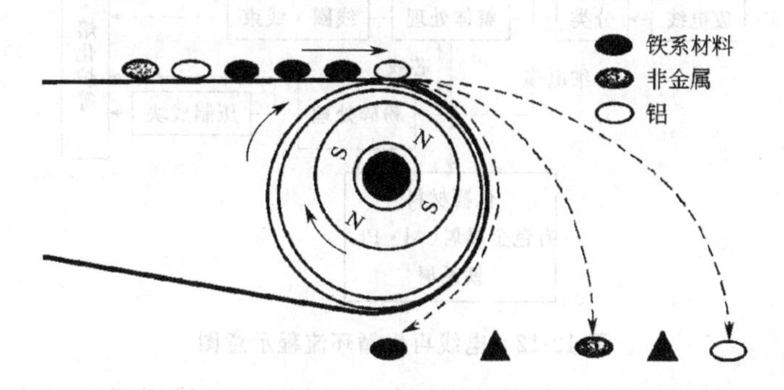

图 12-10 电涡流分选装置

(2) 回转熔化炉

图 12-11 是回转熔化炉示意图，它是将金属混合料装入形状如同回转窑的回转炉内，利用金属的熔点不同对金属进行筛选分离的装置。回转炉熔化要严格控制温度，因而采用外部间接加热。通过控制炉温，使锌等低熔点物质从靠近温度较低的窑炉入口排出并回收，而铁等高熔点金属则从出口端部排出。

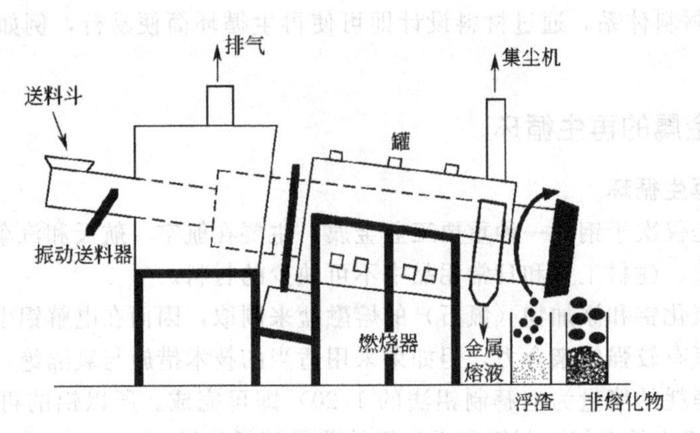

图 12-11 回转熔化炉装置示意图

(3) 浮选法

浮选法是利用不同物质的密度差进行筛选分离。将混合废料投入到悬浮液（硅铁粉悬浮水溶液，密度 2～3g/L）中，密度低的金属浮至表面，而密度高的金属则下沉。浮选法已用于汽车废金属屑的分离。

12.2.3.2 铜的再生循环

纯铜具有良好的导热性和导电性，在金属中仅次于银，但纯铜的强度并不高。由于纯铜的这些特点，使其成为电力、电工部门的主要原料。铜产量的 40%用于制造电线，电线的再生处理工艺如图 12-12 所示。

电线采用烧线处理、解体处理和粉碎处理法，对涂层材料和铜导体进行筛选分离，铜经压块或破碎处理后被再生利用。电力、通信行业的废电线比较集中，铜的再生利用率高，而家电、汽车行业铜的再生利用则比较困难。

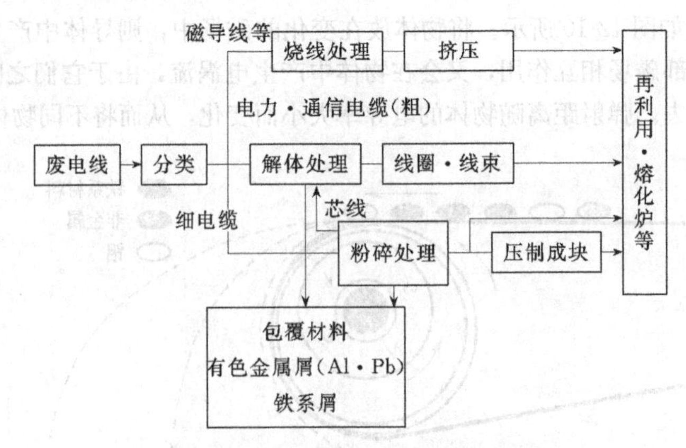

图 12-12 电线再生循环流程示意图

此外，用于电线制造的废铜比例约占 10%，这是因为电线需具有较高的电导率以及热处理后应有较稳定的性能，必须使用高纯度废铜才行，因此大部分回收电线被用作黄铜合金的原料或冶炼铜合金的原料。

12.2.4 塑料的再生循环

塑料的再生技术，大致分为两类。一类是将用过的塑料回收后作为原材料加以利用，另一类是将废旧塑料分解成塑料的初始原料即单体，然后重新合成新的原料。前者称为材料再生循环法，后者称为化学再生循环法。塑料的燃烧热能回收，在广义上也可认为是物质再生循环，这种方式称为热再生循环。塑料的材料再生循环、化学再生循环和热再生循环之间的关系见图12-13。

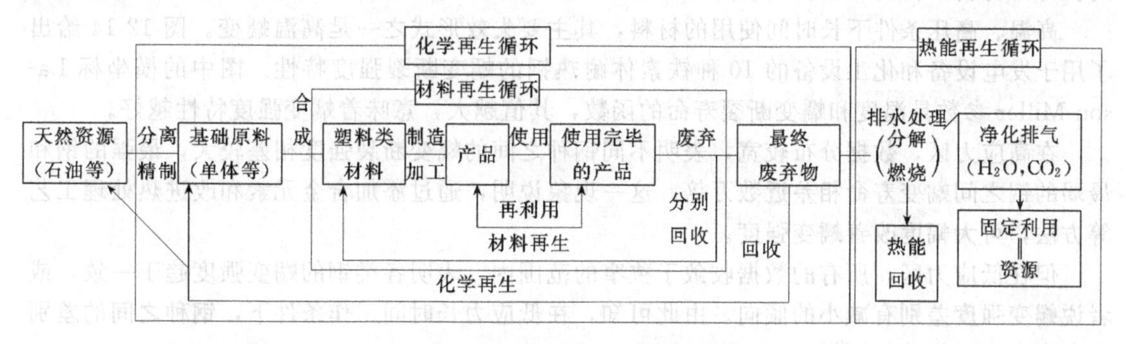

图12-13 塑料的再生循环流程示意图

化学再生循环的基本思路，是将回收材料作为天然资源，或者说作为石油及单体的原始材料加以利用。其研究目标是通过水解或解聚等化学反应，将回收的塑料分解成原始材料的单体、低聚物或者它们的母体，然后重新合成原始的初级塑料；或者还原到石油状态以便再生利用。例如在塑料的材料再生循环阶段，经多次再生循环后的塑料因其功能明显劣化而不能再生循环时，则可利用化学再生法进行处理。化学再生循环法还可对混入了多种其它塑料的回收品进行再生循环。尤其对热固性塑料和橡胶材料，化学再生法是这些高分子材料再生循环的重要手段。

通过化学再生循环使回收的废旧塑料还原成了原始材料，即再生的塑料变成了新材料，因此化学再生循环是完全的再生循环系统。

材料的环境协调性不仅表现在再生循环利用，而且应该尽量减少难分解物质的排放量。生物降解塑料是一种具有优良使用性能、废弃后可被环境生物完全分解，最终被无机化而转变成CO_2的高分子材料。因此对塑料工业来说，在开发塑料再生利用技术的同时，还应加强对环境无负荷的生物降解、光降解塑料的研究与开发。

12.3 材料的长寿命化

材料的再生循环利用，是为了将有限的资源在尽可能长的时间内加以有效利用的一种手段。前已述及，再生循环不仅使材料的特性逐渐劣化，而且在再生过程中对能源、资源的消耗以及产生的废弃物又进一步加重了环境负担。提高材料的性能，延长产品的服役周期和使用寿命，既可以使某种资源长期、有效地利用，又可降低再生过程中的能源消耗和环境负荷，所以材料的长寿命化，是减轻环境负担的重要措施。

12.3.1 金属材料的长寿命化

在各种机械中，动力机械（柴油机、汽轮机、燃气轮机等）的工作条件比较苛刻，因此用于动力机械的金属材料的长寿命化，具有典型代表意义。

动力机械的发展目标，是通过提高工作介质的温度和压力来提高效率。汽轮机参数由初压 1MPa、初温 200℃左右，分别提高到 34MPa 和 600℃以上，热效率可提高三倍；航空燃气轮机运输总重量一定时，进口温度提高 35℃，航程可增加 10%，提高 315℃时，可增加 40%。

提高工作介质的温度和压力，虽然可有效地提高热循环效率和单位体积的输出功率并明显降低油耗，但对材料的高温性能提出了更高的要求。研制和开发能够长时间维持高温性能的长寿命材料，目的在于提高动力机械的效率以及减轻环境负荷。

高温、高压条件下长时间使用的材料，其主要失效形式之一是高温蠕变。图 12-14 给出了用于发电设备和化工设备的 10 种铁素体耐热钢的蠕变断裂强度特性。图中的横坐标 Lason-Miller 参数是温度和蠕变断裂寿命的函数，其值越大，意味着蠕变强度特性越好。

在高应力区，数据分布较宽，表明不同钢种之间的蠕变断裂强度相差较大，最强的钢和最弱的钢之间蠕变寿命相差近数万倍。这一现象说明，通过添加合金元素和改进热处理工艺等方法，可大幅度改善蠕变强度。

但在低应力区，所有的数据收敛于狭窄的范围内，表明各类钢的蠕变强度趋于一致，或者说蠕变强度差别有减小的倾向。由此可知，在低应力长时间工作条件下，钢种之间的差别比高应力短时间的差别要小。

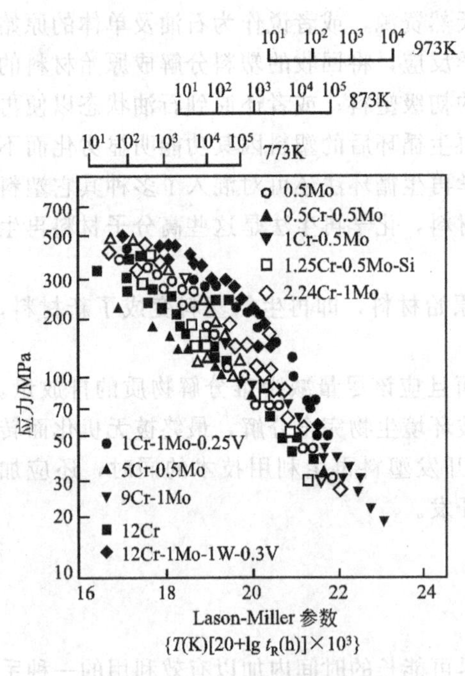

图 12-14 10 种铁素体耐热钢的蠕变断裂强度特性

这种现象可以用“基体蠕变强度”的新概念加以解释。添加合金元素和控制微观组织形态，是提高钢的蠕变强度的主要方法。但由于微观组织在高温下不稳定，随着时间的延长，其组织形态也随之逐渐发生变化，从而引起蠕变强度的降低。因此高温条件下长时间使用时，耐热钢的蠕变强度将不再取决于材料的微观组织形态而趋于一定的水平，即收敛于“基体蠕变强度”。基体蠕变强度，相当于母相的蠕变强度，其大小取决于 C、Mo 等元素引起的固溶强化程度。

通过以上讨论，可以得出以下高温耐热合金的设计准则。

① 对于耐热钢的基体强度水平即可满足使用要求的构件，在进行材料设计时只需添加能够发挥基体蠕变强度所需的最低限度的合金元素，即所谓合金化原则。

② 对于要求高于基体蠕变强度水平的高强度构件，材料设计时不仅要考虑到短时蠕变强度特性，而且要着眼于获得长时强度稳定性。此外，还要综合评价材料的高强度化所引起的“环境负荷增加”，以及使用新材料时由于提高效率、延长寿命、减轻重量等因素带来的“环境负荷减轻”这两方面的效应是否平衡。

当然，实际开发长寿命耐热材料时，除了蠕变强度指标外，还要兼顾到持久极限、松弛稳定性、抗氧化性等性能指标以及焊接、铸造等加工性能。

12.3.2 陶瓷的长寿命化

陶瓷材料具有耐高温、耐磨损、耐腐蚀和低密度等一系列优良特性，但由于其致命的弱点是脆性大，既限制了其优良性能的发挥，也限制了它的工程应用范围。陶瓷材料的增韧化是陶瓷材料研究中的核心问题，因此提高陶瓷材料的韧性，是陶瓷材料长寿命化的关键。

提高陶瓷材料韧性的有效方法，通常是利用微观结构控制技术来改善多晶体界面的结合强度，以追求强韧性。主要方法包括：原位复合（in-situ）技术、纳米增强技术、晶须增强技术和纤维增强复合技术。

原位复合技术，是指不需要外加增强体，而是通过对参与反应物质的选择及其成分设计，控制烧结或热处理等工艺过程，使其微观组织内部形成增韧相。原位复合技术基本上克服了其它工艺通常出现的一系列问题，例如基体与增强体之间浸润不良，界面反应形成脆性相，增强体分布不均匀等问题。

原位复合技术有多种方法，但其共同特点是复合材料的强度、韧性及其它力学性能取决于原位生长的增强相本身的物理性质、几何尺寸和几何形状、显微组织形态以及基体相的含量。简言之，如果原位生长的增强相本身具有高强度、高刚度和小的几何尺寸，生成态呈晶须状并有相当大的长径比，那么即可明显提高陶瓷复合材料的强度、韧性和刚度。例如在氮化硅基体中形成长柱状β-氮化硅的原位复合材料，其强度和断裂韧性比原来的材料增加数倍。

长纤维复合技术对提高陶瓷的韧性、强度和抗热震性有显著作用，但长纤维复合工艺复杂、技术难度大，而且质量不易控制，成本也高。为了克服这些弱点，又相继发展了短纤维、晶须以及颗粒增强陶瓷。

纳米陶瓷粉是近几年发展起来的以先进制备技术合成的一种新型材料。对于结构陶瓷，纳米尺寸陶瓷颗粒能够显著地提高氧化物及非氧化物陶瓷的室温乃至高温的力学性能。从事纳米科学和纳米应用技术研究的科学家及材料学专家，根据纳米材料的独特性能，预测纳米材料复合增韧技术，是解决困扰技界近一个世纪之久的陶瓷材料脆性问题的最佳方法。

12.3.3 高分子材料的长寿命化

高聚物在贮存或使用过程中，随着时间的延长而出现某些性质的变化，如材料发黏、脆裂或变色，从而使力学性能明显下降甚至丧失高聚物的物理性能、化学性能和力学性能，这种现象称为老化。

引起老化的原因有很多，有物理作用（热、光、电、机械、辐射等），也有化学作用（氧、臭氧、水、碱、酸等），以及生物作用（霉菌、虫等）。这些因素的长期作用导致高分子链裂解或交联，进而使材料性能劣化。对于不同的高分子材料，在老化过程中往往有一种或两种因素起作用。对聚乙烯等聚烯烃类材料，主要是光氧化问题；对于聚酰胺塑料来说，主要是水解问题；对橡胶制品主要是臭氧的氧化和热氧化。针对不同问题，可采取共混、共聚改性，加入防老化剂、抗氧化剂或者采用表面镀金属等措施，来改善和延缓材料老化，进而提高材料的使用寿命。

第13章 表面工程技术

13.1 概 述

13.1.1 表面工程技术的特点

现代科学和工业技术的不断发展，对材料的性能及功能提出了越来越高的要求，从而促进了新材料的研制与开发。新材料通常包括两大类，一类是通过冶炼、粉末冶金、铸造、锻压与轧制等方法制造的块体新材料；另一类是借助沉积、涂覆和浸渍等表面工程技术，在块状基体材料表面制备、合成具有不同功能特性的各种表面涂层材料。

表面工程技术包括：表面涂层的制备与合成，材料成分、组织及结构的分析，性能的测试与评价，质量控制与循环再利用等方面的基础理论研究，以及工程应用技术研究。

表面工程技术有着悠久的历史，例如人们熟知的渗碳、氮化、镀铬等技术，对改善工件的使用性能、提高工件的使用寿命和可靠性起到重要作用。近二三十年来，由于许多高新技术的渗透以及表面工程技术本身的不断完善与发展，使表面工程技术在材料科学与工程领域中迅速崛起，成为国民经济发展和国防建设中最重要的工程技术之一。

表面工程技术几乎可以制备、合成能够满足各种特殊需求的表面材料，赋予材料表面优良的机械性能（高硬、耐磨，抗疲劳、抗咬合、低摩擦系数、自润滑等）、物理特性（吸波、导波、超导、软磁、硬磁性、电磁屏蔽、低膨胀系数等）、化学特性（耐蚀、防锈、杀菌、防生物污染等）以及热特性（耐热、吸热、导热、阻热、热反射），不仅有效地提高了产品质量、延长了使用寿命，而且能够节省大量昂贵的材料资源，降低了产品造价。同时，表面工程技术还在金刚石薄膜、薄膜半导体器件、化合物超导薄膜、肌体相容性人造骨骼表面处理等方面，显示了极大的优越性。

表面工程技术之所以受到广泛重视并得到迅速推广，不仅在于它具有较大的工程应用价值和经济意义，更重要的是表面工程技术在支撑现代文明的信息科学、生物科学和材料科学三大技术领域中，起到了块体材料不可取代的重要作用。

由于航天航空工程、海洋与船舶工程、电子工程和生物工程对高技术新材料的迫切需求，推动了表面工程技术的长足发展，早在20世纪80年代就已成为世界十大关键制造技术之一。表面工程技术是当今科学研究、高新技术发展和机械工程应用中新材料制备的主要方法，因此了解表面工程技术及其应用特点，对全面掌握材料科学知识有重要意义。

13.1.2 表面工程技术的分类

表面工程技术，通常按工艺方法、介质形态、表面层形成特点或表面沉积物尺寸进行分类。

(1) 按介质形态分类

表面工程技术按介质形态分为湿法工艺（Wet Process）和干法工艺（Dry Process）。湿法工艺包括水溶液、熔盐和有机溶液的表面处理。干法工艺则包括气相和固相介质的表面处理，例如 PVD（物理气相沉积）、CVD（化学气相沉积），热喷涂，各种气相、固相的表面热扩散，高能束（激光束、离子束、电子束）表面处理，自蔓燃表面涂层合成等。

(2) 按沉积物尺寸分类

离子镀的创始人马托克斯（D. M. Mattox）按沉积物尺寸将表面工程技术分为四大类：原子沉积物（电镀，PVD、CVD，等离子体聚合，分子束外延），粒状沉积物（各种热喷涂，激光熔覆等），整体涂层（表面涂装，浸渍涂层，金属包覆等），以及表面改性（化学转化膜，金属、合金热扩散涂层，离子注入，高能束表面改性等）。

(3) 按基体材料自身表面的变化分类

按表面层形成过程中基体材料自身表面的变化特点，还可把表面工程技术归纳成三大类。

① 基体材料自身的表面成分和组织发生明显变化　包括机械法（喷砂、喷丸、冷轧、冷旋压，表面嵌入 SiC、WC 等硬相粒子），化学转化膜（表面氧化、磷化，铬酸盐处理，阳极氧化，表面着色，表面蚀刻等），表面淬火与化学热处理（高频、火焰淬火，金属或非金属表面热扩散），高能量密度表面处理（高能束表面淬火与表面合金化，离子渗碳与离子氮化，表面非晶态制备等）。

② 表面形成新涂层时，基体自身的表面成分和组织无明显变化　包括热喷涂（常压法，减压法，自熔合金法），湿法镀层（电镀、化学镀，熔盐电镀，有机物镀层等），干法涂层（PVD、CVD，高能束表面熔覆层等），溶胶-凝胶转变法，整体涂装（电泳、静电喷涂、浸渍处理等）。

③ 以上两种方法的复合处理　包括镀覆（电沉积、PVD、CVD 等）-热扩散（盐浴、高频、高能束加热等）复合处理；涂覆层（电沉积、PVD、CVD、粘接剂涂覆）-高能束表面合金化复合处理。

表面工程技术的内涵十分丰富，本章只介绍高能束表面处理、物理气相沉积和化学气相沉积。

13.2 表面工程技术基础

13.2.1 表面与界面

不同物体之间的分界面称为界面，如固-固、气-固及液-固相之间的界面。通常把凝聚相与气相之间的界面称为表面，把不同凝聚相之间的界面称为相界面，而同一凝聚相晶粒之间的界面简称晶界。

13.2.2 理想固体表面的晶体结构

固体材料通常以晶态和非晶态两种形式存在，为简便起见，主要讨论晶态固体的表面结构。

从晶体学角度，固体表面可分为理想表面、清洁表面和实际表面。理想表面是指在无限大的晶体中插入一个平面，将其分成两部分后形成的表面。理想表面上的原子、分子或离子（以下简称原子），具有二维周期性排列的特点。实际上，由于晶体内部的周期对称性在表面的突然中断，将引起表面原子偏离理想的二维点阵，形成了原子重新排列的再构表面。不发生吸附、催化或杂质扩散的再构表面，称为清洁表面；而以再构表面为衬底，吸附同质或异质原子后形成的表面，称为实际表面。

(1) 二维点阵

在三维晶体学中（参见第 2 章），常用构成晶格（或称点阵）的最基本的几何单元——晶胞，来描述晶体中原子在空间的排列形式。由于固态晶体表面的原子排列具有对称性和周期性，因此也可以用最基本的几何单元，在二维平面拼接成反映表面原子周期对称排列形式的平面格子，叫作二维点阵。构成二维点阵的基本单元，称为结构单元或布拉菲格子。

计算表明，二维点阵的结构单元只有五种，分属四大晶系。二维点阵的结构单元以及结构单元基矢长度 a，b 的关系和特点见表 13-1。

表 13-1 二维点阵的结构单元

晶 系	点阵类型及名称	结构单元形状	基矢长度和夹角特点
斜方	简单斜方		$a\neq b$ $\alpha\neq\frac{\pi}{2}$
正交	简单正交		$a\neq b$ $\alpha=\frac{\pi}{2}$
	有心正交		$a\neq b$ $\alpha=\frac{\pi}{2}$
正方	简单正方		$a=b$ $\alpha=\frac{\pi}{2}$
六方	简单六方		$a=b$ $\alpha=\frac{2\pi}{3}$

(2) 理想表面晶体结构

铜、银、金、铝、镍、铱、铂等面心立方结构的金属单晶，沿 {100} 面、{110} 面及 {111} 面解理后，形成的理想表面二维点阵以及二维点阵中的结构单元示意图如图 13-1 所示。面心立方的晶格常数 $a=b=c$，以 a 表示；二维结构单元的基矢长度以 a_s 和 b_s 表示。

钒、铌、钽、铬、钼、钨等体心立方结构的金属单晶，沿 {100}、{110} 及 {111} 面解理后，形成的理想表面二维点阵及二维点阵中的结构单元示意见图 13-2。

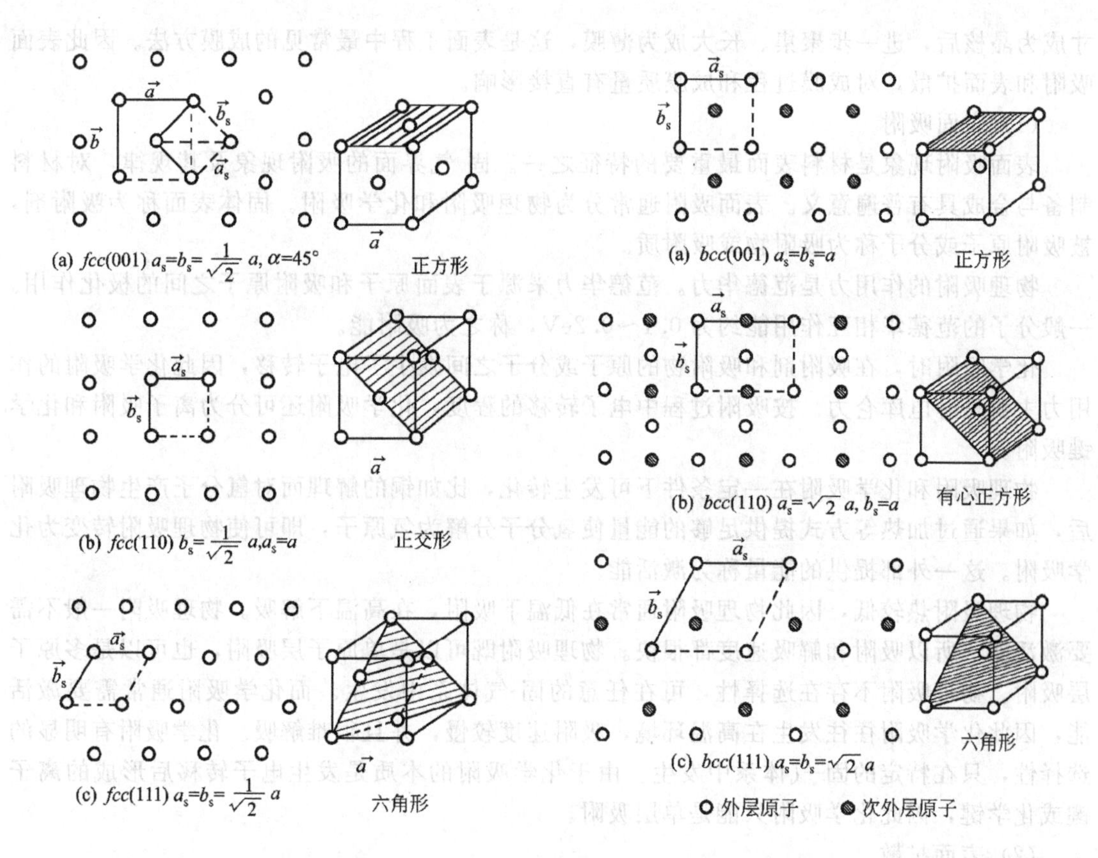

图 13-1　面心立方的几种理想表面及结构单元　　　图 13-2　体心立方的几种理想表面及结构单元

（3）再构表面与实际表面

理想表面只是一种理论上结构完整的二维点阵平面。由于表面上电子波函数的畸变，使原子处于高能态，因而容易发生弛豫和重排，形成偏离理想点阵的新的再构表面。再构表面是由理想表面演变而来的，因此可用理想二维点阵为衬底来描述再构表面。对再构表面进一步修正后，即可用来表征实际表面。

衬底元素用 E 表示，衬底基矢为 a_s 和 b_s，再构基矢为 a'_s 和 b'_s。$|a'_s/a_s|=p$，$|b'_s/b_s|=q$，再构基矢相对衬底基矢的偏转角为 α，当理想表面衬底为平坦表面时，再构表面可表示为

$$E=\{hkl\}p\times q\text{-}\alpha$$

例如 Si{111}7×7-0，表示在 Si{111} 理想表面上形成的再构点阵形状与衬底相同，只不过再构点阵的基矢是衬底基矢的 7 倍，并且 a'_s 与 a_s 平行。

以再构表面为衬底，当衬底表面上的吸附原子达到一定数量时，形成了具有覆盖层的实际表面。覆盖表面可表示为

$$E\{hkl\}p\times q\text{-}\alpha\text{-}m\times n\text{-}\beta\text{-}D$$

式中，$E\{hkl\}p\times q\text{-}\alpha$ 表示再构表面；m、n 和 β 分别指覆盖点阵基矢与再构表面基矢的长度比和偏转角；D 表示覆盖元素。上式通常简写成

$$E\{hkl\}m\times n\text{-}\beta\text{-}D$$

13.2.3　表面吸附与表面扩散

吸附在固体材料表面的原子，通过表面扩散等方式结合成原子团。当原子团超过临界尺

寸成为晶核后，进一步聚集、长大成为薄膜，这是表面工程中最常见的成膜方法。因此表面吸附和表面扩散，对成膜过程和成膜质量有直接影响。

(1) 表面吸附

表面吸附现象是材料表面最重要的特征之一。固-气界面的吸附现象及其规律，对材料制备与合成具有普遍意义。表面吸附通常分为物理吸附和化学吸附。固体表面称为吸附剂，被吸附原子或分子称为吸附物或吸附质。

物理吸附的作用力是范德华力。范德华力来源于表面原子和吸附原子之间的极化作用。一般分子的范德华相互作用能约为 0.1～0.2eV，称之为吸附能。

化学吸附时，在吸附剂和吸附物的原子或分子之间发生了电子转移，因此化学吸附的作用力主要是静电库仑力。按吸附过程中电子转移的程度，化学吸附还可分为离子吸附和化学键吸附。

物理吸附和化学吸附在一定条件下可发生转化，比如铜的解理面对氢分子产生物理吸附后，如果通过加热等方式提供足够的能量使氢分子分解为氢原子，即可使物理吸附转变为化学吸附。这一外部提供的能量称为激活能。

物理吸附热较低，因此物理吸附通常在低温下吸附，在高温下解吸。物理吸附一般不需要激活能，所以吸附和解吸速度都很快。物理吸附既可以是单原子层吸附，也可以是多原子层吸附。物理吸附不存在选择性，可在任意的固-气体系中发生。而化学吸附通常需要激活能，因此化学吸附往往发生在高温环境，吸附速度较慢，并且很难解吸。化学吸附有明显的选择性，只在特定的固-气体系中发生。由于化学吸附的本质是发生电子转移后形成的离子键或化学键，因此化学吸附只能是单层吸附。

(2) 表面扩散

表面原子也和体内原子、分子一样，在平衡位置（二维点阵结点）附近做热振动，有些原子甚至脱离其平衡位置，跃迁到附近的间隙位置或新的平衡位置。跃迁的结果，形成了空位和间隙原子。这种原子迁移的微观过程以及由此引起的宏观现象，称为表面扩散。表面扩散不仅与温度、压力等外部因素有关，而且还取决于固体表面的化学组分、晶格结构、电子结构以及与之相关的表面势。

由于表面扩散是发生在固体表面的物质输送过程，因此在薄膜制备、薄膜微电子器件生产等技术领域有重要意义。

大量实验证明，晶体的解理面（表面）在许多情况下并不是平坦表面，实际上是一种含有表面缺陷的 TLK（Terrace-Ledge-Kink）结构，或称台阶结构。TLK 结构模型见图 13-3。

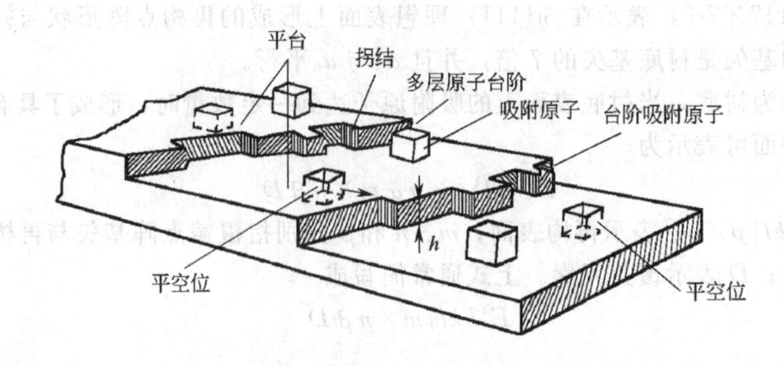

图 13-3　TLK 模型

TLK 表面的最简单缺陷，是吸附原子和表面空位。这些点缺陷和表面之间的结合能低于其它表面缺陷，它们在表面的迁移率也大于其它缺陷。因此表面扩散的主要微观机制，是表面吸附原子和表面空位的运动。

基体原子在表面的扩散称为表面自扩散（同质扩散），外来原子沿表面的扩散称为互扩散（异质扩散）。表面扩散过程的主要特征，表现为扩散系数。表面自扩散系数的表达式为

$$D_s = D_0 \exp(-\Delta E_d / kT)$$

式中，D_0 为扩散常数；ΔE_d 为扩散激活能。ΔE_d 包括缺陷形成能 ΔE_f 和缺陷迁移能 ΔE_m。

外来原子在表面存在的方式，可以是间隙式，也可以是置换式，或者化合、吸附等。这些原子受到的束缚较弱，其迁移速度比自扩散大得多，多属于远程扩散，原子平均自由程 l 远大于晶格常数 a，即 $l \gg a$。

间隙式外来原子的扩散，其迁移仅与迁移能 ΔE_m 有关，扩散系数可表示为

$$D_l = a l^2 \nu_0 \exp(-\Delta E_m / kT)$$

式中，D_l 为远程扩散系数；ν_0 为外来原子的振动频率；l 为原子平均自由程；a 为晶格常数。

13.2.4　表面工程用高能束热源

表面材料的制备与合成，多数情况是在加热条件下完成的。用于表面工程的加热热源，除了电加热、火焰加热、感应加热、盐浴加热等常规热源外，目前高功率密度热源正得到广泛应用。

高功率密度热源是指供给材料表面的功率密度 $\geqslant 10^3\ W/cm^2$ 的热源，如激光、电子束、电火花、超高频感应等。其中激光束、电子束和离子束，统称为高能束。高能束热源的功率密度和处理能力比较，见表 13-2。

表 13-2　各种高能束热源的特性比较

项目 类型	供给材料表面的功率密度(实验平均值)/(W/cm²)	峰值功率密度(局部处理实验值)/(W/cm²)	材料表面吸收的能量密度(理论值)/(J/cm²)	处理能力/(cm³/cm²)	能源的产生类型
激光束	$10^4 \sim 10^8$	$10^8 \sim 10^9$	10^5	$10^{-5} \sim 10^{-4}$	光
电子束	$10^4 \sim 10^7$	$10^7 \sim 10^8$	10^6	$10^{-6} \sim 10^{-5}$	电子
离子束	$10^4 \sim 10^5$	$10^5 \sim 10^7$	$10^5 \sim 10^6$	$1 \sim 10$	在强磁场下微波放电
超声波	$10^4 \sim 10^5$	$10^5 \sim 10^7$	$10^5 \sim 10^6$	$10^{-4} \sim 10^{-5}$	超声波振动
电火花	$10^5 \sim 10^6$	$10^6 \sim 10^7$	$10^4 \sim 10^5$	$10^{-5} \sim 10^{-4}$	电气
太阳能	1.9×10^3	$10^4 \sim 10^5$	10^5	$10^{-5} \sim 10^{-4}$	光
超高频冲击	3×10^3	10^4	10^4	$10^{-4} \sim 10^{-3}$	电感应

（1）激光

激光是一种原子系统在受激辐射放大过程中产生的单色、同位向、高亮度的相干光。激光有较高的能量密度（$10^4 \sim 10^8\ W/cm^2$）和良好的方向性（光束发散角小于一个到几个毫弧度）。

发出激光的物质叫激光工作物质。按激光工作物形态可分为气体（CO_2、He-Ne）激光器，固体（钇铝石榴石、红宝石）激光器，以及半导体（GaAs、InP、InAs）激光器。在材

料表面工程技术中，通常采用CO_2激光器和钇铝石榴石（YAG）激光器。

CO_2激光器的功率在0.5～45kW之间，多数情况采用的功率为5kW以下，激光波长为10.6μm，既可连续输出，也可脉冲输出。CO_2激光器有较大的电-光转换率，理论值可达32%，其缺点是体积庞大。

YAG激光器的主要优点是波长较短（1.06μm），作用于金属材料表面时，有较大的吸收率。因此加工处理同样的制品时，YAG激光器所需的平均功率小于CO_2激光器。YAG激光器的体积较小，造价略低于同功率CO_2激光器。YAG激光器的主要缺点，是电-光转换率低，光泵用灯的寿命较短。

（2）电子束

电子枪产生的电子，可以通过电场加速和磁场聚焦的方式处理成具有高能密度的束状电子流，称为电子束。电子束的功率密度为10^4～10^7 W/cm²。电子枪主要有两种形式，一种是热丝阴极型电子枪，另一种是等离子电子枪。

装有三极式热丝阴极电子枪的电子束加工装置，如图13-4所示。电子枪由产生电子的热丝阴极、控制电极和引出电子的阴极组成。

图13-5是中空阴极（HCD）式等离子电子枪示意图，HCD电子枪以低压真空辉光放电产生的等离子体作为电子源。与热丝阴极电子枪相比，HCD电子枪可获得较大束径的电子束，并且具有低电压、大电流的输出特性。

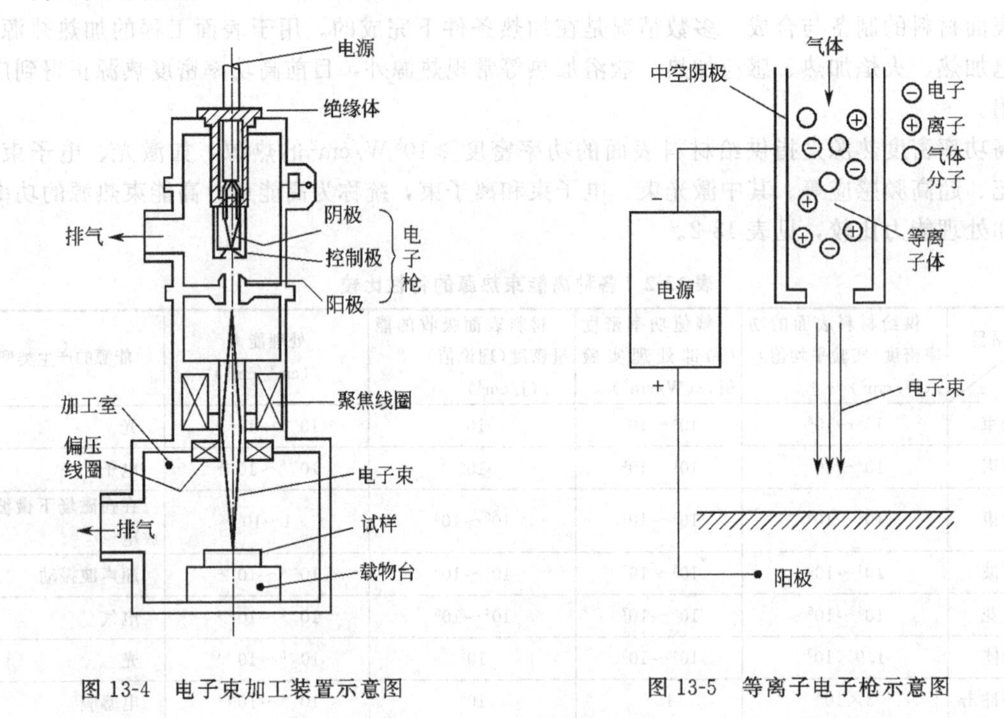

图13-4 电子束加工装置示意图

图13-5 等离子电子枪示意图

（3）离子束

通过辉光放电、微波放电形成等离子体，等离子体中的离子在电场作用下产生定向加速，或经聚焦后形成的束状高能密度离子流，称为离子束。

形成等离子体和引出离子的装置称为离子枪。引出后的离子束，根据不同的需求可进行加速、减速、聚焦、发散或离子筛分等后续处理。通常离子枪和后续处理装置统称为离子源，图13-6为宽幅离子束和聚焦离子束的离子源示意图。

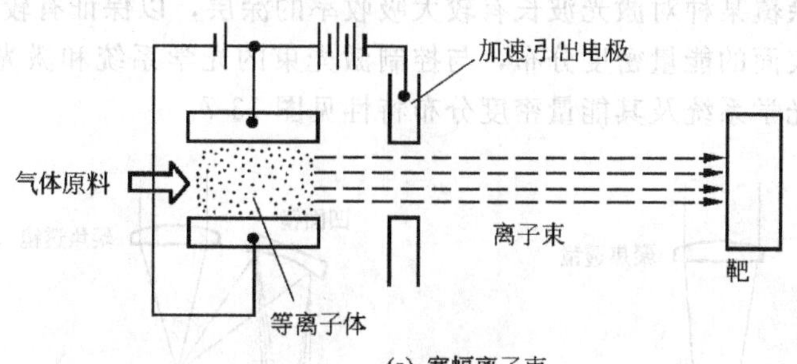

(a) 宽幅离子束

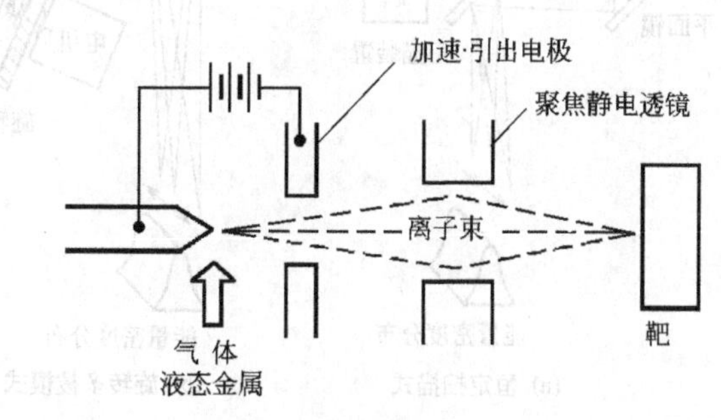

(b) 聚焦离子束

图 13-6　离子源示意图

13.3　高能束表面处理

13.3.1　激光表面处理

激光作用在固体表面后，引起固体表面晶格振动，并以极快的速度迅速升温。

13.3.1.1　激光表面处理特点

激光表面处理有如下特点。

① 能量密度高（$10^4 \sim 10^8$ W/cm^2），升温速度快（$10^4 \sim 10^6$℃/s）；热量集中在很薄的浅层内，具有较大的冷却速度（$10^6 \sim 10^8$℃/s）。但工件表面对激光吸收率低，因此须对工件表面预先“黑化”处理。

② 有良好的方向性，可对复杂零件的指定表面进行局部处理。由于热影响区小、处理后不需冷却介质即可实现自激冷却，因此应力变形小。

③ 有良好的可控性，可通过调节功率、光斑直径和扫描速度来控制加热温度加热深度和加热面积。

④ 加工表面平整光滑，可作为最后加工处理工序。

⑤ 工艺范围广，可完成表面相变强化、表面熔覆和表面合金化等多种处理工艺。

13.3.1.2　激光表面淬火

以激光束为热源对工件表面加热，然后通过工件自身的热扩散产生急冷效应，在工件表面获得淬火组织和性能的工艺过程，称为激光表面淬火。

激光淬火的加热、保温和冷却过程较为复杂，这三个过程取决于光束入射角、停留时间、表面“黑化”程度，以及光束的能量密度和分布形态。

通常入射角越小，加热层越浅；停留时间越长，表面温度越高且加热层越深。表面“黑化”是在工件表面涂覆某种对激光波长有较大吸收率的涂层，以保证有较高的加热效率。

激光束在工作表面的能量密度分布，与控制激光束的光学系统和激光的扫描方式有关。常见的激光淬火用光学系统及其能量密度分布特性见图 13-7。

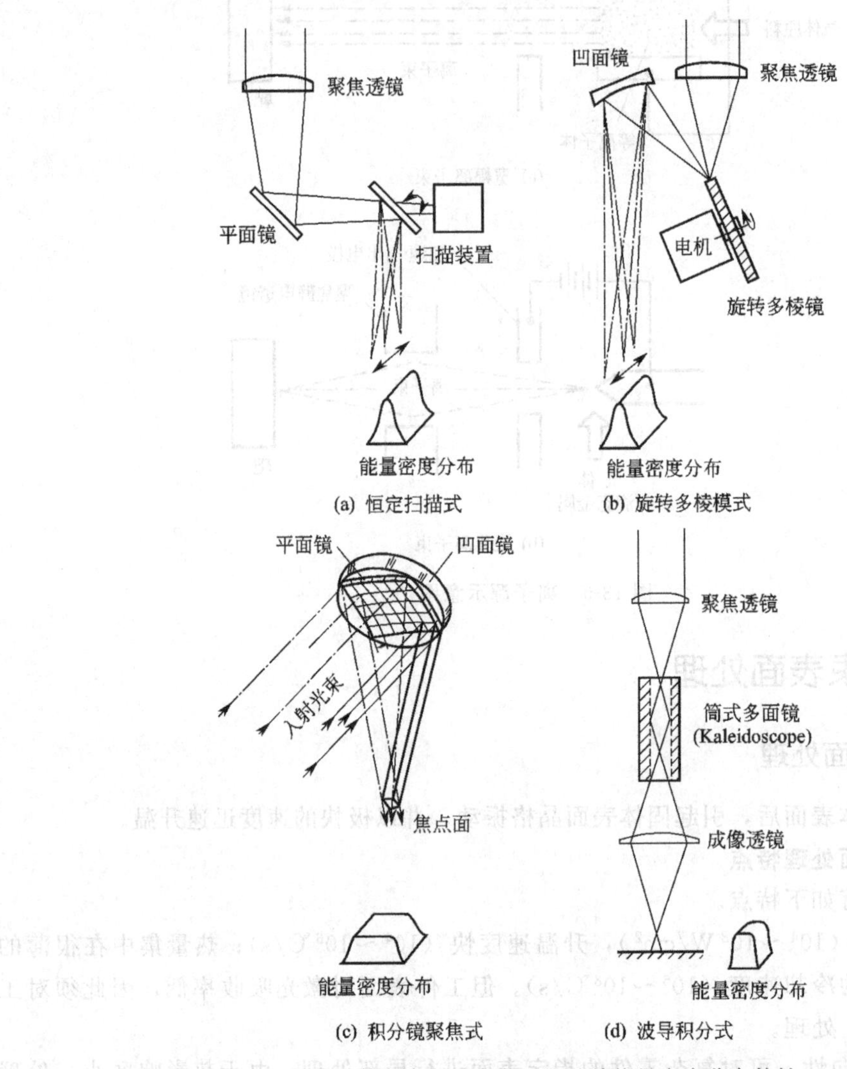

图 13-7 激光淬火用光学系统及其能量密度分布特性

由于激光光斑直径较小，因此激光淬火加热必须通过激光束的扫描运动来实现。激光扫描方式有单道扫描、多道重叠扫描，以及激光束一维摆动扫描及二维摆动扫描。多道重叠扫描和摆动扫描可加宽淬火加热区，适用于较大面积的淬火加热。激光束的移动速度与摆动频率，应能保证工件表面达到最佳硬化效果；多道重叠扫描时，搭接区宽度也应根据工件的使用特点及光斑直径进行优选。

激光淬火通常不需要淬火介质，而是靠工件自身的导热实现自激冷淬火，因此淬火硬化层较浅，一般不超过 1.5mm。

激光表面淬火能使硬化层内残留相当大的压应力，从而提高了工件表面的硬度、耐磨性和疲劳强度。激光表面淬火在航空及舰船发动机零件的表面强化中占有重要地位。比如气缸套、曲轴、凸轮轴、活塞环槽的激光表面淬火，明显提高了零件的硬度、耐磨性、抗擦伤性和抗疲劳性能。

活塞环槽表面激光淬火的光学系统、淬火位置和技术指标见图 13-8。

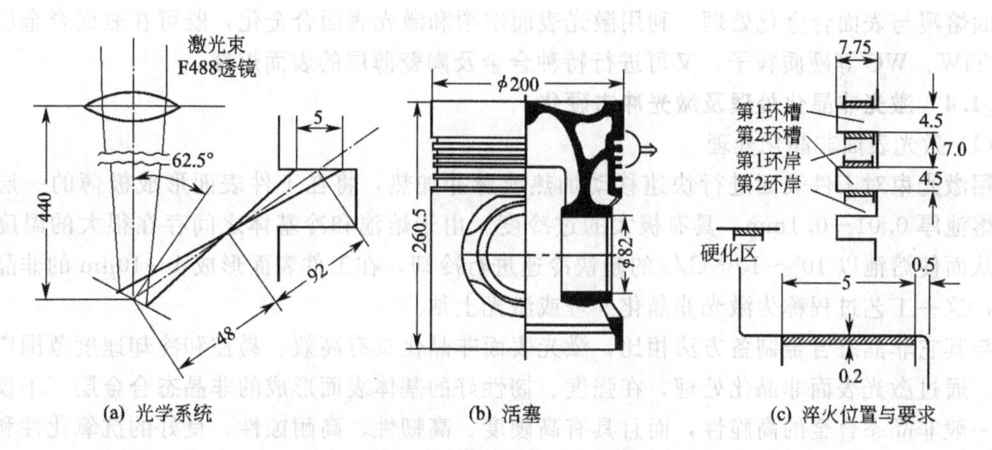

图 13-8　活塞环的激光淬火（单位：mm）

13.3.1.3　激光表面熔覆与表面合金化

激光表面熔覆与表面合金化，都是以高能密度的激光束为热源，使基体（工件）表面预置的电镀层、粘接剂涂覆层或热喷涂层加热并熔化，形成具有耐磨、耐蚀和耐热性能的熔覆层或合金层。激光表面熔覆和激光表面合金化的主要区别，在于基体表面的熔融程度以及基体材料成分和表面层成分之间的混合程度。

（1）激光表面熔覆

激光表面熔覆是通过控制入射到工件表面的能量，使预置层熔化而基体表面处于微熔状态，熔覆层元素与基体元素之间不发生宏观扩散，因此熔覆层成分与基体成分明显不同。熔化的预置层冷凝后，与基体表面之间形成了一个稀释度极小、厚度极薄的合金层，既保证了熔覆层与基体之间有良好的结合力，又保证了熔覆层的成分和性能。

（2）激光表面合金化

激光表面合金化，则是利用激光能量使预置层和基体表面一起熔化，并在基体表面一定深度处形成熔池。由于基体表面元素和预置层元素之间的相互混合扩散，在基体表面形成一种既不同于基体成分、也不同于预置层成分的新合金层。

激光表面熔覆和激光表面合金化示意图，如图 13-9 所示。

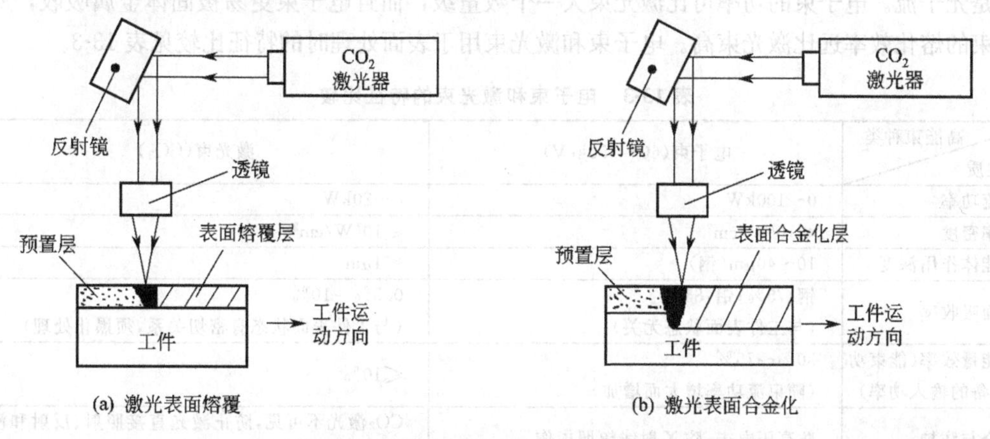

图 13-9　激光表面熔覆与表面合金化示意

利用激光表面熔覆和激光表面合金化，可在普通碳钢、合金钢、高速钢、不锈钢和铸铁表面，进行Cr、Ni、W、Ti、V、Co、Mo等金属元素和C、N、B等非金属元素及其合金的表面熔覆与表面合金化处理。利用激光表面熔覆和激光表面合金化，既可在表面合金层中镶嵌TiW、WC等硬质粒子，又可进行特种合金及陶瓷薄层的表面熔覆。

13.3.1.4 激光非晶化处理及激光冲击硬化

(1) 激光表面非晶化处理

用激光束对工件表面进行快速移动加热或脉冲加热，将在工件表面形成极薄的一层熔池，熔池厚0.01～0.1mm，具有极大的过冷度。由于熔池和冷基体之间存在很大的温度梯度，从而使熔池以10^6～10^{10}℃/s的超快冷速进行冷却，在工件表面形成1～10μm的非晶态组织，这一工艺过程称为激光非晶化处理或激光上釉。

与其它非晶态合金制备方法相比，激光表面非晶化具有高效、易控和冷却速度范围广等优点。通过激光表面非晶化处理，在强度、韧性好的基体表面形成的非晶态合金层，不仅克服了一般非晶态合金的高脆性，而且具有高硬度、高韧性、高耐蚀性、良好的抗氧化性和独特的电磁性能。例如对Ni基合金进行激光表面非晶化处理，可使其硬度由HV650提高到HV1400；Cr12钢表面喷涂一层FeB合金后，再经激光表面非晶化处理，明显提高了耐磨性。

(2) 激光冲击硬化

激光冲击硬化，是用高能密度脉冲激光束（10^9～10^{12} W/cm²）照射工件表面，使0.02～0.2mm深的表面薄层迅速气化，当表面原子逸出时发生动量脉冲，产生10^4 MPa的压力。在高压力波作用下，基体金属表面的显微组织中形成了复杂的位错网，从而使材料表面硬化，同时也改善了材料的性能。

激光冲击硬化不仅可以大幅度提高材料的强度和硬度，而且能有效地提高钢及铝、钛合金的抗疲劳性能。用脉冲激光对铝合金进行冲击硬化处理，使屈服强度提高了30%，疲劳寿命和焊缝强度也得到明显改善。经激光冲击硬化处理的飞机用紧固件，其高频疲劳寿命与未处理件相比提高了一倍，从而提高了飞机的安全性、可靠性和续航能力。

13.3.2 电子束表面处理

电子束表面处理与激光表面处理有许多相似之处，但由于两者之间的原理完全不同，因此用于表面处理时，其工艺特点也存在一些差异。电子束与激光束的形成机制不同，前者是电子流，后者是光子流。电子束的功率可比激光束大一个数量级，而且电子束更易被固体金属吸收，所以电子束的熔化效率远比激光束高。电子束和激光束用于表面处理时的特征比较见表13-3。

表13-3 电子束和激光束的特征比较

高能束种类 性质	电子束(60～150keV)	激光束(CO_2)
束流功率	0～100kW	0～20kW
功率密度	≤10^7 W/cm²	≤10^7 W/cm²
载能体作用深度	10～40μm(钢)	<1μm
表面吸收率	钢:75%;铝:85% (与工件表面状态无关)	0.5%～10% (与工件表面状态有密切关系,须黑化处理)
总能量效率(能束功率/设备的输入功率)	30%～75% (随束流功率增大而增加)	≤10%
安全与防护	防高压电击、防X射线辐照损伤	CO_2激光不可见,防止激光直接照射、反射和漫反射对人体的伤害

(1) 电子束表面淬火

用高能电子束快速扫描工件，使工件表面薄层的温度急剧升高到相变点以上，而表层以下的基体仍处于冷态。持续加热0.5～1s后，当移开或切断电子束时，由于冷态基体的快速导热作用而使加热表层实现淬火，这一工艺过程称为电子束表面淬火。

电子束引入到大气中时，由于电子急剧衰减而引起功率密度下降，所以电子束表面淬火通常在真空室中进行。但采取分段真空或者加设金属箔电子透过窗等特殊方法，也可以把电子束引入到大气中，在常压下完成表面淬火。

电子束表面淬火，可采用两种方法以实现电子束与工件之间的相对运动。一种是通过调节偏转线圈的电流使电子束移动，而工件静止，其特点是控制精度高，定位准确。另一种是电子束不动，通过工件移动来实现扫描加热。这种方法的加热效果也很好，是目前国内最常见的电子束表面淬火方式。工件可沿 x，y 方向移动的电子束表面淬火装置，参见图13-4。

(2) 电子束表面熔覆与合金化

① 电子束熔覆与合金化　电子束熔覆与合金化，与激光束熔覆与合金化的原理相似，但电子束的熔化效率大于激光束的熔化效率。当束流功率相等时，电子束在0Cr18Ni9钢表面的熔化深度几乎是激光熔化深度的2倍。当给定能束的功率为1.52kW时，电子束在30Cr2MoV合金结构钢表面的熔化深度甚至是激光熔化深度的7～8倍。产生这种差异的原因在于金属表面形成熔池时，表面金属将气化或形成等离子体。对电子束而言，这种气体是“透明”的，它并不影响电子束透过这层气体继续作用于熔池。但这种气体对激光束却能产生吸收效应，因此大大影响了激光束与熔池的作用，甚至产生屏蔽效应。

由于电子束熔覆具有快速加热和快速冷却的特性，因此电子束熔覆的特点，是可以扩大合金的固溶度，获得超细晶粒、精细的结晶组织和高度弥散的第二相，充分抑制元素偏析。电子束熔覆，改善了合金的表层组织，使工件表面的硬度、耐磨性、抗蚀性和抗疲劳性能明显提高。

② 电子束表面合金化　电子束表面合金化，对预置层材料的形态和性能有较高要求。电子束表面合金化通常在真空下完成，因此激光表面合金化常用的粉体输送技术已不再适用。用粘接剂法涂覆的预置层致密度不高，结合力也较弱，高能电子冲击产生的溅射作用，往往把预置层中的合金粉末击飞。但采用电镀和热喷涂法预置的合金涂覆层则不存在这种现象，而且易于获得高质量的表面合金层。

在电子束聚焦处于最佳状态时，影响电子束表面熔覆与合金化的主要参数，是加速电压、电子束流、扫描速度、电子枪工作距离、焦点位置和工作室的真空度。这些参数既有独立性，彼此之间又密切相关。因此调节某一参数时，必须考虑到可能产生的关联影响。

13.3.3 离子束表面处理

离子束表面处理，是将离子源产生的离子束加速并聚焦成高能束流，然后作用在工件表面。离子束表面处理与电子束表面处理类似，但电子质量小、速度大，高速电子撞击工件表面时，动能几乎全部转换为热能。而离子具有较大的质量和惯性，撞击工件表面时产生了溅射效应和注入效应，引起变形、分离、破坏等机械作用；同时，离子向基体扩散时形成化合物，产生复合、激活的化学作用。

(1) 离子注入

离子注入是将加速成几万甚至几十万电子伏特能量的 N^+、C^+、Cr^+、Ni^+、Ti^+ 等金属或非金属离子注入到工件表面，使材料表层的物理、化学和力学性能发生变化的表面处理技术。

离子注入装置如图 13-10 所示，由离子源、离子分离器、加速管、聚焦电极、X-Y 扫描电极、试样加工室和排气系统构成。离子分离器的作用，是把由化合物产生的多种离子进行筛分，去掉不需要的离子，以获得极高纯度的注入离子。

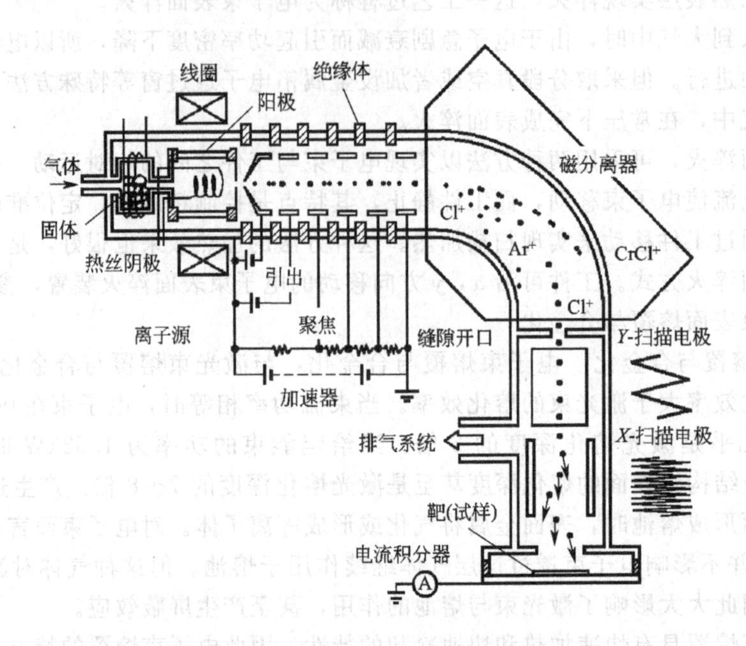

图 13-10 离子注入装置示意图

离子注入借助电场力将元素离子注入到材料表面，因而不受扩散系数、固溶度或热平衡等热力学条件限制，能够制备出非平衡结构的特殊物质。

离子注入通常在真空环境下的室温或低温下进行，工件无氧化、脱碳现象，也不会引起精密零件的尺寸变形和表面粗糙度的改变。离子注入后形成的新相，与基体结合牢固，无明显界面，避免了其它涂层技术中普遍存在的由于接合力不足或热膨胀系数不匹配而造成的涂层开裂和剥落现象。

离子注入的缺点是注入层较薄（通常不大于 1μm），也不能用于处理复杂工件的凹腔表面。离子注入的优、缺点比较见表 13-4。

表 13-4 离子注入的优、缺点比较

优点	缺点
·注入离子和基体材料之间可任意组合，无选择限制	·注入深度浅*
·通过离子分离可获得极高纯度的注入离子	·注入面积小*
·元素的注入深度及分布可控	·离子束直射*
·可实现低温、非平衡处理	·在真空下操作*
·零件尺寸精度和表面粗糙度无变化	·设备造价昂贵，产品成本高
·有较高的可靠性和良好的再现性，无工业污染	

注：带有 * 的缺点在特定条件下可转化为优点。

离子注入可提高耐磨性、耐蚀性、抗高温氧化性和疲劳寿命，降低摩擦系数。图 13-11 是 En40B 钢（英国牌号）氮化后再经 N^+、C^+、Ne^+、B^+ 等离子注入，体积磨损率与滑动距离之间的关系；图 13-12 是铁基体中注入各种离子后的耐蚀性变化。

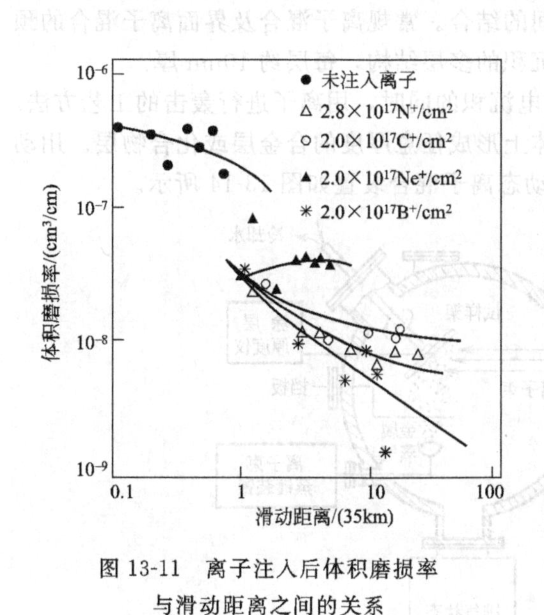

图 13-11　离子注入后体积磨损率与滑动距离之间的关系

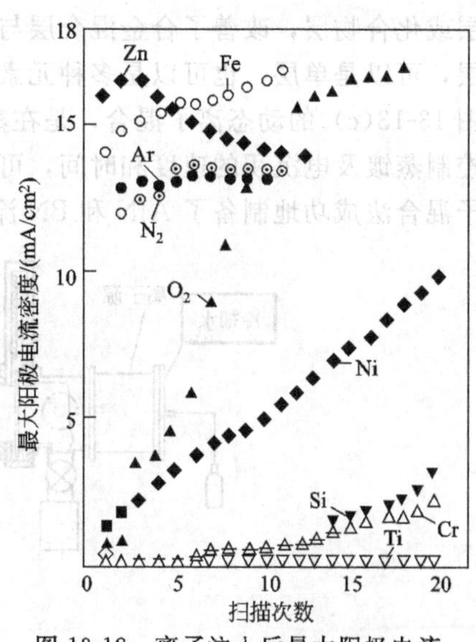

图 13-12　离子注入后最大阳极电流与电位扫描次数之间的关系

（2）离子混合

离子注入很难对过渡族金属和贵金属离子形成足够大的离子束流。为了克服这一缺点，发展出一种用 Ar 离子轰击基体表面预先涂覆的金属，使这些预先涂覆的金属与基体合金化的工艺方法，这种工艺方法称为离子混合。

离子混合分为常规混合、界面混合和动态混合，如图 13-13 所示。

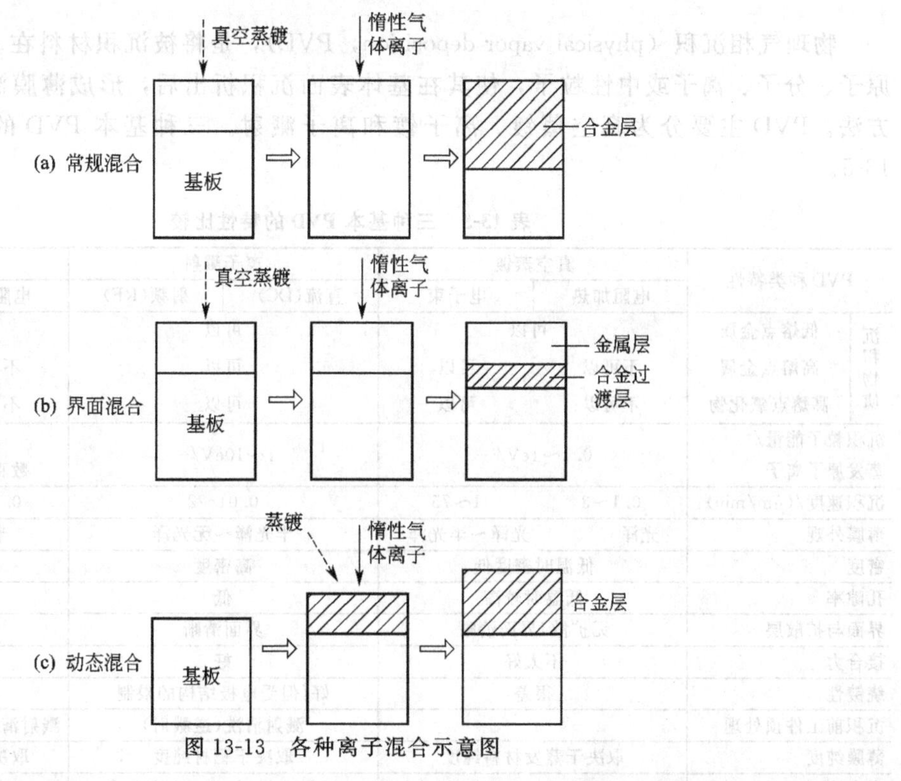

图 13-13　各种离子混合示意图

常规混合与界面混合的主要区别在于，后者的合金混合层与基体之间形成了一定尺度的合金层或化合物层，改善了合金混合层与基体间的结合。常规离子混合及界面离子混合的预沉积层，可以是单层，也可以是多种元素交替沉积的多层结构，每层约 10nm 厚。

图 13-13(c) 的动态离子混合，是在蒸镀或电沉积的同时，用离子进行轰击的工艺方法。通过控制蒸镀及电沉积的速度和时间，可在基体上形成任意厚度的合金层或化合物层。用动态离子混合法成功地制备了 AlN 和 BN 涂层。动态离子混合装置如图 13-14 所示。

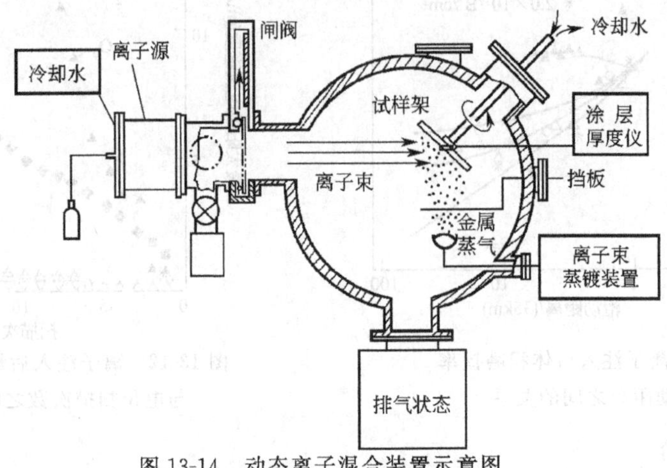

图 13-14　动态离子混合装置示意图

13.4 物理气相沉积

13.4.1 物理气相沉积的分类及特点

物理气相沉积（physical vapor deposition，PVD)，是将被沉积材料在真空室内气化成原子、分子、离子或中性粒子，使其在基体表面沉积析出后，形成薄膜涂层的一种工艺方法。PVD 主要分为真空蒸镀、离子镀和离子溅射。三种基本 PVD 的特性比较见表 13-5。

表 13-5　三种基本 PVD 的特性比较

PVD 种类特性		真空蒸镀		离子溅射		离子镀	
		电阻加热	电子束	直流(DC)	射频(RF)	电阻加热	电子束
沉积物质	低熔点金属	可以		可以		可以	
	高熔点金属	不可以	可以	可以		不可以	可以
	高熔点氧化物	不可以	可以	可以		不可以	可以
沉积粒子能量/蒸发原子离子		0.1～1eV/—		1～10eV/—		300～1000eV/数百～数千电子伏特	
沉积速度/(μm/min)		0.1～3	1～75	0.01～2		0.1～2	1～50
薄膜外观		光泽	光泽～半光泽	半光泽～无光泽		半光泽～无光泽	
密度		低温时密度低		高密度		高密度	
孔隙率		低温时较高		低		低	
界面与扩散层		无扩散,界面清晰		界面清晰		有扩散层	
接合力		不太好		好		很好	
绕镀性		很差		好,但受电极结构的限制		好	
沉积前工件预处理				溅射清洗(逆溅射)		溅射清洗(加工时持续进行)	
薄膜纯度		取决于蒸发材料纯度		取决于靶材纯度		取决于蒸发材料纯度	
真空度/Pa		1.33×10^{-3}～1.33×10^{-4}		1.33×10^{-1}～6.65×10^{-2}		2×10^{-2}～3×10^{-2}	

PVD 可沉积出水溶液电沉积法难以制备的 W、Ti、Al 金属及其氧化物、氮化物和碳化物，还可沉积出各种功能性薄膜和微电子工业用的各种半导体薄膜。PVD 有如下优点。

① 对沉积材料有较宽的选择范围，金属、合金、金属间化合物、陶瓷和有机化合物均可沉积。

② 基体温度由低温到高温可自由变化，薄膜结构具有可设计性和可控性。

③ 可沉积高纯度薄膜，也可利用蒸发物与引入真空室内的特定气体之间的反应，制备出各种反应生成物薄膜。

④ 沉积薄膜与基体间有良好的接合性。

⑤ 沉积薄膜表面光滑、平整，无须再加工。

⑥ 易于对形状复杂的工件表面进行沉积，可实现连续、半连续生产。

⑦ 无公害、无环境污染。

13.4.2 真空蒸镀

(1) 原理及特点

多数物质随着加热温度的升高而气化，气化的原子、分子在固体表面凝聚、固化后，即可形成薄膜。在真空室中利用热能使物质气化，并在工件表面冷凝沉积的方法叫真空蒸镀。真空室的作用是防止蒸发后的气态原子与大气分子撞击而失去活性，以保证蒸发原子在基体表面沉积成膜。

真空蒸镀在高真空条件下完成，因而可制备纯度较高的薄膜。真空蒸镀工艺过程简单，工艺参数可精确控制，是制备金属及陶瓷薄膜的最简便方法。当薄膜厚度小于 1μm 时，有良好的均匀性。

(2) 真空蒸镀的分类

① 电阻加热法　用 W、Mo、Ta 等高熔点金属制成图 13-5 所示的各种加热器，通电升温后，放置在加热器里的蒸发材料被加热气化。电阻加热是最简单的蒸发加热法。W 加热器适合于高温加热蒸发，Ta 加热器易于加工制造，而 Mo 加热器的特点是造价相对较低。

对 Pd、Ti、Cr、Mg、Zn 等易于升华的物质，可以直接在线材上通电加热使之气化。这种加热方式的蒸发量很小，但由于没有加热器的污染，因此可沉积出高纯度的薄膜。

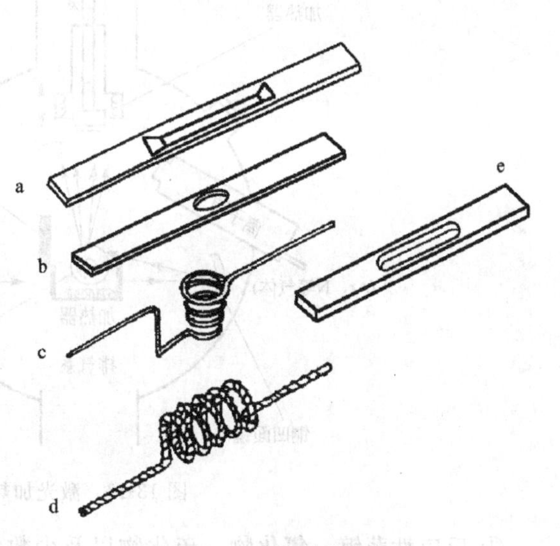

图 13-15　电阻加热器的形状
a、b、e—舟皿式；
c—宝塔螺旋式；
d—螺旋线圈式

② 电子束加热　电子束加热，是用高能量密度的电子束直接加热被沉积材料，并使之蒸发气化的加热方法。

横向 E 型电子枪蒸发源如图 13-16 所示，电子束在磁场作用下发生偏转后，直接照射到放置在坩埚里的蒸发材料上。电子束加热用较小的电功率，即可使被蒸发材料的局部处于高温而蒸发，因此具有广泛的应用性，尤其适合于高熔点物质或陶瓷材料的蒸发。

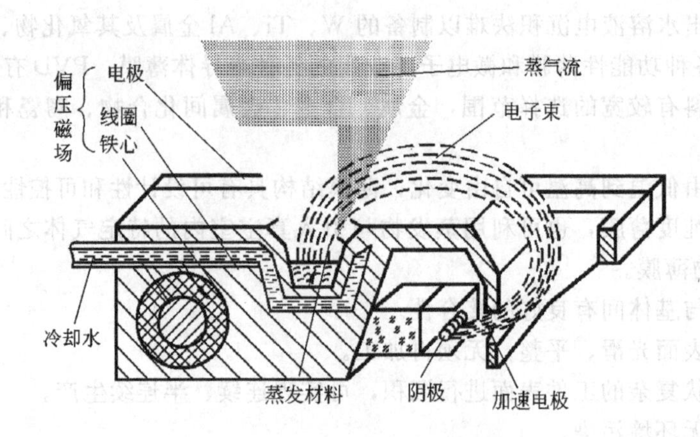

图 13-16 横向 E 型电子枪蒸发源

③ 激光加热 图 13-17 是激光加热真空蒸镀装置示意图。通过窗口将高能密度的激光束引入到真空室内，在蒸发材料表面聚焦后，使材料的表层瞬间气化。利用激光加热法，可蒸镀 Al_2O_3、MgO、石墨等难以蒸发的物质。为保证材料均匀蒸发，防止导热性差的材料在激光束照射区形成局部熔洞，陶瓷蒸发材料通常做成环形。激光束沿切线方向聚焦在匀速转动的环形蒸发材料表面，边蒸发边转动，从而实现了均匀蒸发。在激光加热蒸镀的同时，利用离子源产生的 N 或其它离子冲击工件表面，还可对沉积薄膜的成分和组织进行调整和控制。

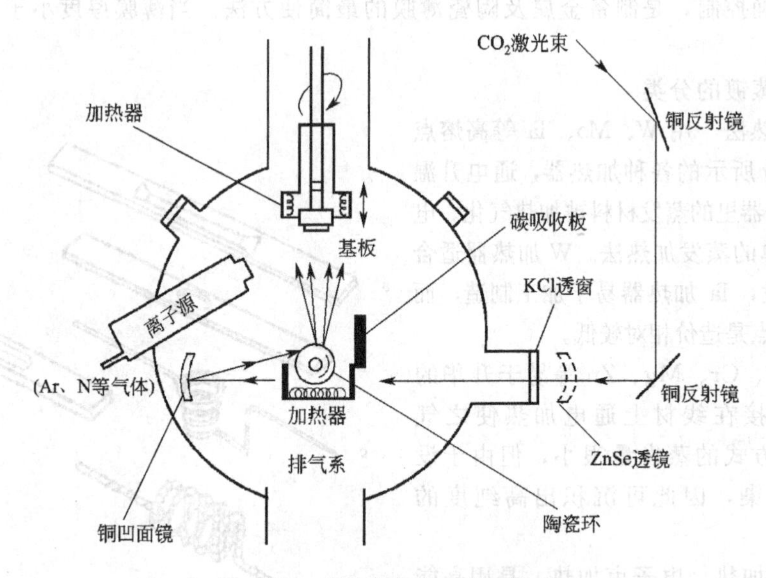

图 13-17 激光加热真空蒸镀装置

④ 反应性蒸镀 氯化物、硫化物以及少数氧化物和聚合物，可通过蒸镀的方法直接制备成化合物沉积层，但大多数化合物在加热蒸发时，将发生全部或部分分解。因此，用简单的真空蒸镀技术很难沉积出与被蒸发化合物材料成分相同的表面化合物薄膜。

真空蒸镀时，如果向真空室内引入可用于不同反应过程的气体，如碳氢化合物、氮、氧或其它气体，则可沉积出碳化物、氮化物、氧化物等多种化合物薄膜。这种工艺过程称为反应性蒸镀，或叫化学转化蒸镀。例如，在蒸发 Ti 的同时，引入 C_2H_4、C_2H_2、NH_3等气体，可以制备出 TiC、TiN 薄膜。

用蒸镀法制备 Al_2O_3、TiO_2、SiO_2 等氧化物薄膜的工艺过程，是在蒸镀 Al、Ti、Si 等元素的同时，通过可变截止阀向真空室内引入 1.33×10^{-2} Pa 的氧气。由于多数低价氧化物的蒸气压较高，因此常用 TiO、SiO 等氧化物取代 Ti、Si 作蒸发材料。沉积氮化物时，通常引入 NH_3，沉积碳化物时通常引入 C_2H_2。此外，蒸镀金属膜后，通过反应处理也可以制备氧化物或卤化物。

(3) 真空蒸镀的应用

真空蒸镀在大规模集成（LSI）、超大规模集成（VLSI）半导体器件和各种光学特性薄膜制备中得到了广泛应用。在机械工程领域，真空蒸镀既可用于工件表面处理，也可连续蒸镀具有不同特性的各种钢板。真空蒸镀钢板的特性及应用见表 13-6，连续蒸镀装置见图 13-18。

表 13-6 真空蒸镀钢板特性及应用

特性	薄膜种类	应用领域
防锈 防蚀	Zn、Sn、Al、Cr、Ti、Ni、TiN、TiC	汽车，建筑材料，反应堆，家具制造
耐热	Al、Ti、W、Ta	汽车，飞机，耐热构件
导电	Al、Cu、Cr、Ni、Au、Ag 及其它导电性合金	电器材料，电子材料，各种电器，电子部件制造
绝缘	SiO_2、Al_2O_3、Si_3N_4	
其它	Ni、Cr	反光板

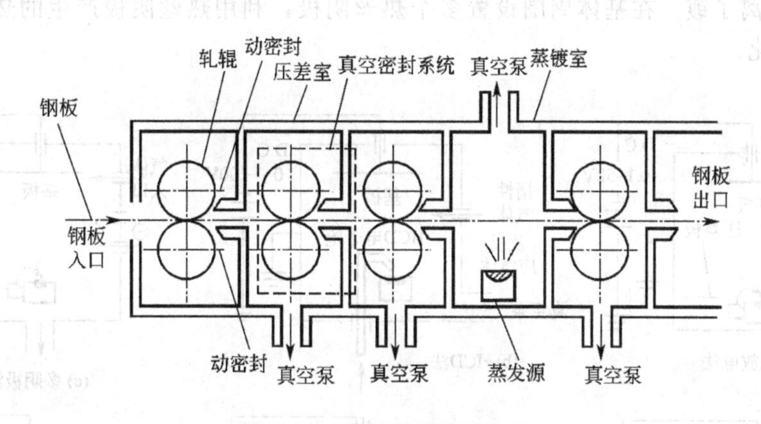

图 13-18 钢板连续蒸镀装置

13.4.3 离子镀

(1) 原理及特点

离子镀是借助惰性气体在真空条件下的辉光放电，使蒸发后的原子部分离子化并处于活性状态，然后在外加电场作用下向基体表面加速冲击而沉积成膜的工艺过程。离子镀原理如图 13-19 所示。

惰性气体辉光放电产生的离子和部分电离的蒸发材料离子，向带负电的基体（工件）表面冲击时形成溅射效应，不仅对基体表面有清洗作用，而且能击入表面几纳米的深度，从而大大提高了薄膜与基体间的结合力。

与真空蒸镀相比，离子镀的特点是真空度较低（$2\times10^{-2}\sim3\times10^{-2}$ Pa），因此绕镀性

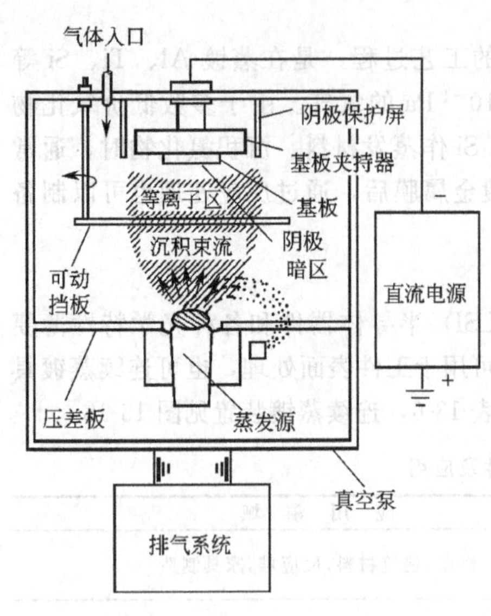

图 13-19 离子镀原理示意图

好，可在几何形状复杂的工件表面沉积各种薄膜。离子镀有较宽的适应范围，不仅可在金属基体表面成膜，还可在陶瓷、玻璃、塑料等基体表面形成涂层。离子镀沉积速度快，薄膜质量好，组织致密、气孔率低，有较强的结合力。

(2) 离子镀分类

20 世纪 70 年代以来，环保问题引起世界范围的广泛关注，离子镀以其无工业污染、成膜质量好等优点得到迅速发展，形成了各具特色的离子镀法。各种离子镀的原理示意见图 13-20，相应的各种离子镀特性及其比较见表 13-7。

① 直流放电离子镀　直流放电离子镀，是离子镀中最基本的方法。惰性气体低压辉光放电在基板周围形成了阴极暗区，气体离子和金属离子在阴极暗区的作用下，产生定向加速运动，沉积在基板表面。直流放电法的沉积速度约为 0.1～0.5μm/min。

② 中空阴极放电（HCD）离子镀　HCD 离子镀，是利用 HCD 电子枪同时完成蒸发和离子化的工艺方法。HCD 电子枪能够产生稳定的大直径电子束，具有低电压、大电流的输出特性。

③ 多阴极离子镀　在基体周围设置多个热丝阴极，利用热丝阴极产生的热电子冲击作用来增强离子化。

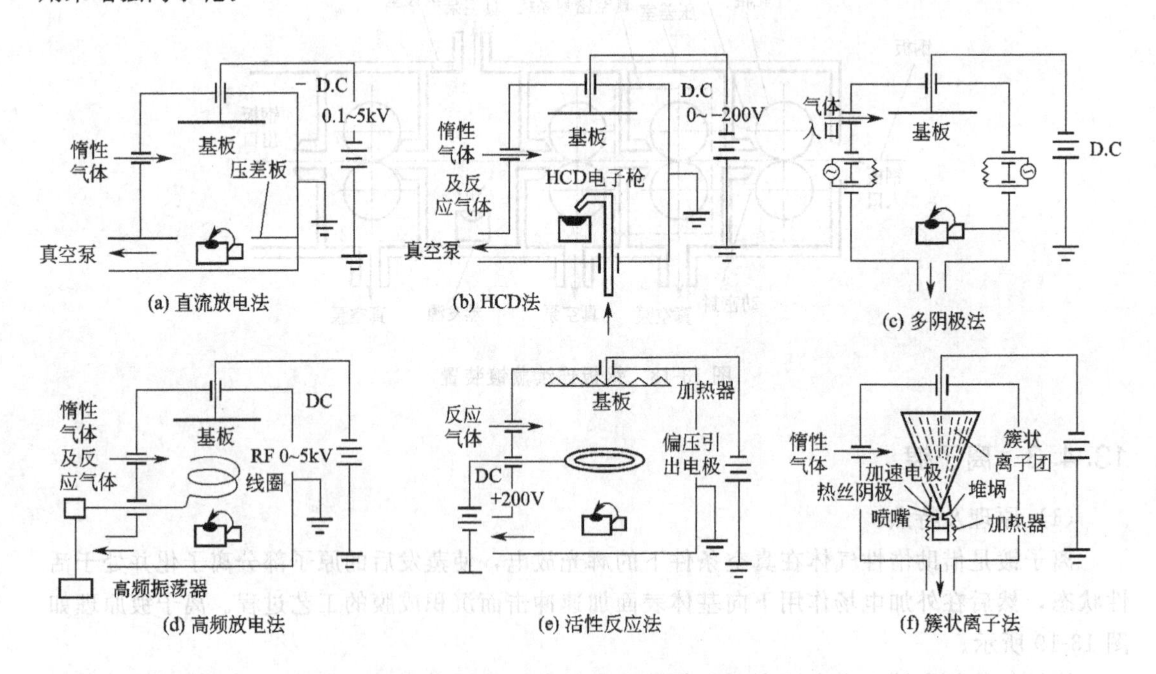

图 13-20 各种离子镀原理示意图

④ 高频离子镀　通过蒸发源与基板之间设置的感应线圈产生高频磁场，利用高频磁场进行离子化。由于高频电极和基板（阴极）之间不发生放电，因此基板温升较低。高频离子

镀的沉积速度较小，每分钟仅为数十至数千埃。

表 13-7　各种离子镀特点及其比较

分　类	离子化原理	工作压力/Pa	蒸发源	工作气体	离子加速电压	基板温度	活性离子镀	光亮膜、透明膜制备	应用领域
直流放电法	工件为阴极的高压直流放电	133×10^{-2} ～ 665×10^{-3}	电阻加热电子束	Ar或其它惰性气体	数百～数千伏	高	可以	可以	耐蚀，润滑，机械零件
HCD法(中空阴极)	低电压、大电流电子束冲击	133×10^{-3} ～ 133×10^{-4}	HCP电子枪	惰性气体及反应气体	零～数百伏	小基板加热	良好	可以	装饰，耐磨，机械零件
多阴极法	阴极产生的热电子冲击	133×10^{-3} ～ 133×10^{-5}	电阻加热电子束	惰性气体及反应气体	零～数百伏	小基板加热	良好	可以	精密零件，电子器件，装饰
高频放电法	高频等离子放电(13.56MHz)	133×10^{-3} ～ 133×10^{-4}	电阻加热电子束	惰性气体及反应气体	零～数百伏	小	良好	良好	光学，半导体，汽车部件
活性反应法	低压等离子放电	133×10^{-3} ～ 133×10^{-4}	电子束	C_2H_2，CH_4，N_2，O_2	不加速	小基板加热	良好	可以	机械零件，电子器件
簇状离子法	电子发射，热电子冲击	133×10^{-3} ～ 133×10^{-6}	簇状离子源	惰性气体及反应气体	零～数百伏	小	可以	良好	电子器件，音响部件

⑤ 活性反应离子镀（ARE）　ARE是在偏压电极上施加直流正电压，使偏压电极和基板之间形成局部辉光放电区。引入的反应气体和蒸发后的金属原子在辉光区内电离，相互发生反应后沉积在基板表面，形成化合物薄膜。

⑥ 簇状离子镀　通过设置在坩埚上的喷嘴，把气化后的蒸发物质喷射到133×10^{-4}～133×10^{-7}Pa的高真空中，利用绝热膨胀冷却使其形成由10^2～10^3个原子聚集在一起的簇状原子团。原子团中的一些原子在热丝阴极电子的冲击作用下离子化，从而使簇状原子团转变为簇状离子团，经加速电极加速后向基板运动并沉积成膜。簇状离子团有较大的质量，可把单个离子能量较低的材料有效地沉积在基板表面。同时簇状离子团有良好的铺展能力，因此制备的涂层均匀、表面光滑。

除了上述几种常见的离子镀外，近年来多弧离子镀、增强型离子镀等新方法备受重视。多弧离子镀（图13-21）利用弧光放电使靶材局部表面熔化并蒸发，由于靶材水冷并且省略了坩埚式蒸发源，因此热辐射对基板的影响很小，可在铝合金、ABS树脂等低熔点工件上沉积Cu、Cr、TiN等涂层。增强型离子镀，是在离子镀的同时进行离子轰击（图13-22），不仅可以改善沉积薄膜的结构和物理、化学性能，还可以提高结合强度。如果轰击离子束是反应元素（C、N、O等），则可沉积形成化合物薄膜。

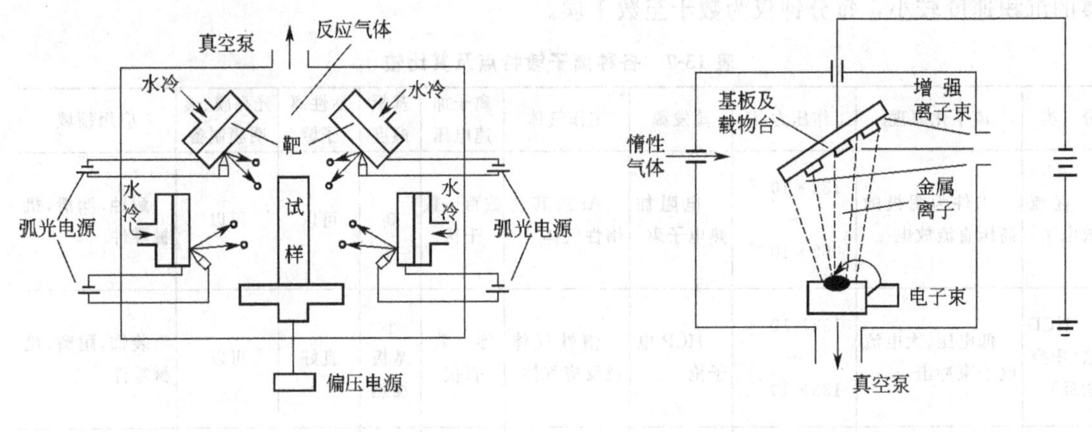

图 13-21 多弧离子镀　　图 13-22 增强型离子镀

（3）离子镀应用

离子镀可明显改善材料表面的物理、化学和力学性能，提高材料的耐蚀性、耐热性、润滑性、耐磨性及抗冲蚀性，并赋予材料表面反射、滤光以及无反射等功能特性。部分离子镀薄膜的特性及应用见表 13-8。

表 13-8 离子镀薄膜的特性及应用领域

应用领域	适用零部件	薄膜特性	薄膜材料成分
机械	工具、轴承、汽轮机叶片	耐蚀、耐磨、耐热和润滑	TiN、TiC、WC、CrN、Ti(C,N)、(TiAl)N
光学仪器	各种透镜、光学镜和滤光器	增透膜、反射镜和滤光膜	MgFe、CeFe、SiO_2、Al、Ag、Cr
电子电器	电气元件、集成电路	电阻膜、绝缘膜、磁性记忆	Al、Zn、NiCr、Au、CdF、FeO、NiCo
能源	太阳能集热器和太阳能电池	选择性透过和吸收膜、发电元件	ZrC、Cr_2O_3、Si、CaAs

13.4.4 离子溅射

（1）原理及特点

以高能离子或中性原子轰击固体靶材（被沉积材料），使靶材表面的原子溅射出来，然后在工件表面沉积成膜的过程，称为离子溅射镀膜。用于溅射的高能离子，通常采用辉光放电的方法来形成。离子溅射镀膜原理见图 13-23。

离子溅射对基体材料和靶材有较宽的选择范围，几乎可以沉积包括高熔点材料在内的各种物质。离子溅射有良好的绕镀性，可在不同尺寸和形状的工件表面沉积成膜，尤其适合大面积工件的均匀沉积。通过调节溅射率和轰击离子的电流密度，可定量控制薄膜厚度。靶材有较长寿命，易于更换，因而适合于长时间连续生产和自动化生产。

（2）离子溅射分类

按放电形式和电极结构，离子溅射主要分成直流（DC）二极溅射、三极溅射或四极溅射、射频（DRF）二极溅射、磁控溅射和离子束溅射。各种溅射方式的电压与放电特性见图 13-24。

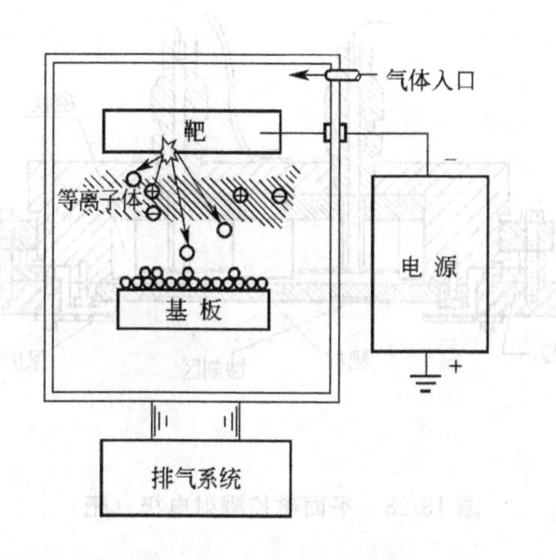

图 13-23 离子溅射镀膜原理示意图

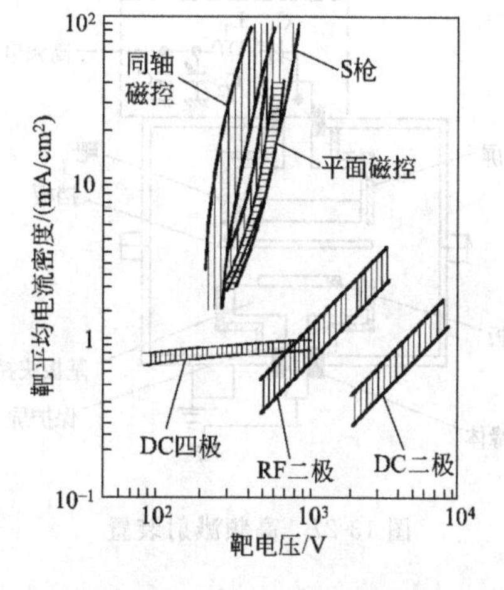

图 13-24 各种溅射方式的电压与放电特性

DC 二极溅射是早期使用的溅射镀膜装置，结构如图 13-25 所示。DC 二极溅射的沉积速度仅为 100nm/min，同时溅射产生的二次电子对基板有冲击作用，使基板有较大温升。

三极或四极溅射（图 13-26），是以 DC 二极为基础，在真空室内设置热阴极。由于热阴极能够产生足够的电子，因此可在较低电压（0～2kV）和低真空（1.33×10^{-1}～6.65×10^{-2}Pa）条件下完成溅射镀膜。

DC 二极、三极或四极溅射装置，只能用于导电性靶材的溅射镀膜。如果用高频（13.56MHz）电源取代直流电源（图 13-27），利用电子和离子的移动速度差，在绝缘性靶材表面感应形成负偏压，即可对绝缘性靶材溅射镀膜。

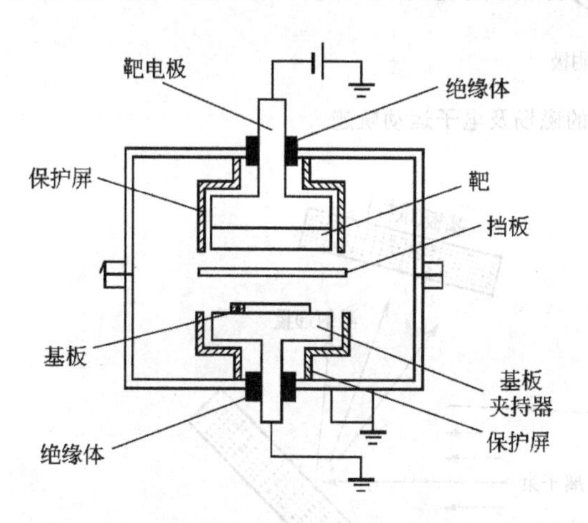

图 13-25 直流二极溅射装置

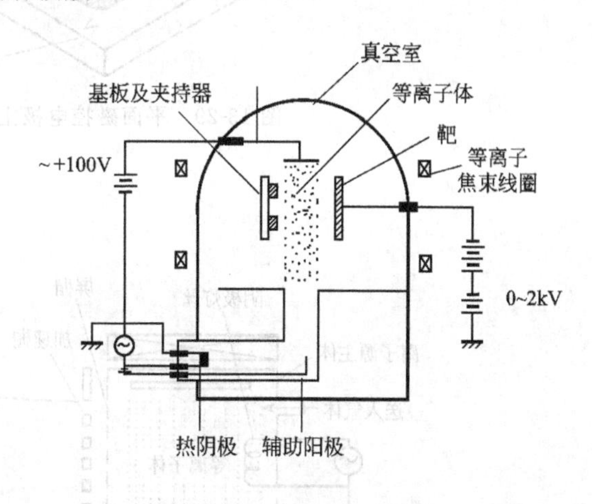

图 13-26 四极溅射装置

磁控溅射装置是在靶材下设置电磁铁或永久磁铁，以形成平行于靶材表面的磁场。溅射过程中产生的高速电子，在磁场作用下沿阴极回转而不能直接逃逸到阳极（基板）上，不仅使离子化率大大提高，而且使基板保持较低温度。磁控溅射包括同轴磁控溅射和平面磁控溅射，平面磁控溅射电极（靶）结构以及电极上的磁场和电子运动轨迹分别见图 13-28 和图 13-29。磁控溅射具有低电压、大电流、沉积速度快、基板温度低等特点，是离子溅射中应用最广的成膜技术，尤其适合在耐热性较差的基体（塑料、铝等）表面沉积 Cu、Cr、不锈钢等高熔点物质。

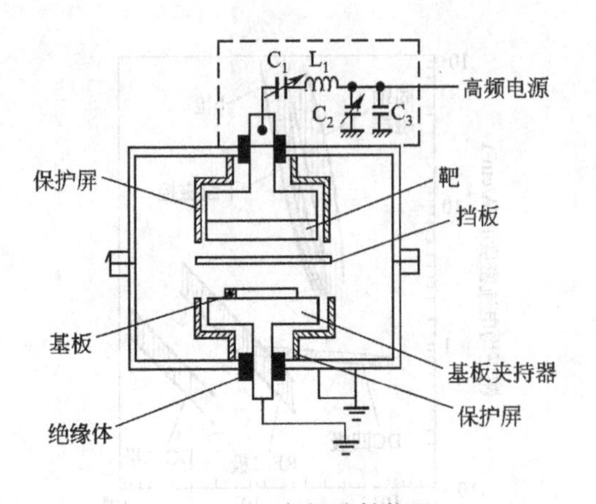

图 13-27 高频溅射装置

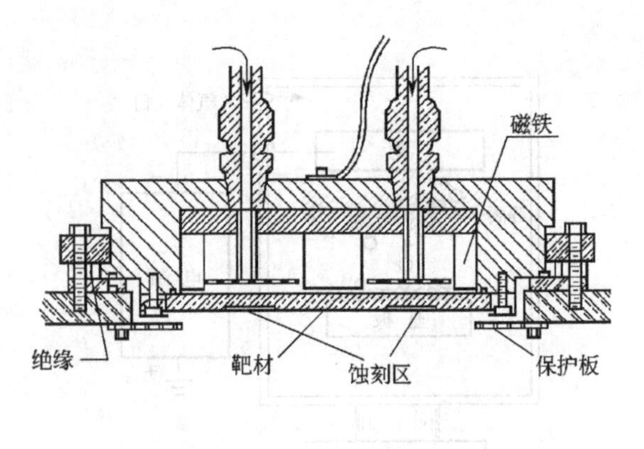

图 13-28 平面磁控溅射电极（靶）

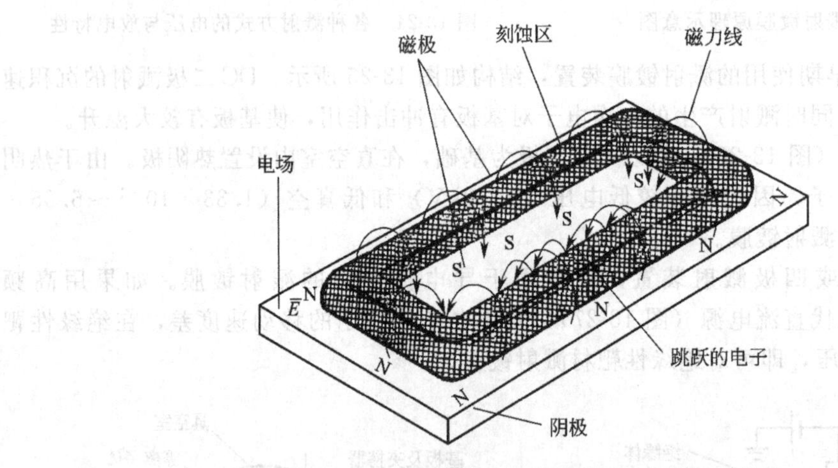

图 13-29 平面磁控电极上的磁场及电子运动轨迹

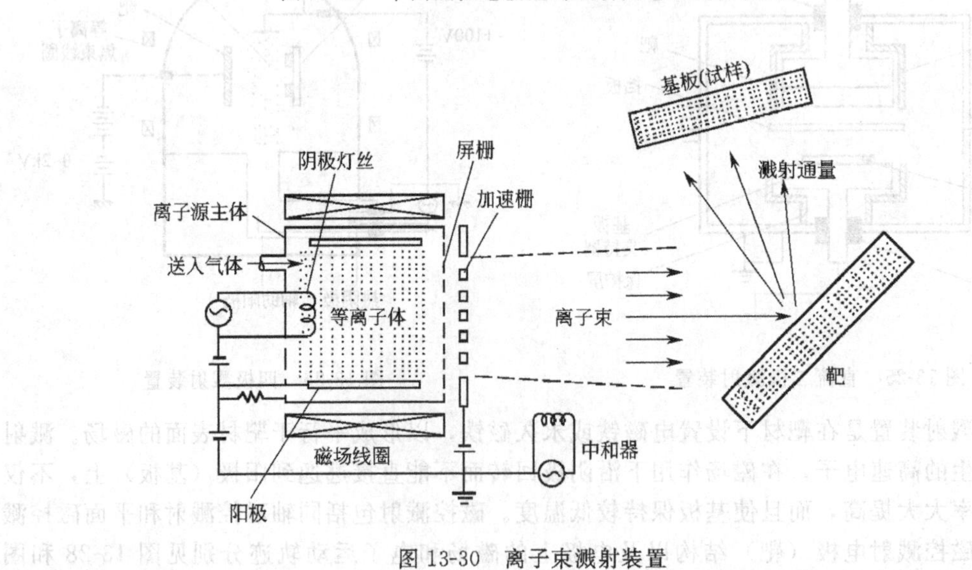

图 13-30 离子束溅射装置

离子束溅射装置（图 13-30），是将靶材置于真空中，用独立离子源产生的离子束进行溅射成膜的方法。离子束溅射时，靶材可以是零电位，不存在电子对基板的冲击升温作用。

离子束对靶材的入射角是可调的，因而可根据材料特性和离子能量来选择最佳溅射速率。

(3) 离子溅射应用

离子溅射镀膜法有良好的工艺性、较高的成膜质量和较宽的材料选择范围，广泛用于耐磨、耐热涂层和功能性涂层的制备与合成。溅射法制备的硬质耐磨涂层见表 13-9，以塑料为基体的各种表面涂层及功能见表 13-10。

表 13-9 溅射法制备的硬质耐磨涂层

碳 化 物	氮 化 物	氧 化 物	硼 化 物
TiC	TiN	TiO_x	TiB_2
HfC	HfN	HfO_2	HfB_2
ZrC	ZrN	ZrO_2	ZrB_2
TaC	TaN	Ta_2O_5	TaB_2
VC	VN	V_2O_3	VB
NbC	NbN	—	NbB_2
Cr_3C_2,Cr_7C_3	CrN	Cr_2O_3	—
$Cr_{23}C_6$	—	—	—
SiC	Si_3N_4	SiO_2	—
WC,W_2C	—	—	WB
MoC_2	AlN	Al_2O_3	MoB
—	TiN-TiC	TiC-Ti_xO_y	—
TiC-TiN	(Ti,V)N	—	—
TiC-VC	—	—	—
Ti-Si-C	(Si,Al)N	—	—
$(Fe,Mn)_3C$	—	—	—
—	Fe_4N	—	—

表 13-10 塑料基体表面涂层及功能

用 途	基体材料	薄膜成分	功 能
汽车部件	ABS PMMA	Cr,Ni 不锈钢	反射,表面保护
光学器件	PMMA PC	Al,Cr	导电,保护
透明导电膜	PET	In-Sn-O	导电
磁带、磁盘	PET 聚酯	Co,Ni Co,Ni	磁存储
激光介质膜	PC PMMA	Te,SiN SiN	存储器保护

注：ABS—丙烯腈-丁二烯-苯乙烯共聚物；PMMA—有机玻璃；PC—聚碳酸酯；PET—聚对苯二甲酸乙二酯。

13.5 化学气相沉积

13.5.1 原理、分类及特点

(1) CVD 原理

化学气相沉积 (CVD)，是将常温下不能发生化学反应的气体原料，引入到具有较高温度的基板表面，在催化剂作用下，通过高温化学反应在基板表面沉积出单种元素及化合物涂层的表面技术。

(2) CVD 分类

CVD 的基本工艺过程，是在一定温度和一定压力下通过一个或多个化学反应来实现。

因此，CVD可按工艺温度、工作室压力、热源形式和化学反应方式进行分类。

① 按工艺温度分为低温CVD（<500℃）、中温CVD（500～800℃）和高温CVD（>800℃）。

② 按工作压力分为常压CVD（APCVD）和低压CVD（LPCVD）。

③ 按能量形式分为激光CVD（LCVD）、等离子CVD（PCVD）、电阻加热CVD及高频CVD等。

④ 按化学反应方式分为氢还原法、热分解法、基体反应法、氧化反应法及综合反应法等。按化学反应分类的实例及反应温度见表13-11。反应式中的黑体符号为反应生成物。

表13-11　CVD的反应分类的实例及反应温度

反应方式	反应实例	反应温度/K
卤化物的氢还原	$SiCl_4+2H_2 \rightarrow \mathbf{Si}+4HCl$	1300～1500
	$WF_6+3H_2 \rightarrow \mathbf{W}+6HF$	550～870
第三种物质参与的卤化物氢气还原	$AsCl_3+Ga+\frac{3}{2}H_2 \rightarrow \mathbf{GaAs}+3HCl$	950～1100
	$TiCl_4+\frac{1}{2}N_2+2H_2 \rightarrow \mathbf{TiN}+4HCl$	1050～1300
	$TiCl_4+CH_4 \rightarrow \mathbf{TiC}+4HCl$	1200～1300
	$TiCl_4+2BCl_3+5H_2 \rightarrow \mathbf{TiB_2}+10HCl$	900～1300
	$AlBr_3+NH_3 \rightarrow \mathbf{AlN}+3HBr$	900～1200
	$BCl_3+NH_3 \rightarrow \mathbf{BN}+3HCl$	1100～1600
热分解	$CH_4 \rightarrow \mathbf{C}+2H_2$	1000～1800
	$SiH_4 \rightarrow \mathbf{Si}+2H_2$	800～950
	$B_2H_6 \rightarrow 2\mathbf{B}+3H_2$	900～1400
	$CH_3SiCl_3 \rightarrow \mathbf{SiC}+3HCl$	1100～1700
基体元素参与反应	$SiCl_4+2H_2+C_{(基)} \rightarrow \mathbf{SiC}+4HCl$	1400～2000
	$2SiCl_4+4H_2+Mo_{(基)} \rightarrow \mathbf{MoSi_2}+8HCl$	950～1150

(3) CVD特点

① 可利用各种气体原料沉积合成金属、半导体、绝缘物、有机物和陶瓷涂层，还可制备金刚石、立方氮化硼（cBN）等超硬薄膜。

② 利用多种气态原料的混合，可沉积复杂的化合物涂层或者制备复合涂层。

③ 反应温度较高，涂层与基体之间可能形成化学结合，因此有较强的结合力。但高温易使基体变形，引起明显的组织变化和性能变化。

④ 和其它表面处理相比，有良好的成膜质量和最低的气孔率，涂层密度接近理论值。

⑤ 有良好的绕镀性，能均匀涂覆几何形状复杂的工件。与PVD相比，有较大的生产能力，设备简单，操作方便，造价较低。

13.5.2 CVD工艺及设备

(1) 常规CVD

CVD中最基本的方法，是用电阻丝、硅碳棒等电热元件，或者用感应加热、激光加热等方法，使基板温度升高到900～1000℃，然后导入混合气体使其在基板表面沉积成膜。常规CVD的设备简单，操作方便，但由于基板温度较高，从而限制了基体材料的应用范围。常规CVD装置见图13-31。

(2) 光CVD

气体物质吸收一定波长和能量的光子后，气体分子便处于不稳定的激发态。这些分子在转变成能量较低的稳定态过程中发生分解，产生活性物质，即在靠近基体的激发态气体中发生了化学反应。利用气体光化学反应形成的活性物质，在基体表面沉积薄膜的方法叫光 CVD，以激光为光源的称为光化学 LCVD 或光分解 LCVD。表 13-12 是用光化学 LCVD 沉积金属和陶瓷涂层时，选用的反应气体和激光波长。

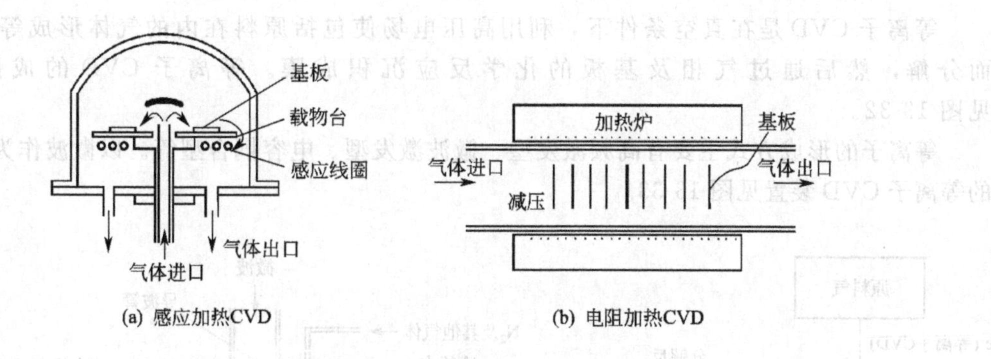

图 13-31　常规 CVD 装置

表 13-12　光化学 LCVD 沉积的金属及陶瓷涂层

材料		准分子 193 nm	准分子 249 nm	准分子 308 nm	Cu^{2+} 260 nm	Ar^+ 257 nm	Ar^+ 488～647 nm	Kr^+ 531～647 nm	YAG 0.5～1.0 μm	CO_2 10.6 μm	反应气体
陶瓷	TiC									○	$TiCl_4+CH_4$
	Si_3N_4	○								○	SiH_4+NH_3
	Al_2O_3	○	○								$Al(CH_3)_3+N_2O$
	AlN	○									$Al(CH_3)_3+NH_3$
	SiO_2	○						○			SiH_4+N_2O
	TiO_2									○	$TiCl_4+CO_2+H_2$
	TaO_x										$Ta(OCH_3)_5$
	YBaCuO	○							○		
金属	Cu						○		○		$Cu(CO)_2$
	Au						○			○	$Au(CH_3)_3$
	Zn	○	○					○			$Zn(CH_3)_2$
	Cd	○				○		○			$Cd(CH_3)_3$
	Al	○	○			○					$Al(CH_3)_3$
	Ga					○					$Ga(CH_3)_3$
	In	○	○								$In(CH_3)_3$
	Ti	○	○								TiI
	Cr	○	○		○						$Cr(CO)_6$
	Mo	○	○		○						$Mo(CO)_6$
	W	○	○		○			○		○	WF_6
	Fe	○				○					$Fe(CO)_5$
	Ni							○		○	$Ni(CO)_4$
	Pt	○					○				$Pt(PF_3)_4$
	Al-Zn					○					
	Mo-Ni									○	$MoF_6+Ni(CO)_4$
	$MoSi_2$										Mo/Si
	WSi_2	○									WF_6+SiH_4
	$TiSi_x$	○								○	$TiCl+SiH_4$
	FeSiC									○	$SiH_4+C_2H_4+Fe(CO)_5$
	Pb									○	$Pb(CH_3)_4$

光CVD的基板温度比常规CVD的要低，同时由于光CVD无电场存在，因而也不会出现电子冲击对薄膜的损伤。光CVD的另一特点，是可通过选择气体和光源波长，对涂层成分进行控制。

(3) 等离子CVD

等离子CVD是在真空条件下，利用高压电场使包括原料在内的气体形成等离子体而分解，然后通过气相及基板的化学反应沉积成膜。等离子CVD的成膜机制见图13-32。

等离子的形成方式主要有高频激发型、微波激发型、电容耦合型等。以微波作为激发源的等离子CVD装置见图13-33。

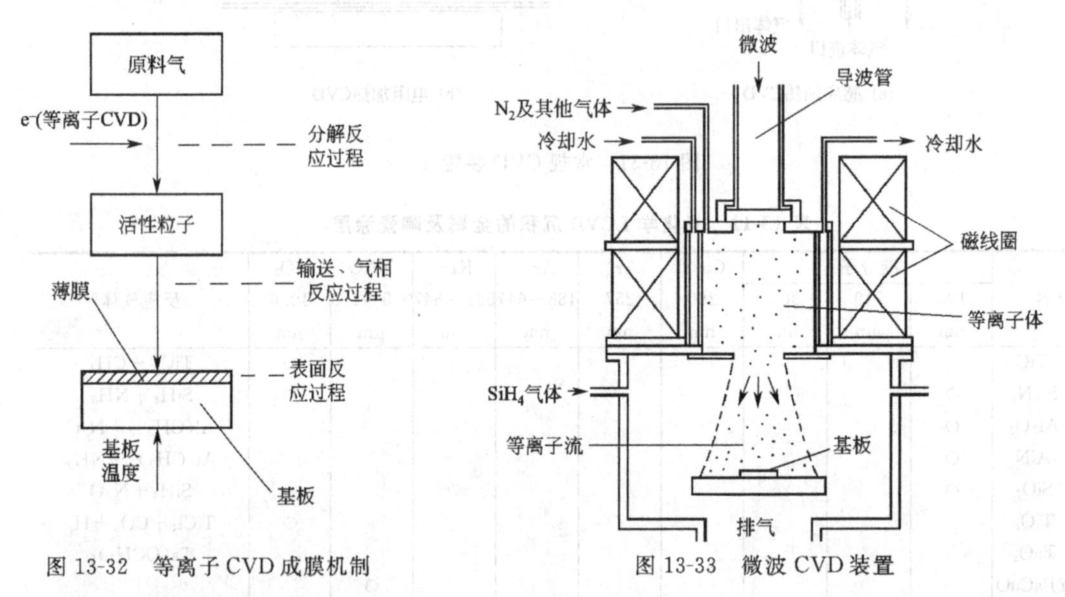

图13-32 等离子CVD成膜机制　　图13-33 微波CVD装置

(4) 有机金属化合物CVD

在较低温度下以有机金属为原料，利用有机金属的分解反应在基板上沉积成膜的方式，称为有机金属化合物CVD（MOCVD）。由于多数有机金属的分解在中温完成，因此MOCVD又可称为中温CVD（MTCVD）。

MOCVD有较宽的工艺适应性，通过低温分解不仅可在热敏感的基板表面沉积多种化合物，还可通过中温分解在钢铁表面沉积金属氧化物、氮化物、碳化物和硅化物。另外，MOCVD还可在绝缘性基板表面，沉积多种化合物半导体薄膜。MOCVD的缺点，是晶体中缺陷密度高，膜中杂质多。

13.5.3 CVD沉积层的应用

CVD法可沉积形成耐磨涂层、耐蚀涂层、耐热涂层、半导体涂层和各种功能涂层。

在耐磨涂层中，用于金属切削刀具的占主要部分。对切削刀具涂层的性能要求，主要包括较高的硬度和耐磨性，较低的摩擦系数，良好的导热性，较高的热稳定性和化学稳定性。高硬耐磨刀具，通常表面涂有TiC、TiN、Al_2O_3和TiB_2，这些涂层的性能见表13-13。CVD法沉积的各种耐热、耐蚀、阻热陶瓷涂层的特性见表13-14。

表 13-13　各种耐磨涂层性能

性能		超硬合金	TiC	TiB_2	TiN	Al_2O_3	ZrO_2
显微硬度	20℃	1400～1800	3200	3250	1950	3000	1000
/(kg/mm²)	1100℃		200	600		300	400
热导率	20℃	0.20～0.30	0.078	0.062	0.048	0.081	0.0045
/[cal/(cm·s·℃)]	1100℃		0.099	0.11	0.063	0.014	0.0056
耐热温度/℃		(WC500～800)	1100～1200	1300～1500	1100～1400	—	—
杨氏模量/GPa		500～600	500	420	260	530	250
热膨胀系数×10^{-6}/℃		5～6	7.6	4.8	9.2	8.5	—

表 13-14　CVD 法沉积的各种陶瓷涂层特性

性　能		陶　瓷　涂　层
电性能	半导体	SiC
	离子导体	ZrO_2
	超导	Nb(C,N),Y 及 Bi 系氧化物
	绝缘	BN,Si_3N_4,Al_2O_3,SiO_2
光学性能	透光	MgO,SiO_2,SnO_2
	吸光	MoO_x,WO_x
	光泽	TiN
力学性能	超硬	TiB_2,TiC,WC,Si_3N_4,TiN,Al_2O_3
	高强	SiC,Si_3N_4
	耐磨	TiB_2,SiC,TiC,WC,Si_3N_4,TiN,Al_2O_3
	抗咬合	SiC,BN,Si_3N_4,TiN
热性能	耐热	SiC,ZrO_2
	阻热	ZrC,ZrO_2
化学性能	抗氧化	SiC,ZrO_2
	耐蚀	TiC,TiN,BN,Si_3N_4,Al_2O_3

参考文献

[1] 李成功，姚熹等．当代社会经济的先导——新材料研究：北京：北京新华出版社，1992.

[2] 钱苗根．材料科学及其新技术．北京：机械工业出版社，1986.

[3] 师昌绪．新型材料与材料科学．北京：科学出版社，1988.

[4] 余宗森，田中卓．金属物理．北京：冶金工业出版社，1982.

[5] 刘国勋．金属学原理．北京：冶金工业出版社，1980.

[6] 崔昆．钢铁材料及有色金属材料．北京：机械工业出版社，1981.

[7] 赵连城．金属热处理原理．哈尔滨：哈尔滨工业大学出版社，1987.

[8] 安运铮．热处理工艺．北京：机械工业出版社，1982.

[9] William D，Callister Jr. Materials science and engineering-an Introduction. New York：John wiley and Sons INC，1985.

[10] James F Shackelford. Introduction to materials science for engineers. Upper Saddle，New Jersey：Prentice Hall，1996.

[11] 志村史夫．材料科学工学概论．东京：丸善株式会社，1997.

[12] 田莳．功能材料．北京：北京航空航天大学出版社，1995.

[13] 山本良一编著．环境材料．王天民译．北京：化学工业出版社，1997.

[14] 吴其晔，冯莺．高分子材料概论．北京：机械工业出版社，2004.

[15] 张德庆，张东兴，刘立柱．高分子材料科学导论．哈尔滨：哈尔滨工业大学，1999.

[16] 王澜，王佩璋，陆晓中．高分子材料．北京：中国轻工业出版社，2009.

[17] 徐坚，翟金平，薛忠民，姜振华．高分子材料与工程．北京：科学出版社，2008.

[18] 黄发荣，陈涛，沈学宁．高分子材料的循环利用．北京：化学工业出版社，2000.

[19] 崔占全，邱善平．机械工程材料．哈尔滨：哈尔滨工程大学出版社，2000.

[20] 赵文元，王亦军．功能高分子材料．北京：化学工业出版社，2007.